Das Buch
Die Grube Messel bei Darmstadt ist eine der bedeutendsten Fossilienfundstätten der Erde. Jedes Jahr reisen Paläontologen aus aller Welt an, um im Ölschiefer nach den versteinerten Überresten längst vergangener Zeitalter zu suchen. Als Dr. Axt in einem Schieferblock ein Skelett entdeckt, glaubt er zunächst an einen Irrtum – die Knochen können doch unmöglich Menschenknochen sein? Doch das Röntgenbild belehrt ihn eines Besseren: Im Millionen Jahre alten Schiefer befindet sich das vollständige Skelett eines modernen *homo sapiens*, komplett mit goldenen Zahnkronen und einer Armbanduhr. Dieses unmögliche wissenschaftliche Rätsel vermag er nicht zu lösen. Allerdings ahnt er nicht, daß sich zur gleichen Zeit einer seiner Studenten zusammen mit einem zwielichtigen Studienfreund aus Berlin auf eine Reise in die Tschechoslowakei vorbereitet. Mit einem Boot fahren Micha, Tobias, Claudia und Dackel Pencil in eine Höhle und gelangen dort durch ein Zeitloch ins Tertiär, in ein Erdzeitalter, in dem die Entwicklung der Menschheit noch nicht einmal begonnen hatte. Doch sie müssen feststellen, daß sie trotzdem nicht die einzigen Menschen in dieser Zeit sind – eine ehrgeizige Uniassistentin versucht, in der Vorzeit ganze Arten auszurotten. Auf unerklärliche Weise verschwinden in der ganzen Welt Fossilien aus den Museen. Die Welt, wie wir sie kennen, ist in großer Gefahr.
Ein fundierter und zugleich unterhaltsamer Wissenschaftsroman, der beweist, daß Darwins Theorien keineswegs ein alter Hut sind. Die Evolutionsforschung dürfte heute eines der spannendsten Themen der Naturwissenschaften sein, und Bernhard Kegel gelingt es, seine Leser ganz beiläufig auch mit den neuesten Erkenntnissen dieses Gebiets vertraut zu machen.

Der Autor
Bernhard Kegel, geboren 1953, lebt in Berlin. Als promovierter Biologe und Käferspezialist führt er Feldforschungen für die Stadt Berlin durch. Außerdem ist Bernhard Kegel Musiker und hat mehrere CDs veröffentlicht. Sein erster Roman *Wenzels Pilz* wird demnächst ebenfalls im Heyne Taschenbuch erscheinen.

BERNHARD KEGEL

DAS ÖLSCHIEFERSKELETT
Eine Zeitreise

Roman

WILHELM HEYNE VERLAG
MÜNCHEN

HEYNE ALLGEMEINE REIHE
Nr. 01/10559

Besuchen Sie uns im Internet:
http://www.heyne.de

Umwelthinweis:
Dieses Buch wurde auf
chlor- und säurefreiem Papier gedruckt.

3. Auflage

Copyright © 1996 by Ammann Verlag & Co. Zürich
Wilhelm Heyne Verlag GmbH & Co. KG, München
Printed in Germany 1998
Umschlaggestaltung: Atelier Ingrid Schütz, München,
unter Verwendung des Originalumschlags von Mike Bierwolf
Satz: Buch-Werkstatt GmbH, Bad Aibling
Druck und Bindung: Elsnerdruck, Berlin

ISBN 3-453-13145-2

Im Gedenken an Karel Zeman

Wäre mein Leben ohne seinen Film anders verlaufen?

In mancher Hinsicht leben auch Paläontologen so; ihr physisches Leben folgt dem geradlinigen Trend der Zeit, aber ihre Gedanken bewegen sich vorwärts und rückwärts durch die Äonen und springen von Pfad zu Pfad, auf denen die Zeit manchmal rätselhafte Schritte tut.

Peter Douglas Ward, *Der lange Atem des Nautilus*

I »Eine unmäßige Vorliebe für Käfer«, antwortete der berühmte britische Populationsgenetiker J.B.S. Haldane auf die Frage eines Kirchenmannes, welche Eigenschaften des Schöpfers sich ihm durch das Studium der Natur offenbart hätten.

Die Zahl der heute bekannten Käferarten liegt bei etwa 400 000. Sie sind damit die mit großem Abstand artenreichste Tiergruppe der Erde.

1

Messel

Lustlos stocherte Max Behringer mit seinem Spaten in dem lockeren Schiefer. Dann stützte er sich mit einem Seufzer auf den abgewetzten Holzstiel und blinzelte in die Sonne, deren letzte Strahlen gerade noch auf den Boden der Grube fielen. Der schwarze Schiefer schien das Licht wie ein Schwamm in sich aufzusaugen. Es wurde früh dunkel hier unten, und mit dem Licht verschwand auch die Wärme, sogar an einem heißen Sommertag wie diesem. Sobald sich Schatten über den Grubenboden senkte, kroch durch dicke Schichten feuchten Gesteins die Kälte empor.

Das Gelände lag wie ausgestorben. Kein Mensch, selbst dort hinten in der Nähe des schon im Schatten liegenden steilen Grubenrandes, wo die Belgier im Augenblick ihre Ausgrabungen durchführten, überall nur zersplitterter Schiefer und dreckige Plastikplanen. Ganz in der Nähe standen die verlassenen Gerätschaften der Geologen herum. Sie hatten hier in den letzten Wochen alles auf den Kopf gestellt, zahllose meterlange Bohrer in den Schieferboden getrieben und waren Max mit ihren Sonderwünschen und einem unsäglichen Kommandoton auf den Wecker gegangen. Das zurückgelassene Bohrgestänge sah in der kargen Umgebung der Grube aus wie eine zerschellte Weltraumsonde.

Seltsam, dachte Max, sonst wühlten diese Gastforschergruppen doch bei Wind und Wetter so lange in dem Schiefer herum, wie es nur irgendwie ging, bis es so dunkel geworden war, daß man nichts mehr erkennen konnte und sich mit dem Spaten womöglich in den eigenen Fuß hackte. Die hofften natürlich bis zur letzten Minute, doch noch ihr Urpferdchen zu finden, ihren Ameisenbären, ihre Beutelratte oder irgend etwas anderes, Spektakuläres, das den ganzen Aufwand lohnte und ihnen eine triumphale Heimkehr garantierte.

Aber so ging das natürlich nicht. Mit Gewalt war da nichts zu machen. Niemand wußte das besser als Max. Schließlich arbeitete er nicht erst seit gestern hier.

Max hatte immer wieder seinen Spaß, wenn er den auswärtigen Gästen bei der Arbeit zuschauen konnte. Brachte wenigstens mal etwas Abwechslung in den Laden, andere Stimmen, neue Gesichter, nicht immer nur diese Langweiler oben aus der Station. Einige, die das erste Mal in die Grube kamen, liefen anfangs wie auf Eiern, weil sie fürchteten, mit ihren klobigen Gummistiefeln kostbare Fossilien zu zertreten.

Na ja, irgendwie konnte er sie schon verstehen. Messel war etwas Besonderes. Sie mußten sich erst daran gewöhnen. Stieg ihnen dann der Geruch des berühmten Schiefers in die Nase, waren sie nicht mehr zu halten. Sie stürzten sich in die Arbeit, ackerten und schufteten, als hinge ihr Leben davon ab. Sie waren ja nur ein paar Tage hier, und vielleicht war der Sensationsfund genau in dem Stück Schiefer, das sie noch nicht aufgebrochen hatten. Viele Museen überall auf der Welt hätten sich gerne mit einem echten Messeler Urpferdchen geschmückt.

Am Anfang freuten sie sich über die alltäglichsten Fundstücke wie Kinder. Mit vor Aufregung geröteten Gesichtern rannten sie umher, stießen in ihren seltsamen Sprachen unverständliche Triumphschreie aus, und wenn Max dann hinzutrat und sich anschaute, was sie gefunden hatten, gab es selten mehr als winzige Fische oder ein Farnblatt zu bestaunen. Davon hatte er schon Hunderte zu Tage befördert. Man mußte sich schon ziemlich dämlich anstellen, wenn man es fertigbrachte, hier keine Fossilien zu finden.

Die Belgier waren sowieso in Ordnung, auf die ließ er nichts kommen. Sie gruben hier regelmäßig und hatten immer einen Kasten Bier neben der Ausgrabungsstelle stehen, aus dem auch er sich bedienen durfte. Jetzt hockten sie wahrscheinlich in irgendeinem Gasthof und soffen sich die Hucke voll. Ganz schön trinkfest, diese Belgier.

Typisch! Es war Freitag nachmittag, und alle waren ausgeflogen, nur er mußte hier noch seine Zeit totschlagen, er und Rudi, der ein paar Meter links von ihm auf dem Boden hockte und eine Zigarette rauchte.

Vielleicht waren die Belgier schon abgereist. Ihm erzählte man ja nichts. Er war ja hier nur für die Dreckarbeit zuständig. Diese studierten Weißkittel wollten sich die Hände nicht schmutzig machen. Teufel noch mal, wie er diesen Job manchmal haßte. Wenn er sich zu Hause die völlig verdreckten Gummistiefel auszog, schwor er sich immer wieder, daß das nicht mehr so weitergehen könne. Bei Regen wurde das Zeug so glatt, daß man alle naselang ausrutschte und sich von oben bis unten einsaute. Eine Müllkippe wollten sie aus der Grube machen. Ha, wenn das kein Witz war! Eine Müllkippe, das war dieses Loch doch schon lange.

Er seufzte, stieß den Spaten wieder in den schwärzlichen Grund und brach ein neues Stück Schiefer heraus, das aussah wie dunkelgrauer, an manchen Stellen grünlich schimmernder Blätterteig.

Er blickte auf die Uhr. In einer knappen Stunde war Feierabend, und dann konnten die ihn hier alle mal kreuzweise.

»Biste eingeschlafen oder was?« rief er Rudi mißmutig zu, der immer noch unbeweglich im Schiefer hockte, obwohl seine Zigarette schon lange verglüht war. Jetzt brummte der unwillig, schnappte sich seinen Spaten und schlurfte auf die andere Seite der Ausgrabungsstelle.

Fauler Hund, dachte Max, aber im Grunde mochte er den Rudi ganz gern. Rudi redete nicht viel, er war sogar ziemlich maulfaul. Aber das störte Max nicht. Besser, als plappern wie ein Wasserfall. Das hätte ihm gerade noch gefehlt.

Das schöne an dem Job war, daß ab und zu und unvorhersehbar, etwas richtig Aufregendes passieren konnte. Das Ganze erinnerte ihn manchmal an die Wundertüten, die man früher für ein paar Groschen beim Zeitungshändler kaufen konnte. Man wußte nie, was einen erwartete. Entweder derselbe Scheiß wie immer oder etwas Neues, das man noch nie zuvor gesehen hatte.

Meistens fanden sie natürlich nur diese kleinen Fische, Hunderte, die nahmen sie kaum noch zur Kenntnis. Riesige Schwärme mußte es davon gegeben haben, damals, als das hier alles noch ein See war. Aber letztes Jahr, als er das Urpferdchen gefunden hatte, da war was los. Donnerwetter! Die Wissenschaftler oben aus der Senckenberg-Station waren völlig aus dem Häuschen, wie wild gewordene Bienen. Später kamen dann auch noch die Leute von der Presse und knipsten, was das Zeug hielt.

Und er hatte es gefunden, er, Max Behringer. Einer der Pressefritzen bestand sogar darauf, ihn zu interviewen. So etwas passierte einem auf dem Bau natürlich nicht. Bisher gab es nur ganz wenige von diesen Skeletten und das, was er entdeckt hatte, war vollständig gewesen, ein Urpferdchen mit allem Drum und Dran. Sogar was das Biest gefressen hatte, konnten sie später feststellen. Das muß man sich mal vorstellen, fünfzig Millionen Jahre alt, und die können dir sagen, was es zum Frühstück gefuttert hat.

Vor einigen Wochen hatte er eine Fledermaus gefunden. Die waren zwar ziemlich häufig hier, aber sie stellte sich als eine bisher unbekannte Art heraus, schon die sechste in Messel. Max war das egal, und er konnte die Aufregung kaum nachvollziehen, aber da oben in der Station gab es die Schäfer, und die war ganz heiß auf die Dinger. Schon komisch, womit sich die Leute ihr ganzes Leben beschäftigen. *Fledermäuse*, na ja, ihm sollte es recht sein.

Sogar für fossile Krokodilscheiße gab es begeisterte Abnehmer. Überhaupt schien diese versteinerte Tierkacke besonders wichtig zu sein. Sie waren ganz versessen darauf. Die Senckenberg-Stiftung hatte ein Sonderforschungsprogramm über diese Koprolithen aufgelegt. Bei Rudi und Max hießen sie einfach Scheißfossilien.

Tatsächlich schien die Grube voll davon zu sein, die reinste Kloake. Wenn man erst einmal wußte, wonach man suchen mußte, fand man überall Koprolithen. Es gab große klumpenförmige, kleine krümelige und, besonders auffällig, spiralförmig gedrehte, richtig kunstvoll, wie ein Schneckengehäuse. Die Wissenschaftler versuchten jetzt herauszufinden, zu wem welche Form gehörte. Kürzlich war hier in der Station ein internationales Treffen zu diesem Thema. Es war unfaßbar: zwanzig, dreißig erwachsene und eigentlich ganz normal aussehende Männer und Frauen, allesamt Doktoren und Professoren, die sich für nichts anderes als versteinerte Scheiße interessierten.

Aber was soll's, jeder hat so seine Schwächen. Immerhin konnten sie mitunter auch ganz nett sein, vor allem, wenn man sie mit einem ihrer Forschungsgegenstände beglückte. Die Fledermaustante war über seinen Fund so happy, daß sie ihm eine Flasche Schampus geschenkt hatte, echten französischen Champagner. Das war doch ein anständiger Zug von ihr. Vorher hatte er die Schäfer immer so arrogant gefunden mit ihrer spitzen Nase und dem ungewöhnlich großen Mund. Die kann Spargel quer fressen, meinte Rudi.

Jetzt saß sie wahrscheinlich da oben und kratzte und polkte das Skelett aus dem Schiefer. Mit Zahnbürsten, kleinen Spachteln und Sandstrahlgebläsen rückten sie den Funden zu Leibe, wochenlang. Er hatte schon öfter dabei zugesehen. Mußte wohl ziemlich kompliziert sein, wegen des hohen Wassergehaltes. Nee, das wär nichts für ihn, dann schon lieber mit dem Spaten arbeiten. Da hatte man wenigstens was in der Hand.

Er atmete einmal tief durch und legte einen Zahn zu. So verging die Zeit schneller. Er schaute auf das Stück Schiefer hinunter, das er gerade losgebrochen hatte.

Komisches Zeug, dieser Ölschiefer! Stein, aber weich wie Blätterkrokant. Als er hier anfing, hatte einmal jemand versucht ihm zu erklären, daß der Name ziemlicher Unsinn sei, weil es sich strenggenommen weder um Schiefer handele noch um Öl. Max hatte nicht viel davon verstanden. Es war ihm doch schnuppe, wie das Zeug nun wirklich hieß und was es genau darstellte. Früher hatten sie hier jedenfalls tatsächlich Öl gewonnen und Benzin daraus hergestellt, aber das lohnte sich schon lange nicht mehr. Jetzt stritten sich die Fossilienfritzen und die Gemeindeverwaltung um die Grube. Diese Schreibtischhengste wollten eine Müllkippe daraus machen. Na klasse, dann konnte er seinen Job sowieso vergessen. Im Augenblick herrschte Waffenstillstand, aber man konnte ja nie wissen, wie lange so etwas anhielt.

Halt! Er stutzte. Da war etwas.

Nachdem er schon ein paar ungewöhnliche, größere Funde zu Tage gefördert hatte, kannte Max das Gefühl in seinen Händen, wenn zwischen zwei Platten etwas verborgen war. Sie klebten dann irgendwie anders aneinander.

Vorsichtig steckte er sein Messer zwischen die Schieferbruchstücke und versuchte sie zu lockern. Nach einigem Hinundherruckeln löste sich endlich die obere Platte mit einem schmatzenden Geräusch. Tatsächlich, sein Gefühl hatte ihn nicht getäuscht, da war etwas Weibliches, Knochiges. Sah irgendwie seltsam aus, wie, ja, wie ... Ach, darüber sollten sich die Herren Spezialisten den Kopf zerbrechen, dafür wurden sie ja schließlich bezahlt.

»Rudi, komm doch mal her«, rief Max und beugte sich über seinen Fund. »Was sagst'n du dazu?«

»Hm«, machte Rudi nachdenklich und hockte sich neben das Fundstück, eine Gruppe kleiner Knochen, aufgereiht wie auf einer Perlenschnur.

»Scheiße, ausgerechnet jetzt«, fluchte Max, dem langsam klar wurde, was er sich eingebrockt hatte. Wenn die Verrückten oben in der Station davon erfuhren, waren sie imstande, ihm sein ganzes Wochenende zu vermiesen. So langweilig und lahmarschig sie normalerweise auch sein mochten, angesichts von frischem Fossilienmaterial konnten sie einen beängstigenden, durch nichts und niemanden zu bremsenden Fanatismus an den Tag legen. Es wäre nicht das erste Mal, daß sie von ihnen verlangten, ein Fundstück am Wochenende zu bergen. Meistens kamen sie in solchen Fällen mit irgendwelchen obskuren Fossilienräubern, die sich hier herumtreiben und ihnen zuvorkommen könnten. Dabei ging es nur um ihre eigene Gier.

»Hm«, sagte Rudi.

»Wenn das was Interessantes ist, dann sitzen wir hier noch mindestens zwei Stunden fest, das ist dir doch klar, oder?« Max bückte sich und kratzte mit seinem Taschenmesser vorsichtig neben dem Fundstück herum. »Da ist noch mehr«, sagte er. »Hab ich jedenfalls noch nicht gesehen so was.«

Rudi nickte bedächtig und brummte: »Du mußt Hackebeil Bescheid sagen!«

Hackebeil hieß eigentlich Dr. Helmut Axt und leitete oben die Außenstation des Senckenberg-Museums, aber sie nannten ihn nur Hackebeil, wegen seines Namens und wegen seines spitzen Kinns.

»Du weißt, was das bedeutet?« fragte Max und sah seinen Kollegen eindringlich an. Mann, hatte der eine lange Leitung. »Dein Wochenende kannst du dann vergessen.«

»Hm ...« Das gab Rudi zu denken. »Und wenn du einfach bis Montag wartest?«

Max nickte. Na bitte, endlich, genau das hatte er hören wollen. Rudi machte eine Geste, daß sein Mund versiegelt sei.

Vorsichtig legte Max die Schieferplatte wieder an Ort und Stelle, besprühte das Ganze mit Wasser und deckte dann zusammen mit Rudi eine Plastikplane über die Ausgrabungsstelle. Wenn der Messeler Schiefer trocken wurde, begann er sich zu wellen wie feuchtes Papier und zersprang schließlich in zahllose kleine dünne Plättchen. Alles, was sich darin befand, zersprang natürlich mit. Da war dann nichts mehr zu machen. Es war das A und O ihrer Arbeit. Sie mußten immer darauf achten, daß die Grabungsstellen feucht und gut abgedeckt waren. Das hatte ihnen Hackebeil x-mal eingeschärft. Direkte Sonneneinstrahlung war Gift, tödlich.

Gemeinsam stiefelten Max und Rudi anschließend auf den Maschendrahtzaun zu, der den Ausgrabungsbereich der Grube Messel umgab und von dem Gebiet abtrennte, das schon für die zukünftige Müllkippe hergerichtet worden war.

»Also dann«, sagte Max, als sie am Tor angekommen waren, wo sein Fahrrad stand. »Bis Montag!«

»Ja, bis Montag«, sagte Rudi und hielt nochmals zum Zeichen der Verschwiegenheit den Zeigefinger an die Lippen.

Kopfschmerzen

In der Rechten eine schaukelnde Plastiktüte schleppte sich Michael Hofmeister schweren schlürfenden Schrittes die Knesebeckstraße entlang. Am Zeitungsladen überflog er kurz die Schlagzeilen der Tagespresse KLIMACHAOS! IST DIE KATASTROPHE NOCH AUFZUHALTEN? KLIMAFORSCHER WARNEN: HANDELN, BEVOR ES ZU SPÄT IST! Danke, kein Interesse, dachte er. Das Ganze stank doch zum Himmel.

Er hatte kürzlich von einer neuen Theorie über den Untergang der Dinosaurier gelesen, nach der diese Riesen aus ihren kilometerlangen Darmwindungen derartige Mengen von Methan ausgeschieden hätten, daß ihr Verdauungstrakt heutzutage unter das Bundes-Immissionsschutzgesetz gefallen und nur unter erheblichen Auflagen genehmigungsfähig gewesen wäre. Folglich war irgendwann das Klima gekippt. Die Theorie mit dem Meteoriteneinschlag und dem anschließenden atomaren Winter sagte Micha eigentlich mehr zu, schon deshalb, weil es zu den Riesenechsen irgendwie besser gepaßt hätte, wenn ihr Ende mit einem solchen Paukenschlag eingeläutet worden wäre, aber er mußte zugeben, daß auch die Saurierfurzhypothese nicht ohne Reiz war. Er machte sich da gar nichts vor. Die Menschen bekamen das auch hin, nur machten sie sich nicht selbst die Mühe, sondern überließen das Vergiften ihren Maschinen und jetteten solange lieber in den Urlaub. Jeder Organismus machte die Erde auf seine Weise kaputt. Wo blieb denn der evolutionäre Fortschritt, wenn die Menschheit es den Dinos einfach nachmachte. Den anderen Tier- und Pflanzenarten, kaum mehr als bloße Trittbrettfahrer, die mit in den Strudel gerissen wurden, war es letztlich egal, ob sie wegen Reptilienfurzen, Autoabgasen oder sonstigen Naturkatastrophen ausstarben.

Meine Güte! Micha schüttelte verärgert den Kopf und riß sich von den Zeitungsüberschriften los. Warum war er nur plötzlich so schlecht gelaunt?

Mit letzter Kraft steuerte er ein Café an, ließ sich an einem der wenigen freien Tische erschöpft in den weißen Plastikstuhl fallen und versuchte zwischen den engstehenden Tischen Platz für die langen Beine zu finden. Es war heiß, für seinen Geschmack definitiv zu heiß. Schon seit Wochen brannte die Sonne auf die Stadt herab, und wer konnte, hatte schon lange das Weite gesucht.

Er wischte sich den Schweiß von der Stirn und starrte mißmutig auf die klebrige Speisekarte. In seinem Schädel hatte sich zunächst eine träge, dumpfe Müdigkeit breitgemacht und in ihrem Schlepptau eine erste Androhung von Übellaunigkeit. Aber jetzt war sie voll da, ausgereift, unverkennbar, unbeherrschbar, ein besonders schwerer Fall. Die Zeitungen hatten ihm den Rest gegeben. Dabei hatte doch alles so gut angefangen.

Vor ein paar Stunden hatte er die letzte Lehrveranstaltung des Sommersemesters absolviert, die Vorlesung in Spezieller Zoologie von Gechter. Er hatte sich zunächst wie alle anderen auch in wirklich prächtiger Stimmung befunden. Mit seinen Kommilitonen hatte er in einem Dahlemer Gartenlokal das Semesterende gefeiert und sich für seine Verhältnisse einen ziemlich heftigen Rausch angetrunken. Wie so oft hatten sie über Gechter gelästert.

Während sich normale Menschen ihren Haustieren anglichen, hatten es Zoologieprofessoren schwerer. Sie paßten sich ihrer Spezialtiergruppe an, in Gechters Fall den »Nurfüßern« oder Pantopoden. Diese Tiefseebewohner waren weitläufige Verwandte der Spinnen und sahen auch so aus: lange dürre Beine und ein ebenso dürrer Körper. Trotz der Schwere der Aufgabe war Gechter die Metamorphose bemerkenswert gelungen. Er war ein freundlicher, gutmütiger Mensch und ein hervorragender Zoologe und Lehrer, aber er sah einfach zum Piepen aus.

Die Versammlung löste sich langsam auf. Auch Micha hatte sich in einer relativ langwierigen Prozedur verabschiedet, war mit der U-Bahn zum Zoo gefahren und hatte etwa eine Stunde in verschiedenen Buchläden herumgestöbert. Langsam, aber sicher verwandelte sich dort sein nachmittäglicher Alkoholrausch in bleierne Müdigkeit, was wiederum angesichts der in den Läden angebotenen Büchermassen zu einer eklatanten Entscheidungsschwäche führte. Voll der besten Vorsätze trug er schließlich Dostojewskijs *Idiot* und Walsers *Halbzeit* zur Kasse.

Die Bedienung kam. Er bestellte einen Kaffee, zündete sich eine Zigarette an, fläzte sich träge in den federnden Stuhl und blätterte ohne großes Interesse in seinen Neuerwerbungen. Nach dem zweiten Kaffee begann seine Müdigkeit bohrenden Kopfschmerzen zu weichen. Nur die schlechte Laune blieb. Sein Gehirn schien irgendwie periodisch anzuschwellen, jedenfalls drückte es mit zunehmender Kraft von innen gegen den Schädel und pochte an seine Schläfen. Das kann ja heiter werden, dachte er, packte die Taschenbücher wieder in die Tüte zurück, verschränkte die Hände hinter dem Kopf und ließ seinen Blick über die Leute schweifen. Sie schienen alle durcheinander zu reden. In seinem Tran schnappte er zahllose Gesprächsfetzen auf: Strand, Sonne, Wein, Urlaub. Das hellte seine miese Stimmung wieder etwas auf.

Einzelne spitze Lacher einer großen Blonden am Nebentisch bohrten sich schmerzhaft in seine Gehörgänge. Sofort war er hellwach. Eigentlich genau sein Typ, nur ihr Organ war etwas zu schrill. Ein warnendes Stechen in seinem Kopf erinnerte ihn sofort daran, daß dies nun schon die zweite Sommerreise hintereinander war, die er ohne weibliche Begleitung antreten mußte, und das war alles andere als ein erfreulicher Gedanke. Irgendwie lief es in letzter Zeit nicht besonders gut. Aber dieser Sommer würde die Wende bringen. Es mußte einfach so sein. Er warf seiner Nachbarin einen flüchtigen Blick zu und mußte grinsen.

Plötzlich trafen seine Augen mit denen eines hageren Typen zwei Tische weiter zusammen. Der Kerl mußte irgendwas falsch verstanden haben, denn er grinste herausfordernd zurück, so als ob sein Lächeln ihm gegolten hätte, ja, in plumper Vertraulichkeit zwinkerte der ihm sogar zu. Micha schaute schnell in eine andere Richtung. Aber etwas an diesem Kerl ließ seinen Blick wie an einem Gummiband wieder zurückschnellen. Als sich ihre Blicke erneut trafen, grinste sein Gegenüber immer noch. In seinem rechten Schneidezahn blitzte irgend etwas. Mit eisiger Miene starrte Micha zurück.

Da der Gesichtsausdruck des Fremden unverändert blieb, beschloß Micha schließlich, ihn zu ignorieren. Er war einfach zu schlapp, um sich auf solche albernen Spielchen einzulassen. Vielleicht ein Schwuler, der auf ihn abfuhr. Wäre nicht das erste Mal, irgendwie standen die auf ihn. Manchmal war das ja ganz witzig, aber nicht jetzt, stöhnte er innerlich, bitte, nicht jetzt.

Er stand auf, holte sich von einem Ständer eine Tageszeitung und vertiefte sich ostentativ in die Sportseite.

Keine drei Minuten später hörte er eine Stimme hinter der Zeitung: »Tag, Micha!«

Noch bevor er die Zeitung sinken ließ, wußte er, wem die Stimme gehörte. Zwar zeigte der Hagere nicht mehr dieses impertinente Grinsen, aber da Micha sich nun wirklich gestört fühlte, machte das kaum noch einen Unterschied.

»Woher kennst du meinen Namen?«

»Du kennst meinen auch!« sagte der Hagere nur und sein Grinsen wurde wieder breiter. Als seine Lippen sich öffneten, kam eine Reihe schiefer Zähne zum Vorschein. Seine Gesichtszüge wurden plötzlich weicher, runder, kindlicher, und dann wußte Micha, wen er vor sich hatte. Ihm klappte der Unterkiefer herunter.

»*Tobias!* Das gibt's doch nicht!«

»Na bitte. Ich hab dich sofort erkannt.«

»Ja, tut mir leid. Es ist schon so lange ... Also ... das ist ja ein Ding«, stammelte Micha. »Tobias Haubold. Nein, also wirklich.« Damit war sein Pulver vorerst verschossen. »Tja ...«

Was sagte man nur in einem solchen Fall? Er hatte sich immer schwergetan, wenn er unvermittelt solchen Figuren aus seiner Vergangenheit gegenüberstand. Und diese hier stammte geradezu aus grauer Vorzeit. Wie lange hatten sie sich nicht gesehen? Es mußten so um die fünfzehn Jahre sein. Damals waren sie noch Kinder gewesen, echte Rotzbengel, die nichts als Blödsinn im Kopf hatten. Aber in diesem Fall gab es wohl kein Entkommen mehr.

»Setz dich doch!« sagte er.

Tobias ließ sich auf dem freien Stuhl neben ihm nieder. »Weißt du, irgendwie wundert es mich gar nicht, daß ich dich heute hier treffe«, sagte er. »Komischerweise habe ich gerade in den letzten Tagen öfter an dich denken müssen, an die alten Zeiten.«

»Ah ja.« Micha war noch immer nicht besonders glücklich über den unerwarteten Verlauf dieses Nachmittags und wehrte sich nun auch gegen ein aufkeimendes schlechtes Gewissen. Er hatte so gut wie nie an Tobias gedacht.

»Ja, mir fielen die Abenteuer ein, die wir uns gemeinsam ausgemalt haben. War wirklich eine schöne Zeit damals.«

»Hmm ...«, nuschelte Micha mit einer Verlegenheitszigarette zwischen den Lippen. Er fand Tobias aufdringlich.

Sie winkten nach der Bedienung. Micha bestellte einen dritten Kaffee, Tobias ein Bier. Er fragte Micha nach einer ganzen Reihe von Leuten aus, deren Namen ihm kaum noch etwas sagten.

»Aber an Schmidt kannst du dich doch noch erinnern?« fragte Tobias.

Jedesmal, wenn er den Mund aufmachte, irritierte Micha dieser mal schwarze, mal glitzernde Fleck auf seinem Schneidezahn. Tobias hatte schon immer schlechte Zähne gehabt.

»Welchen Schmidt?«

»Na, den fetten Erdkundelehrer.«

Trotz der bohrenden Kopfschmerzen schien dieser Name irgend etwas in ihm auszulösen. Widerwillig setzte sich sein Gehirn in Bewegung und brachte schließlich unter Mühen ein verschwommenes Bild zustande. »Ach so, *den*. Klar erinnere ich mich.«

Gefühle von Demütigung und Scham stellten sich ein. Neue Bilder kamen, grinsende Klassenkameraden, gackernde Mädchen, Turnhallengeruch, ein riesiger Bauch, ein krebsrotes Gesicht.

Schmidt! Fett war gar kein Ausdruck. Der Mann war eine einzige kugelrunde feste Fleischmasse gewesen. Jede normale Bewegung schien ihm solche Anstrengungen zu verursachen, daß er kaum noch in der Lage war zu sprechen, geschweige denn, sich fortzubewegen, so hatte er herumgeschnauft. Aber dieser Schmidt war nicht nur ihr Erdkunde-, sondern vor allem ihr Sportlehrer gewesen. In dieser Funktion hatte er es zu einem der meistgehaßten Menschen in Michas Leben gebracht.

Kaum zu glauben! Er faßte sich an die Stirn. Daran hatte er schon eine Ewigkeit nicht mehr gedacht. »Die Seile«, flüsterte er vor sich hin und schüttelte ungläubig den Kopf. Typisch, daß Tobias Schmidt als Erdkunde- und nicht als Sportlehrer in Erinnerung hatte. Ihm hatte das alles nichts ausgemacht.

»Ja, und Sebastian, die alte Heulsuse«, sagte Tobias und kicherte.

Micha schreckte auf, überrascht, daß Tobias ihn verstanden hatte. Er sagte nichts, trank nur einen Schluck Kaffee und überließ sich wieder seinen Erinnerungen.

Sebastian Hollert war ein kleiner schwabbliger Fettsack, der zudem dadurch auffiel, daß er während der Schulpausen unvermittelt in hysterische Weinkrämpfe ausbrach und wild um sich schlagend alles und jeden wüst beschimpfte. Sebastian, Micha und Tobias bildeten das Schlappschwanztrio, dem es in den Sportstunden trotz verzweifelter Versuche nicht gelingen wollte, sich diese vermaledeite Hallendecke aus der Nähe anzusehen. Schmidt, der fette Sadist, stellte ihr Unvermögen an Seilen und Stangen immer wieder von neuem zur Schau. Tobias ließ diese Demütigungen damals mit erstaunlicher Gelassenheit über sich ergehen.

Das Gespräch schleppte sich zäh und mühsam dahin, und irgendwann gab Micha seinen Widerstand auf. Vielleicht spürte Tobias, daß Michas Bereitschaft, in Kindheitserlebnissen zu schwelgen, nicht sehr groß war, und er unterließ weitere Anspielungen auf ihre gemeinsame Vergangenheit.

Was dann folgte, war der unvermeidliche Austausch ihrer Kurzlebensläufe. Tobias war hoch erfreut zu hören, daß Micha Biologie studierte und sich mit Begeisterung der Entomologie, insbesondere der Käferkunde, widmete. Er selbst erzählte, daß er nach einer Lehre als Steinmetz auf der Abendschule das Abitur nachgemacht und dann in derselben Firma wie sein Vater gearbeitet hatte. Nach dem plötzlichen Tod seiner Eltern sei er vor einem guten halben Jahr nach Berlin gekommen, um Geologie zu studieren. Sie hatten sich beide den Naturwissenschaften zugewandt und stellten mit einem Lächeln übereinstimmend fest, daß sie damit gut auf Kurs geblieben waren. Ein Forscherdasein war ihnen schon damals als das Größte erschienen.

Nun war eine so angeregte Unterhaltung im Gange, daß Micha seine Kopfschmerzen bald vergessen hatte. In den kurzen Gesprächspausen, die nichts Peinliches mehr hatten, betrachteten sie sich gegenseitig, suchten nach vertrauten Zügen in ihren Gesichtern, und Michas mürrische Zurückhaltung war regem Interesse und einem eigentümlich vertrauten Gefühl gewichen.

»Ich habe jetzt endlich eine Wohnung in Kreuzberg gefunden. Du mußt mich unbedingt mal besuchen kommen«, sagte Tobias voller Begeisterung und die Erregung brachte Farbe in sein kantiges Gesicht. Micha mußte unwillkürlich grinsen, sosehr glich Tobias jetzt dem Bild, das in irgendeinem bisher verschlossenen Hinterstübchen seines Gehirns die Jahre überdauert hatte.

»Ich bin nur noch eine Woche in Berlin«, sagte Micha. »Dann fahre ich in den Urlaub.«

»Na, dann treffen wir uns eben, wenn du wieder zurück bist. Wo soll's denn hingehen?« fragte Tobias.

»Ägäis, 'n paar griechische Inseln abklappern.«

»Oh, toll, Kreta und so, ja? Na, ich muß erst mal renovieren, aber in drei, vier Wochen will ich auch wegfahren. Bin ein bißchen knapp bei Kasse, weißt du.«

»Und wo willst du hin?«

Wieder eroberte dieses charakteristische Grinsen das schmale Gesicht seines alten Schulfreundes. Ein Backpfeifengesicht, dachte Micha. In dieser Beziehung hatte Tobias sich wenig verändert.

Er war nur noch kantiger geworden. Außerdem war da jetzt dieses seltsame Ding in seinem schiefen Schneidezahn. Schon damals sprossen seine Zähne unbändig in alle Richtungen. Braune Haare hingen ihm ungekämmt und fettig um den Kopf. Seine Lippen waren meist trocken und aufgesprungen gewesen, und da er andauernd an den trockenen Hautstückchen herumknabberte, oft auch blutig und verschorft, nicht gerade ein hübsches Kind. Heute könnte er ohne weiteres als Bösewicht in einem James Bond-Streifen durchgehen.

»Ich wollte mich mal ein bißchen in der Slowakei umsehen«, antwortete Tobias nach kurzem Zögern, so als ob daran irgend etwas Geheimnisvolles wäre.

»Ungewöhnlich!«

»Ja, ich weiß. Aber preiswert und nicht so weit weg. Die Hohe Tatra soll sehr schön sein.«

»Klar, warum nicht?«

Ein Blick auf die Uhr zeigte Micha, daß es schon ziemlich spät geworden war. Er rief nach der Bedienung, um zu zahlen.

Er schrieb seine Adresse und Telefonnummer auf einen Bierdeckel und verabschiedete sich. »War nett dich zu treffen, wirklich. Ich bin wahrscheinlich Anfang September wieder zurück. Du kannst dich ja dann mal melden.«

Tobias stand auf, um ihm die Hand zu geben. Er hatte, was seine Körpergröße anging, erheblich an Boden gutgemacht.

Früher war er ein Hänfling gewesen. Wenn er sich auf die Zehenspitzen stellte, reichte er Micha gerade bis an die Schultern, eine halbe Portion, ein Spargeltarzan mit dünnen Ärmchen und dürren knochigen Beinen, aus denen die Kniegelenke hervorstachen wie Geschwüre. Er wirkte als Kind zerbrechlich und kränklich. Sein hohlwangiges Gesicht hatte ausgesehen, als bekäme er nie genug zu essen. Vielleicht war dieser Eindruck gar nicht so falsch, denn Micha hatte mit eigenen Augen gesehen, wie dieses spacke Bürschchen im Schullandheim jeden Morgen sage und schreibe neun belegte Brote verdrückt hatte, ohne jemals den Eindruck zu vermitteln, jetzt sei es genug. »Schlechter Futterverwerter«, meinte Michas Mutter, als er ihr davon erzählte.

Er winkte Tobias aus ein paar Meter Entfernung noch einmal zu und marschierte dann in Richtung U-Bahn.

Hackebeil

»Dr. Axt, ich hab da was gefunden, das sollten Sie sich vielleicht mal anschauen.«

Montag morgen war Max zunächst hinunter in die Grube gegangen, hatte die Fundstelle erneut freigelegt und noch etwas Schiefer um die kleine Knochenreihe entfernt. Dabei hatte er noch eine weitere Reihe kleiner Knochen gefunden, fast parallel zu der ersten. Anschließend war er ohne besondere Eile nach oben gelaufen, um Hackebeil zu benachrichtigen.

»Tut mir leid, ich kann jetzt nicht, Max. Bin gerade beim Röntgen«, sagte Axt, ein eher kleiner, aber kräftig gebauter Mann mit kurzgeschorenen Haaren und einem schräg nach vorne ragenden Unterkiefer, der Max heute aus irgendeinem Grunde provozierte.

»In einer halben Stunde komme ich runter, okay? Machen Sie nur weiter.«

»Hm.«

»Was ist es denn?« rief Axt aus dem kleinen Nebenraum, in dem er gerade verschwunden war.

»Keine Ahnung. Woher soll ich das wissen? Das müssen Sie schon selbst beurteilen«, antwortete Max so übellaunig, daß Axt überrascht um den Türpfosten blickte. »Na gut, ich beeile mich. In einer halben Stunde, ja?«

Max zuckte mit den Achseln und machte sich wieder auf den Weg. War ihm doch egal, ob Hackebeil jetzt, in einer halben Stunde oder überhaupt nicht kam.

Axt schaltete den Schirm an und betrachtete das, was in der unter dem Röntgengerät im Nachbarraum liegenden Schieferplatte verborgen war. Eine Schildkröte, schlecht erhalten und an mehreren Stellen auseinandergebrochen. Er hatte sich schon so etwas gedacht. Wenn man hier so viele Jahre gearbeitet hatte wie er, bekam man ein Gefühl dafür, ob ein Fund etwas hergab oder nicht. Der hier war es jedenfalls vorerst nicht wert, genauer untersucht zu werden. Vielleicht würden sie später für irgendwelche spezielleren Fragestellungen darauf zurückkommen, aber was das Skelett anging, bot dieser Fund nicht viel. Da hatten sie wesentlich Besseres auf Lager. Sie fanden so viele Fossilien, und die Präparation der Funde war so kompliziert und zeitaufwendig, daß sie es sich nicht leisten konnten, jedes Fossil freizulegen. Das hier kam jedenfalls ganz unten auf ihre Prioritätenliste und würde im Magazin enden, zusammen mit Hunderten von weiteren Stücken, die zu unbedeutend waren, um es bis zum Museumsschaustück zu bringen.

Das Sensationelle an der Grube Messel war zugleich eines ihrer größten Probleme: Es gab einfach zu viele Fossilien. Ein Kollege hatte kürzlich ernsthaft für einen Grabungsstopp plädiert, weil jetzt schon absehbar war, daß ihre Lagerkapazitäten bald erschöpft sein würden, wenn es so weiterging. Und *daß* es so weiterging, bezweifelte hier niemand. In Messel war wesentlich mehr zu holen als nur ein paar klägliche Pflanzenreste, hier ging es nicht nur um die Bergung einzelner versprengter Knochentrümmer wie andernorts. Ein ganzer See mit allem, was darin und an dessen Ufern gelebt hatte, war hier im Boden verborgen, Arbeit für Generationen von Wissenschaftlern. Im Laufe der Jahre hatten sie über dreißig Säugetierarten gefunden, dazu etliche Vögel, Fische, Reptilien und Amphibien, Insekten und viele Pflanzen. Oft waren sogar Haare, Federn und Weichteile wie Flughäute und Ohrmuscheln als dunkle Umrisse im Schiefer zu erkennen, so daß man eine recht genaue Vorstellung von dem Aussehen der Tiere gewinnen konnte. Mitunter ließ sich aus dem hervorragend erhaltenen Mageninhalt der Fundstücke ablesen, wer was oder wen gefressen hatte. Auch die zahlreichen Koprolithen lieferten dazu wertvolle Hinweise.

Mit Hilfe dieser vielfältigen Informationen versuchten sie dann, sich ein Bild von dem Leben an einem prähistorischen Gewässer zu machen, die komplexe Ökologie eines versunkenen tropischen Sees zu rekonstruieren, der einmal mitten in Europa gelegen hatte. Eine einmalige und faszinierende Aufgabe für einen Paläontologen, ein Privileg, wie es nur wenigen seiner Berufskollegen vergönnt war, darüber war Axt sich im klaren. Ausgesprochen langweilige oder gar unappetitliche Forschungsrichtungen gab es in seinem Fachgebiet zuhauf, und er überließ sie gerne anderen, etwa den bedauernswerten Kollegen, die sich mit der relativ jungen Wissenschaft der Aktuo-Paläontologie beschäftigten. Schon diese Bezeichnung drehte einem den Magen um, die Arbeit, die dahintersteckte, erst recht.

Aktuo-Paläontologen untersuchten den Verlauf und die Beeinflußbarkeit von Verwesungsvorgängen. Mit anderen Worten: Sie töteten Tiere, ließen die Leichen verrotten und protokollierten minutiös den Zerfallsverlauf, beobachteten, wie sich der Leib ihrer Studienobjekte durch Fäulnisgase aufblähte, platzte und dadurch in charakteristischer Weise die Lagebeziehungen der Bekken- und Wirbelknochen verändert wurden. Sie konnten sagen, welche typischen Kennzeichen ein Skelett besaß, das vor seiner Konservierung noch tage- oder wochenlang als Wasserleiche auf der Oberfläche eines Sees herumgetrieben war. Das mochten sehr wertvolle Informationen sein, die gerade ihnen hier in Messel zugute kamen, aber – bei allem Respekt vor der Leistung seiner Kollegen – Axt war doch froh, daß er mit dieser Art von Erkenntnisgewinnung nichts zu tun hatte. Der Fossilienkunde mochte insgesamt ein gewisser Hang zur Nekrophilie anhaften, aber das ging ihm doch zu weit.

Hier in Messel hatten sie mit ganz anderen, viel handfesteren Problemen zu kämpfen, etwa dem hohen Wassergehalt der Fossilien, der die Präparation und Konservierung der Funde ungemein erschwerte. Grabungsräuber konnten große Schäden anrichten. Einige der schönsten Messeler Fundstücke befanden sich in Privathand, ein Skandal.

Axt schaltete das Röntgengerät aus und ging in einen anderen Raum, um seine Gummistiefel anzuziehen. Er winkte Kaiser und Lehmke zu, den beiden Präparatoren, die über Fundstücke gebeugt an ihren Arbeitstischen saßen. Man hörte das Summen der Sandstrahlgebläse, mit denen sie das Kunstharz von den umgebetteten Präparaten entfernten, das Pusten der Sprühflaschen, mit denen die empfindlichen Fossilien feucht gehalten wurden.

»Ich geh mal runter in die Grube«, sagte Axt. »Max hat was gefunden.«

Trotz der Hitze draußen tat es gut, ein paar Schritte zu Fuß zu gehen. Von dem vielen Sitzen bekam er neuerdings regelmäßig Kreuzschmerzen. Obwohl er das eigentlich nie für möglich gehalten hatte, kam er langsam in das Alter, wo man sich mit solchen Problemen herumzuschlagen hatte. Marlis begann ihn schon aufzuziehen wegen seiner zahlreichen Wehwehchen.

Er trat durch die Eingangstür ins Freie und schlug den etwa dreißigminütigen Weg zu den Ausgrabungsstellen ein. Als er an dem hohen Maschendrahtzaun ankam und durch das Tor das eigentliche Grubengelände betrat, fiel sein Blick unwillkürlich auf die andere Seite, dorthin, wo sie den nordöstlichen Zufluß des ehemaligen Sees vermuteten. Das Gewässer hatte damals zwei Zuflüsse gehabt, darüber bestand nach den neuesten Ergebnissen kein Zweifel mehr. Die Funde bestimmter lachsähnlicher Fische und der feinen Gehäuse von Köcherfliegenlarven, deren heutige Verwandte auf schnell fließende Gewässer beschränkt waren, häuften sich in der Nähe dieser Zuflüsse. Die letzten Zweifel hatte sein Kollege Lutz vor kurzem zerstreut, als er eine wunderbare Arbeit über die dort gefundenen fossilen Larven des Käfers *Eubrianax* veröffentlichte. Die heute in Afrika lebenden Verwandten dieses Käfers waren hochspezialisierte Bewohner der Geröllbereiche von Stromschnellen und felsigen Brandungszonen. Stehende Gewässer mieden sie. Der perfekte Erhaltungszustand der fossilen Käferlarven deutete darauf hin, daß ihr damaliger Lebensraum in unmittelbarer Nähe des Sees gelegen haben mußte. Das Ganze war ein Musterbeispiel für eine mit beinahe kriminalistischer Akribie ermittelte Indizienkette. Außerdem zeigte es, wie wichtig gerade die kleinen, unscheinbaren Fundstücke sein konnten, wenn man sie nur im richtigen Zusammenhang betrachtete und die richtigen Fragen stellte.

Zumindest zeitweise war der Messel-See Teil eines großen zusammenhängenden Gewässersystems. Dafür sprachen auch die Verteilungsmuster unterschiedlicher Kleinfossilien, die als Ergebnis einer über größere Strecken hinweg wirksamen Frachtsonderung im Schiefer lagen, als hätte sie dort jemand fein säuberlich nach Größe und Gewicht sortiert. Auch die charakteristischen Rundungen kleiner Holzstückchen, die sich eindeutig auf Abrollungserscheinungen zurückführen ließen, sprachen für relativ weite Transportwege. Und wie der Fund eines Aals bewies, hatte dieses System sogar Verbindung zum Meer. Aale wurden im Meer geboren und kehrten zu Fortpflanzung und Tod aus den

Flüssen und Seen des Festlandes wieder dorthin zurück. Das war im Tertiär nicht anders als heute.

Fossilien waren weit mehr als nur tote Knochen. Schon als Kind hatte er davon geträumt, in abgelegenen Gegenden der Welt nach Zeugnissen vergangener Erdzeitalter zu suchen, vorzugsweise natürlich nach Dinosauriern oder Frühmenschen. Das waren nun mal die Fossilien schlechthin. Jetzt, als Erwachsener, grub er zwar nicht in der Wüste Gobi oder im afrikanischen Rift-Valley, und er fand auch keine Saurierknochen oder *Australopithecus*-Schädel, aber die Grube Messel, von deren Existenz er als Kind gar nichts gewußt hatte, bot in gewisser Hinsicht viel mehr als diese exotischen Schauplätze seiner Jungenträume.

Fossilien waren der Schlüssel, das Tor zu einer versunkenen Welt. Man mußte sich nur lange und intensiv genug mit ihnen beschäftigen, dann stand dieses Tor irgendwann sperrangelweit offen. Er wußte mittlerweile so viel über diese versunkene Messeler Welt, daß sie für ihn in seltenen, kostbaren Momenten fast real wurde.

Manchmal, wenn er wie jetzt hinunter zur Grube lief und auf den alten Seezufluß blickte, war ihm, als hörte er das Rauschen des Wassers in den Stromschnellen, als sähe er eine grüne Dschungelwand emporragen, aus der seltsame Rufe zu ihm drangen. Er sah die Seerosen und die Palmen, und er roch die aus den Tiefen des Sees aufsteigenden Faulgase. Ohne den See je erblickt zu haben, glaubte er doch genau zu wissen, wie er vor so Millionen Jahren ausgesehen hatte, lange, bevor an Menschen überhaupt zu denken war. Seine Visionen, oder wie immer man es nennen sollte, waren völlig unberechenbar und geradezu unheimlich. Er konnte ihr Erscheinen in keiner Weise erzwingen, obwohl er das gelegentlich gerne getan hätte. Sie kamen, wenn er am wenigsten damit rechnete, und verschwanden, sobald er versuchte sie festzuhalten. Möglicherweise ging es seinen Kollegen, die sich ebenso intensiv damit beschäftigten, ähnlich, aber er hatte sich nie getraut, jemanden darauf anzusprechen. Irgendwie war ihm das peinlich. Diese seltenen Momente waren sein Geheimnis und wahrscheinlich – das würde ihn im Grunde nicht wundern – schlicht und einfach ein fachgebietstypisches Zeichen von Überarbeitung.

Als er diesmal zur Grube hinunterlief, geschah jedoch nichts dergleichen. Statt dessen sah er schon von weitem Max und Rudi als kleine Farbtupfer unten im schwarzen Schiefer stehen. Max hatte einen guten Riecher für seltene Fundstücke, und wenn er ihn hinunterrief, mußte es sich um etwas Ungewöhnliches handeln. Wie er mit den üblichen Fundstücken umzugehen hatte, wußte Max selbst. Allerdings hatte er heute morgen mufflig gewirkt und war vielleicht zu seltsamen Scherzen aufgelegt.

Axt war ziemlich humorlos, was Wissenschaft anging. Wissenschaft war eine todernste Angelegenheit, besonders seine. Ein einziges Fundstück konnte Theoriegebäude zum Einsturz bringen, die weit über die Zoologie hinausgingen. Da hörte der Spaß auf. Der 1974 gefundene Ameisenbär zum Beispiel hatte eine solche Erschütterung ausgelöst. Es hätte ihn hier eigentlich gar nicht geben dürfen. Es war der erste und einzige fossile Ameisenbär außerhalb Südamerikas. Derartige Funde stellten viele der Vorstellungen in Frage, die sich man bisher über die Wanderungen urzeitlicher Lebensformen gemacht hatte, und möglicherweise ließen sich daraus sogar ganz neue Ideen über die Lage der Urkontinente und ihre Verbindungen untereinander ableiten.

Als er dann neben Max und Rudi vor den kleinen Knochen stand, durchzuckte ihn zunächst ein ganz und gar lächerlicher Gedanke: Sieht aus wie Finger, dachte er, menschliche Fingerknochen, aber das war völlig abwegig. Nein, Fingerknochen konnten das nicht sein, aber er wußte sofort, daß es sich um einen ganz außergewöhnlichen Fund handeln mußte.

»Gut, daß Sie mich gerufen haben, Max«, sagte er, nur mühsam seine Erregung kontrollierend. »Das ist was Besonderes.«

»Wußt ich's doch.« Max zeigte ein stolzes Lächeln und boxte Rudi in die Seite.

Durch vorsichtiges Anheben der schweren oberen Schieferplatte versuchten sie gemeinsam herauszufinden, wie groß das Skelett war.

»Das gibt es doch gar nicht!« rief Axt verblüfft aus. Der Fund schien fast zwei Meter lang zu sein. Man erkannte es unter anderem an der leichten Aufwölbung des Schiefers. Wenn das stimmte, dann war dies eines der größten Skelette, die hier unter seiner Leitung jemals gefunden worden waren. Axts Puls begann zu rasen. Vielleicht standen sie vor einer Sensation, dem Höhepunkt seiner bisherigen Arbeit. Man mußte in Messel auf die größten Überraschungen gefaßt sein. Niemand konnte wissen, was in dieser großen schwarzen Gesteinsmasse alles verborgen lag. Möglicherweise warteten dort nicht nur sanfte Erschütterungen, sondern kapitale Erdbeben auf die Welt der Wissenschaft, und er, Helmut Axt, wäre dann gewissermaßen das Epizentrum.

Wahrscheinlich ein Krokodil, dachte er und versuchte, durch viele leidvolle Erfahrungen gewarnt, seine allzu ungezügelt aufkommende Euphorie zu bremsen.

Aber auch für ein Krokodil wäre das ein ziemlich kapitaler Bursche. Krokodile waren die größten Tiere, die damals hier gelebt hatten, eine uralte Tiergruppe, Vettern und Zeitgenossen der Dinosaurier, und obwohl sie diese um Jahrmillionen überlebt hatten, in der Öffentlichkeit bei weitem nicht so hoch angesehen. Etwas anderes kam eigentlich kaum in Frage. Genaueres würde er allerdings erst wissen, wenn er das Fundstück unter dem Röntgengerät hatte.

Es konnten auch mehrere Skelette sein, die dicht beieinanderlagen. Oder ein Raubtier, das gerade sein Opfer verschluckte. Er selbst hatte einen Raubfisch gefunden, der an einem viel zu großen Beutetier jämmerlich krepiert war. Für die quasi im Maul verklemmte Beute hatte es kein Vor und Zurück mehr gegeben, und der Räuber war entweder verhungert oder erstickt.

Mit knackenden Knien richtete Axt sich wieder auf und sagte: »Wir müssen die Platte heraustrennen und vorsichtig nach oben schaffen.«

»Klar, Chef.«

»Aber paßt auf, daß nichts kaputt geht.«

»Logisch«, sagte Max und verdrehte die Augen.

Axt schickte Rudi in die Station, um schwereres Werkzeug und Unterstützung zu holen. Der anfallende Abraum mußte ebenfalls sorgfältig untersucht werden. Um ja nichts zu zerstören, trennten sie in stundenlanger Arbeit mit Spaten, Stemmeisen und Motorsäge einen großen Quader heraus, etwa siebzig Zentimeter breit, zwanzig Zentimeter dick und gut zwei Meter lang. Der schwarze Gesteinsblock ruhte auf einem Schiefersockel. Mit klopfendem

Herzen stand Axt schließlich am späten Nachmittag vor dem Ergebnis ihrer Arbeit, das aussah wie ein archaisches Monument. Es war atemberaubend.

Ihr größtes Problem bestand darin, die schwere Schieferplatte mit dem unschätzbar wertvollen Inhalt unversehrt nach oben in die Station zu transportieren. Für derartige Dimensionen waren sie nicht ausgerüstet. Die meisten ihrer Funde ließen sich bequem in Plastiktüten nach oben tragen. Sie mußten sich etwas einfallen lassen. Ohne einen Kran oder etwas Entsprechendes kamen sie nicht weiter. Außerdem war es spät geworden. Schweren Herzens brach Axt die Bergung ab und schickte seine Mitarbeiter nach Hause.

Ratlos umkreisten sie am nächsten Tag den aufgebahrten Quader wie eine Horde tanzender Wilder, die um Regen bitten.

Plötzlich hatte Max eine Idee. Er erinnerte sich an ein Türblatt, das schon ewig im Keller der Station stand. Wenn sie es unter den Quader schieben könnten, bestände keine Gefahr, daß der Fund beim Transport auseinanderbrach. Aber wie?

Sabine Schäfer, die Fledermausexpertin, schlug schließlich vor, bei den Leuten von der Müllkippe nachzufragen, ob sie nicht einen kleinen Kran hätten, den sie für die Bergung zur Verfügung stellen könnten.

Axt verzog widerwillig das Gesicht. Er konnte diese Typen nicht ausstehen. Menschen, die die Grube Messel mit Müll vollkippen wollten, zeigten in seinen Augen ein derart erschreckendes Ausmaß an Ignoranz, daß es ihm regelrecht die Sprache verschlug. Man stelle sich vor, die ägyptische Regierung käme auf die Idee, das Grab der Könige zu einer Deponie für Sondermüll auszubauen oder in der Cheopspyramide einen Atombunker einzurichten. Er sah sich jedenfalls außerstande, diese Leute um irgend etwas zu bitten.

Sabine erklärte sich bereit, selbst hinüberzugehen und zu fragen. Vielleicht konnte sie mit weiblichem Charme etwas ausrichten. Als sie eine Stunde später zurückkam, hatte sie überall rote Flecken im Gesicht, und ihre Nase schien noch spitzer geworden zu sein.

»Na?« fragte Axt. »Wie ist es gelaufen?«

»Beschissen«, fauchte sie. Ihre Augen funkelten wie zwei Warnlampen. »Aber wir kriegen unseren Kran.«

»Oh, damit habe ich wirklich nicht gerechnet.«

»Es war auch ein hartes Stück Arbeit«, sagte sie und warf einen giftigen Blick zu den Gebäuden der Mülldeponie hinüber. »Ich glaube, die hätten es am liebsten gesehen, wenn ich ihre Stiefel geleckt hätte und vor ihnen auf Knien auf dem Boden herumgerutscht wäre. Widerliche Typen. Scheißfreundlich, aber dieses arrogante Grinsen war einfach unerträglich.« Sie schüttelte sich.

Axt schaute sie mitfühlend an. »Mach dir nichts draus! Du hast doch erreicht, was du wolltest.«

»Ja, aber erst am Freitag. Sie sagen, daß sie den Kran die ganze Woche über selbst brauchen. Dabei steht das Ding dahinten nur rum.«

»Hm, vielleicht ist er kaputt.«

»Quatsch! Die wollen uns nur zappeln lassen.«

Nach kurzer Diskussion entschieden sie, den Schieferquader mit einem primitiven Zelt aus Plastikplanen vor Witterungseinflüssen zu schützen. In dem Zelt konnten sie das Fossil schon für den Transport vorbereiten. Um den Schieferblock wurde ein Holzrahmen gebaut und dieser anschließend mit Polyurethan ausgeschäumt.

Am Freitag morgen warteten sie zunächst vergeblich auf den versprochenen Kran. Sie bauten das Zelt wieder ab, und Max war nach oben gelaufen, um das Türblatt aus dem Keller zu holen. Es lehnte jetzt gegen den wieder freigelegten Schieferblock, und die ganze Gruppe stand eine Weile wie Falschgeld herum und starrte unschlüssig zur Deponie hinüber.

Axt kochte vor Wut. Genau das hatte er befürchtet. Es war unfaßbar, welchen Demütigungen sie ausgesetzt waren. Nicht genug, daß es ihnen an allen Ecken und Enden an Geld fehlte und sie mitunter gezwungen waren, wegen lächerlicher Etatposten einen entwürdigenden Eiertanz aufzuführen, jetzt waren sie auch noch auf die Hilfe der Leute angewiesen, die eine der berühmtesten Fossilienlagerstätten der Welt unter Tonnen von Joghurtbechern und Bananenschalen verschwinden lassen wollten. Da tröstete es ihn wenig, daß es auch anderen Fundstätten nicht viel besser ergangen war. Die französischen Kollegen aus Montceau-les-Mines konkurrierten zum Beispiel jahrelang mit einem Tagebauunternehmen. Unter der Woche schabten die Bagger meterdicke Kohleschichten von den Hängen, und an den Wochenenden schwärmten dann die Paläontologen aus, um noch zu retten, was zu retten war. Als sich der Kohleabbau nicht mehr lohnte, wurde die ganze Grube einfach zugeschüttet, ein mehr als klarer Hinweis, wieviel den Menschen die Erforschung der Vergangenheit wert war. Den Schweizern vom Monte San Giorgio oberhalb des Luganer Sees erging es noch schlimmer. Der dortige Tonschiefer wurde kurzerhand zermahlen und als Rheumaheilmittel verkauft. Weil sich in dem Schiefer so viele Dinosaurierknochen fanden, wurde das Präparat *Saurol* genannt. Ein schwacher Trost. Dort hatte man zum Beispiel die Giraffenhalsechse *Tanystropheus* gefunden mit ihren grotesk verlängerten Halswirbelknochen.

Irgendwann stöhnte Sabine auf und sagte: »Ich geh noch mal rüber.« Man sah, daß es ihr schwerfiel, aber sie hatte Erfolg. Eine halbe Stunde später war der Kran endlich an Ort und Stelle. Man hatte sie schlicht vergessen.

Im Führerhaus saß ein mürrischer, zigarettenrauchender Kerl, der sich Mühe gab, so uninteressiert und gelangweilt wie nur möglich zu wirken. Er drängelte ununterbrochen, schaute alle fünf Minuten auf die Uhr und quittierte ihr übervorsichtiges Treiben mit spöttischem Grinsen oder genervtem Stöhnen. Sie versuchten nicht darauf zu achten.

Es gelang ihnen, den Quader mit Hilfe des Krans leicht anzuheben. Dann schoben sie vorsichtig, Zentimeter für Zentimeter, die Holzplatte unter den Gesteinsblock.

Das Türblatt samt Schieferplatte schwebte hoch in der Luft. Es schaukelte bedenklich. Axt konnte nicht hinsehen, so aufgeregt war er. Wenn sie nun herunterfiel oder irgendwie aus dem Gleichgewicht kam und von der glatten Holzplatte rutschte. War dieser kleine Kran für solche Gewichte überhaupt ausgelegt? Er sah sich schon am Boden herumkriechen und die Bruchstücke einsammeln.

Aber alles lief reibungslos, und wenige Minuten später befand sich die schwere Last auf dem knarrenden Anhänger des Stationstreckers. Gut eingepackt in feuchtes Zeitungspapier und von je einem Mann an den Ecken bewacht, machte sich der Schieferblock hinter dem von Max gesteuerten Trecker auf den gefahrvollen, weil unebenen Weg in die Station. Dort wurde unterdessen in fieberhafter Eile Platz geschaffen. Kurz nach fünf Uhr am Nachmittag wuchtete der Kran den Schieferquader vor der Station auf einen Rolltisch, der unter der ungewohnten Last bedenklich ächzte und anschließend durch die große Flügeltür in den ebenerdig gelegenen Präparationsraum geschafft wurde.

Es herrschte eine fühlbare knisternde Spannung im Haus. Die Luft war wie elektrisiert. Keiner wollte sich auf den Heimweg machen, bevor nicht klar war, was sie da gefunden hatten. Ernüchterung trat ein, als sie den Tisch in den Röntgenraum fahren wollten, denn er paßte weder durch die Tür noch unter das Röntgengerät, das nur für Objekte von maximal zwei Metern Länge ausgelegt war. In der ganzen Aufregung hatte niemand daran gedacht. Axt überlegte einen Moment, dann erklärte er die Aktion erst einmal für beendet und verschob alles weitere auf Montag. Aufgeregt diskutierend verabschiedeten sich alle vor der Eingangstür der Station. So etwas erlebte man auch in der Grube Messel nicht alle Tage.

Gorgo

Michas überraschendes Zusammentreffen mit Tobias hatte ihn in eine seltsame Stimmung versetzt. Plötzlich drängten längst vergessen geglaubte Erinnerungen an die Oberfläche, tauchten Gesichter und Namen auf. Unangekündigt und in den seltsamsten Momenten waren sie da und begannen ein Eigenleben zu führen.

Er kramte aus irgendwelchen Schuhkartons uralte Klassenfotos heraus, die er sich schon eine Ewigkeit nicht mehr angesehen hatte. Hinten in der letzten Reihe erkannte er Ulrike mit ihren Zöpfen, sein großer Schwarm.

Viele der Erinnerungen, die ihn beschäftigten, hatten natürlich mit Tobias zu tun. Sein Freund war innerhalb der Klasse anfangs einigem Gespött und Gehänsel ausgesetzt gewesen, zumal er mit

Nachnamen auch noch Haubold hieß, was von einigen der Jungs offenbar als Aufforderung mißverstanden wurde. Es dauerte aber nicht lange, bis er sich auch bei viel größeren und kräftigeren Klassenkameraden Respekt verschafft hatte. Tobias war ein ausgesprochen unangenehmer Gegner, den man auf Grund seiner Konstitution zwangsläufig unterschätzte und gegen den eben auch die stärksten Jungen der Klasse nur schlecht aussehen konnten. Tobias war ungeheuer schnell und mutig und ging, wenn es denn sein mußte, keiner Auseinandersetzung aus dem Weg.

Es war kurz vor Weihnachten gewesen, als er auf ihn aufmerksam wurde. Bei ihren Lehrern schien ein besänftigender, die Menschen milde und versöhnlich stimmender Weihnachtseffekt noch irgendwie zu funktionieren, denn in einem wahren Ausbruch von Menschenfreundlichkeit hatten sich zu dieser Zeit die Schulstunden gehäuft, in denen Filme gezeigt, irgendwelche Jugendanekdoten erzählt oder sonstige, normalerweise undenkbare Aktivitäten entfaltet wurden. Merkwürdigerweise spielten gerade die Lehrer, welche die höchste Autorität genossen, in der Weihnachtszeit verrückt.

Ihr Biologielehrer Kusch präsentierte ihnen damals ein Buch, das in einem renommierten Wissenschaftsverlag erschienen war und über die sehr eigentümliche Fauna einer erst jüngst entdeckten Südseeinsel berichtete. Als neues Paradebeispiel für das Wirken der Evolution, so wie die berühmten Darwinfinken der Galápagosinseln, wurden dort Tiere gezeigt, die sich allesamt durch ausgesprochen ungewöhnliche Ausbildungen ihrer Nasen auszeichneten. Einige dieser sogenannten *Rhinogradentia* hangelten sich mit Hilfe ihrer Riechorgane durch die Baumkronen, andere fingen ihre Beute, indem sie diese mit Nasen anlockten, die wie Blüten aussahen. Das Buch wirkte absolut seriös. Die neuentdeckten Tierarten wurden ausführlich beschrieben und sogar in Zeichnungen dargestellt.

Die Klasse war zwischen Zweifel und Begeisterung hin und her gerissen, und noch lange bis in die nächste Pause zogen sich erregte Diskussionen, was denn nun davon zu halten war. Ein Teil nahm alles für bare Münze, wobei der absolut seriöse Verlag das Hauptargument darstellte (»Die würden nie so 'n Buch herausbringen, wenn da was nicht stimmen würde.«), während eine andere Gruppe vehement dafür plädierte, daß das Ganze ein Scherz sei (»so 'n Quatsch, die wolln uns verscheißern«).

Zu letzterer Gruppe gehörte auch Tobias. Es war selten, daß er sich so lautstark in eine Diskussion einschaltete, aber diesmal kämpfte er für seine Position und führte als das alles entscheidende Argument die Tatsache an, daß die Südseeinsel und damit die Heimat dieser Witzfiguren laut Buchtext kurz nach Abreise der Expedition als Folge eines Vulkanausbruchs untergegangen sein sollte. Das Ganze sei also gar nicht mehr nachprüfbar.

Auf dem Heimweg schlenderte Micha durch die Alleen im Charlottenburger Westend. Ihm fiel ein Junge mit einer blauen Pudelmütze auf, der etwa zwanzig Meter vor ihm dahinbummelte und gelegentlich mit Schneebällen in imponierender Treffsicherheit nach Baumstämmen warf. Als Micha ihn einholte, erkannte er Tobias. Zuerst zuckte er vor Schreck zurück, er erinnerte sich noch genau daran. Tobias war ihm noch nie auf dem Heimweg begegnet, und außerdem mochte er ihn nicht besonders, weil er auch zu den Schlappschwänzen gehörte.

»Gehst du immer hier lang?« fragte Micha feindselig. »Hab dich hier noch nie gesehen.«

»Manchmal!« Tobias grinste von einem Ohr zum anderen und zeigte seine groteske Zahnreihe.

Er steuerte eines der Autos an, knetete sich einen neuen Schneeball, und schon waren sie in eine heftige Schlacht verwickelt. Sie litt allerdings unter starkem Nachschubmangel, da der Dreck, der noch auf der Straße lag, kaum schneeballtauglich war.

Sie tobten eine Weile herum, bis die Schneebeschaffung zu mühselig wurde.

»War lustig heute die Biostunde, ne?« meinte Tobias plötzlich und warf die letzten Schneereste, die er noch in der Hand hielt, auf den Boden.

»Ja, ganz nett«, sagte Micha gelangweilt, aber in Wirklichkeit war er natürlich begeistert gewesen und noch immer ganz aufgeregt, wenn er an die Stunde zurückdachte.

»Zum Piepen, wie viele auf Kusch reingefallen sind. So ein Blödsinn, *Rhinogradentia, Nasobeme*, wo gibt's denn so was.« Als er »Nasobeme« sagte, hielt er sich die Nase zu, so daß das Wort noch merkwürdiger klang. Micha mußte lachen. Aber, daß Tobias so sicher schien, ärgerte ihn irgendwie.

Sie schlenderten langsam weiter. Nach einer Weile hielt er es nicht mehr aus, blieb stehen und stemmte die Fäuste in die Hüften. »Erzähl mir bloß nicht, daß du nicht auch irgendwann mal an die Geschichte geglaubt hast.«

»Nur ganz am Anfang! Ehrlich! Aber als ich dann die erste Zeichnung gesehen habe, war ich mir sicher.«

»Ich mir auch«, fügte Micha schnell hinzu, damit ja nicht der Eindruck entstand, er sei auf diesen Kinderkram hereingefallen.

»Aber toll ist so was schon«, sagte Tobias schwärmerisch.

»Was meinst du?«

»Na, so eine Expedition auf eine unbekannte Insel.«

»Ja, das ist toll«, antwortete Micha wie aus der Pistole geschossen und grinste. So eine Expedition war wirklich das Größte.

»Kennst du die Geschichte von King Kong? Der hat auch auf so einer unbekannten Insel gelebt.«

»Klar kenn ich King Kong.« Er hatte den alten Schwarzweißstreifen vor kurzem in der Kindervorstellung ihres Eckkinos gesehen.

Als Micha jetzt daran zurückdachte, fiel ihm auf, daß der Film ihn als Kind wegen seiner phantastischen Geschichte gepackt hatte. Die Abenteuer und Entdeckungen auf der unbekannten Insel hatten ihn ungemein fasziniert. Trotz aller tricktechnischen Perfektion interessierten ihn an dem modernen Remake des Films in erster Linie die seidig schimmernden Schenkel von Jessica Lange und ihr hinreißend dümmliches Lachen.

Plötzlich bekam Micha eine Gänsehaut. Dieses kurze Gespräch war der Beginn ihrer Freundschaft gewesen, und doch hatte es schon so vieles von dem, was ihre Beziehung später ausmachen sollte. Er sah Tobias vor sich, wie er mit weit ausholenden Bewegungen seiner dünnen Ärmchen die gigantischen Dimensionen eines Kampfes von Wal und Krake andeutete, über den er gerade gelesen hatte, die Lichtblitze der Tintenfische, das weit aufgerissene Maul des Pottwals. Dieser unscheinbare, schmächtige Junge verfügte über eine Begeisterungsfähigkeit, die ihn mitreißen konnte. Er war der unerschütterlichen Überzeugung, daß er die

Abenteuer und Entdeckungen, die sie sich gemeinsam ausmalten, wirklich erleben würde. Aus ihm mußte einfach ein Entdecker und Wissenschaftler werden, wie ihn die Welt noch nicht gesehen hatte. Es dauerte nicht lange, da durchstreiften sie zusammen die Eiswüsten der Pole und die Hölle des tropischen Regenwaldes, erforschten den Verlauf von Meereshöhlen, landeten auf fremden Planeten und entdeckten neue Lebensformen.

Bei alledem behielt Micha jedoch immer einen Rest zurückhaltender Skepsis bei, die Tobias völlig fremd war. Als hätte er Angst gehabt, sich zu sehr auf die Phantasien seines neuen Freundes einzulassen, wappnete er sich zeitweilig mit einer mürrischen Abwehrhaltung, indem er Tobias' Vorschläge mit einem »So 'n Quatsch«, »Du spinnst« oder »Das glaubste doch selbst nicht« kommentierte, um ihm im nächsten Moment wieder begeistert nachzurennen und eine hinter einer Nebelwand auftauchende Vulkaninsel zu erforschen.

Mit dem Anbrechen der wärmeren Jahreszeit begannen sie immer häufiger, Ausflüge in den Grunewald zu unternehmen oder die damals noch sehr viel abenteuerträchtigere Umgebung ihres Stadtbezirks zu erkunden. Das Entsetzen und die Freude hätten kaum größer sein können, als sie zum ersten Mal ein völlig verwildertes Trümmergrundstück durchstreiften, im Hintergrund als dramatische Kulisse eine große, zerfallene Ruine, und plötzlich auf einen Haufen weißgebleichter Knochen stießen. Die Schädel waren mit Sicherheit tierischen Ursprungs, wahrscheinlich von Pferden oder Rindern, aber die Knochen ... Immer wieder spekulierten sie, ob nicht auch Menschenknochen darunter waren, ob sie die Überreste eines abscheulichen Verbrechens, Opfer eines Bombenangriffs oder doch nur Pferdeknochen vor sich hatten.

Als ihnen eine Schulstunde die Archäologie näherbrachte, beschlossen sie sofort, bei ihren Expeditionen auch solche Aspekte mit zu berücksichtigen. Sie waren ja schließlich keine Fachidioten. Als sie kurze Zeit später einmal von der Lietzenseebrücke in das flache Wasser schauten, entdeckten sie am Grund des Sees einige Steinbrocken, die eindeutig Teile einer Statue oder etwas Ähnlichem darstellten. Zweifellos handelte es sich um Bruchstücke des steinernen Brückengeländers, aber sie waren überzeugt, eine bedeutende Entdeckung gemacht zu haben, welche die Altertumswissenschaft revolutionieren würde. Tobias grübelte noch tagelang darüber nach, wie sie nur die großen Brocken aus dem See bergen könnten.

Es war wieder eine dieser Weihnachtsschulstunden, in der Kusch einen Film mit dem vielversprechenden Titel *Reise in die Urwelt* zeigte. Sie waren völlig aus dem Häuschen.
Eine Reise in die Urwelt!
Daß sie darauf noch nicht gekommen waren! Dagegen waren ja die Pferdeknochen auf ihrem Trümmergelände geradezu Pipifax.

Und diese Tiere! Natürlich ganz besonders die Saurier! Nie würde er den Kampf zwischen dem riesigen *Tyrannosaurus* mit seinem furchtbaren Gebiß und dem armen *Stegosaurus* vergessen. Den in Knochenäxten endenden Schwanz hatte er dem übermächtig scheinenden Angreifer in die Eingeweide gerammt, ihn sogar in die Flucht geschlagen und war doch qualvoll an seinen furchtbaren Wunden zugrunde gegangen. Der Kampf der Giganten. Die Drachen in der Luft. Die riesigen Fleischberge in den Sümpfen. Aber auch die Säbelzahntiger, die Mammuts, die Riesenlibellen. All das sollte es auf diesem Planeten wirklich gegeben haben? Es war unglaublich, unfaßbar.

Während Micha nur hingerissen, fasziniert und begeistert war, reagierte Tobias zunächst wie geschockt, redete in der Schule kein Wort mit ihm und mied regelrecht seine Gegenwart. Später auf dem Heimweg verfiel er aber in eine Begeisterung, die alles, was Micha bisher bei ihm erlebt hatte, in den Schatten stellte.

»Wir müssen unbedingt diese Höhle finden«, sagte Tobias ein paar Tage später.

»So'n Quatsch! Das is irgend ne Höhle.«

»Nein, das ist ne besondere Höhle. Durch diese Höhle gelangt man in die Urwelt. Die vier Jungs im Film haben es doch gezeigt.«

»Du spinnst ja!«

So verliefen danach noch viele Diskussionen. Tobias behauptete irgend etwas, das der Film gezeigt hatte, Micha widersprach vehement, und Tobias schüttelte verständnislos den Kopf, wie er so etwas nur abstreiten könne, wo es doch im Film zu sehen war, von den Filmkameras eingefangen. Immer wieder dasselbe, es war zum Haare raufen.

Auseinandersetzungen dieser Art ließen ihre Freundschaft etwas abkühlen. Er ärgerte sich über Tobias, über seine verbohrte Naivität, und ging ihm für einige Zeit aus dem Weg. In diesem Fall war er nicht bereit, Tobias' Hirngespinsten zu folgen. Es war ein Spielfilm, nichts weiter. Er konnte einfach nicht nachvollziehen, warum Tobias ausgerechnet diesen Streifen so ernst nahm. *Gorgo, Das Ungeheuer von Loch Ness, Die Reise zum Mittelpunkt der Erde* oder *Godzilla* hatten doch auch nicht diese Wirkung gehabt.

Nach zwei, drei Wochen begann Micha, seinen Freund zu vermissen. Ihm fehlten die Anregungen, die scheinbar unerschöpfliche Phantasie, die ihn aus seinem Phlegma reißen konnte. Er langweilte sich, wußte nichts mit seiner Zeit anzufangen. Als er dann wieder auf Tobias zuging, tat dieser so, als wäre nichts geschehen. Ohne zu zögern hieß er ihn in seiner Welt willkommen, und Micha atmete erleichtert auf.

Dieser rasche Wechsel oder vielmehr dieses Durcheinander von Faszination und Mitleid, Begeisterung und Enttäuschung war für seine Beziehung zu Tobias charakteristisch gewesen. Jetzt war er sich allerdings nicht mehr so sicher, ob dieses Mitleid nicht zu einem beträchtlichen Ausmaß auch ihm selber gegolten hatte, wenn er sich ein Leben ohne den Freund vorstellte. Er brauchte ihn damals, und wenn auch nur, um sich wenigstens hin und wieder jemandem überlegen zu fühlen.

Eines Tages erzählte ihm Tobias, sein Vater dächte darüber nach, Berlin zu verlassen, um irgendwo in Westdeutschland eine neue Arbeit anzunehmen. Er erzählte das so, als ob alles noch ganz unklar sei und erst in ein paar Jahren akut werden könne, jedenfalls hatte diese Äußerung kaum Eindruck auf ihn gemacht. Vielleicht hatte er sich auch einfach nicht vorstellen können, daß man Tobias und ihn so einfach mir nichts, dir nichts auseinanderreißen könnte.

Um so überraschter war er dann, als er keine zwei Wochen später einen Anruf bekam. Seine Mutter war an den Apparat gegangen und hielt ihm nach einer Weile mit gekräuselter Stirn den Hörer hin. Am anderen Ende der Leitung war ein völlig aufgelöster Tobias, der ununterbrochen weinte und schluchzte, so daß er ihn kaum verstehen konnte. Aber eines wurde ihm klar: Tobias war mit seinen Eltern nach Stuttgart umgezogen und wollte ihm Lebewohl sagen. Dann wurde das Gespräch abrupt unterbrochen.

Dieser Anruf war das letzte, was er von Tobias gehört hatte. Bis jetzt.

Röntgenstrahlen

Axt war das Wochenende über allein zu Hause. Marlis war mit Stefan zu ihren Eltern nach Berlin gefahren. Der Junge war ganz vernarrt in seine Großeltern und hatte schon tagelang von nichts anderem mehr geredet. Sie gingen mit ihm in den Zoo, in den Zirkus oder ins Kino, alles Aktivitäten, zu denen sein chronisch überarbeiteter Vater nur mit Mühe zu bewegen war. Na ja, in ein paar Tagen fuhren sie für zwei Wochen nach Dänemark, in ein Ferienhaus. Vielleicht konnte er im Urlaub wieder etwas gutmachen.

Er saß im Wohnzimmer und blätterte in der Tageszeitung, aber mit seinen Gedanken war er im Präparationsraum der Senckenberg-Station und bei dem Schieferblock, den sie gestern geborgen hatten. Er war so unruhig, daß er sich kaum auf die Zeitung konzentrieren konnte. Irgendwann sprang er auf, warf die Zeitung auf den Glastisch, holte seine Jacke und verließ das Haus. Teufel noch mal, er hatte sich zwar vorgenommen, am Wochenende nicht zu arbeiten, aber dieses ungewöhnlich große Fundstück ließ ihm einfach keine Ruhe. Er mußte wissen, was sie da gefunden hatten. Er konnte nicht länger warten, nicht eine Minute.

Der Rolltisch mit dem Schieferquader stand mitten im Präparationsraum der Station, noch immer dick verpackt. Hier wirkte er noch größer als unten in der Grube. Axt kochte sich einen Kaffee und entfernte dann vorsichtig die Plastikfolie, das feuchte Zeitungspapier und den Holzrahmen. Bedeckt von einer dicken

Schicht Polyurethanschaum sah der Gesteinsblock aus wie ein rekordverdächtiges Tortenstück.

Er machte sich daran, den Schieferquader mit Hilfe einer Säge vorsichtig zu stutzen. Von allen Seiten trennte er Scheibchen für Scheibchen in mühevoller, zeitraubender Feinarbeit, zuerst so lange, bis der Tisch durch die Tür des Röntgenraumes paßte und dann nur noch am Fuß- und Kopfende, damit das Objekt sich unter das Gerät schieben ließ. Glücklicherweise stieß er bei dieser heiklen Arbeit auf keine Spuren des im Quader eingeschlossenen Fossils. Sie hatten beim Heraustrennen des Schieferblocks genügend Spielraum gelassen.

Als er das erste Mal auf die Uhr schaute, war es halb elf abends. Sollte er den Fund jetzt noch anschauen? Bis er alles aufgeräumt und zusammengepackt hatte, würde es halb zwölf sein, und er wäre nicht vor Mitternacht zu Hause. Er hatte den ganzen Tag über nichts gegessen und fühlte sich müde und abgespannt, nicht ganz in der Verfassung für einen so grandiosen Moment. Durch die stundenlange ruhige Arbeit hatte sich seine Aufregung etwas gelegt, und er konnte nun auch noch bis morgen warten. Es war ein gutes, befriedigendes Gefühl, sich diesen spannendsten aller Vorgänge aufzuheben, wie die Lieblingspraline, die man als letzte in der Packung zurückbehielt, um sie in einem besonders genußvollen Moment zu verspeisen.

Er befeuchtete den Schieferblock noch einmal gründlich von allen Seiten und wollte gerade wieder die Plastikfolie herumwickeln, als ihn plötzlich eine derart brennende Neugier überkam, daß er sich nicht mehr beherrschen konnte. Er kicherte in der nächtlichen Stille der verlassenen Station vor sich hin und schob den Tisch mit dem Schieferblock unter das Röntgengerät. Anschließend lief er hinüber in den kleinen Nebenraum, in dem sich der Schirm befand.

»So, jetzt der große Moment«, sagte er zu sich selbst, genoß es aber, den Augenblick noch etwas länger herauszuzögern. »*Und jjjjetzt!*«

Es waren noch ein paar Handgriffe nötig, bis ein einigermaßen scharfes Bild auf dem Schirm erschien, im ersten Moment nur ein undurchschaubares Gewirr von Knochen.

Das Bild traf ihn wie ein Blitzschlag. Axt wußte sofort, was er da sah, obwohl alles in ihm sich gegen diese Erkenntnis sträubte. Er hielt die Luft an. Sein Mund stand offen.

Himmelherrgott, das, was er da sah, war absolut unmöglich. Oder die größte wissenschaftliche Sensation des zwanzigsten Jahrhunderts. Ihm wurde heiß. Er spürte, wie sich jedes einzelne Haar an seinem Körper selbständig machte.

Durch die Tür hörte er plötzlich leise Geräusche aus dem Präparationsraum, ein Rascheln, Wispern. War da jemand? Er fuhr herum, sprang auf, aber da war nichts, nur die herumliegende Folie und Stapel feuchten Papiers.

Er lief zurück zum Röntgenschirm, drehte in sinnlosem Aktionismus an ein paar Knöpfen herum und starrte entgeistert auf das, was in dem Schieferquader zu stecken schien. Aufkeimende Wut bildete einen bitteren Geschmack auf seiner Zunge, Wut und Enttäuschung. Nach dem langen, fast einwöchigen Vorspiel, den vielen Stunden, die er heute daran gearbeitet hatte, der kaum zu bändigenden Vorfreude, war dieser Anblick fast unerträglich.

Der Schädel war zerborsten und plattgedrückt, aber der Unterkiefer schien völlig intakt zu sein. Einige Rippen waren ebenfalls gebrochen.

Jetzt fielen ihm weitere Details auf. Die Elle des linken Armes war ein paar Zentimeter unterhalb des Ellenbogengelenks gebrochen und nur schlecht wieder zusammengewachsen. Mußte ziemlich schmerzhaft gewesen sein, das sah nach einem komplizierten Bruch aus.

Dann, was war das? Dieser runde dunkle Schatten am Handgelenk? Und da, diese Stellen an einigen Backenzähnen.

Nein! Also, nun wurde es vollkommen verrückt. Diese großen Flecken an den Zähnen, das waren doch eindeutig Metallkronen.

Als habe er gerade ein Gespenst gesehen, schaltete er erschrocken das Gerät ab. Völlig verwirrt fuhr er sich durch die Haare.

Wer hatte ihm nur dieses faule Ei ins Nest gelegt? Da hatte er gedacht, er stände kurz vor der größten Entdeckung seines Lebens und dann so etwas. Das konnte doch nur ein Witz sein.

Er schaltete den Schirm wieder an und rieb sich die Augen, um sich anschließend zu vergewissern, daß er nicht halluziniert hatte. Nein, er hatte ganz richtig gesehen. Das war absurd! Absolut unbegreiflich! Jetzt hämmerte er mit der Faust auf den Schalter des Röntgengerätes ein, schob seinen Stuhl so energisch nach hinten, daß der laut polternd umfiel, stürzte aus dem Raum.

In seinem Arbeitszimmer goß Axt sich erst einmal einen doppelten Whisky ein und stürzte ihn in einem Zug hinunter. Womit hatte er das verdient? Plötzlich zweifelte er wieder und wollte schon hinausrennen, um nochmals auf den Röntgenschirm zu schauen. Dann hielt er inne. Er hatte doch nicht gesponnen. War er gerade dabei, den Verstand zu verlieren?

Er war zwar kein Experte auf diesem Gebiet, aber diese charakteristische Anordnung von Knochen hätte jedes Kind erkannt. Es konnte nicht der geringste Zweifel bestehen. In dem fünfzig Millionen Jahre alten Messeler Ölschieferblock steckte ein vollständiges menschliches Skelett, das Skelett eines *Homo sapiens*, eines Wesens, das erst läppische hundertfünfzigtausend Jahre alt war.

Plötzlich war er todmüde, stützte seinen Kopf auf und rieb sich die Schläfen. Er mußte sofort nach Hause, schlafen, nur noch schlafen. Morgen würde er zurückkommen und aufräumen. Jetzt konnte er einfach alles so lassen, wie es war.

Mühsam erhob er sich, schaltete überall das Licht aus und wollte das Haus verlassen. Dann drehte er sich noch einmal um, holte die Plastikplane aus dem Präparationsraum und bedeckte damit den unter dem Röntgengerät liegenden Schieferblock. Plötzlich empfand er so etwas wie Ekel, als er das kalte Gestein berührte.

Wie in Trance fuhr er die vertraute Strecke zu ihrem Reihenhaus zurück. Sein Kopf war hohl, die Gedanken wie gelähmt. In seiner Abwesenheit hatte seine Frau angerufen und ihm eine Nachricht auf dem Anrufbeantworter hinterlassen, wie üblich im Telegrammstil.»Komme morgen gegen acht. Kuß, Marlis.« Sie haßte diese Maschinen. Außerdem hatte sie es wahrscheinlich seltsam gefunden, daß er am Samstag abend nicht zu Hause saß und das Sportstudio schaute. Hatte ihre Stimme nicht irgendwie seltsam geklungen? Er hörte sich die Nachricht noch dreimal an, ohne zu einem Ergebnis zu kommen. Was sollte er ihr sagen? Er konnte doch unmöglich ...

Aber darüber mußte er jetzt nicht nachdenken. Eins nach dem

anderen. Zunächst einmal würde er sich ausruhen. Bis morgen um acht. Ruhe und Zeit zum Nachdenken. Aber er durfte auf keinen Fall vergessen, sie zurückzurufen, am besten gleich nach dem Frühstück. Jetzt wollte er nur noch die Augen schließen und schlafen.

Leider hatte sich am nächsten Morgen nichts geändert. Er hatte eine scheußliche Nacht hinter sich, in der Station sah es aus wie nach einer wüsten Silvesterparty, und das Skelett im Schiefer grinste ihn vom Röntgenschirm mit seinem blassen Totenschädel an, als sei es einem schlechten Horrorstreifen entsprungen.

Fieberhaft überlegte er, was er nun tun sollte. Zunächst rannte er nur planlos umher, faltete hier ein Blatt Zeitungspapier, kehrte dort etwas von den Schieferbruchstücken zusammen, die er gestern abgesägt hatte, aber dann zwang er sich, an seinem Schreibtisch eine Tasse Kaffee zu trinken und dabei in Ruhe nachzudenken.

Trotz des Chaos in seinem Kopf wurde ihm ziemlich schnell klar, daß niemand von seiner Entdeckung erfahren durfte. Nicht auszudenken, was geschehen würde, wenn die Öffentlichkeit davon Wind bekam. Er sah die Schlagzeilen schon vor sich: *Ötzi in Messel!* Welche Blamage für die Station, für ihre ganze Wissenschaft, der in bestimmten Kreisen ohnehin der Makel des Spekulativen anhing. Die Deponiebefürworter würden bestimmt begeistert sein und sich vergnügt die Hände reiben. Auf so etwas hatten die doch nur gewartet, um sie endgültig aus der Grube zu vertreiben.

Was für ein Glück, daß er sich allein an die Arbeit gemacht hatte. Wenn er bis Montag gewartet hätte, hätten es alle gesehen, Sabine, Kaiser, Lehmke, alle. Keiner hätte den großen Moment versäumen wollen.

Plötzlich wußte er, was er zu tun hatte. Er würde ganz einfach die Wahrheit erzählen, bis auf ein winziges kleines Detail die Wahrheit: daß er allein in die Station gefahren sei, daß er den Quader zurechtgestutzt und unter das Röntgengerät geschoben hätte und – welch eine Enttäuschung – daß es nur ein ziemlich schlecht erhaltenes Krokodil sei, wie sie sie schon stapelweise im Keller hatten. Natürlich würden sie murren, aber schließlich war er der Chef, und sie konnten froh sein, daß er ihnen diese Enttäuschung erspart hatte. Alles war ganz einfach, und niemand würde auf die Idee kommen, seine Worte anzuzweifeln. Er mußte den Quader nur wieder säuberlich verpacken und in den Keller schaffen. Von dort würde ihn so bald niemand wieder hochholen. Sie hatten alle zuviel zu tun, um sich mit halb verrotteten Fossilien abzugeben. Zumindest hätte er auf diese Weise Zeit gewonnen, um in Ruhe sein weiteres Vorgehen zu überlegen.

Er arbeitete fast den ganzen Sonntag, bis alles aufgeräumt und der Schieferblock unten im Lagerraum verstaut war. Leider konnte er sich nicht beherrschen und mußte noch einen kurzen Blick auf das Skelett werfen, bevor er es in den Lastenaufzug schob. Dieser eine kurze Blick auf den *Homo sapiens* hatte genügt, um seine durch die Arbeit stabilisierte Gemütsverfassung wieder rapide zu verschlechtern.

Das Ganze kam Axt wie ein persönlicher Affront vor, wie der hintergründige Scherz eines pathologischen Fossilienhassers, der sich auf diese Weise an der ganzen Zunft rächen wollte. Ein *Homo sapiens sapiens* in Messel, das war so absurd, so abwegig, als stieße man bei Grabungsarbeiten in Troja oder Pompeji auf eine womöglich noch tickende Swatch-Uhr, fände in den Händen der berühmten chinesischen Terrakotta-Armee Schwerter aus bestem rostfreiem Edelstahl.

Selbst ein Dinosaurierfund wäre in Messel weniger absurd gewesen, obwohl deren Uhr doch schon fünfzehn Millionen Jahre vor der Messeler Zeit abgelaufen war, ganz abgesehen davon, wie begeistert sein Sohn darüber wäre. Aber Menschen oder auch nur etwas entfernt Menschenähnliches waren zu Messeler Zeiten noch weit entfernt. Die frühesten Hominiden, die man bisher gefunden hatte, der von Donald Johanson in Äthiopien entdeckte *Australopithecus afarensis*, waren gerade mal knapp vier Millionen Jahre alt, und ihn als Menschen zu bezeichnen zeugte schon von einem sehr weit gefaßten Menschheitsbegriff. Lucy, wie Johanson sie getauft hatte, konnte zwar aufrecht gehen, wurde aber nur einen Meter dreißig groß und hätte sich problemlos in den Kniekehlen kratzen können, so lang waren ihre Arme.

Und erst vor wenigen Wochen hatte er noch nichts ahnend vor dem Schaufenster eines Buchladens gestanden und sich über eine der ausliegenden Neuerscheinungen amüsiert, die eindeutige Beweise für eine andere, schon vor 65 Millionen Jahren existierende Menschheit zu präsentieren versprach. Diese Menschen wären somit Zeugen des Unterganges der Dinosaurier gewesen. Irgendeiner dieser Dänikens oder Buttlars, oder wie sie alle hießen, hatte wieder zugeschlagen. Und jetzt das!

Womöglich war es nur das Röntgengerät, das verrückt spielte und seltsame Bilder auf seinen Schirm projizierte. Wäre ja nicht das erste Mal, daß technische Geräte ein Eigenleben entwickelten, so wie der Computer Hal in Kubricks *2001 im Weltraum*. Axt fand die Vorstellung, mit einem eigenwilligen Röntgengerät konfrontiert zu sein, weniger erschreckend, als den möglichen Fund eines *Homo sapiens* in seiner schönen Grube Messel.

Vielleicht war es auch eine Art Außerirdischer, fiel ihm ein. Aber so menschenähnlich? Kaum vorstellbar. Jetzt fing er schon an herumzuphantasieren wie ein pubertierender Schuljunge. Nein, dieses Ding in dem Schieferblock war einfach lächerlich. Nur schade, daß er nicht darüber lachen konnte.

Mitten in der Arbeit fiel ihm plötzlich siedendheiß ein, daß er seine Frau noch nicht angerufen hatte. Verdammt, jetzt war sie bestimmt sauer. Er hatte es sich doch fest vorgenommen. Dieses ganze Theater brachte ihn um den letzten Nerv.

Fieberhaft versuchte er, sich eine Erklärung für seine gestrige Abwesenheit zurechtzulegen, und warum er nicht gleich heute früh zurückgerufen hatte. Die Geschichte von dem alten Schulfreund, der überraschend angerufen und ihn nach Frankfurt eingeladen hatte, erschien ihm am vielversprechendsten. Mit gemischten Gefühlen griff er zum Telefonhörer.

Schon nach wenigen Sätzen seiner Frau wurde ihm klar, daß er sich ganz umsonst Sorgen gemacht hatte. Sie war bestens gelaunt, schwärmte von einem wunderbaren langen Sonntagsspaziergang, den sie zusammen mit Stefan und ihren Eltern unternommen hätte, die Havel entlang, da, wo sie auch schon mal mit ihm gewesen war. Er wisse schon, was sie meine. Axt kam kaum zu Wort, war allerdings auch ganz froh, wenn er nicht selber reden mußte. Was hätte er schon sagen sollen? Daß er in der Grube einen *Homo sapiens* mit Armbanduhr gefunden hatte?

Es interessierte sie gar nicht, wo er gestern gewesen war, jedenfalls fragte sie nicht danach, sondern erzählte voller Begeisterung, was sie in den nächsten Tagen zu Hause alles vorhatte und wen sie treffen wollte.

Nach dem Gespräch war er deprimiert. Marlis fühlte sich pudelwohl in Berlin und vermißte ihn nicht im geringsten. Manchmal war er wohl ein ziemlich öder Typ, dachte er, langweilig, nur auf seine Arbeit fixiert, stur, tot wie seine Fossilien, öde eben. Und Marlis war eine lebenslustige Frau. Bestimmt langweilte sie sich an seiner Seite. Und Stefan vernachlässigte er auch. Er nahm sich vor, sich im Urlaub von seiner besten Seite zu zeigen, obwohl ihm bei dem Gedanken, ausgerechnet jetzt der Station den Rücken zu kehren, ganz und gar nicht wohl war. Was, wenn doch jemand auf die Idee kam, sich dieses angeblich so schlecht erhaltene Krokodil näher anzuschauen? Außerdem, wie sollte er liebevoller Vater und Ehemann sein, wenn da gleichzeitig dieses unmögliche Skelett durch seinen Kopf geisterte?

Dann fiel ihm ein, daß er morgen in der Station wieder an der Kellertür vorbeikommen würde. Jedesmal, wenn er in den Röntgenraum oder auf die Toilette ging, mußte er an der Tür vorbei, hinter der dieses schreckliche Skelett lag.

Ach, es war einfach nicht zum Aushalten. Nie und nimmer wäre ihm in den Sinn gekommen, daß er ein Fossil so hassen könnte. Schließlich war er Paläontologe.

2

Mitbringsel

Anfang September klingelte bei Micha das Telefon, und Tobias verblüffte ihn damit, daß er nach so vielen Jahren noch seinen Geburtstag im Kopf hatte.

»Herzlichen Glückwunsch, Langer!« So hatte Tobias ihn früher auch manchmal genannt. »Wie war's denn in Hellas?«

»Gut«, antwortete Micha einsilbig. Der vertrauliche Ton, den Tobias anschlug, paßte ihm nicht. In Wirklichkeit waren seine Ferien phantastisch gewesen, genauso wie Thomas und er es sich vorgestellt hatten. Er hatte sogar Dostojewskijs *Idiot* gelesen. Langbeinige Traumfrauen waren ihm allerdings nicht über den Weg gelaufen. »Nur leider schon Geschichte.«

»Wem sagst du das. Hör mal, ich fahre heute noch nach Stuttgart, ein paar Sachen regeln. Sonst hätte ich dich ja gerne auf ein Bier besucht. Aber so muß ich dir eben telefonisch alles Gute wünschen, mit meinem neuen, eigenen Telefon übrigens.«

»Nett von dir«, sagte Micha. Der Gedanke, daß Tobias um ein Haar mitten in sein kleines Fest hineingeplatzt wäre, behagte ihm gar nicht. Ein paar Freunde saßen in seinem Zimmer herum und mixten aus einer ziemlich willkürlichen Ansammlung von Alkoholika alle möglichen gefährlichen Cocktails zusammen.

»Hast du das Päckchen schon bekommen?« fragte Tobias.

»Welches Päckchen?«

»Also nicht. Schade! Ich hab dir als kleines Geburtstagsgeschenk ein paar Mitbringsel geschickt. Kommt dann wahrscheinlich morgen.«

»Mitbringsel? Aus der Hohen Tatra?« Ihm fiel ein, was Tobias bei ihrem Gespräch damals über seine Reisepläne gesagt hatte.

»Ja, genau.«

»Und, wie war's da so?«

»Ach, sehr interessant, sehr aufschlußreich.«

Micha stutzte zwar über diese merkwürdige Charakterisierung einer Urlaubsreise, aber diese Irritation war nur von kurzer Dauer. Vielleicht war Tobias ja auch einer dieser Bildungsreisenden, die ein Natur- und Kulturdenkmal nach dem anderen abklappern mußten, um sich erholt zu fühlen. Was wußte er denn schon von ihm?

Er bedankte sich im voraus und notierte Tobias' neue Telefonnummer, versprach, sich bald bei ihm zu melden, und versuchte ansonsten, das Gespräch zu beenden, um so schnell wie möglich zu seinen Freunden zurückkehren zu können. Fünf Minuten, nachdem er den Hörer aufgelegt hatte, hatte er Tobias schon wieder vergessen, und das lag nicht nur an der durchschlagenden Wirkung des neuen Spezialcocktails, den Thomas ihm grinsend entgegenhielt, kaum daß er sein Zimmer betreten hatte.

Am nächsten Morgen kam das Päckchen. Es hatte die Größe eines Schuhkartons, wog aber so gut wie nichts. Zuerst wußte er gar nicht wohin damit. Sein Zimmer sah nach dem gestrigen Gelage reichlich chaotisch aus, überall Gläser, Tassen mit angetrockneten Kaffeeresten, volle Aschenbecher, leere Flaschen, Sektkorken, herumliegendes Geschenkpapier. Die Cocktails hatten es wirklich in sich gehabt. Sie waren alle betrunken gewesen, und er war überrascht, daß sich die Nachwirkungen bei ihm in Grenzen hielten. Mit einem Seufzer machte er sich daran, den Schreibtisch freizuräumen.

Als er das Packpapier und den Deckel des Schuhkartons – es war tatsächlich einer – entfernt hatte, fand er neben Unmengen Holzwolle eine Zigarettenschachtel, ein Herbarblatt mit einer vorschriftsmäßig gepreßten und getrockneten Pflanze und einen kurzen Brief:

Lieber Micha!

Die Renoviererei hat natürlich viel länger gedauert, als ich mir das vorgestellt habe, und auch meine mit Verspätung angetretene Reise dauerte länger als geplant. So bin ich erst vor knapp zwei Wochen wieder in meine Wohnung zurückgekehrt. Hast Du schon versucht mich zu erreichen?

Ich hoffe, Du hast Dich gut erholt und bist wieder mit Feuereifer zu Deinen Insekten zurückgekehrt. Ich habe Dir von meiner kleinen Exkursion (Du erinnerst Dich an unser Gespräch) ein schönes Tier mitgebracht, das mir eines Abends mit Volldampf gegen die Campinglampe krachte. Ich hoffe, es gefällt Dir.

Außerdem schicke ich Dir noch eine Pflanze, die mir einiges Kopfzerbrechen bereitet. Vielleicht kannst Du als Biologe weiterhelfen. Ich glaube, es ist etwas ziemlich Seltenes, also behalt's besser für Dich. Das Herbarblatt ist natürlich auch ein Geschenk. Ich habe noch ein Exemplar.

Bis bald mal und alles Gute fürs neue Lebensjahr

Dein Tobias

Kopfschüttelnd betrachtete er die getrocknete Pflanze. Seltsam, wie schnell man zum gefragten Fachmann befördert wurde. Kaum erzählte man von seinem Biologiestudium, glaubten die Leute offensichtlich, ein wandelndes Lexikon vor sich zu haben. Mit der immer gleichen Frage (»Was is'n das?«) hielten sie einem Grünzeug, irgendwelches Ungeziefer oder vergilbte Blätter von Zimmerpflanzen vor die Nase und spätestens nach dem dritten bedauernden Kopfschütteln erntete man dann diesen skeptischen Blick, mit denen die eigene Qualifikation ernsthaft in Frage gestellt wurde. Es war derselbe skeptische Blick, den man einem Kfz-Mechaniker zugeworfen hätte, für den Begriffe wie Kupplung und Bremsbeläge böhmische Dörfer waren. Selbst seine Mutter, die seit dreißig Jahren inmitten eines üppigen Gewächshauses wohnte, fragte ihn neuerdings immer wieder, wie sie denn nun ihre Alpenveilchen gießen solle.

Niemand schien zu begreifen, daß die Natur etwas so Riesenhaftes, so unendlich Vielfältiges war, daß man unmöglich alles kennen konnte und auf ewig dazu verurteilt war, bei neunzig Prozent aller Fragen ratlos mit den Achseln zu zucken.

Er legte das Herbarblatt zur Seite – Botanik war nicht gerade seine Stärke, und das fragliche Exemplar sah für ihn zunächst einmal aus wie jede andere plattgepreßte und vertrocknete Pflanze auch – und widmete sich der Zigarettenschachtel. Neben einigen Blatt zusammengeknüllten Toilettenpapiers beförderte er schließlich einen schillernden, etwa vier Zentimeter großen Käfer zu Tage, der in einem kleinen durchsichtigen Kunstharzblock eingeschlossen war.

»Ohh, ein Buprestide.«

Ein Prachtkäfer, und was für einer. Die länglich-ovalen Flügeldecken glänzten wie ein Juwel und schimmerten je nach Lichteinfall in allen Farben des Regenbogens. Etwas Vergleichbares hatte er noch nie in der Hand gehabt. Flügeldecken, Halsschild und Kopf des Tieres schillerten in metallischem Blau und Grün. Auf mehreren der inneren Flügeldeckenrippen zogen sich unterbrochene, bronzefarbene Linien entlang. Er war wirklich wunderschön, prächtig.

Dann stutzte er. Micha bildete sich ein, schon recht gut mit den einheimischen Käferarten vertraut zu sein, aber ein solches Juwel war ihm noch nie untergekommen. Wenn er es sich recht überlegte, war er eigentlich ziemlich sicher, daß dieses Tier nicht zur einheimischen Fauna gehörte. Und jetzt, da er darüber nachzudenken begann, konnte er sich auch kaum vorstellen, daß ein paar hundert Kilometer weiter – in der Slowakei – plötzlich Spezies vorkommen sollten, die aufgrund ihrer Größe und Farbausstattung eher in die Tropen paßten. Einheimische Arten konnten da in der Regel nicht mithalten. Bloß nicht auffallen, hieß die Devise. Da unterschieden sie sich kaum von den Menschen, die hier lebten. Für mitteleuropäische Verhältnisse präsentierte ja ein Marienkäfer mit seinem schlichten Rot-Schwarz schon eine zügellose Farborgie. Aber die Käfer waren ungeheuer vielgestaltig, die artenreichste Tiergruppe, die es überhaupt gab. Bei weltweit fast einer halben Million Arten war sein Wissen notgedrungen lückenhaft. Er konnte nicht restlos ausschließen, daß es in der Slowakei nicht doch schon ganz andere, etwa aus den Steppengebieten Osteuropas stammende Käferarten gab, von denen er nichts wußte.

Außerdem, wo sollte das Tier denn sonst herkommen? Tobias hatte doch sowohl am Telefon als auch in seinem Brief eindeutig von einem Mitbringsel gesprochen, von einem Tier, das ihm gegen die Campinglampe geflogen war.

Vielleicht trieb er nur einen Scherz mit ihm. Mit seinen Kommilitonen hatte Micha sich auch schon das verblüffte Gesicht von Prof. Rothmann ausgemalt, einem Insektenkundler, der mit Hilfe von alten, in den Boden gegrabenen Joghurtbechern den Käfern des heimischen Grunewaldes nachstellte, wenn er einmal einen Exoten, vielleicht eine mediterrane Art, vorfände, die sie ihm unter des Grunewalds Käfereinerlei geschummelt hätten. Sie waren sich alle sicher, daß er in heller Aufregung die Institutsgänge entlangstürmen und jedem, der ihm über den Weg lief, von seinem sensationellen Erstnachweis dieser Käferart für Mitteleuropa berichten würde. Das sind die raren Höhepunkte eines Forscherlebens.

So wie sich Tobias ihm bisher präsentiert hatte, traute er ihm hintergründigen Humor dieser Art durchaus zu. Er nahm sich vor, in den nächsten Tagen einmal in der Institutssammlung nachzuschauen, ob es eine solche Art in Deutschland gab. Und wenn er in der Sammlung nicht fündig werden sollte, gab es da zumindest reichlich Literatur und sicherlich auch eine Fauna Tschechoslowakia oder so etwas, wo er sich Klarheit verschaffen konnte.

Er legte den Harzblock mit dem Käfer auf seinen Schreibtisch, verstaute das Herbarblatt in einer der Schreibtischschubladen und zündete sich dann schmunzelnd eine Zigarette an. Nein, so leicht würde Tobias ihn nicht hinters Licht führen.

Ein paar Tage später suchte er in der Zoologischen Sammlung des Instituts in dem Schrank mit der Käfersammlung nach den Buprestiden, den Prachtkäfern. Er war zwar überrascht, daß einige der einheimischen Arten sich, was Schönheit, Farbenpracht und Metallglanz anging, durchaus mit Tobias' Mitbringsel messen konnten, aber nicht hinsichtlich ihrer Körpergröße, und das gab seinem Verdacht letztlich recht. Die größten deutschen Prachtkäfer maßen kaum mehr als drei Zentimeter und waren eher unscheinbar, jedenfalls alles andere als prächtig und sowieso so gut wie ausgestorben. Und die, die farblich in Frage kamen, die bunten, schillernden Arten der Gattungen *Lampra* und *Palmar*, waren erheblich kleiner.

Zwei, drei Stunden intensiven Suchens und Blätterns in der institutseigenen Bibliothek bestätigten ihn dann in einem weiteren Punkt: Auch die Prachtkäfer der Slowakei machten ihrem Namen wenig Ehre und sahen eher aus wie graue Mäuse.

Der Kerl hatte tatsächlich versucht ihn hereinzulegen. Er brauchte einen Moment, um das zu verdauen. Dann begann er Rachepläne zu schmieden, allerdings ohne daß ihm zunächst etwas Adäquates eingefallen wäre.

Wahrscheinlich hatte Tobias das Ding in einem dieser Naturalienläden gekauft, wo angeblich naturliebende Ästheten sich mit farblich zum Teppich oder zur Gardine passenden Schmetterlingen, bizarren Korallenstöcken oder horrorfilmreifen Riesenheuschrecken ausstatten konnten, eine ziemlich perverse Ausprägung großstädtischer Naturverbundenheit. Als naturschutzbewegter Mensch durfte man dort nichts kaufen. Noch ein Grund mehr, sich über Tobias zu ärgern.

Zunächst einmal beschloß er, so zu tun, als sei ihm der Betrug gar nicht aufgefallen. Aus seinem Munde würde Tobias kein Sterbenswörtchen darüber hören. Wahrscheinlich verbarg sich hinter der getrockneten Pflanze der gleiche Schmu.

Eines Abends, knapp zwei Wochen später, rief ein aufgekratzter Tobias an und versuchte ihn mit Hilfe eines kaum zu bremsenden Wortschwalls in eine Kreuzberger Kneipe zum Bier einzuladen. Er hatte alle Mühe, sich gegen die enorme Geräuschkulisse im Hintergrund durchzusetzen. Micha ließ sich überreden und traf ihn eine halbe Stunde später an der Theke eines lauten und verqualmten Ladens, den er vorher nie betreten hatte.

Tobias grinste Micha mit seinem blitzenden Zahn an, klopfte ihm zur Begrüßung kumpelhaft auf die Schulter und sagte: »Da bist du ja.«

»Hallo!«

»Komm, wir setzen uns dahinten hin, da ist es ein bißchen ruhiger.« Er legte ihm die Hand auf die Schulter, griff nach seinem Bier und schob ihn durch die dichtgedrängt stehenden, durcheinander redenden Menschen. Er schien sich hier auszukennen, denn sie erreichten einen zweiten Raum, in dem es wesentlich ruhiger war. Sie setzten sich an einen freien Tisch, und Micha bestellte bei der gerade vorbeieilenden Bedienung ein Bier.

»Bist du öfter hier?« fragte er.

»Hin und wieder.« Er lachte. »In Sechsunddreißig herrscht kein Mangel an Kneipen.«

»Anders als in eurem Dorf, was?«

Sie redeten eine ganze Weile über Gott und die Welt, über Großstadt und Landleben, über Berlin und Stuttgart, die Schwaben, die einem hier überall über den Weg liefen, und über das Universitätsleben. Tobias wirkte gelöst und ausgesprochen gut gelaunt und machte nicht den geringsten Versuch, das Gespräch auf seine Reise oder gar das Päckchen zu lenken, das er geschickt hatte. Micha hatte sich zwar vorgenommen, nichts zu sagen, aber je länger sie plauderten, desto irritierender fand er Tobias' Verhalten. Nachdem sie so mindestens zwei Stunden zugebracht und etliche Biere geleert hatten, beschloß er, zwei alten, bewährten Grundsätzen zu folgen. Der erste hieß: Was kümmert mich mein Geschwätz von gestern, der zweite: Angriff ist die beste Verteidigung.

»Ach ja, übrigens vielen Dank für dein Päckchen. Hat mich wirklich gefreut, besonders der tolle Prachtkäfer.«

»Ein schönes Tier, nicht wahr?« Tobias lächelte breit, zeigte aber ansonsten keine Reaktion. »Hast du über diese Wasserpflanze etwas herausfinden können?«

»Eine Wasserpflanze ist das? Nein, du, ich muß gestehen, daß Botanik meine schwache Stelle ist. Ich bin bisher noch nicht dazu gekommen, mir die Pflanze genauer anzusehen, aber ich fürchte, selbst wenn ich es täte, würde nicht viel dabei herauskommen.«

»Na ja, du kannst ja mal sehen, vielleicht schaffst du es irgendwann einmal«, antwortete er ohne besonders große Enttäuschung. »Würd mich interessieren.«

Und damit war dieses Thema für ihn offenbar erledigt, denn er begann von etwas anderem zu reden.

Micha war verwirrt. Wenn Tobias nur schauspielerte, dann war er ungewöhnlich talentiert, und da er seinem Jugendfreund Begabungen dieser Art eigentlich nicht zutraute, fing er an, an den Ergebnissen seiner Recherchen zu zweifeln.

Sie saßen eine Weile schweigend am Tisch, leerten ihre Biergläser und betrachteten die anderen Kneipenbesucher. Eine bunte Kreuzberger Szenemischung, viele in Schwarz, mit Lederhosen und schweren Lederjacken, Flickenjeans, glänzenden Ohrringen, ein Mädchen mit kunstvoll geflochtenen und perlenverzierten Afrolocken, ein anderes mit Ringen in der Oberlippe und gelben

Inseln im blauen Haar, das aussah, als stände es kurz vor einem Heulkrampf, zwei Rastas mit Augenlidern auf Halbmast, die sich gerade Zigaretten drehten und ihre Oberkörper im Rhythmus der Salsamusik wiegten, die aus kleinen Lautsprechern oben an der Decke kam.

»Was ist das eigentlich für ein Ding in deinem Zahn da?« fragte Micha und tippte sich mit dem Zeigefinger gegen die Schneidezähne.

»Ach das«, Tobias grinste, damit der ganze Laden zu sehen bekam, was er zu bieten hatte. »Is 'n Diamant.«

»Ein Diamant?«

»Nich, was du denkst. Nur so 'n billiges Industrieteil. Hat mich im übrigen keinen Pfennig gekostet.«

»Ach so, na ja dann.« Micha lachte und zündete sich eine Zigarette an. Er hatte es gewußt, der Kerl hatte nicht alle Tassen im Schrank. »Und wer hat dich auf diese selten dämliche Idee gebracht?«

»Das war so ne Wette.«

»Ne Wette?«

Tobias fletschte die Zähne und präsentierte das Ding in seinem Mund. Es sah aus wie ein Parasit, nur ein, zwei Millimeter groß, eine Art Zahnzecke, die sich dort eingenistet hatte.

»Ja, das war auf ner Party. Ich weiß eigentlich selber nicht mehr, wie ich mich dahin verirrt habe. Muß ungefähr ein halbes Jahr her sein.«

»Also schon in Berlin?«

»Ja, natürlich. In Stuttgart kommt keiner auf so ne Idee. Jedenfalls war da so ein Yuppie, Arztsohn aus Zehlendorf oder so was, mit Golfcabriolet und Kaschmirschal, du verstehst, mit allem Drum und Dran, rauchte Zigarillos. Jedenfalls glaubte der, sich mit mir anlegen zu müssen, und meinte, meine Zähne seien ja so wunderschön, da würde eigentlich nur noch ein Diamant fehlen, gewissermaßen als Krönung, vorne, mitten im Schneidezahn, da, wo ihn jeder sehen könnte.«

Micha brach in schallendes Gelächter aus.

»An jedem Arm hatte der ne alberne Tussi«, Tobias mußte ebenfalls lachen, »und er meinte wohl, er sei was ganz Tolles. Jedenfalls blieb ich ganz cool und sagte, das sei eine ganz hervorragende Idee, und fragte, wo man denn so ein Ding her bekäme. Er könnte mir eins einsetzen, meinte er, und seine beiden Gänse machten sich fast in die Hose vor Lachen. Zufällig sei er Zahnarzt und habe eine eigene Praxis unten in Steglitz. Na ja, und dann habe ich ihn festgenagelt, verstehst du, von wegen leere Versprechungen, alles Angeberei und so. Hab ihn richtig in die Enge getrieben, bis ihm nichts mehr weiter übrigblieb, als sich mit mir und den beiden gackernden Schnallen in sein Cabrio zu zwängen, mich auf seinen schnieken, funkelnagelneuen Behandlungsstuhl zu setzen und mir das Ding einzusetzen. Er hatte eine ganze Kollektion davon da, und ich hab mir den größten ausgesucht. Wie gesagt, hat mich keinen Pfennig gekostet.«

»Na großartig!« lachte Micha. Das mit dem Geld schien ihm ja besonders wichtig zu sein.

»Dann sind wir wieder zurück auf die Party gefahren. Der Typ war schön kleinlaut danach, das kann ich dir sagen. Ich hab mich vollaufen lassen, um den Schmerz zu betäuben. Hat tierisch weh getan.«

»Kann ich mir denken. Ich find's übrigens potthäßlich.«

»Geschmackssache.« Er grinste, machte mit den Lippen ein schmatzendes Geräusch und spielte mit seiner Zunge an dem Fremdkörper herum.

Etwa ein Bier und eine halbe Stunde später – sie waren beide mittlerweile recht betrunken – stand Tobias plötzlich auf und sagte, er müsse mal auf die Toilette und danach jemanden anrufen.

»Hier«, sagte er und warf einen Stapel Fotos auf den Tisch, die er irgendwie aus seiner Jackentasche hervorgezaubert hatte. »Kannst dir ja damit die Zeit vertreiben.«

»Von deiner Reise?«

»Hmm.« Er nickte. »Bin gleich wieder da.«

Micha zündete sich eine Zigarette an, nahm die Fotografien und blätterte sie langsam durch. Es waren ganz normale langweilige Urlaubsfotos, die Gebirgslandschaften, Wälder und ärmliche Dörfer zeigten. In Gedanken war er allerdings ganz woanders, denn er mußte permanent darüber nachdenken, ob er sich wirklich so getäuscht haben konnte. Vielleicht hatte er ja etwas übersehen. Entweder dieser Käfer war ein normales Reisemitbringsel, wie Tobias es behauptete, dann war sein Verhalten normal und verständlich, und er hatte einen Fehler gemacht.

Oder sein Verdacht stimmte, und es handelte sich um einen Scherz, ein Spiel. In diesen Fall war das Verhalten seines Freundes allerdings einigermaßen rätselhaft. Wenn es ein Scherz war, wann wollte Tobias darüber lachen, wann ihn aufklären, wenn nicht jetzt? Vielleicht hielt er ihn auch für einen kompletten Idioten, weil er darauf reingefallen war.

Mehr oder weniger interessiert betrachtete er weiter die Fotografien und legte ein Bild nach dem anderen auf die Tischplatte. Plötzlich hielt er ein Foto in der Hand, das eine große Höhle direkt an einem Seeufer zeigte, im Hintergrund von Bergriesen überragt, auf deren Gipfeln noch Schnee lag. Auch die nächsten beiden Bilder zeigten eine Hochgebirgslandschaft, die er nicht in der Slowakei vermutet hätte.

Erstaunlich, dachte er nur, bis er ein paar Fotos weiter eine noch größere Überraschung vorfand. Statt der alpinen Landschaften oder dem eisigen Hochgebirge zeigten die beiden letzten Bilder einen üppigen, ganz offensichtlich tropischen Wald. Die Aufnahmen waren nicht besonders gut, aber man konnte deutlich einige Palmen und andere exotische Gewächse erkennen, die das Ufer eines Sees säumten.

Er spürte ein merkwürdiges Kribbeln im Rücken. Was sollte dieses Theater? Was versprach Tobias sich davon? Diese letzten Bilder stammten nun mit hundertprozentiger Sicherheit nicht aus der Slowakei, ja, nicht einmal aus Mitteleuropa. Er konnte sich dieses alberne Verhalten nicht erklären, und er wurde von Minute zu Minute ärgerlicher. Er beschloß, diesen Quatsch mit keiner Silbe zu würdigen und statt dessen möglichst bald nach Hause zu gehen.

Trotz des Ärgers auf Tobias warf er noch einen Blick auf die mysteriösen Aufnahmen und schüttelte ungläubig den Kopf. Einen kurzen Moment lang dachte er, daß Tobias vielleicht nur ein paar Fotos einer früheren Reise dazwischengerutscht waren, ohne daß er es gemerkt hatte. So etwas passierte ja manchmal, wenn man in Eile war. Die Farben der letzten beiden Fotos wirkten irgendwie anders, blasser als die der anderen.

»Na, wie findest du die Bilder? Ganz schön, ne?« Tobias war zurückgekehrt und hockte sich wieder auf seinen Stuhl.

»Ja, ja«, murmelte Micha, ohne ihn anzusehen. »Sehr abwechslungsreiche Landschaft.«

»Erstaunlich, nicht?« Er schaute ihn ernst an, und eine Weile erwiderte Micha den Blick, bis ihn seine Verwirrung zwang wegzuschauen. Was war hier los? War er schon so betrunken?

»Ich muß nach Hause«, sagte er. »Bin ganz schön abgefüllt.«

»Okay«, kicherte Tobias. »Mir geht's ähnlich. Laß uns telefonieren!«

Schmäler

Axt ging es hundsmiserabel. Daß er gerade zwei Wochen Urlaub hinter sich hatte, schien völlig spurlos an ihm vorübergegangen zu sein. Im Gegenteil! Diese ganze groteske Situation und die permanente Angst, jemand aus der Station würde auf die Idee kommen, sich das Skelett anzusehen, hatten ihn derart zermürbt, daß ihn auch ein halbjähriger Kuraufenthalt kaum wieder aufgerichtet hätte. Er stritt sich wegen nichts und wieder nichts mit Sabine und den anderen Mitarbeitern herum, und auch zu Hause lief es nicht viel besser. Marlis hatte mitbekommen, daß er deutlich mehr trank. Als sie ihn darauf ansprach, war er hochgegangen wie eine Rakete, so daß sie ihn nur entsetzt angeschaut hatte und ohne ein Wort in ihrem Zimmer verschwunden war.

So ging es nicht weiter. Er mußte mit jemandem reden, mußte dieses Wissen mit einer Person seines Vertrauens teilen. Alleine schaffte er das nicht, da hatte er sich etwas vorgemacht. Vielleicht sollte er Schmäler anrufen?

Prof. Dr. Gernot Schmäler war der Leiter der Säugetierabteilung im Frankfurter Senckenberg-Museum und in dieser Eigenschaft auch für die Außenstation an der Grube Messel zuständig. Zudem war er nicht nur wegen seiner Haarfarbe so etwas wie die graue Eminenz ihres Fachgebiets und Axts unermüdlicher Förderer und Mentor gewesen. Ja, Schmäler könnte der Richtige sein. Ihr Kontakt war in letzter Zeit zwar ein bißchen eingeschlafen, weil sie beide so beschäftigt waren, aber sie kannten sich schließlich schon seit über zehn Jahren. Außerdem war er ja sein direkter Vorgesetzter, war sozusagen verantwortlich für das, was in und mit der Grube passierte. Er mußte mit ihm sprechen.

Axt versuchte, sich noch etwas zu beruhigen, dann griff er zum Telefon und rief in Frankfurt an.

»Schmäler.«

»Hier spricht Helmut Axt.«

»Ach, Helmut, gut, daß du anrufst.« Schmäler war in Eile. Das hörte Axt sofort. »Ich wollte mich auch schon bei dir melden. Niedner von den Geologen hat mich angerufen und mitgeteilt, daß sie ihre Untersuchungen in der Grube abgeschlossen haben.«

»Ah ja.«

»Sie sind sehr zufrieden und werden uns benachrichtigen, sobald erste Ergebnisse vorliegen.«

»Schön.«

»Er sagte, die Zusammenarbeit zwischen euch lief ganz ausgezeichnet. Das hat mich natürlich sehr gefreut.«

»Hm.«

»Du weißt, wie wichtig Niedner für uns ist.«

»Natürlich.«

»Ist irgend etwas, Helmut?«

»Wieso?«

»Na ja, du klingst so komisch.«

»Du, Gernot ...« Axt räusperte sich, irgend etwas in seinem Hals hinderte ihn am Sprechen.

»Ja?«

»Sitzt du gut?«

»Wie bitte?«

»Ob du gut sitzt?«

»Ich verstehe nicht.«

»Ich meine nur, bevor du dir anhörst, was ich zu sagen habe, solltest du dich in den bequemsten und weichsten Sessel setzen, den du finden kannst. Anschnallen wäre auch nicht schlecht.« Axt schluckte.

»Was soll diese Geheimniskrämerei, Helmut? Erzähl schon!«

»Also, wir haben da einen außergewöhnlichen Fund gemacht.«

»Oh, wie schön! Was ist es denn?«

Nein, er würde es nicht über die Lippen bekommen, seine Stimme würde diesen Unsinn einfach nicht mitmachen. Seine Zunge war zu einem harten Klumpen erstarrt und verweigerte demonstrativ die Mitarbeit.

»Ich, äh ... na ja, ich würde sagen, es sieht wie ein Hominide aus.«

»Ein was?« Axt hörte förmlich, wie Schmäler der Stift aus der Hand fiel.

»Ein Hominide. Spreche ich so undeutlich?«

»Bist du betrunken, Helmut?« fragte Schmäler nach einer kurzen Pause.

»Nein, leider nicht. Ich bin in meinem Leben noch nie so nüchtern gewesen. Aber die Flasche steht schon neben mir.«

»Und du bist absolut sicher, daß es ein Menschenaffe ist? Das wäre eine absolute Sensation.«

»Kein Menschenaffe, Gernot.« Er schrie es fast heraus. »*Ein Mensch!*«

»Du spinnst!«

»Nein, Gernot, ich spinne nicht. Ich wünschte, es wäre so. Aber das ist noch lange nicht alles, es kommt noch viel dicker.«

»Was denn noch?«

»Es ist ein *Homo sapiens*.«

»Also, jetzt reicht's, Helmut! Wirklich!« Schmäler wurde ärgerlich. »Was ist denn in dich gefahren?«

»Wenn du mir nicht glaubst, dann komm her! Er liegt unten im Keller. Ich kann nicht mehr, Gernot. Ich bin fix und fertig. Es ist ein gottverdammter *Homo sapiens*, mitten in unserer Ausgrabungsstelle 5. Ein *Homo sapiens* mit Zahnkronen und einer Armbanduhr.« Er war jetzt den Tränen nahe. »Gernot, hilf mir! Ich weiß nicht mehr weiter.«

Schweigen.

»Gernot, bist du noch dran?«

»Weiß sonst noch jemand von der Sache? Ich meine, wenn du nicht völlig übergeschnappt bist und irgend etwas an der Geschichte dran ist, dann darf vorerst niemand davon erfahren.«

»Keine Sorge. Wir haben den Fund zwar alle zusammen geborgen, aber angeschaut hat ihn außer mir bisher niemand. Ich habe ihnen erzählt, daß es ein schlecht erhaltenes Krokodil ist.«

»Gut! Hast du schon eine Altersbestimmung machen lassen?« fragte Schmäler.
Eine Altersbestimmung! Natürlich, warum er nicht selber darauf gekommen war.
»Nein, äh, ich wußte nicht ...«
»Also gut. Ich komme morgen abend und nehme dann eine Probe für das Labor mit. Vorher kann ich leider nicht.«
Natürlich, dachte Axt, hätte mich auch gewundert. Aber er war trotzdem erleichtert.
»Gut, Gernot, bis morgen«, sagte Axt. »Ich danke dir!«
»Ja, bis morgen. Halt die Ohren steif! Ach, Helmut, bevor ich es vergesse ...«
»Ja?«
»Ich habe da eine Einladung zu einem Vortrag nach Berlin bekommen, ins Institut für Allgemeine Zoologie der FU. Du weißt schon, das Übliche, ein paar Dias, einige unserer Präparate, ein bißchen was zur Historie und zur Präparationstechnik. Kannst du das nicht für mich erledigen?«
Axt glaubte, seinen Ohren nicht zu trauen. Da quälte er sich seit Wochen mit diesem Skelett herum, wußte nicht mehr ein noch aus, fühlte sich ausgelaugt und hilflos, stritt sich wegen jeder Kleinigkeit mit seinen Mitarbeitern und sogar mit Marlis herum, und dieser Oberpaläontologe hatte nichts Besseres zu tun, als ...
»Helmut? Bist du noch dran?«
»Ja, ich bin noch dran.« Er mußte sich beherrschen, um nicht aus der Haut zu fahren. »Sag mal, hast du eigentlich verstanden, was ich dir gerade erzählt habe? Gernot, wir haben hier ein menschliches Skelett.«
»Natürlich, ich hab schon verstanden. Wir klären das morgen. Das kann doch nur ein Irrtum sein. Mach dir keine Gedanken! Was ist, Helmut, kann ich mit dir rechnen?«
Axt ließ langsam den Hörer sinken und legte ihn mit einem leisen Klicken auf die Gabel.
Was hatte Schmäler gesagt? *Mach dir keine Gedanken.*
Das war nicht nur enttäuschend, das war niederschmetternd. Er stieß ein bitteres Lachen aus. Wirklich grandios, genau die Art von Rat, die er jetzt brauchte.

Er goß sich einen Whisky ein und behielt die scharfe Flüssigkeit so lange im Mund, bis das Beißen auf der Zunge unerträglich wurde.

Vielleicht wäre es gar nicht schlecht, nach Berlin zu fahren und diesen Vortrag zu halten. Das brächte ihn vielleicht einmal auf andere Gedanken. Er könnte bei Marlis' Eltern übernachten. Dann fiel ihm die Sache mit der Altersbestimmung wieder ein, wenigstens ein vernünftiger Vorschlag seitens seines großen Gurus. Aber daß er darauf nicht selber gekommen war, schockierte ihn. Was war nur los mit ihm? Natürlich führten sie nicht mehr an jedem Fundstück solche Bestimmungen durch, dazu waren diese Untersuchungen viel zu teuer. Außerdem wußten sie mittlerweile ziemlich genau, wie alt ihre Fossilien waren. Aber in diesem Fall ...

Eine Altersbestimmung würde alles aufklären. Einen Moment lang klammerte er sich an diesen Gedanken wie an einen Rettungsring und genehmigte sich noch einen Whisky zur Beruhigung. Dann fiel ihm ein, daß die Grabungsstelle und der Schiefer völlig unversehrt gewesen waren. Er hatte es ja selbst gesehen, hatte mit Hand angelegt.

Am nächsten Abend, als alle anderen die Station lange verlassen hatten, überzeugte sich Gernot Schmäler selbst von der Richtigkeit dessen, was Axt ihm am Telefon gesagt hatte. Danach wirkte der grauhaarige beleibte Mann um Jahre gealtert. Aber im Gegensatz zu seinem jüngeren Mitarbeiter erholte er sich schnell.

Als sie anschließend in Axts Arbeitszimmer zusammensaßen, hielt Schmäler ihm einen Vortrag, der seine Geduld auf eine harte Probe stellte. Er hätte jetzt selbst gesehen, was da in dem Schieferblock ruhe, sagte Schmäler mit ernster, bedeutungsvoller Miene – er hat sein Direktorengesicht aufgesetzt, dachte Axt –, und nun sei es von allergrößter Bedeutung, daß sie nichts davon nach außen verlautbaren ließen. Das Ansehen ihrer Wissenschaft, des Museums, ja, der Grube als weltberühmter Fossilienlagerstätte wäre gefährdet, wenn ohne weitere Untersuchungen, die diesen üblen Scherz zweifelsohne entlarven würden, die Öffentlichkeit davon erfuhr. All das war für Axt keineswegs neu, und er spürte, wie er während Schmälers langer Rede in tiefe Resignation zu versinken drohte.

Nach der Probenentnahme für die Altersbestimmung, die Schmäler selbst vornahm, brachten sie den Schieferblock wieder hinunter in den Keller. Als sie sich vor der Station trennten, blieb bei Axt das fatale Gefühl zurück, keinen Schritt weitergekommen zu sein. Immerhin gab es jetzt einen Hoffnungsschimmer. Aber selbst, wenn sich herausstellen sollte, daß es sich um das Skelett eines heutigen Menschen handelte – Schmäler schien daran keine Sekunde zu zweifeln, das Opfer eines Verbrechens, oder weiß der Himmel was –, dann blieb immer noch die Frage, wie man es in die Grube geschafft hatte, mitten in den intakten Schiefer, ohne dabei irgendwelche erkennbaren Spuren zu hinterlassen. Es sah alles so aus, als ob der Steinsarg, in dem das Skelett eingeschlossen war, seit vielen Millionen Jahren nicht mehr geöffnet worden war. Das war ein Problem, das Schmäler einfach nicht zur Kenntnis nehmen wollte.

Das Herbarblatt

An den folgenden Tagen fragte sich Micha immer wieder, warum er Tobias nicht direkt angesprochen und gefragt hatte, was der ganze Quatsch solle, ob er denn allen Ernstes glaube, auf diese Art ihre alte Freundschaft wiederaufleben lassen zu können. Aber das Ganze war ausgesprochen verwirrend. In seinem Kopf schien sich alles im Kreise zu drehen.

Er ging noch einmal in die Bibliothek, aber auch dieser zweite Versuch brachte kein anderes Ergebnis. Nach allem, was er in Erfahrung gebracht hatte, konnte dieser Käfer unmöglich aus Mittel- oder Osteuropa stammen. Zu dem naheliegenden Schritt, einen Fachmann wie etwa Prof. Rothmann zu fragen, konnte er sich nicht durchringen und dies nicht etwa, weil Tobias in seinem Brief damals eine entsprechende Andeutung gemacht hatte. Er wollte vermeiden, Rothmann gegenüber als Ignorant dazustehen, wenn sich sein Verdacht doch als Hirngespinst erweisen sollte. Bei dem Mann wollte er seine Diplomarbeit schreiben, und er wollte sich nicht schon vorher disqualifizieren.

Er war also keinen Schritt weitergekommen und verspürte nicht das geringste Bedürfnis, Tobias wiederzusehen. Der Typ konnte ihm ein für allemal gestohlen bleiben. So dumm war ihm noch keiner gekommen.

Wochen später fiel ihm das Herbarblatt mit der getrockneten Pflanze wieder ein, und er kramte es einer plötzlichen Eingebung folgend aus den Tiefen seines Schreibtisches hervor. Käfer und Pflanze hatten vielleicht etwas miteinander zu tun, und möglicherweise brachte ihn ja eine nähere Untersuchung der Pflanze weiter. Also verschob er wider besseres Wissen die Ausarbeitung eines Referates und versuchte sich, das Herbarblatt vor Augen, durch den Pflanzenbestimmungsschlüssel zu kämpfen.

Es handelte sich um eine Blütenpflanze, soviel stand fest. Neben einem relativ großen Blatt, das fast ein Drittel des gesamten Herbarbogens bedeckte, hing an einem kräftigen Stiel eine große Blüte mit zahlreichen Blütenblättern. Ihm fiel ein, daß Tobias in der Kneipe von einer Wasserpflanze gesprochen hatte, was ihm die Arbeit erheblich erleichterte, denn er konnte gleich in die entsprechende Tabelle springen. Er fand ziemlich schnell heraus, daß es eine Seerose war, und zu seiner großen Erleichterung gab es davon in Deutschland nur vier verschiedene Arten. Das konnte ja nicht so schwer sein. Aber schon bei der ersten Frage blieb er stecken.

»*Kelchblätter 4, grün; Blütenkronenblätter weiß ... oder*
Kelchblätter 5, gelb; Blütenkronenblätter gelb«,
fragte das Buch.

Nichts dergleichen! Selbst nach wiederholtem Zählen blieb das Ergebnis dasselbe: sechs grüne Kelchblätter und ein ganzer Haufen bräunlicher, früher vielleicht gelber Blütenblätter. Jetzt begann das gleiche Spiel also wieder von vorne: Gab es in der Slowakei mehr als diese vier Arten?

Ihm fiel Claudia ein, die er während eines Praktikums kennengelernt hatte. Sie schrieb gerade bei den Botanikern ihre Diplomarbeit. Vielleicht könnte sie ihm helfen. Im Grunde zweifelte er keine Sekunde mehr daran, daß auch die Seerose nicht aus der Slowakei stammte, aber nachdem er schon soviel Zeit daran verschwendet hatte, wollte er es genau wissen.

Gleich am nächsten Tag stiefelte er nach einem Seminar im

Zoologischen Institut durch dichten Nieselregen die paar Meter zur Botanik hinüber. Er fragte sich durch und fand Claudia schließlich in einem Laborraum über ein dickes Buch gebeugt. Sie wandte ihm den Rücken zu, aber er erkannte sie sofort an ihren breiten Schultern.

»Hallo Claudia!«

»Micha! Was machst du denn hier?« Sie blickte überrascht auf und schien nicht besonders unglücklich über seinen Besuch zu sein.

»Stör ich?«

»Ach was! Ich habe einiges zu lesen, aber es ist todlangweilig.«

Sie grinste ihn an und schlug mit einem Schwung das Buch zu, als hätte sie nur auf diese Gelegenheit gewartet, um ihre Lektüre endlich abbrechen zu können. Mit einem Stöhnen streckte sie sich einen Moment, und er bewunderte wie damals, während des Praktikums, ihre kräftigen Arme. Claudia war Kugelstoßerin. Wenn er sich recht erinnerte, hatte sie es sogar bis zur Berliner Meisterschaft gebracht. Wie eine Frau versessen darauf sein konnte, schwere pampelmusengroße Stahlkugeln ein paar lächerliche Meter weit durch die Luft zu wuchten, war ihm zwar ein Rätsel, aber sie hatte so getan, als sei dies für sie eine der ganz großen Herausforderungen, die einem im Leben so begegneten.

»Kommst du mit deiner Arbeit voran?« fragte er sie und sah sich in dem ordentlich aufgeräumten Labor nach einer Sitzgelegenheit um.

»Dahinten müßte noch ein Stuhl stehen.« Sie zeigte in die andere Ecke des Raumes. »Ja, da! Ach, es geht eigentlich ganz gut. Meine praktische Arbeit habe ich abgeschlossen. Jetzt schreibe ich zusammen und muß diesen ganzen Stuß hier lesen.« Sie deutete auf Bücher und Fotokopien, die sich auf dem Schreibtisch stapelten.

»Und was macht der Sport?«

»Na, im Augenblick muß ich natürlich etwas kürzer treten, wegen der Diplomarbeit.« Sie klopfte sich auf die Oberschenkel, die ihn damals schon so fasziniert hatten. »Ich komme schon langsam außer Form vom vielen Sitzen, ich merke das.« Mit einer wegwerfenden Handbewegung fügte sie noch hinzu: »Aber gegen diese hochgezüchteten Mannweiber aus Wessiland habe ich sowieso keine Chance. Was soll's also?« Sie grinste. Es schien ihr nicht viel auszumachen.

Sie kamen auf ihre Sommerferien zu sprechen – kurz davor hatten sie sich das letzte Mal gesehen – und stellten fest, daß sie beide dieselben Inseln in Griechenland besucht hatten, ohne sich zu begegnen. Dieses Thema gab Micha die Gelegenheit, das Herbarblatt ins Spiel zu bringen.

»Du, Claudia, ich wollte dich eigentlich um einen Gefallen bitten. Ein Freund von mir war dieses Jahr in der Slowakei und hat ein paar Pflanzen mitgebracht, die er nicht kannte.«

Er stockte. Während er das sagte, fiel ihm zum ersten Mal die merkwürdige Tatsache auf, daß Tobias offensichtlich Pflanzen und Insekten sammelte. Warum sollte er ansonsten solche Reiseandenken mitbringen. Die Kunstharzeinbettung des Käfers und die Präparation der Pflanze verrieten zudem einige Erfahrung bei diesen Fertigkeiten. Nicht, daß das so ungewöhlich gewesen wäre, er sammelte ja selbst, aber jetzt fand er es plötzlich seltsam, daß Tobias ihm nichts davon erzählt hatte. Immerhin war er doch sehr begeistert davon gewesen, daß Micha sich für Käfer interessierte. Warum also hatte er nicht erwähnt, daß er selbst Sammler war?

»Und da ich mit der Bestimmung nicht weitergekommen bin«, fuhr er fort, »wollte ich dich eigentlich fragen, ob du vielleicht ...«

»Gott, bist du umständlich! So kenn ich dich ja gar nicht.« Sie warf ihm einen neckischen Blick zu.

»Na ja ...«

»Dann zeig doch mal her!«

Er holte die getrocknete Pflanze aus seiner Tasche und legte sie auf den Tisch.

»Eine Seerose«, sagte sie, wie aus der Pistole geschossen.

»Ja, soweit bin ich auch gekommen. Aber dann ...«

Sie zog ein Bestimmungsbuch aus dem Regal und blätterte eine Weile darin herum, bis sie den richtigen Abschnitt gefunden hatte. Ihr Blick wechselte ein paarmal schnell zwischen der Pflanze und dem Buch hin und her.

»Tja«, sagte sie schließlich. »Die scheint hier nicht drin zu sein.

Möglicherweise gibt es da noch mehr als unsere vier Arten, obwohl ich mir das kaum vorstellen kann.«

»Vielleicht kannst du mal nachschauen«, sagte er vorsichtig. »Ich habe keine Ahnung, was es da noch so für Literatur gibt.«

»Klar kann ich das.« Sie schaute auf die Uhr. »Aber heute nicht mehr. Am besten, du läßt sie mir hier, dann kümmere ich mich in den nächsten Tagen mal darum. Jetzt muß ich leider weg.«

»Das wär toll. Aber ... vielleicht könntest du es für dich behalten.«

Er wußte auch nicht, warum er das sagte, aber irgendwie rutschte es ihm heraus, vielleicht weil ihm Tobias' Brief einfiel.

»Warum das denn?« Sie warf ihm einen spöttischen Blick zu. »Komische Geheimniskrämerei! Was ist denn an der Pflanze so besonders?« Interessiert musterte sie noch einmal das Herbarblatt.

»Ach, ich weiß auch nicht. Bist du jeden Tag hier? Dann komme ich nächste Woche wieder vorbei. Kannst mich auch anrufen, wenn du etwas herausgefunden hast. Meine Telefonnummer hast du ja, oder?«

»Hmm«, sagte sie nur und schüttelte verwundert den Kopf.

Er stand auf. »Gut, dann bis bald.«

Er ging schnell aus dem Laborraum und fluchte innerlich über seine elende Schwatzhaftigkeit. Was sollte sie davon halten?

Drei Tage später klingelte bei ihm zu Hause das Telefon. Claudia war am Apparat. »Du, sag mal, dein Freund hat dir aber einen ganz schönen Bären aufgebunden mit der Slowakei.«

»Wie meinst du das?«

»Na, weil diese Pflanze unmöglich von da stammen kann. Es sei denn, in der ehemaligen CSSR hat in den letzten Jahren neben der politischen auch eine klimatische Wende stattgefunden, und dort sind tropische Verhältnisse eingekehrt, ohne daß die Wissenschaft es bemerkt hätte.«

»Wieso tropisch?« Ihm fielen die seltsamen Urlaubsfotos wieder ein, die Tobias ihm in der Kneipe gezeigt hatte.

»Weil so etwas Ähnliches wie diese Pflanze nur in Südostasien vorkommt.«

»Südostasien?«

»Ja, Burma, Thailand, Philippinen und so.«

»Is ja merkwürdig.«

»In der Tat.« Sie lachte. »Komische Art von Humor hat dein Freund. Außerdem ... Ja, merkwürdig ist das richtige Wort für diese Pflanze.«

»Wieso?«

»Na, ich bin keine Expertin, was tropische Gewächse angeht, und mit der Literatur aus diesen Ländern ist das so eine Sache, aber soweit ich herausfinden konnte, dürfte es diese Pflanze eigentlich gar nicht geben.«

»Bitte? Wieso das denn?«

»Die Merkmale stimmen mit keiner der beschriebenen Arten so richtig überein.«

»Das versteh ich nicht.«

»Ja, ich auch nicht. Ich vermute mal, daß wir hier im Institut nicht die richtige Literatur über diese Gebiete haben. Aber verwunderlich ist es schon.«

»Vielleicht ist es eine sehr seltene Art. Mein Freund hat so etwas gesagt.«

»Schon möglich.« Ihre Stimme klang skeptisch.

»Na, danke für deine Mühe. Ich komme in den nächsten Tagen vorbei und hole die Pflanze wieder ab. Dann geb ich dir einen Kaffee aus, okay?«

»Alles klar. Bis bald dann!«

»Ja, bis bald!«

Er legte auf und zündete sich eine Zigarette an. Jetzt lag der Fall wohl klar. Tobias war in den Tropen gewesen. Das erklärte auch die Fotografien, allerdings nicht die im Hochgebirge aufgenommenen und die anderen, die auch aus den Alpen hätten stammen können. Oder sah es im Himalaja so aus? Noch viel weniger erklärte es, was, zum Teufel, Tobias sich bei diesem Spiel gedacht hatte. Jetzt, wo er sein Verhalten endgültig durchschaut zu haben glaubte, fand er diesen Typen unmöglich. Wollte er ihn damit auf die Probe stellen und herausfinden, ob er etwas von seinem Fach verstand, oder was sollte das? Es interessierte ihn im Grunde einen Scheißdreck, wo der Kerl seinen Urlaub verbracht hatte, und er wußte wirklich Besseres mit seiner Zeit anzufangen, als sich in einer Art Puzzle mühsam seine Reiseroute zusammenzureimen.

Er steigerte sich in eine beachtliche Wut und griff schließlich zum Telefon, um Tobias mal gründlich die Meinung zu sagen und klarzustellen, daß er ihm künftig gestohlen bleiben könne. Leider war der nicht zu Hause, so daß sein Zorn verpuffte. Auch in den folgenden Tagen konnte er ihn nicht erreichen. Statt dessen bekam völlig unverdientermaßen Claudia etwas von seinem Ärger ab, als er das Herbarblatt abholte und ihr den versprochenen Kaffee spendierte. Auch sie wunderte sich genauso wie er über diesen seltsamen Humor.

Nach ein paar Tagen hatte er sich so weit beruhigt, daß ihm selbst ein Anruf bei Tobias als zuviel der Ehre erschien. Wenn dieser Spinner es wagen sollte, sich zu melden, würde er sein blaues Wunder erleben, und wenn nicht, war es auch gut.

Aber Micha hörte wochenlang nichts von ihm, so lange, bis sich sein Ärger weitgehend verflüchtigt hatte und er der ganzen Angelegenheit wieder amüsante Züge abgewann, wenn er seinen Freunden beim Bier davon erzählte. Das Herbarblatt verstaubte inzwischen irgendwo in seinen Regalen.

Dinos

»Papa, warum findest du eigentlich keine Saurier?«

Stefan sah seinen Vater mit großen blauen Augen an und rührte mit dem Löffel in seinen Dino-Cornflakes. Marlis machte sich gerade an der Kaffeemaschine zu schaffen. Sie drehte sich um und warf ihrem Mann einen amüsierten Blick zu, so als würde sie sagen: Ja, genau, warum findest du eigentlich nie Dinos?

Axt legte sein angebissenes Brot auf den Teller, schluckte und trank aus seiner Kaffeetasse. Er schwankte zwischen Belustigung und Ärger. Auf diese Frage hatte er nur gewartet.

»In Messel gab es keine Dinosaurier«, sagte er. »Die waren da schon lange ausgestorben. Das weißt du doch, Stefan.«

Er konnte nicht anders. Der leichte Vorwurf hatte sich einfach eingeschlichen, ohne daß er es wollte. Marlis verzog enttäuscht das Gesicht und wandte sich wieder der Kaffeemaschine zu. Auch Stefan machte nicht den Eindruck, als ob ihn diese Antwort zufriedenstellte. Jetzt mußte er sich vor seinem eigenen Sohn rechtfertigen, warum er nur nach Fischen oder Urpferdchen oder noch unwesentlicheren Dingen grub. Diese Filmfritzen aus Hollywood hatten wirklich ganze Arbeit geleistet.

»Saurier sind aber viel spannender«, beharrte Stefan und ließ seinen Löffel so in den Teller platschen, daß die Milch über den Küchentisch spritzte.

»Iß anständig«, ermahnte ihn Marlis und verpaßte ihm einen leichten Klaps auf den Hinterkopf. Er grinste.

»Die Messeler Fossilien sind auch sehr spannend. Wir haben neulich erst ein riesiges Krokodil gefunden«, log Axt.

»Ooch, Krokodile, die gibt es doch auch im Zoo. Die sind voll langweilig.« Aber ein Schimmer erwachten Interesses glomm in seinen Augen. »Wie groß ist es denn?«

»Mindestens fünf Meter«, antwortete Axt und kam sich bei seinen Lügengeschichten entsetzlich schäbig vor. So große Krokodile gab es damals gar nicht, jedenfalls hatten sie noch keines entdeckt.

»Bloß fünf Meter?« Stefans Gesicht verzog sich voller Geringschätzung. »Brachiosaurier waren über zwanzig Meter lang und wogen zig Tonnen.«

Axt fühlte, wie sein Arm zuckte, als führe er ein Eigenleben. Marlis mußte ihn beobachtet haben, denn sie warf ihm einen warnenden Blick zu und runzelte die Stirn. Er senkte die Augen.

»Komm, mein Kleiner! Wir müssen los«, sagte Marlis, während sie sich die Hände wusch. Sie brachten Stefan immer abwechselnd auf dem Weg zur Arbeit an der Schule vorbei, und heute war sie an der Reihe. »Hast du deine Schulsachen?«

»Liegen draußen.«

»Na, dann los. Wir sind schon spät dran.«

Der Junge sprang auf und rannte aus der Küche. Marlis trat neben Axt, drückte ihm einen Kuß auf die Stirn und schaute ihm mit einem fragenden Ausdruck voller Traurigkeit in die Augen, als wollte sie sagen: Was ist nur los mit dir? Es ging ihm durch Mark und Bein.

»Ich bleibe gleich in der Stadt und mache noch ein paar Besorgungen vor der Arbeit«, sagte sie und trat dann in die Diele hinaus, wo Stefan schon auf sie wartete.

»Tschüs, Papa!«

»Tschüs, Stefan!« Dann fügte er spontan hinzu. »Wollen wir uns am Wochenende die neue Dinosaurierausstellung in Frankfurt anschauen?«

»Au, ja!« Der Kleine schaute strahlend um die Ecke. Aber da war auch ein wenig Unglauben in seinem Blick. Bisher hatte sich Axt erfolgreich darum gedrückt. Er war ein Rabenvater.

»Versprochen?« fragte Stefan.

»Ja, wir fahren am Sonntag hin. Großes Ehrenwort!«

Marlis lächelte ihm noch einmal zu, während sie den nun ununterbrochen quasselnden Jungen aus der Haustür schob.

»Mario war auch schon da. Es muß wahnsinnig toll sein. Sie haben da eine ganze Herde, sogar mit Kleinen. Und die brüllen richtig ...«

Die Tür fiel ins Schloß. Axt kam sich plötzlich schrecklich verlassen vor. Durch das Küchenfenster verfolgte er, wie Marlis auf ihren Kombi zulief und Stefan neben ihr wild gestikulierend umhersprang. Als sie den Wagen zurücksetzte, winkte sie ihm noch einmal zu. Axt winkte lächelnd zurück. Die beiden waren alles, was er hatte. Er durfte es auf keinen Fall dazu kommen lassen, daß sein Familienleben unter dieser Sache zu leiden begann. Er mußte sich zusammenreißen.

Als er eine halbe Stunde später in seinem Wagen saß und die Landstraße nach Messel entlangfuhr, brachte er wieder mehr Verständnis für sich auf. Da war dieses unsägliche Skelett, das unaufhörlich sein Denken beherrschte und ihm nachhaltig die Freude an seiner Arbeit verdorben hatte. Auch in den seltenen Momenten, in denen er einmal nicht daran dachte, schien es ihn fest im Griff zu haben. Alles fraß er in sich hinein. Manchmal wurde diese Last für ihn alleine einfach zu schwer. Das wäre jedem so gegangen. Er konnte mit niemandem darüber reden, ohne für verrückt erklärt zu werden, aber auch sein Schweigen würde über kurz oder lang zu keinem anderen Ergebnis führen.

Und Schmäler? Schmäler glaubte wohl, mit der Altersbestimmung wäre das Problem gelöst. Seitdem hatten sie nicht mehr miteinander gesprochen.

Sicher, auch er klammerte sich an diese vage Aussicht, fieberte dem Ergebnis entgegen, aber im Gegensatz zu seinem Chef hatte er die Ausgrabungsstelle gesehen, hatte selbst mitangepackt, um den vermeintlichen Sensationsfund aus dem völlig unversehrten Schiefer zu holen. Ein Sensationsfund war es ja auch geworden.

Und dann, als wäre das alles noch nicht genug, kam dieser Saurierfilm und löste eine Hysterie sondergleichen aus, eine geradezu ekelerregende Explosion hirnlosen Schwachsinns. Dieselben Leute, die sich noch vor ein paar Monaten von seiner Arbeit fasziniert und begeistert gezeigt und ihn mit Fragen bombardiert hatten, erübrigten nun nur noch ein mitleidiges Lächeln für ihn, so als fasele er fortwährend von einer Einhandweltumsegelung und schippere doch nur mit einem Paddelboot auf dem nächstgelegenen Baggersee herum, als spiele er sich als ICE-Lokführer auf und steuere in Wirklichkeit nur eine mickrige Modelleisenbahn zwischen den Beinen seines Wohnzimmertisches hindurch. Das war einfach zuviel.

Natürlich hätte er ganz überzeugende Gründe aufzuzählen gewußt, warum die Beschäftigung mit seinen Messeler Fossilien tausendmal aufregender war, als in monatelanger buchstäblicher Knochenarbeit die Überreste eines *Tyrannosaurus* aus Kreidegestein zu hacken, aber er war sich einfach zu schade für derlei Erbsenzählerei.

Neulich wäre ihm wirklich fast der Kragen geplatzt. Frau Sagmeister, bei der er seit mehr als zehn Jahren fast täglich die Brötchen holte und die ihn stets mit Herr Doktor anzureden pflegte, strahlte wie ein Honigkuchenpferd, als sie ihn auf die neueste Erweiterung ihrer weit und breit unerreichten Produktpalette aufmerksam machte. Ob es denn nicht an der Zeit wäre, daß der Herr Paläologe – sie hatte nach zehn Jahren nicht begriffen, wie das Wort richtig hieß – sich endlich einmal mit richtigen Fossilien beschäftigte, hatte sie gesagt und ihm mit ihren fetten Armen einen Korb mit Semmeln in Dinoform unter die Nase gehalten. Mohnbrötchen in Stegosaurierform, Tyrannosaurier als Croissants, Brontosaurier aus Laugenbrezelteig. Das war nun wirklich der Gipfel der Geschmacklosigkeit. Wahrscheinlich hatte ihr pickliger Sohn, der bei den Axts mitunter den Rasen mähte, erzählt, der Herr Doktor würde sich ja nur mit Spielzeugfossilien beschäftigen. Am liebsten hätte er ihr eine ihrer Dinosemmeln mitten hinein in das dümmliche Gesicht, zwischen ihre dick bepuderten, feisten Hängebacken gesteckt, aber er verließ nur wutschnaubend und ohne ein Wort den Laden und holte seine Frühstücksbrötchen bei der Konkurrenz. Das war sicherlich nicht gerade das, was man als souveräne Reaktion eines überlegenen Geistes bezeichnen konnte, aber zu schlagfertigen Antworten war er im Augenblick nicht in der Lage.

Diese Brötchen waren nur die Spitze des Eisbergs. Neulich hatte er im Fernsehen sogar Werbung für Fischfrikadellen in Dinoform gesehen, und selbst die Dinosaurierforscher, ernsthafte Wissenschaftler wie er, paßten das Niveau ihrer Namensneuschöpfungen neuerdings dem von Waschmittel- und Toilettenreinigerreklamen an. Je größer die Skelette wurden, die sie entdeckten, desto dümmer wurden die Namen, die sie ihnen gaben. Die Amerikaner taten sich in diesem Zusammenhang besonders hervor. Ein Skelettfragment, das sie in Colorado gefunden hatten, tauften sie *Supersaurus,* und als sie dann wenig später in derselben Gegend ein noch größeres Tier fanden, blieb ihnen wohl nichts weiter übrig, als es *Ultrasaurus* zu nennen. Zweifellos würde das nächste *Hypersaurus* heißen und dann *Superultrasaurus* und so weiter.

Das Ganze wäre ja halb so schlimm, wenn diese Modewelle zu einem tiefer gehenden Interesse, zu einer andauernden Leidenschaft geführt hätte. Aber er befürchtete, daß gerade dieses Übermaß, dieses perverse Ausschlachten um jeden Preis, in kurzer Zeit genau den gegenteiligen Effekt haben würde. Bei Stefan waren schon deutliche Anzeichen von Überdruß auszumachen, nachdem sich sein Kinderzimmer innerhalb weniger Wochen in ein Dinosaurierkabinett verwandelt hatte, von dem Axt als Kind nicht einmal zu träumen gewagt hätte. Aber nun kam nicht mehr viel Neues nach und die Dosierung dieser Dinodroge war so hoch, daß das Ganze bald an einer Überdosis zu kollabieren drohte.

Die Geldflut, die sich plötzlich über einschlägige Forschungseinrichtungen, Museen, Bibliotheken, über Schulen und Universitäten ergossen hatte, würde wieder versiegen und in ein spärliches Tröpfeln übergehen. Alle, die wie er auf mehr als ein Strohfeuer angewiesen waren, würden sich ihre Gelder für die elementarsten Anschaffungen wieder erbetteln müssen wie eh und je.

Natürlich hatte dieser an Ekel grenzende Widerwille, den er angesichts der Dinowelle empfand, viel mit seinen sonstigen Problemen zu tun. Säße da nicht dieses anachronistische Skelett in seinem Hinterkopf, seine Reaktion wäre mit Sicherheit gemäßigter, gelassener ausgefallen. Jedenfalls, das nahm er sich ganz fest vor, als er jetzt mit seinem Wagen auf das Grundstück der Senckenberg-Station in Messel fuhr, sollte sein Sohn nicht darunter leiden müssen. Er war als Junge auch nicht anders gewesen und wäre auf dieser Dinosaurierwelle genauso begeistert mitgesurft.

In der kleinen Villa herrschte schon reges Treiben. Kaiser und Lehmke hantierten mit ihren Sandstrahlgebläsen herum und bekamen Axts Ankunft gar nicht mit, Sabine telefonierte und winkte ihm kurz zu, und Max und Rudi kamen gerade die Kellertreppe hoch, was Axt einen kurzen Adrenalinstoß durch den Körper jagte. Sie ließen ein knappes »Morgen, Chef!« hören, als salutierten sie vor ihrem kommandierenden General.

Axt grüßte zurück, marschierte dann aber sofort in sein Arbeitszimmer, blätterte kurz den Poststapel durch und fand darin unter anderem die offizielle Einladung für den Vortrag in Berlin, den er für Schmäler übernommen hatte. Er sollte in gut zwei Wochen, am 28. November stattfinden. Er machte sich eine kurze Notiz, daß er noch bei Marlis' Eltern nachfragen mußte, ob er die Nacht bei ihnen verbringen konnte. Wenn sie in der Stadt waren, freuten sie sich sicher über diesen unverhofften Besuch.

»Na, alles klar bei dir?« Sabine lehnte am Türrahmen und schaute zu ihm ins Zimmer.

»Bestens, wie immer. Wieso fragst du?«

»Ach, nur so. Du machst in letzter Zeit manchmal einen hypernervösen Eindruck.«

»Mach ich?« Er lachte kurz auf, vielleicht eine Spur zu laut. »Mir geht's gut, wirklich. Aber danke, daß du dich um mich sorgst.«

»Übrigens, Prof. Niedner vom Geologischen Institut hat angerufen. Er bittet um Rückruf.«

»So? Was wollte er denn?«
»Hat er nicht gesagt, aber er tat sehr geheimnisvoll. Vielleicht wollte er uns ankündigen, daß sie ihre Bohrungen noch einmal wiederholen müssen.«
»Gott bewahre uns. Die haben hier wirklich genug Unruhe gestiftet.«
Plötzlich hörte man die entsetzte Stimme von Max aus dem Hintergrund. »Wie? Hab ich richtig gehört, diese Bohrheinis kommen noch mal zurück?«
»Keine Angst, Max«, rief Axt ihm zu. »Frau Schäfer beliebte zu scherzen.«
Max atmete erleichtert auf und brummte irgend etwas Unverständliches zu Rudi, der daraufhin bedächtig nickte. Kurz darauf verließen sie zusammen das Haus und liefen zum Geräteschuppen hinüber. Die diesjährige Ausgrabungskampagne war vor kurzem abgeschlossen worden. Im Winter wurden keine Grabungen durchgeführt, so daß die beiden hauptsächlich mit Wartungs- und Aufräumarbeiten beschäftigt waren. Die eingelagerten Schieferblöcke mit den Fossilien mußten regelmäßig kontrolliert, befeuchtet und wieder sorgsam verpackt werden, um den Pilz- und Bakterienbefall zu bekämpfen. Diese Mikroorganismen vermehrten sich in der abgeschlossenen Feuchtigkeit der verpackten Fundstücke mitunter besorgniserregend und mußten mit entsprechenden Mitteln beseitigt werden.
Den Wissenschaftlern in der Station gab die ausgrabungsfreie Zeit endlich Gelegenheit, in Ruhe ihrer eigentlichen Aufgabe nachzugehen. Im Sommer kamen sie vor lauter Fossilienfunden ja kaum dazu, diese genauer zu untersuchen, geschweige denn, sich der aktuellen Literatur zu widmen oder eigene Veröffentlichungen auszuarbeiten. Außerdem mußte im Magazin für die Fundstücke des kommenden Jahres Platz geschaffen werden.
Axt schloß die Tür seines Arbeitszimmers und setzte sich an den Schreibtisch. Die Stimmung unter seinen Mitarbeitern war gut, daran hatten, Gott sei Dank, seine gelegentlichen Ausfälle nichts geändert. Kunststück, die Glücklichen hatten ja auch keine Ahnung, was da neben den anderen schwarzen Schieferplatten im Keller lagerte.
Er seufzte, griff nach dem Telefonhörer und rief Niedner an.

»Ah, Dr. Axt, schön, daß Sie anrufen«, sagte der Geologe.

»Sie wollten mich sprechen?«

»Ja, wissen Sie, wir haben da bei der ersten Durchsicht der Messeler Bohrkerne eine ungewöhnliche Entdeckung gemacht, die eher in Ihren Zuständigkeitsbereich fällt.«

Axt lief ein Schauer über den Rücken. Was hatte das denn zu bedeuten? Er hatte plötzlich Angst, daß noch ein mysteriöser Fund auftauchen könnte, irgendein anachronistisches Artefakt, das seine schöne Grube endgültig in eine wertlose Ansammlung von Knochenmüll verwandeln würde. Ihre Nachbarn unten in der Grube warteten doch nur auf so etwas, damit sie ihre Mülltransporter endlich in Bewegung setzen konnten. Na ja, wenn da noch so ein Unsinn zu Tage kam, würde er der erste sein, der seine Küchenabfälle höchstpersönlich in den Schiefer kippte. Vielleicht waren die Geologen auf einen dieser kleinen Plastikdinosaurier gestoßen, die zu Hause im Zimmer seines Sohnes die Regalbretter füllten, unverwüstlicher Kunststoff, für die Ewigkeit gemacht und von einem todunglücklichen kleinen *Homo sapiens*-Kind verloren, als es am Ufer des tertiären Messeler Sees spielte, 50 Millionen Jahre, 50 000 Jahrtausende, 500 000 Jahrhunderte vor seiner Zeit.

Er nahm sich zusammen und fragte so unbeteiligt wie nur möglich: »So, was ist es denn?«

»Ein Knochen«, sagte Niedner geheimnisvoll. Er schien zu glauben, daß schon dieses Wort alleine genügte, um einen Paläontologen in Verzückung zu versetzen. Aber Axt war nicht entzückt, ganz im Gegenteil. Ihm brach auf der Stelle der Angstschweiß aus.

»Ein ... *menschlicher* Knochen?« hörte er sich fragen.

»Wie bitte? Haha, ein guter Witz, *ein menschlicher Knochen*, haha, wirklich gut. Freut mich, daß Sie am Freitagmorgen so guter Laune sind. Nein, für meinen laienhaften Blick sieht es aus wie ein Wirbel, ein ziemlich großer Wirbel. Wenn das ein Menschenknochen ist, dann würde ich sagen, wir sind hier auf Goliath höchstpersönlich gestoßen.«

Axt litt Höllenqualen bei Niedners Gelächter. Er mußte wohl von allen guten Geistern verlassen gewesen sein. Aber Niedners Reaktion war symptomatisch. Menschenknochen in Messel waren einfach lächerlich. Mehr fiel einem vernünftigen Menschen dazu nicht ein.

»Und wie kommt der in Ihren Bohrkern?«

»Na, ich vermute, daß wir zufällig ein großes Fossil angestochen haben.«

»Sie meinen, da liegt noch mehr?«

»Ja, der Wirbel sieht völlig intakt aus, und warum sollte da unten ein einzelner Wirbelknochen herumliegen?«

Stimmt, dachte Axt, das wäre nicht auszuschließen, aber für Messel in der Tat eher ungewöhnlich.

»Dann schicken Sie uns den Knochen doch rüber. Wir werden ihn uns mal genauer ansehen. Aber achten Sie darauf, daß er nicht austrocknet.«

»Gut, wir werden aufpassen«, versicherte ihm Niedner. »Rufen Sie mich doch bitte an, wenn Sie wissen, worum es sich handelt. Wir waren hier alle ganz aufgeregt, als wir ihn bei unseren Untersuchungen im Labor gefunden haben.«

»Natürlich, ich melde mich bei Ihnen. Fossilien sind eben doch etwas anderes als ihre toten Gesteine, was?«

»Das will ich nicht sagen«, antwortete der Geologe und lachte. »Haha, mit dem Menschenknochen haben Sie mir einen richtigen Schrecken eingejagt.«

Und mir erst, dachte Axt.

Der Vortrag

Der alte Vorlesungssaal mit seinen steil ansteigenden Sitzreihen füllte sich langsam. Michael betrat ihn durch den Privilegierteneingang, den man über den ersten Stock des Instituts und den Raum erreichte, in dem das Kartenmaterial für die Vorlesungen lagerte. Die Tür lag gleich links neben der großen mehrteiligen Tafel, so daß Micha beim Betreten des Saales direkt auf die hölzernen, schon gut besetzten Sitzreihen blickte.

Es war tatsächlich ein erhebendes Gefühl, den Saal zum ersten Mal nicht durch den Dienstboteneingang zu betreten, den die Studenten benutzten, wenn sie die Vorlesungen besuchen wollten. Der Privilegierteneingang war den Professoren für ihre

Lehrveranstaltungen vorbehalten und bei Anlässen wie diesem, einem der traditionellen Colloquiumsvorträge, allen Angehörigen des Instituts. Es gab natürlich keine Eingangskontrolle, niemanden, der einen zurückgeschickt hätte, wenn man nicht zu dieser elitären Gesellschaft gehörte, aber es war ein ungeschriebenes Gesetz, an das sich alle hielten. Micha hatte sich der Arbeitsgruppe von Prof. Rothmann angeschlossen, wollte im Sommer mit den Untersuchungen für seine Diplomarbeit beginnen und hatte schon einmal angefangen, sich in sein zukünftiges Arbeitsgebiet einzulesen, an seinem nur für ihn reservierten Arbeitsplatz wohlgemerkt. Plötzlich gehörte er dazu, und in der Tatsache, daß er zusammen mit Karin und Detlef, zwei Doktoranden Rothmanns, den Eingang unten neben der Tafel benutzte, manifestierte sich dieser neue Status für ihn zum ersten Mal. Wenn auch nur als ganz kleiner Fisch, war er nun Teil der großen internationalen Gemeinschaft der Wissenschaft. Zu seiner eigenen Überraschung erregte ihn diese Vorstellung wesentlich mehr als erwartet.

Das Mittwochscolloquium hatte eine langjährige Tradition, die mit großer Sorgfalt gepflegt wurde. Meistens referierten dort von den unterschiedlichen Arbeitsgruppen eingeladene Gastdozenten über so spezielle Themen, daß man kaum die Titel verstand, geschweige denn den Vortrag selbst. An solchen Tagen verloren sich kaum Studenten hierher, und die Institutsangehörigen blieben weitgehend unter sich. Von letzteren wurde allerdings erwartet, daß sie sich dort blicken ließen, ganz egal, worum es ging.

Die Vortragsreihe dieses Wintersemesters fiel allerdings aus dem Rahmen und war daher ungewöhnlich gut besucht. Selbst dieses den höheren Weihen der Wissenschaft verschriebene Institut hatte sich dem allgemeinen Dinofieber nicht ganz entziehen können und die Colloquiumsreihe unter das spezielle Thema gestellt: *Paläontologie und Evolution* – eines der Schlüsselgebiete aller biologischen Wissenschaften. Und der Andrang war wirklich enorm. Selten hatte man den alten Vorlesungssaal derart gefüllt gesehen. Schon am letzten Mittwoch bei dem ziemlich speziellen Vortrag über *Chronospezies – Fossilien und Artbegriff* war der Saal aus allen Nähten geplatzt, und auch heute, zumal ein relativ unspektakuläres Thema auf dem Programm stand, deutete sich ein überdurchschnittlich guter Besuch an.

Die drei suchten sich einen Platz in einer der oberen Sitzreihen, damit sie alles gut im Auge behalten konnten. Die unteren Reihen waren den Professoren und ihren Assistenten vorbehalten. Wie immer würden die erst in letzter Minute zum Colloquium erscheinen.

Im Raum herrschte gespannte Erwartung. Unten vor der Tafel stand eine kleine Gruppe zusammen, die sich angeregt unterhielt. Die meisten waren Wissenschaftler des Instituts, aber ein nervös wirkender, kräftig gebauter Mann mit Bürstenhaarschnitt war Micha unbekannt und schien der Referent des heutigen Nachmittags zu sein, Dr. Helmut Axt von der Senckenberg-Forschungsstation Messel. Irgendwie paßte der Name zu ihm. Sein Kinn ragte aus dem rundlichen Gesicht, als könne er damit die Fossilien ohne weitere Hilfsmittel aus dem Gestein hacken.

Immer mehr Leute strömten in den Saal, von oben durch den Dienstbotenaufgang eine erstaunlich große Zahl interessierter Studenten und von unten durch den Privilegierteneingang die Mitarbeiter des Hauses. Letztere erschienen meist in kleinen Gruppen. Sie hatten noch in ihren jeweiligen Labors zusammengesessen und Kaffee getrunken und waren dann arbeitsgruppenweise aufgebrochen, je später, desto bedeutender. Das ganze Schauspiel folgte einem verborgenen Regelwerk, das zu verstehen nur Alteingesessenen vorbehalten war, ein seltsames Ritual, dessen Faszination sich Micha kaum entziehen konnte.

Oft war dieses Vorspiel allerdings bei weitem das Interessanteste an einem solchen Nachmittag, denn nicht selten entpuppten sich die Vortragenden als hochgebildete und hochspezialisierte Langweiler der allerschlimmsten Sorte, die jedes Feuer, jede Leidenschaft vermissen ließen und ihren Stoff gespickt mit Fachtermini so herunterleierten, daß man schon nach wenigen Sätzen mit dem Schlaf kämpfte. Noch unangenehmer waren allerdings die Referenten, die den Zuhörern ihren Stoff in einem derart atemberaubenden Tempo um die Ohren schlugen, daß einem Hören und Sehen verging und danach sehr grundsätzliche Zweifel aufkamen, ob man wirklich das richtige Studienfach gewählt hatte.

Schubert, der Evolutionsbiologe des Instituts und Organisator dieser Colloquiumsreihe, begann auf die Uhr zu schauen. Sein Assistent, ein arroganter Typ mit Seitenscheitel, dem Micha schon einige Male auf den Institutsgängen begegnet war, genoß das ungeheure Vorrecht, oben den Diaprojektor bedienen zu dürfen, und damit ihn auch niemand übersah, warf er über den Köpfen der Gruppe um den Referenten zu Testzwecken schon einmal das eine oder andere Bild an die Wand.

Fast alle Plätze waren jetzt besetzt. Einige Studenten, die draußen vor der Tür noch schnell eine Zigarette geraucht hatten, drängten von oben herein. Ein dumpfes Gemurmel und einzelne Lacher füllten den Saal. Kurz vor Ablauf des akademischen Viertels schlüpften nun die oberen Dienstgrade der Institutshierarchie durch den Privilegierteneingang und nahmen ihre Plätze ein, sofern sie sich nicht erst zu der Gruppe um den Referenten gesellten, um bis in die letzten Sitzreihen hinauf deutlich zu machen, daß sie auch wirklich anwesend waren oder den Vortragenden sogar persönlich kannten. Auch Rothmann gehörte zu den Spätankömmlingen. Bevor er sich setzte, flog sein Blick schnell über die Sitzreihen, wohl um festzustellen, ob seine Schützlinge sich eingefunden hatten. Als er Micha und die beiden anderen oben sitzen sah, nickte er zufrieden, schob sich in die Sitzreihe und wandte sich beruhigt der Tafel zu.

Stritzel flitzte herein und nickte allen Bekannten zu. Er beschäftigte sich mit sozialen Insekten, verfügte in Form eines kleinen Vorbaus am Institut sogar über einen Freiflugraum für seine Studienobjekte, und es waren Gerüchte im Umlauf, daß er von den Hornissen, die darin ihr Unwesen trieben, schon mindestens hundertmal gestochen worden war. Gechter, der dürre Pantopoden-Spezialist, betrat nach ihm den Saal. Wie immer ganz unauffällig und bescheiden verzog er sich sofort in die zweite Reihe.

Während Schubert immer häufiger auf die Uhr schaute und der Vortragende sich schon aus der um ihn versammelten Gruppe zurückgezogen hatte, um noch einmal einen letzten Blick auf seine Aufzeichnungen zu werfen, näherte sich der Höhepunkt der Ouvertüre.

Wer würde es diesmal schaffen, als letzter zu erscheinen? Dieser Wettlauf mit umgekehrten Vorzeichen war ein gefährliches

Vabanquespiel. Schaffte man es tatsächlich als allerletzter in den Saal zu hetzen, war damit dokumentiert, daß man seine kostbare Arbeitszeit bis zum letzten Moment mit zweifellos höchst bedeutsamer Forschungstätigkeit auszufüllen gewillt war, gleichzeitig den Vortrag des hochgeschätzten Referenten aber um keinen Preis verpassen wollte. Ein beispielgebender Spagat wäre gelungen, eine Verbeugung vor der heiligen Wissenschaft wie eine Respektbezeugung vor dem Vortragenden.

Schaffte man es aber nicht, platzte man mitten in die Vorstellungsworte des Gastgebers oder gar in die Einführung des Referenten, dann manövrierte man sich vor versammelter Mannschaft nicht nur in eine hochnotpeinliche Situation – die besondere Lage des Privilegierteneinganges führte ja dazu, daß man wie auf einer Bühne vor alle Anwesenden trat –, sondern würde spätestens beim nächsten selbst organisierten Colloquium oder der anstehenden Direktoriumssitzung, in der es um die Verteilung der Institutsmittel ging, merken, was man sich eingebrockt hatte.

Gerade als Schubert die Tür neben der Tafel schließen wollte, schlüpfte Persigel mit seinem Anhang durch. Aber der Stoffwechselphysiologe hatte Pech. Keine zehn Sekunden später, Schubert hatte die Klinke schon wieder in der Hand, folgten die Sieger des Wettlaufs. In einem wahren Triumphmarsch zogen die Neuros ein. Wilhelm Zeugner, Professor der Neurophysiologie, sein Assprof., seine beiden Assistenten und nicht weniger als acht Diplomanden drängten im Gänsemarsch durch die Sitzreihen auf die letzten freien Plätze. Schubert konnte endlich die Tür schließen.

Wie zu befürchten, drohte der Rest des Nachmittags eine Enttäuschung zu werden. Schubert stellte den verkrampft lächelnden Referenten vor, ratterte lieblos seinen wissenschaftlichen Werdegang herunter, als handele es sich um die Bekanntgabe der Sicherheitsvorkehrungen im Brandfall, und Dr. Axt hob anschließend mit teilnahmsloser Stimme zu einem gähnend langweiligen Abriß der Fossilienbergungsgeschichte in der Grube Messel an. Ernüchterung machte sich breit.

Plötzlich geschah etwas Außergewöhnliches. Die Tür links neben der großen Tafel öffnete sich erneut, zunächst nur einen

Spalt, dann zur Gänze, und von mindestens vierhundert Augen bestaunt betrat ein seltsames Paar den Raum, offensichtlich ohne sich der Ungeheuerlichkeit ihres Vergehens bewußt zu sein. Das Undenkbare war geschehen. Axt stockte in seinem Vortrag und blickte sich irritiert um, die Professoren hielten vor Entsetzen den Atem an und schleuderten giftige Blicke auf die Neuankömmlinge, und der Rest des Auditoriums steckte die Köpfe zusammen. Ein eigentümliches Summen stieg von den dichtgefüllten Sitzreihen auf.

Es war nicht ganz auszumachen, wem der beiden Störenfriede die größere Aufmerksamkeit galt, dem gebeugt und auf einen Stock gestützt gehenden Männchen, dessen seltsamer Spitzbart ihm das Aussehen eines überdimensionierten Gartenzwerges verlieh, oder seiner jungen Begleiterin, die ihn um mindestens einen Kopf überragte.

»Wer is'n das?« flüsterte Micha der neben ihm sitzenden Karin ins Ohr.

»Wen meinst du?« zischte sie zurück. »Die Frau?«

Wenn er ehrlich war, interessierte ihn tatsächlich nur die Frau. An seiner himmelschreienden Notlage hatte sich noch immer nichts geändert, und es grenzte schon an Untertreibung, wenn er diese Frau, die da plötzlich auf der Bildfläche erschienen war, nur als eines der hinreißendsten Geschöpfe beschrieb, die ihm jemals unter die Augen gekommen waren. Den zwei Dritteln der Zuhörerschaft, die dem männlichen Geschlecht angehörten, schien es nicht viel anders zu gehen. Die Köpfe folgten jeder Bewegung ihres Körpers wie an einem Gummizug, bis sie an der Seite ihres Begleiters endlich einen freien Platz gefunden hatte. Wenn es nach Micha gegangen wäre, dann hätte er diesen Fossilienfritzen da unten, der inzwischen nach seinem kurzen Stolperer unverdrossen weitergeredet hatte, auf der Stelle in Ehren entlassen und den Rest der Zeit damit verbracht, diese Frau anzuhimmeln.

»Na, beide«, sagte er zu Karin, die ihm einen spöttischen Blick zuwarf.

»Ich glaube, das ist Sonnenberg, der Paläontologe«, flüsterte sie, »aber ich bin mir nicht sicher. Ich habe ihn noch nie gesehen.«

Er schluckte. »Und sie?«

»Was weiß ich.« Sie grinste und legte den Kopf schief. »Vielleicht seine Geliebte?«

Nachdem Sonnenberg mit lautem Poltern endlich seinen Stock untergebracht hatte, konzentrierte sich die allgemeine Aufmerksamkeit wieder auf den Vortragenden.

»Nachdem 1971 der industrielle Abbau des Ölschiefers eingestellt wurde, entwickelte sich die Grube zum Eldorado der Hobbypaläontologen. An manchen Wochenenden tummelten sich bis zu dreihundert von ihnen in der Grube. Aus dieser Zeit stammen einige der bemerkenswertesten Fundstücke wie der 1974 ausgegrabene Ameisenbär, bis heute der einzige seiner Art. Obwohl die private Sammeltätigkeit offiziell verboten war, duldeten die Behörden das bunte Treiben, bis die Grube Ende 1974 für die Öffentlichkeit gesperrt wurde, weil das Gelände zur zentralen Mülldeponie Südhessens ausgebaut werden sollte.

Der Zweckverband Abfallverwertung Südhessen, kurz ZAS, kaufte 1975 das gesamte Grundstück der Grube Messel, und trotz weltweiter Proteste entschied das Verwaltungsgericht Darmstadt 1981 zugunsten der geplanten Mülldeponie ...«

Es fiel Micha zunehmend schwerer, den eintönig vorgetragenen Ausführungen des Paläontologen zu folgen, denn sie wandte ihm genau ihr Profil zu. Immer wieder kehrten seine Augen von dem nur geringe optische Reize bietenden Referenten zu ihrer süßen Stupsnase zurück, ihrer fast schwarzen Mähne. Ihr Körper hatte auf den wenigen Metern von der Privilegiertentür bis zu ihrem Sitzplatz so durchtrainiert gewirkt, so kraftvoll und von katzenhafter Geschmeidigkeit, als könnte sie, wenn sie nur wollte, die Schwimmweltrekorde einfach so aus dem Handgelenk schütteln. Während der kleine Professor, der von Micha aus gesehen zwischen ihnen saß, fast völlig in seinem Sitz versunken war, saß sie kerzengerade da und starrte mit unbeweglichem Gesicht, aber rosig glänzenden Wangen nach vorne.

»... Das Gestein besteht aus einem faulschlammähnlichen Pflanzenzersetzungsprodukt, das mit dem Mineral Montmorillonit zu einem fälschlicherweise als Ölschiefer bezeichneten Material verfestigt wurde. In der feinkörnigen Grundmasse sind Algen, Pilze und Pollen nachweisbar ...«

In diesem makellosen Gesicht rührte sich nichts. Sie würdigte ihre Umgebung keines Blickes.

»... der See wies wie viele heutige Seen auch eine ausgeprägte Schichtung auf. Einer etwa fünf Meter tiefen vitalen, eutrophen Zone mit sehr hoher Biomassenproduktion folgte eine sauerstoffarme bis -freie Zone. Am Boden verfestigte sich das herabsinkende Sediment und das organische Material unter anaeroben Bedingungen zu Ölschiefer. Schließlich verlandete der Messeler See wie eine obenliegende Deckschicht aus Braunkohle beweist ...«

Der kleine, fast unsichtbare Professor flüsterte ihr etwas zu, Micha und eine größere Zahl weiterer Zuhörer konnten es deutlich erkennen. Als sie ihren Kopf etwas zur Seite drehte, war ihm, als träfen sich für einen Sekundenbruchteil ihre Blicke. Plötzlich gab es nur diese dunklen Augen, ringsherum absolute Stille, und ihm schoß ein Hormonstoß durch die Gefäße, der es ihm fast unmöglich machte, still sitzen zu bleiben. Sie nickte. Dann drehte sich ihr Gesicht wieder nach vorne.

»... Die Fossilien des Sees stammen aus vier unterschiedlichen Lebensräumen:

1. dem Wasserkörper mit seinen Fischen und Planktonorganismen,

2. den Uferregionen des Sees, repräsentiert durch Schildkröten, Krokodile und verschiedene Amphibien,

3. der näheren und weiteren Umgebung, wobei die zu dieser Gruppe gehörenden Echsen und Säugetiere wie die Urpferdchen vermutlich über Zuflüsse und Überschwemmungen in den See gespült wurden, sowie

4. dem Luftraum. Vögel, Fledermäuse und unter Umständen auch Insekten könnten beim Überfliegen des Sees durch aufsteigende giftige Faulgase betäubt, abgestürzt und ertrunken sein ...«

Wer war sie? Warum war er ihr noch nie begegnet? Seine Tochter? Eine Studentin, eine Diplomandin? Er hatte noch nie von einem Paläontologen an ihrem Fachbereich gehört. Der Mann schien sich ziemlich rar zu machen. Vielleicht sollte er das Fach wechseln. Vielleicht war Insektenökologie doch nicht so aufregend, wie er gedacht hatte.

Plötzlich wurde es schummrig im Saal, denn Schuberts Assistent am Diaprojektor hatte das Signal erhalten, daß seine große Stunde gekommen war.

Da Sonnenbergs Nachbarin nun nicht mehr zu erkennen war, blieb Micha nichts weiter übrig, als sich den Dias zuzuwenden. Nach Übersichtsaufnahmen vom wenig eindrucksvollen Grubengelände folgte eine ermüdende Serie von bräunlich-schwarzen Skeletten, deren verwirrende Knochenvielfalt Micha allenfalls signalisierte, daß es sich um verschiedene Arten von Wirbeltieren handelte. Die Luft im vollbesetzten Vorlesungssaal wurde langsam stickig. Die nicht enden wollende Folge von Schildkröten- und Krokodilarten, von Insektenfressern, Nagetieren, Schuppentieren und Urpferdchen fand ein abruptes Ende, als aus der Richtung des Diaprojektors plötzlich ein maschinengewehrartiges, nach der vorangegangenen Stille geradezu ohrenbetäubendes Rattern erklang, welches das Auditorium aus seinem kollektiven Dämmerzustand riß.

Der Projektor war irgendwie hängengeblieben. Jemand machte Licht und die in sich zusammengesunkenen Zuhörer und Zuhörerinnen begannen sich zu strecken und zu tuscheln. Endlich fand Schuberts Assistent, dem sich nun die Aufmerksamkeit des gesamten Saales zugewendet hatte, den Schalter, der das enervierende Geratter abstellte. Sein Kopf glühte wie eine Laterne, und mit hektischen Bewegungen versuchte er des Problems Herr zu werden. Auch *sie* hatte sich umgedreht und, ja, er täuschte sich nicht, ein feines, schlichtweg umwerfendes Lächeln umspielte ihren Mund.

Der geplagte Vorführer hatte natürlich im Moment ganz andere Sorgen. Die Bedienung des Diaprojektors konnte sich in Windeseile von einem hochgeschätzten Privileg in ein elendes Martyrium verwandeln. So war es zum Beispiel keine leichte Aufgabe zu erkennen, wann die Referenten ein neues Dia projiziert haben wollten. Da die meisten Redner das monotone »Das nächste Dia, bitte!« vermeiden und sich neben ihren Folien und Manuskriptseiten nicht auch noch die Fernbedienung des Projektors aufhalsen wollten, hatte sich eine Art Zeichensprache eingebürgert, die nur leider in keiner Weise normiert war. Wurde ein langer Zeigestock aus Bambus oder Holz benutzt, war es üblich, mit dem Ende kurz auf den Boden zu tippen. Manche Referenten stampften derart herrisch mit dem Stockende auf den Boden, daß die auf diese Weise malträtierten Zeigestöcke ganz abgeplattete Enden bekamen und nur eine geringe Lebensdauer erreichten. Es hörte sich an, als würde ein Lakai bei Hofe das Erscheinen des Königs ankündigen. So unschön diese Methode auch war, sie verhinderte, daß eine flüchtige Geste, ein Kratzen am Kinn, ein Wechsel des Standbeins im verdunkelten Vortragssaal als Aufforderung zum Diawechsel mißverstanden wurde. Das Auditorium wurde nicht aus seiner Konzentration, der Vortragende nicht aus seinem Redefluß gerissen, und dem Vorführer blieb erspart, vor allen Anwesenden als der Dumme dazustehen, denn es gab eine unumstößliche goldene Regel: Was auch geschieht, der Referent hat immer recht.

Da der Fortschritt nun auch in der Zeigestocktechnologie Einzug gehalten hatte und sich in jüngster Zeit mit stark ansteigender Tendenz die modernen Lichtpfeile oder teleskopartig ausziehbaren Westentaschenzeigestöcke einbürgerten, kam das bewährte Stockstampfen leider außer Mode und das Bedienungspersonal an den Projektoren mußte ein geradezu übermenschliches Einfühlungsvermögen aufbringen, um den gestiegenen Anforderungen gerecht zu werden.

Schuberts hochnäsiger Lackaffe von Assistent, dem Micha seine prekäre Lage von Herzen gönnte, versuchte noch immer verzweifelt, das verklemmte Dia zu lösen, als Axt ein Einsehen mit ihm hatte und eine spontane Einlage zum besten gab. Er entpuppte sich als souveräner Meister der Situation und sammelte bei der langsam ungeduldig werdenden Zuhörerschaft Pluspunkte.

Der Wirbel

Bisher hatte Axt sein Programm relativ unengagiert und mit fast gelangweilter Routine heruntergespult. Weder die ungewöhnlich große Kulisse noch der spektakuläre Auftritt dieses ungleichen Pärchens gleich zu Beginn seiner Ausführungen hatte ihn stimulieren und aus seiner inneren Verkrampfung befreien können. Aber dieses hämmernde Stakkato des verklemmten Diaprojektors riß ihn aus seiner Lethargie, rüttelte ihn wach und verhalf ihm zu einer glänzenden Idee.

»Die kleine Verzögerung gibt mir Gelegenheit«, sagte er, »Ihnen von einem Vorfall zu berichten, der sich gerade zugetragen hat und der ihnen zeigen soll, welch ungewöhnliche Wege die Fossiliensuche bisweilen nehmen kann.« Er wartete einen kurzen Moment, bis die Gesichter seiner Zuhörer sich von dem bedauernswerten Studenten hinter dem Projektor wieder abgewandt hatten.

»Wir hatten in diesem Sommer eine geologische Forschungsgruppe zu Gast in der Grube. Sie führten auf dem ganzen Gelände systematisch Bohrungen durch, und der Zufall wollte es, daß sich in einem ihrer Bohrkerne ein vollständiger und unversehrter Halswirbelknochen fand. Unsere Untersuchungen haben nun ergeben, daß es sich dabei um den Halswirbel eines Krokodils handelt, der Größe des Knochens nach zu urteilen, sogar eines sehr großen Krokodils, wahrscheinlich des größten, auf das wir jemals gestoßen sind.«

Anerkennendes Raunen im Saal.

»Wir sind davon überzeugt, daß der Bohrer den Halswirbel säuberlich aus seinem Knochenverband herausgestanzt hat und der Rest des Skelettes noch im Schiefer liegt, in etwa zweieinhalb Meter Tiefe.«

Jetzt spürte Axt, daß er seine Zuhörer im Griff hatte. Sie hingen an seinen Lippen, öde wissenschaftliche Routine war plötzlich in aufgeregte Entdeckerfreude umgeschlagen. Der kleine Projektorzwischenfall hatte dank seiner Geistesgegenwart eine glückliche Wendung eingeleitet. Für den Rest seines Vortrags war ihm die ungeteilte Aufmerksamkeit des Auditoriums sicher. Er fühlte, wie sein Körper neue Kraft mobilisierte, wie er aus den neugierigen Blicken seiner Zuhörer Energie auftankte, und als dann der Projektor wieder lief, holte er die verlorene Zeit mühelos auf – er wußte, daß es sehr ungern gesehen wurde, wenn man die Vortragszeit überzog –, glänzte mit gewagten Formulierungen und überraschenden Pointen und kam schließlich zum Schluß seines Vortrages.

»Da wir uns hier in einem zoologischen Institut befinden, habe ich darauf verzichtet, Ihnen die botanischen Schätze der Grube

Messel zu präsentieren. Natürlich haben wir auch auf diesem Sektor eine sehr reichhaltige Ausbeute an Fundstücken aufzuweisen. Unsere Paläobotaniker haben Hunderte von Arten aus mindestens 65 Pflanzenfamilien nachweisen können. Blätter von Tüpfelfarnen, Panzerfruchtpalmen und Aronstabgewächsen, Früchte von Walnußbäumen und Mondsamengewächsen sowie die Samen, Pollen und Blüten von Riedgräsern und Seerosen wurden in großer Zahl gefunden.

Da hier am Institut, wie ich hörte, sehr intensiv entomologisch gearbeitet wird, möchte ich aber nicht versäumen, Ihnen zum Ende meines Vortrages wenigstens noch zwei unserer berühmten Messeler Insekten zu zeigen. Hier ein Rüsselkäfer, eine von etwa fünfzehn Käferarten, die wir entdecken konnten. Und als letztes, gewissermaßen als schillernder Abschluß, unser Prachtkäfer.«

Aus dem Halbdunkel des Zuschauerraums hörte man einen unterdrückten Aufschrei der Überraschung. Axt fing den Ball auf und fügte hinzu: »Kaum zu glauben, daß dieses Stück bei dem bemerkenswert guten Erhaltungszustand der Strukturfarben 50 Millionen Jahre alt sein soll, finden Sie nicht? Ich danke Ihnen für ihre Aufmerksamkeit.«

Donnernder Applaus prasselte auf ihn ein, als das Licht wieder anging. Mit Stiften und Fingerknöcheln hämmerte sein Publikum so heftig auf die hölzernen Klapptische, daß man unwillkürlich um die Statik des alten Saales zu fürchten begann. Für Axt war es eine ungeheure Wohltat, die ihm nach all den Problemen und Tiefschlägen der letzten Zeit vorkam wie ein erfrischendes Bad nach einem heißen, staubigen Arbeitstag in der Wüste.

Ein strahlender Schubert kam auf ihn zu, schüttelte ihm begeistert die Hand und wandte sich dann an das Publikum.

»Vielen Dank Dr. Axt für Ihren hochinteressanten Vortrag. Ich bin sicher, daß Sie viele neue Freunde für Ihre Grube Messel gewonnen haben. Es ist ja auch ein einmaliger Glücksfall, daß wir in Deutschland eine so bedeutende Fundstätte haben. Nicht umsonst hat das deutsche Wort ›Fossillagerstätte‹ als Fremdwort Eingang in den angelsächsischen Sprachraum gefunden, nicht wahr? Ich bin sicher, es gibt viele Fragen, Kommentare und Anregungen. Die Diskussion ist eröffnet.«

Axt lächelte dankbar, atmete tief durch und erwartete die Fragen aus dem Publikum. Er war zwar etwas erschöpft, aber zum ersten Mal nach langer Zeit wieder zufrieden mit sich. Es war eine gute Idee gewesen, nach Berlin zu reisen. Wahrscheinlich, ohne es zu wollen, hatte ihm Schmäler letztlich doch einen Gefallen getan.

Die Diskussionen nach solchen Vorträgen ähnelten sich überall, folgten zumeist einer bestimmten Dynamik, die mehr mit den internen Auseinandersetzungen und Rangordnungskämpfen der jeweiligen Universität zu tun hatte als mit den eigentlich behandelten wissenschaftlichen Inhalten. Axt wußte meist schon im voraus, welche Fragen kommen würden.

Während Studenten sich in der Regel eher schüchtern und naiv nach dem Stand der Auseinandersetzung um die Mülldeponie oder den Problemen mit Grabungsräubern erkundigten, setzten einige der Wissenschaftler zu eigenen kleinen Vorträgen an, die nicht eigentlich Fragen oder Kommentare darstellten, sondern eitle und ziemlich unverblümte, mitunter ausgesprochen peinliche Selbstinszenierungen waren, die nichts mit seinem Vortrag zu tun hatten und die nicht persönlich zu nehmen, Axt mit der Zeit erst hatte lernen müssen.

Auch hier schien die Diskussion dieselbe Richtung zu nehmen, bis der kleine spitzbärtige Mann, der zusammen mit dieser bildhübschen Schwarzhaarigen mitten in seinen historischen Überblick geplatzt war, die Hand hob und schließlich von Schubert, nachdem er ihn eine Weile geflissentlich übersehen hatte, mit vorwurfsvollem Blick aufgefordert wurde, seinen Beitrag abzuliefern.

»Dr. Sonnenberg!«

Der Erwähnte richtete sich mühsam auf und fragte mit einer überraschend kräftigen Stimme: »Dr. Axt, mich würde interessieren, ob Sie in Messel in jüngerer Zeit endlich auch Primaten gefunden haben. Sie haben in Ihrem Vortrag nichts davon erwähnt.«

»Äh ... ich verstehe nicht recht.« Axts Diskussionsbedürfnis sackte auf den Nullpunkt, und das erfrischende Bad in der Menge war plötzlich eiskalt. Primaten waren Affen, Affen und Menschen, wenn man es genau nahm. Jetzt hatte er es geschafft, dieses unsägliche Skelett einmal für eine Stunde zu vergessen, hatte für kurze Zeit wieder das Gefühl gespürt, was es hieß, Wissenschaftler zu sein und kein Hampelmann, dessen Arbeit der Lächerlichkeit preisgegeben war, und da war es wieder, präsenter denn je. Er riß sich zusammen.

»Sie meinen Affen?«

»Ja, natürlich Affen.« Der schmale Brustkorb des Fragestellers wurde von einem heiseren Lachen geschüttelt. »Menschen werden Sie ja wohl kaum gefunden haben, oder?«

Spontane Heiterkeit im Saal. Besonders die Schöne an der Seite des Spitzbärtigen schien sich geradezu auszuschütten vor Lachen.

Axt wurde rot, versuchte dann aber mitzulachen. Die Sache wuchs ihm über den Kopf. Er war nicht gewohnt, soviel zu lügen, jedenfalls nicht, wenn es um seine Wissenschaft ging.

Mitte der letzten Woche hatten sie das Ergebnis der Altersbestimmung erhalten. Das Skelett war 48 bis 50 Millionen Jahre alt, wies also dasselbe Alter auf wie alle anderen Fundstücke in der Grube auch, ein Ergebnis, wie es in diesem Fall schlimmer nicht hätte ausfallen können.

Damit war die letzte Hoffnung dahin, noch eine einigermaßen vernünftige Erklärung für die Existenz dieses Gerippes zu finden. Es war und blieb eine einzige unerträgliche Verhöhnung ihrer Arbeit, ein reales Ding der Unmöglichkeit.

Schmäler schien damit besser fertig zu werden als er. Sein Optimismus war in keiner Weise erschüttert, und er hatte ihm mitgeteilt, er habe bei den Kollegen in München schon eine Kontrolluntersuchung in Auftrag gegeben. In Niedners Labor müsse irgend etwas schiefgegangen sein, vielleicht Verunreinigungen oder einfach ein Computerfehler. Das Ergebnis aus München würde die Sache sicher bald klären. Die hätten dort die bessere Laborausstattung.

Kontrolluntersuchung hin, Kontrolluntersuchung her, Axt war fertig mit der Welt. Was würden sie als nächstes finden? Einen fossilisierten Farbfernseher? Einen flachgepreßten PC? Einfach lachhaft.

Als sich das Auditorium wieder beruhigt hatte, blieb ihm nichts weiter übrig, als die Frage zu beantworten.

»Haha, natürlich nicht.«

Doch, schrie es in seinem Kopf, *doch, und was für ein Prachtexemplar.* Er schluckte und rieb sich mit der Hand über die Mundwinkel. Dann hatte er sich wieder im Griff. »Bisher haben wir nur Fragmente einer Lemurenart gefunden. Wir erwarten da aber noch mehr.«

Allerdings, meldete sich wieder dieser Teufel in seinem Kopf, *es ist schon da, es liegt in unserem Keller, samt Armbanduhr und Zahnkronen.*

»Wie Sie vielleicht wissen, sind aus dem etwa gleich alten Ausgrabungsgebiet im Geiseltal in der Nähe von Halle fünf Primatenarten bekannt«, fuhr er fort. »Möglicherweise sind diese baumbewohnenden Tiere in Messel eher unterrepräsentiert, weil sie nur auf Umwegen in den See gelangen konnten.«

»Ja, das wäre natürlich eine plausible Erklärung. Ich danke Ihnen.«

Geschafft! Der Spitzbärtige ließ sich wieder auf seinen Sitz fallen, beugte sich kurz zu seiner Begleiterin hinüber und sagte irgend etwas. Sie nickte und warf Axt einen flüchtigen Blick zu.

Schubert ergriff das Wort und erlöste ihn.

»So, da ich keine weiteren Wortmeldungen mehr sehe, beende ich hiermit die Diskussion, danke unserem Referenten Herrn Dr. Axt und möchte Sie noch auf unseren Vortrag in der nächsten Woche hinweisen. Ich bin sicher, er wird ebenfalls auf großes Interesse stoßen. Prof. Riedl aus Wien wird über *Evolutionäre Erkenntnistheorie* sprechen. Ich bitte wieder um zahlreichen Besuch. Danke!«

Sofort entlud sich lautes Stimmengewirr, man hörte das Zurückklappen der Sitzflächen, das Schnappen von Aktentaschenverschlüssen. Die Spannung in Axt ließ langsam nach. Das war wohl noch einmal gut gegangen. Er packte seine Unterlagen zusammen und bereitete sich innerlich auf den Ansturm der persönlichen Fragesteller vor, der nun zu erwarten war. Aus den Augenwinkeln sah er sie schon sternförmig auf ihn zukommen, aber es waren nicht so viele, wie er befürchtet hatte. Neben zwei, drei Wissenschaftlern, die ihm vielleicht nur die Hand schütteln oder sich verabschieden wollten, näherte sich ein unsicher und schlaksig wirkender, baumlanger junger Mann, wahrscheinlich ein Student. Kurz hinter ihm folgte eine hagere, dürre Gestalt mit unregelmäßigen Zähnen, die er grinsend präsentierte. Axt nahm etwas Schwärzliches, Blinkendes an seinem rechten Schneidezahn wahr, als er von rechts den Spitzbärtigen mit seiner Miss Universum im Schlepptau auf sich zuhumpeln sah.

Dumme Fragen

Das Bild des schillernden Prachtkäfers traf Micha wie ein Donnerschlag in finsterer Nacht. Plötzlich war er hellwach und saß kerzengerade, so als hätte ihm jemand mit einem Ruck eine Lanze durch den Rücken getrieben. Ohne daß er es wollte, gab er einen erstickten Laut von sich, so daß sich Karin und Detlef umdrehten und ihn fragend anschauten.

Natürlich hatte er das Bild nur kurz betrachten können, viel zu kurz, um Einzelheiten zu erkennen, aber die Ähnlichkeit mit dem Käfer von Tobias war erstaunlich. Er hatte bisher gar nicht gewußt, daß es, abgesehen von Bernsteineinschlüssen, überhaupt so gut erhaltene Insektenfossilien gab, geschweige denn, daß diese Käfer den modernen Formen so ähnlich waren.

Er nahm sich vor, nach der Diskussion zu Axt zu gehen und ihn darauf anzusprechen. Normalerweise hielt er nichts von diesen Typen, die, kaum war das letzte Wort verklungen, nach vorne stürzen und den erschöpften Referenten Löcher in den Bauch fragen mußten. In seinen Augen wollten sie sich nur wichtig machen. Aber er mußte versuchen, mehr über dieses Tier herauszubekommen.

Die Diskussion verlief wie üblich. Einige Fragen mutiger Studenten und dann die Monologe von Persigel und Zeugner, den beiden High-Tech-Biologen, die demonstrieren mußten, daß sie über alles und jedes Bescheid wußten. Micha war so damit beschäftigt, sich seine Fragen zu überlegen, daß er fast den Auftritt von Sonnenberg und den darauffolgenden Heiterkeitsausbruch seiner Schönen verpaßt hätte, deren lautes, fast gehässiges Lachen alles andere übertönte.

Dann war es soweit. Schubert beendete das Colloquium. Micha nahm allen Mut zusammen und pirschte sich langsam an Axt heran, der noch damit beschäftigt war, ihm entgegengestreckte Hände von Wissenschaftlern des Instituts zu schütteln.

Als er von links Sonnenberg und darüber, fast in einer anderen Sphäre, *ihren* Kopf näherkommen sah, verlor er fast den Mut, aber Axt hatte ihn schon bemerkt und sah ihn erwartungsvoll an. Jetzt oder nie.

»Äh, Herr Axt, ich hätte da noch eine Frage«, hörte er sich sagen. Seine Stimme klang in dieser ungewohnten Situation ganz fremd für ihn, wie die Stimme eines anderen Menschen, quäkig, regelrecht unangenehm.

»Ja, bitte, fragen Sie!« erwiderte Axt freundlich, schien aber aus den Augenwinkeln ebenfalls zu verfolgen, wie Sonnenberg und seine Begleiterin auf ihn zusteuerten.

»Dieser Käfer hat mich fasziniert.«

»Der Rüßler?«

»Nein, der andere, der Prachtkäfer.« Sie war jetzt so nahe, daß sie ihn verstehen mußte. Gott, sie war groß, sehr groß, mindestens eins achtzig. Um sie zu küssen, hätte er seinen Kopf nur leicht nach unten beugen müssen, keine lusttötenden Verrenkungen, keine yogareifen Verbiegungen. Und sie müßte den ihren nur leicht in den Nacken legen. Klang es nicht absolut lächerlich, wenn er sich bei Axt nur nach dem Käfer erkundigte?

»Ja, und?« Axt wirkte nervös.

»Wissen Sie zufällig, ob es heute noch ähnliche Formen gibt, ich meine, sehr ähnliche?«

»Oh, da bin ich überfragt. Da müssen Sie einen Entomologen fragen. Soweit ich weiß, sind Sie doch hier in den besten Händen.«

»Ja, natürlich, Sie haben recht. Und ... wie werden diese Insektenfossilien eigentlich aufbewahrt? Ich meine, kann man sie einfach trocknen?«

Eine dumme Frage, eine entsetzlich dumme Frage, und sie konnte sie hören! Wieso fiel ihm nichts Intelligenteres ein?

»Nein, nein.« Axt lächelte nachsichtig. Seine Augen schwenkten flüchtig zu Sonnenberg hinunter, der jetzt direkt neben Micha stand, und es klang so, als ob das folgende eher für den kleinen Paläontologen bestimmt war als für ihn. »Sie werden in Glyzerin aufbewahrt, sonst verblassen die Farben sehr schnell, und die sind ja gerade das Besondere an diesen Stücken. Wissen Sie, mitunter zeigen sogar bergfrische Funde von Vögeln noch deutliche Spuren der Gefiederfärbung. Faszinierend! Wenn man das einmal gesehen hat, vergißt man es nicht so schnell. Es ist fast so, als ob in diesen Fossilien noch ein Rest Leben steckt, der erst nach ihrer Entdeckung wie ein Geist entweicht. Leider ist die Konservierung sehr kompliziert.«

»Vielen Dank!«

»Bitte, bitte«, sagte Axt und wandte sich nun endgültig Sonnenberg zu. Michael brachte es nicht fertig, die direkt hinter Sonnenberg stehende Schwarzhaarige aus der Nähe zu betrachten. Er verspürte einen schmerzhaften Stich. Wieder eine verpaßte Gelegenheit. Feigling, dachte er, elender Feigling.

Er drehte sich mit gesenktem Kopf um, wollte rasch zu seinen wartenden Kollegen zurückkehren und lief direkt in Tobias hinein, der, ohne daß er etwas davon bemerkt hätte, direkt hinter ihm gestanden hatte.

»Huch!« entfuhr es ihm. »Was machst du denn hier?«

»Na, dasselbe wie du, nehme ich an.« Tobias grinste so dämlich, daß Micha ihm am liebsten seinen diamantengeschmückten Vorderzahn eingeschlagen hätte. Aber dann geschah etwas Unfaßbares, und das versetzte ihn in tiefste Depression, die noch tagelang anhalten sollte. Tobias *kannte* sie.

Während Sonnenberg Axt begrüßte und Micha mit halbem Ohr hörte, wie der kleine Paläontologe sich vorstellte und Axt zu einem Besuch seines Instituts einlud, mußte er mitansehen, wie Tobias ihn stehenließ, auf die dunkelhaarige Schönheit zuging, ihre Hand ergriff und ihr einen Kuß auf die Wange drückte. Auch wenn sie keine Miene dabei verzog, Tobias keinen Millimeter entgegenkam und auch kein Wort sagte, versetzte ihm die bloße Tatsache, daß diese Vogelscheuche, dieses knochige, kantige, abstoßend häßliche Klappergestell ihre Hand schütteln, ihre Wange küssen durfte, einen solchen Tiefschlag, daß er augenblicklich das Weite suchte und nicht mehr mitbekam, wie Axt Sonnenbergs Einladung annahm und die beiden sich für Freitag nachmittag verabredeten.

Halluzinationen

Zwei Tage später ging Micha in die Bibliothek und suchte dort alles über die Grube Messel zusammen, was er finden konnte. Überall in den einschlägigen Büchern prangte ihm dieser Käfer entgegen. Er schien so eine Art Paradebeispiel zu sein. Er glich dem Exemplar, das ihm Tobias geschickt und das er sich mittlerweile noch einmal genau angeschaut hatte, tatsächlich in verblüffender Weise. Natürlich konnte man außer Form und Farbe der Flügeldecken kaum Einzelheiten erkennen, aber Größe, Gestalt und metallischer Glanz des Tieres stimmten genau, sogar die unterbrochenen bronzefarbenen Linien waren deutlich zu erkennen.

Als er in drei weiteren schwergewichtigen Werken Bemerkungen über ein fossiles Seerosengewächs mit dem schönen Namen *Barclaya* fand, das zu Messeler Zeiten offensichtlich weit verbreitet war und dessen nahe Verwandte noch heute in Südostasien zu finden waren, schwanden ihm die Sinne, und er umfaßte mit aller Kraft die Tischkante seines Lesepultes, um nicht vom Stuhl zu kippen. Mitten im tiefsten Gefühlsdurcheinander spürte er plötzlich eine Hand auf der Schulter, so daß er vor Schreck laut aufschrie und sich ringsumher die von ihrer Lektüre aufblickenden Gesichter der anderen Bibliotheksbenutzer in seine Richtung drehten.

»Na, na, so schreckhaft?« hörte er Claudias tiefe Stimme. Reflexartig klappte er die Bücher zu, die er vor sich auf dem Lesepult ausgebreitet hatte.

»Ach, du hast das!« sagte sie und nahm einen der dicken Wälzer in die Hand. »Das hab ich gerade gesucht.«

»Ja, ich ... ich ...« Verzweifelt suchte er nach einer Erklärung.

»Mann, du siehst ja aus, als ob dir der Leibhaftige persönlich erschienen wäre.« Sie sah ihn besorgt an. »Geht's dir nicht gut?«

»Doch, doch, alles klar, wirklich. Ich sammle Fossilien, weißt du.«

»Na, da ist doch nichts dran auszusetzen«, erwiderte sie schmunzelnd.

»Na ja, und da habe ich mir eben diese Bücher zusammengesucht.«

»Ist doch in Ordnung!«

»Und außerdem muß ich jetzt weg«, stieß er atemlos hervor, sprang auf und verließ fluchtartig den Lesesaal, ohne sich noch einmal umzuschauen.

O Gott, was soll die jetzt von mir halten, dachte er und mußte unten auf der Straße mit Gewalt den Impuls bekämpfen, wieder umzudrehen. Aber was sollte er ihr sagen? Er hatte sich so ungewöhnlich verhalten, daß jede Erklärung alles nur noch schlimmer gemacht hätte. Die Wahrheit konnte er ihr kaum erzählen, sonst hätte sie ihn für völlig übergeschnappt gehalten.

Aber was war eigentlich die Wahrheit? Das Ganze nahm so absurde Züge an, daß das Wort Wahrheit in diesem Zusammenhang unangebracht schien. Im Kino hätte er das alles sicher sehr komisch gefunden, genau die Art realitätssprengender Phantastik, die ihm gefiel, zack, ein klaffender Spalt, ein Riß in der Welt und dahinter etwas völlig Neues, Unbekanntes, aber, verdammt noch mal, das hier war kein Film, eher schon eine besonders hinterhältige Form von Alptraum, ein böser Flashback halluzinogener Drogen, nur daß er keine Drogen genommen hatte. Immerhin wäre das eine halbwegs vernünftige Erklärung gewesen.

In ihm war eine absurde Idee aufgestiegen, so aberwitzig, daß ihm schwindlig davon wurde. Tobias, seine fixe Idee von der Reise in die Urzeit, damals, als sie noch Kinder waren, dieses ganze Theater um den Käfer und die mitgebrachte Pflanze und die widersprüchlichen Ergebnisse, die seine und Claudias Nachforschungen ergeben hatten. All diese verwirrenden Ereignisse der letzten Wochen schienen plötzlich einen völlig verrückten, absolut unmöglichen Sinn zu geben.

Er beschloß, zu Fuß zum Institut zurückzulaufen, um in der kalten Herbstluft etwas Ordnung in sein gedankliches Chaos zu bringen. Wie eingesponnen in einen Kokon düsterster Traumwelten, lief er los, ungefähr in die Richtung, wo er sein Institut vermutete, das zwei U-Bahnstationen entfernt lag. Mechanisch setzte er einen Fuß vor den anderen, achtete kaum darauf, was um ihn herum vorging, wählte an Kreuzungen, ohne groß nachzudenken, die eine oder andere Richtung und stellte irgendwann fest, daß er sich verirrt hatte.

Die Freie Universität mit ihren zahllosen Instituten und sonstigen Einrichtungen lag über ein großes Areal verstreut, ein Wirrwarr von kleinen Straßen mit rätselhaften Namen wie *Im Dol* oder *Im Schwarzen Grund* und niedlichen Parkanlagen mit kleinen Teichen und gepflegten Blumenrabatten, eine der besten Wohnlagen Berlins, eine ausgedehnte Gartenstadt mit hochherrschaftlichen, weinlaubüberwucherten Villen und schmucken Einfamilienhäusern, und manche davon entpuppten sich bei näherem Hinsehen als Institute der Universität.

Die Straßen, durch die er jetzt lief, waren ihm völlig unbekannt und menschenleer, so daß er auch niemanden fragen konnte. Wirklich beunruhigend war seine Lage freilich nicht, denn irgendwo würde er sicher auf eine Buslinie treffen, die ihn wieder in vertrautere Gefilde zurückbefördern konnte, aber in seinem Zustand hochgradiger Erregung mußte er bald gegen Panikgefühle ankämpfen. Sein Gang wurde schneller, ausgreifender und immer wieder blickte er gehetzt um sich, weil er meinte, Schritte gehört zu haben. Außerdem hoffte er, in irgendeinem der Vorgärten jemanden zu finden, den er nach dem Weg fragen konnte.

Plötzlich sah er eine zierliche Gestalt, die auf einen Stock gestützt aus der Tür eines weit zurückgesetzt stehenden Hauses trat und sich umblickte, irgendein pensionierter Arzt oder Anwalt, der sich hier zur Ruhe gesetzt hatte, und mal ein bißchen frische Luft schnappen wollte, dachte Micha. Er öffnete den Mund, um ihm etwas zuzurufen, da trat eine zweite, wesentlich größere Gestalt aus dem Haus, ein dürrer Mensch, ein Strich in der Landschaft, der ihm seltsam bekannt vorkam.

Micha kauerte sich instinktiv hinter einen der Steinpfeiler, die an beiden Seiten die Grundstücksauffahrt flankierten, als er in einem schmerzhaften Moment des Erkennens begriff, daß er diese Person tatsächlich kannte. Er spürte, wie das Blut in seinen Adern pochte, so laut, daß er meinte, jeder im Umkreis von zwei Kilometern müßte es hören, insbesondere die beiden, die jetzt vor dem Haus in der herbstlichen Sonne standen und sich unterhielten. Es war Tobias, Tobias Haubold, der Grund für seinen desolaten Seelenzustand, und nun erkannte er auch, mit wem er sprach. Es war Sonnenberg, der spitzbärtige Paläontologe.

Als wäre er gerade einem blutlüsternen Monster begegnet, verbarg er sich, mit dem Rücken gegen den Pfeiler gepreßt, und atmete mit weit aufgerissenen Augen tief durch. An einen Zufall konnte er nicht mehr glauben. Da irrte er hier verloren durch diese gottverlassene Gegend und lief ausgerechnet den beiden in die Arme. Nichts lag ihm ferner, als aus seinem Versteck zu treten und auf sie zuzugehen.

Das Ganze kam ihm plötzlich wie ein teuflisches Komplott vor, eine von langer Hand geplante Intrige, die er nicht verstand. Wie in diesen alten Hollywoodstreifen, wo reiche Frauen durch Schritte auf Treppen und Dachböden, durch flackernde Lampen oder mysteriöse Anrufe von ihren Ehemännern in den Wahnsinn getrieben werden. Seine Hände preßten sich gegen das kalte, rauhe Gestein des Pfeilers, rieben darauf auf und ab. Der Schmerz, den er dabei verspürte, brachte ihn wieder etwas zur Besinnung.

Was taten die beiden da? Tobias kannte also nicht nur diese Schwarzhaarige, sondern auch den Professor, und offensichtlich ganz gut, denn als er jetzt vorsichtig an dem Pfeiler vorbei zum Haus schaute, sah er, wie Sonnenberg väterlich auf den Rücken seines Schulfreundes klopfte, als wolle er ihn zu irgend etwas ermuntern.

Schnell verbarg Micha sich wieder hinter dem Pfeiler. Plötzlich fühlte er mit der rechten Hand statt des rauhen Gesteins eine glatte, kalte metallische Fläche. Er fuhr herum und schaute zu seiner grenzenlosen Verblüffung auf ein in Brusthöhe angebrachtes Blechschild, das dieses Haus als Teil der Universität auswies.

Institut für Paläontologie
der
Freien Universität Berlin

Kurz darauf hörte er knirschende Schritte die Auffahrt entlang näherkommen. Er überlegte nicht lange, sondern rannte, hinter die niedrige Hecke geduckt, so schnell er konnte, davon. Er kam sich vor wie ein Einbrecher auf der Flucht, aber er hörte nicht auf zu rennen, immer weiter die menschenleeren, mit Herbstlaub bedeckten Alleen entlang, so lange, bis sich seine Kehle durch die angesogene kalte Luft anfühlte, als hätte er mit Salzsäure gegurgelt. Schwer atmend stützte er sich mit beiden Armen auf seinen

Knien ab und sah, wie die Schweißtropfen von seiner Stirn auf den Boden tropften.

Als sein Puls sich beruhigt hatte, schien sich zögernd auch sein Verstand zurückzumelden. Er benahm sich wie ein Wahnsinniger, wie ein paranoider Irrer, dem langsam der Bezug zur Realität entglitt.

Er lief in normaler Geschwindigkeit weiter und stand wenige Minuten später vor der vertrauten U-Bahnstation Dahlem Dorf, die sich aus der Wüste um ihn herum wie eine üppig blühende Oase zu materialisieren schien.

Anstatt ins Institut zu gehen, wie er es ursprünglich vorhatte, fuhr er nach Hause, warf sich dort auf seine Matratze und blieb minutenlang liegen, die Hände vor das Gesicht gepreßt.

In was war er da hineingeraten? Alles wegen dieses dämlichen Typen, dieser plötzlich wie ein Zombie aus grauer Vergangenheit, aus tiefstem Vergessen aufgetauchten Spukgestalt. Drehte er jetzt durch oder was? Das konnte doch alles unmöglich wahr sein. Glücklicherweise waren seine beiden Mitbewohner nicht zu Hause. So, wie er aussah, hätten die noch den Notarzt gerufen.

Er raffte sich auf, ging in die Küche und kochte sich einen Tee. Eine halbe Stunde später lag er in der dampfenden Badewanne, auf einem Holzbrett, das quer über seiner Brust auf dem Wannenrand lag, stand eine große Tasse dampfenden Tees, und von seiner auf dem weißen Emaillerand liegenden Hand kringelte sich der Rauch einer Zigarette hoch zur Badezimmerdecke. Langsam verließ ihn das Gefühl, nur mit knapper Not einem Alptraum entkommen zu sein.

Daß Tobias Sonnenberg kannte, erschien ihm nun gar nicht mehr ungewöhnlich. Er studierte Geologie und interessierte sich für Fossilien. Das hatte er schon damals getan, als sie so auf diesen Film abgefahren waren. Was lag da näher, als sich dem hiesigen Paläontologen anzuschließen. Vielleicht beabsichtigte er sogar, sich darauf zu spezialisieren, ein völlig normales, ja, geradezu vorbildliches und weitsichtiges Verhalten, das bei jedem Studienberater helle Begeisterung ausgelöst hätte.

Nein, er hatte sich verhalten wie ein kompletter Idiot, und es war an der Zeit, die Sache aus der Welt zu schaffen.

Der Lazaruseffekt

»Entschuldigen Sie bitte die kurze Unterbrechung«, sagte Sonnenberg, als er zurück in sein Zimmer gehumpelt kam.

»Ein Mitarbeiter von Ihnen?« Axt fragte nur halbherzig. Er wußte gar nicht, wie lange Sonnenberg draußen mit dem jungen Besucher gesprochen hatte, einer auffallend dürren Gestalt, mit der er sich schon nach seinem Vortrag im Zoologischen Institut kurz unterhalten hatte. Seine Aufmerksamkeit wurde ganz von einem in Kunstharz eingeschlossenen Käfer in Anspruch genommen, den er auf einem Papierstapel entdeckt hatte. Er stand über das Präparat gebeugt neben Sonnenbergs Schreibtisch, als dieser wieder den Raum betrat.

»Nein, nein, ein Student«, antwortete er. »Einer meiner besten. Aber ich sehe, Sie haben meinen Prachtkäfer entdeckt.« Er schloß die Tür hinter sich.

»Ein erstaunliches Tier!«

»Nicht wahr?« Sonnenberg ließ sich mit einem Schnaufen auf seinem Sessel nieder und schaute seinen Gast freundlich an. »Ich dachte mir schon, daß er Ihnen gefällt.«

»Sie meinen, weil er unserem Messeler Käfer so ähnlich sieht? Darf ich?«

Sonnenberg nickte und beobachtete schmunzelnd, wie sein Gast nach dem zigarettenschachtelgroßen Harzblock griff und ihn von allen Seiten eingehend betrachtete.

»Diese Ähnlichkeit ist ...« Axt schüttelte verwirrt den Kopf.

»Verblüffend?«

»Hm ...« Verblüffend war gar kein Ausdruck. Das hier war eindeutig kein Fossil, aber es glich dem Messeler Prachtkäfer wie ein Ei dem anderen. Anders als bei seinem frühtertiären Gegenstück konnte man an diesem Tier allerdings auch die Unterseite erkennen, die mit goldig glänzenden Härchen übersät war. Die sechs Füße endeten jeweils in einem kräftigen Krallenpaar. Außerdem war er wesentlich größer.

»Er stammt aus Mittelamerika, Panama, Costa Rica, Nicaragua«, erläuterte Sonnenberg. »Ist sogar ziemlich häufig dort. Ich war so begeistert, als ich ihn fand, daß ich ihn unbedingt mitnehmen mußte.«

»Das kann ich verstehen«, sagte Axt, noch immer wie hypnotisiert von dem ungewöhnlichen Tier. Er legte den Block zurück auf den Papierstapel, ohne aber seine Augen davon lösen zu können. Ein seltsames Gefühl, ein leichter eiskalter Schauder, strich wie ein Windstoß über seinen Körper. Noch nie hatte er ein heute lebendes Tier gesehen, das seinen 50 Millionen Jahre alten Verwandten aus dem Messeler Eozän so ähnlich sah. Er erschrak fast ein bißchen. Es war, als strecke diese Zeit, mit der er sich so intensiv beschäftigte, die Hand nach ihm aus, als gäbe es plötzlich eine Art Verbindung zwischen dem Jetzt und jener Vergangenheit, die unendlich lange her zu sein schien und doch nur den Beginn des jüngsten und vorläufig letzten der drei Erdzeitalter markierte.

»Wissen Sie, es ist seltsam«, sagte Axt. »Vorgestern, nach meinem Vortrag, kam ein junger Mann zu mir und fragte, ob es denn heute noch so ähnliche Formen gäbe wie damals zu Messeler Zeiten, und er meinte genau diesen Prachtkäfer hier. Sie müßten ihn eigentlich gesehen haben. Er stand direkt neben Ihnen.«

»Ach wirklich?« Sonnenbergs Schmunzeln verschwand.

»Ja, wenn ich das gewußt hätte, ich meine, wenn ich Ihren Käfer hier vorher gekannt hätte ... aber ich hatte ja keine Ahnung.«

»Tja«, Sonnenberg lehnte sich in seinem Sessel zurück und schlug das gesunde Bein über das andere, »was wissen wir schon über die wirkliche Lebensdauer der Tier- und Pflanzenarten.«

»Sie wollen doch nicht behaupten, daß es sich bei dem Messeler Prachtkäfer und diesem hier um dieselbe Art handelt? Bei aller Ähnlichkeit, aber ...«

Sonnenberg zog die buschigen Augenbrauen hoch. »Lieber Dr. Axt, was für eine Frage? Einen Test auf fruchtbare Kreuzbarkeit werden wir mit diesen beiden Exemplaren wohl kaum zustande bringen. Ein 50 Millionen Jahre altes Fossil, etwas lädiert, und eine in Kunstharz steckende Käferleiche, was soll dabei wohl herauskommen?« Als er fortfuhr, war von seinem spöttischen Unterton nichts mehr zu hören. »Obwohl diese Teufelskerle in der Genetik vielleicht etwas damit anfangen könnten, meinen Sie nicht? Wenn sich in Ihrem Messeler Käfer noch etwas DNS findet, ließe sich diese Frage schnell beantworten. Außerdem, wenn Sie sich einmal die damalige Lage der Kontinente anschauen, ist es ja durchaus denkbar, daß es auch in der Insektenwelt zu einem Austausch gekommen ist. Die große Ähnlichkeit der Säugetierfaunen von Nordamerika und Europa im frühen Eozän ist ja bekannt. Es gab die Beringstraße und diverse Verbindungswege über den Nordatlantik.«

»Aber das hier ist eine tropische Art«, warf Axt ein. »Sie konnte wohl kaum über den Nordpol wandern, auch wenn es damals wesentlich wärmer war als heute. Außerdem, eine Insektenart, die 50 Millionen Jahre nahezu unverändert überlebt hat und noch dazu an einem ganz anderen Ort, als die fossilen Urkunden vermuten lassen, das wäre ein starkes Stück.«

»Na und?« Aus den Augen des kleinen Paläontologen sprühten winzige Funkenfontänen. »Die ganze Erdgeschichte ist ein starkes Stück, da werden Sie mir ja wohl kaum widersprechen. Ich bin fest davon überzeugt, daß wir noch ganz am Anfang stehen und gerade erst beginnen, die wirklichen Phänomene und Gesetzmäßigkeiten der Evolution auszumachen. Der gute alte Darwin hat uns ganz grob den Weg gewiesen. Und mein Vertrauen in die Angaben, die bisher über die Lebensdauer der Organismenarten gemacht wurden, ist äußerst begrenzt.«

»Natürlich gibt es da beträchtliche Unsicherheiten«, räumte Axt ein. Ohne daß er es wollte, schwenkten seine Augen immer wieder zu dem eingeschlossenen Prachtkäfer zurück, und er war nur mit halbem Ohr bei der Sache. Hatte dieses Tier wirklich 50 Millionen Jahre überlebt? Vielleicht war es sogar noch wesentlich älter. Es gab ja solche Fälle. Der Rückenschaler *Triops cancriformis*, ein heute in vielen Tümpeln lebender Krebs, war die älteste bekannte Tierart der Welt. Fossilien aus dem frühen Erdmittelalter, dem Trias, nicht weniger als 180 Millionen Jahre alt, waren von der heutigen Form nicht zu unterscheiden. Offenbar gab es Tiere und Pflanzen, an denen sich die Evolution die Zähne ausbiß.

»Unsicherheiten nennen Sie das?« stieß Sonnenberg aus. »Ich nenne es schlicht Unwissenheit. Wir haben einfach keine Ahnung. So ist doch die Situation. Denken Sie doch nur an die Lazarusarten, die Quastenflosser zum Beispiel. Diese Fische seien seit 90 Millionen Jahren ausgestorben, hieß es immer. Und dann kommen eine Frau Courtenay-Latimer und ein Herr Smith, finden einen seltsamen Tiefseefisch, und die Lücke ist geschlossen.

90 Millionen Jahre lang haben die Quastenflosser keinerlei fossile Überreste hinterlassen, und wir sind darauf hereingefallen. Ach, wußten Sie übrigens, daß diese Tiere auf den Komoren schon seit Generationen bekannt sind. Die Leute dort nennen sie Kombessa und mögen die Quastenflosser nicht besonders, weil sie bestialisch stinken, nur traniges Fleisch liefern und außerdem extrem zählebig sind. Kein Wunder bei dem Alter, was? Die Fischer können mit diesen Tieren so gut wie nichts anfangen. Das einzige, was sie verwenden, sind die großen Schuppen der Fische. Und was glauben Sie wohl, was sie damit machen? Halten Sie sich fest! Sie benutzen sie zum Aufrauhen ihrer Fahrradschläuche. Ist das nicht komisch? Vielleicht sollten wir, statt überall alte Steinbrüche zu durchwühlen, lieber die Werkzeugtaschen der Menschen durchsuchen. Wer weiß, was wir auf diese Weise noch an lebenden Fossilien zu Tage befördern könnten.«

Sonnenberg begann heiser zu lachen, und Axt lachte mit, obwohl er eigentlich eher befremdet war und darüber nachdachte, was sein Gastgeber da behauptet hatte.

»Wir wissen doch über die Lebensdauer vieler Tiergruppen sehr gut Bescheid«, sagte er, als Sonnenberg sich wieder beruhigt hatte. »Ich weiß gar nicht, was Sie daran bemängeln. Simpson hat das doch in beeindruckender Weise zusammengestellt. Die Lebenserwartung einer Muschelgattung betrug etwa 80, die von Ammoniten etwa 8, von Armfüßern 20 Millionen Jahre. Die Evolution der Säuger verläuft schneller. Eine Säugetiergattung überlebt durchschnittlich nur 5 Millionen Jahre, einzelne Arten leben sogar noch kürzer, nur ein oder zwei, maximal 8 Millionen Jahre.«

»Ja ja, ich kenne diese Zahlen.« Sonnenberg winkte geringschätzig ab und schüttelte den Kopf. »Und wenn ich ihnen nun sage, daß ich davon so gut wie nichts halte? Da stimmt so vieles nicht. Ich weiß gar nicht, wo ich anfangen soll. Das Beispiel des Quastenflossers zeigt es doch. Was ist mit *Neopilina*, der kleinen Schnecke? Ähnliche Schalen kannte man schon aus dem Kambrium, über 500 Millionen Jahre alt, und man glaubte, die Tiere seien seit dem Oberen Devon ausgestorben, also seit mehr als 400 Millionen Jahren. Aus dieser ganzen unendlich langen Zeitspanne, das sind wohlgemerkt mehr als zwei Drittel des Zeitraumes, in dem überhaupt höheres Leben auf der Erde existierte, hat sich nicht das geringste Fossilchen dieser Tiere erhalten, nicht die kleinste Schale. Also haben wir sie für tot erklärt, für ausgestorben, bis die Galathea-Expedition sie vor ein paar Jahren wieder aus der Tiefe geholt hat. 400 Millionen Jahre lang hat *Neopilina* irgendwo überlebt, und wir hatten nicht die geringste Ahnung davon. Das sagt doch eigentlich alles, oder?«

»Und? Worauf wollen Sie eigentlich hinaus, Professor?« Axt wurde langsam etwas ungehalten. Ihm war noch niemals ein Paläontologe begegnet, der so wenig von seiner eigenen Wissenschaft hielt. Er hatte dem Treffen mit Sonnenberg schon mit etwas gemischten Gefühlen entgegengesehen, aber daß es jetzt einen solchen Verlauf nahm, überraschte ihn doch sehr. Mochte Sonnenbergs Frage nach den Primatenfunden in Messel noch so unverfänglich gemeint gewesen sein, Axt steckte sie noch immer in den Knochen. Er war machtlos dagegen, auch wenn er sich natürlich sagte, daß Sonnenberg nichts dafür konnte und die Frage als solche durchaus berechtigt war. Aber er hatte nicht damit gerechnet, daß er sich hier stellvertretend für seinen ganzen Berufsstand würde rechtfertigen müssen. Schließlich war Sonnenberg keiner dieser modernen Systematiker, die gut reden hatten bei der Fülle an Datenmaterial, mit dem sie ihre Analysen stützen konnten. In deren Augen waren Paläontologen wie er unwissenschaftliche Scharlatane, Opfer eines tragischen Selbstbetruges. Aber Sonnenberg war ein Kollege, einer von ihnen.

»Sollen wir einpacken, das Denken einstellen, unsere Museen dichtmachen?« fragte Axt. »Glauben Sie, daß es gar keine Evolution gegeben hat und die Erde im Grunde von Neopilinas und Quastenflossern nur so wimmelt, wenn wir uns einmal die Mühe machen und richtig nachschauen würden? Ich verstehe Sie nicht. An der Lückenhaftigkeit der Fossilüberlieferungen wird sich wohl auch in Zukunft wenig ändern, und wenn wir unsere Wissenschaft weiter betreiben wollen, werden wir uns damit abfinden müssen. Das können Sie doch nicht ernsthaft der Paläontologie anlasten.«

»Das nicht, nein, aber wenn sie aus einem mangelhaften Datenmaterial zu weitreichende Schlüsse zieht, *das* kann ich ihr vorwerfen. Aber Sie haben recht. Ich muß mich entschuldigen. Manchmal schlage ich über die Stränge. Ich neige zu Extrempositionen innerhalb unserer Wissenschaft, ich weiß. Verstehen Sie, mich ärgert diese hochnäsige Sicherheit, die von vielen Kollegen immer wieder verbreitet wird. Meiner Meinung nach ist nichts sicher, oder jedenfalls sehr wenig. Daß eine Evolution stattgefunden hat, gehört, um Ihre Frage gleich zu beantworten, sicherlich dazu. Ich bin kein Kreationist. Viel weiter darüber hinaus reicht unser Wissen allerdings nicht. Ich kann's nicht ändern.« Er sah seinen Gast lächelnd an.

»Warten Sie!« Sonnenberg stemmte sich aus seinem Sessel, öffnete im Stehen die Tür eines einfachen Holzschrankes, der neben dem Schreibtisch in der Ecke des Raumes stand, und entnahm ihm eine Flasche und zwei Gläser. »Ein wunderbarer Grappa. Vielleicht wirkt der etwas beruhigend auf unsere Gemüter«, sagte er, lachte und prostete seinem Gast zu.

»Auf daß es immer weiter vorangehe mit unserer faszinierenden Wissenschaft«, sagte er.

Axt akzeptierte das Versöhnungsangebot. »Ah, Sie sehen doch noch eine Chance, daß die Paläontologie Ihren Ansprüchen gerecht werden könnte? Das freut mich. Prost!«

»Wissen Sie«, nahm Sonnenberg das Gespräch wieder auf, »ich halte die Frage nach dem Evolutionstempo für sehr entscheidend. Ich muß Ihnen ja nicht erläutern, welche weitreichenden Spekulationen unsere amerikanischen Kollegen auf der Tatsache aufgebaut haben, daß sich in vielen Entwicklungslinien über lange Zeiträume hinweg offensichtlich kaum etwas verändert hat, während andererseits die wirklichen Neuheiten stets sehr plötzlich auf der Bildfläche erschienen sind. Hatten Sie schon einmal Gelegenheit, sich die einzelne Solnhofer *Archaeopteryx*-Feder aus der Nähe anzuschauen?«

Axt schüttelte den Kopf. »Leider nein. Ich kenne nur die Fotografien. Sie ist sicher sehr eindrucksvoll.«

»Absolut faszinierend, die erste Feder, die wir überhaupt kennen, und bereits perfekt bis in alle Einzelheiten, als stamme sie von einer modernen Taube. Und davor gab es nichts Vergleichbares, nur Reptilienschuppen. Es ist doch seltsam, daß ausgerechnet wir Paläontologen zu den schärfsten Kritikern des Darwinismus geworden sind, nicht wahr? Dabei sollte es doch eigentlich umgekehrt sein.«

Er richtete sich auf und schenkte nach. Axt wollte erst ablehnen, willigte dann aber ein. Der Grappa war wirklich nicht schlecht.

»Und trotzdem glauben die Gradualisten, zu denen ich mich im übrigen nicht zähle«, bekannte Sonnenberg, »durch immer wieder neue Berechnungen und Argumente zeigen zu müssen, daß der langsame, kontinuierliche Wandel der Organismenarten, wie Darwin ihn gesehen hat, die ganze Vielfalt des Lebens auch ohne größere Sprünge hervorbringen konnte. Finden Sie nicht, daß das krampfhafte Festhalten an diesen alten Anschauungen auch etwas Verzweifeltes an sich hat? Sie ertragen einfach die Unsicherheit nicht.« Er sah Axt an und fuhr fort, als dieser keine Anstalten machte, seine Frage zu beantworten. »Entscheidend sind immer die Anfangs- und Endpunkte einer Tierart, Geburt und Tod gewissermaßen, und Sie werden mir sicherlich nicht widersprechen, wenn ich sage, daß unser Wissen in dieser Hinsicht noch sehr unbefriedigend ist.«

»Natürlich. Das herauszufinden, dachte ich, sei unter anderem Aufgabe unserer Wissenschaft.«

»Ah, Sie haben mich falsch verstanden, ich meine nicht die Art und Weise, wie neue Arten entstehen und wieder untergehen, sondern ich meine das Problem, woran wir das Erscheinen einer neuen Art oder Verschwinden einer alten überhaupt festmachen können. Wo wollen Sie innerhalb eines Kontinuums Grenzen ziehen?«

»Sie meinen, wie wir unsere Arten definieren?« fragte Axt und mußte innerlich stöhnen. Das war ja ein uralter Hut. Allerdings ein durchaus umstrittener, das mußte er zugestehen. Sonnenberg hatte sich für ihr Treffen offensichtlich ein Art Generalabrechnung vorgenommen. Leider war er dazu ganz und gar nicht in der richtigen Stimmung. Seine Gründe, an der Paläontologie zu zweifeln, waren momentan anderer Art. Sie waren etwa einen Meter achtzig lang und ruhten im Keller der Messeler Senckenberg-Station. Er schaute kurz auf Uhr.

»Ganz genau.« Sonnenberg nippte an seinem Glas und schmunzelte wieder in sich hinein. Axt fühlte sich irgendwie provoziert. »Sie sagten vorhin, eine Muschelart hätte bisher in der Erdgeschichte etwa die zehnfache Lebenserwartung einer Säugetierart gehabt. Diese Angaben stehen und fallen doch mit der Definition der Anfangs- und Endpunkte der betrachteten Spezies.«

»Sicher. Da wir keine Kreuzungsexperimente durchführen können, sind wir dabei allein auf die Morphologie angewiesen. Das ist unbefriedigend, aber nicht zu ändern. Abgesehen davon, daß sie uns die theoretischen Schwierigkeiten erleichtern würden, hätten solche Kreuzungsexperimente allerdings auch kaum Sinn. Ein Tier hat in der Realität nur wenig Aussichten, sich mit seinen stammesgeschichtlichen Vorläufern zu paaren. Wir betrachten ein Lebewesen daher erst dann als neue Art, wenn es sich morphologisch in ausreichendem Maße von seinen Vorgängern unterscheidet, so daß ein neuer Name gerechtfertigt erscheint.«

»Sehen Sie, und genau da liegt der Hase im Pfeffer. In der Regel stehen uns für unsere Untersuchungen ja nur die Hartteile, die Skelette, zur Verfügung. Ehe Sie protestieren: Ich weiß, daß Ihre Messeler Fossilien da eine faszinierende Ausnahme darstellen. Aber, was glauben Sie wohl, auf wie viele Spezies unsere heute lebenden knapp neuntausend Vogelarten zusammenschrumpfen würden, wenn man ihren Kadavern alle Federn ausrisse, säuberlich das Muskelgewebe entfernte und das übriggebliebene, vielleicht noch von einer Presse plattgedrückte Skelett den Experten zur Bestimmung vorlegen würde? Was glauben Sie: Wie viele blieben übrig? Die Hälfte, ein Zehntel? Wie viele Arten von Darwinfinken gäbe es wohl für die Wissenschaft, wenn wir nur ihre Skelette kennen würden und aus irgendeinem Grunde sämtliche Schnäbel fehlten? Wie wollten Sie Fitislaubsänger und Zilpzalp auseinanderhalten, die sich praktisch nur im Gesang unterscheiden und doch streng getrennte Arten sind?« Sonnenberg lehnte sich zurück und machte einen zufriedenen Eindruck. »Und wenn Sie schon damit ihre liebe Mühe hätten, wie wollen Sie dann anhand der fossilen Überreste Arten unterscheiden, die auseinander hervorgegangen sind, sich also zwangsläufig noch sehr, sehr ähnlich sind. Wie wollen Sie da eine Grenze ziehen? Woher wollen Sie andererseits wissen, ob anatomisch identische Fossilien nicht doch streng getrennten Arten entstammen, die eine vielleicht nachtaktiv, die andere tagaktiv, die eine eine Frühjahrsart, die andere eine Herbstart, Tiere, die sich in der Natur kaum jemals begegnen? Dafür gibt es heute doch Hunderte von Beispielen. Was ist mit der beträchtlichen Variation innerhalb der Arten, mit den Geschlechtsdimorphismen? Was ...«

»Prof. Sonnenberg, es tut mit leid, aber Sie argumentieren wie ein Outsider, nicht wie einer von uns. Es bleibt uns nichts anderes übrig, als verantwortungsvoll unsere Arbeit ...«

»Was ist mit Ihren Fischen, Sie sind doch Ichthyologe, nicht wahr? Wie viele Arten von Buntbarschen gibt es heute im Viktoriasee? Sagen wir fünfhundert, und viele davon sind sich verdammt ähnlich. Wie viele würden Sie davon als echte, von anderen isolierte Arten ansprechen, wenn Sie nur die Fossilien hätten?«

»Es tut mir leid ...«

Sonnenberg ignorierte ihn erneut. »Außerdem ... was würden Sie sagen, wenn ich behauptete, die Muschelarten hätten nur scheinbar eine so lange Lebenserwartung gehabt oder die Säuger eine so kurze. In Wirklichkeit sind die Muschelschalen nur ungleich ärmer an Merkmalen, mit denen sich eine Artunterscheidung begründen läßt, als ein aus mehreren hundert Knochen bestehendes Säugetierskelett. Die Zahl ihrer Arten ...«

Axt sah flüchtig auf die Uhr. Er mußte bald aufbrechen. In einer guten Stunde ging sein Zug vom Bahnhof Zoo. Viel Konstruktives war hier wohl auch nicht mehr zu erwarten. Er atmete tief ein und streckte seinem Gastgeber beide Handflächen entgegen. »Also, lieber Professor, ich gebe mich geschlagen. Ich kapituliere auf ganzer Linie. Es tut mir leid, aber ich kann nur wiederholen, was ich vorhin schon gesagt habe: Sie reden wie einer, dem unsere Tätigkeit ein Dorn im Auge ist. Sie wissen doch genausogut wie ich, daß nicht wir, die Paläontologen, die Grenzen unserer Wissenschaft so eng gesteckt haben.« Er sagte das in der vagen Hoffnung, das Gespräch zu einem versöhnlichen Ende zu bringen und Sonnenberg keinen Anlaß zu weiterer Fundamentalkritik zu liefern. »Die Überreste, mit denen wir notgedrungen auskommen müssen, geben einfach nicht mehr her. Sie können eben an Knochen nicht die falschen Fragen stellen. Fossilien *ver-*

halten sich nun einmal nicht, zwitschern keine Lieder, tragen in der Regel keine bunten Federn oder Haare als Bestimmungshilfe. Wenn Ihnen das nicht gefällt, waren Sie als Paläontologe wohl kaum ein besonders glücklicher Mensch.«

»Nun seien Sie nicht so mimosig, mein Lieber! Ein kleiner Methodenstreit unter Kollegen hat noch niemandem geschadet. Alles, was ich sagen will, ist doch, daß wir uns unserer Grenzen bewußt bleiben müssen.«

»Das ist Ihnen gelungen.«

Axt fand es plötzlich gar nicht mehr seltsam, daß er bis vor wenigen Tagen noch nie etwas von einem Prof. Alois Sonnenberg gehört hatte. So viele von ihrer Sorte gab es ja nicht, und da war es schon erstaunlich, daß er hier jemanden kennenlernte, noch dazu an relativ exponierter Stelle, dem er noch nie begegnet war. Wenn alle seine Gespräche unter Kollegen so verliefen wie dieses, hatte Sonnenberg sich sicherlich nicht sehr beliebt gemacht über die Jahre und war möglicherweise völlig isoliert. Axt nahm sich vor, Schmäler nach Sonnenberg zu fragen. Die beiden stammten ja in etwa aus derselben Wissenschaftlergeneration. Vielleicht wußte er etwas über diesen seltsamen Kauz, von dem Axt nicht eine einzige Veröffentlichung kannte und keine Ahnung hatte, woran er überhaupt arbeitete. Er hatte ihn eigentlich danach fragen wollen, aber nun war das Gespräch ganz anders verlaufen, und in Anbetracht der fortgeschrittenen Zeit war es wohl besser, er verzichtete darauf.

»Sie schauen immerzu auf die Uhr. Haben Sie es eilig oder langweile ich Sie?«

Axt schreckte aus seinen Gedanken auf. »Nein, nein, Sie langweilen mich keineswegs. Es tut mir leid, ich wollte nicht unhöflich erscheinen. Ich muß nur die Zeit ein wenig im Auge behalten. Mein Zug geht in einer Stunde.«

»Was? Dann müssen Sie ja bald aufbrechen. Warum haben Sie denn das nicht früher gesagt? Ich dachte, wir essen noch gemütlich zusammen.« Sonnenberg war sichtlich enttäuscht. »Und da rede ich die ganze Zeit wie ein Wasserfall und betätige mich hier als Nestbeschmutzer sondergleichen. Was müssen Sie jetzt für einen Eindruck von mir haben.«

»Da machen Sie sich mal keine Sorgen, Herr Sonnenberg.«

Axt winkte ab und lächelte. »Ihre Kritik ist ja größtenteils berechtigt.«

Sein Gastgeber machte ein betroffenes Gesicht. »Ach, das sagen Sie jetzt nur, um mich zu beruhigen. Zu schade, daß Sie schon wegmüssen. Ich hatte gehofft, noch viel Interessantes über die Grube Messel zu erfahren, aus erster Hand sozusagen«

»Das müssen wir leider auf ein anderes Mal verschieben.«

»Ich komme darauf zurück. Das ist eine Drohung. Sie müssen nämlich wissen, daß mich gerade das Eozän außerordentlich interessiert. Es muß wie das Paradies gewesen sein, glauben Sie nicht? Mitteleuropa hat sicherlich nicht sehr viel schönere Zeiten erlebt als diese. Und niemand kennt das europäische Eozän besser als Sie. Ihre Grube lag ja sozusagen mittendrin.«

Sonnenberg war wie verwandelt. Er wirkte unsicher und schien nun besondere Liebenswürdigkeit an den Tag legen zu wollen. »Sie müssen mir aber wenigstens erlauben, Ihnen etwas zu schenken, Dr. Axt. Darauf muß ich bestehen!« Er hielt ihm den Kunstharzblock mit dem mittelamerikanischen Prachtkäfer hin. »Hier, bitte! Keine Widerrede! Als kleine Entschädigung dafür, daß Sie sich so lange meine Monologe angehört haben. Ich wüßte wirklich niemanden, dem ich ihn lieber schenken würde.«

3

Die Falle

Das erbärmliche Quieken hatte er schon eine ganze Weile gehört, aber er konnte in der dichten Vegetation nicht ausmachen, von wo das seltsame Geräusch kam. Dann war er beinahe darüber gestolpert. Jetzt kniete der Mann in seinen kurzen Ledershorts neben dem spitzschnäuzigen Nagetier und versuchte, das kleine bissige Biest aus der Falle zu befreien.

Der Bügel war zwar zurückgeschnappt und hatte das Tier festgeklemmt und wohl auch verletzt, aber die Wucht des Aufpralls hatte nicht ausgereicht, um ihm das Genick zu brechen, dafür war es wohl doch zu groß. Trotzdem war es vielleicht schwer verletzt und zu geschwächt, um hier im Dschungel lange überleben zu können. Wer weiß, wie lange der kleine Kerl hier schon gefangen war.

Er überlegte, ob er das Tierchen töten sollte. Diese Nager, von denen es hier im Wald nur so wimmelte, schmeckten eigentlich nicht schlecht, aber wenn man nicht gerade kurz vor dem Verhungern war, gab es wirklich Besseres. Es war nicht allzuviel dran an ihnen, und auch die Felle waren zu klein, als daß er damit etwas Sinnvolles hätte anfangen können. Aber bevor es sich lange herumquälte, könnte er es auch mit einem kleinen Schlag seines Buschmessers erlösen.

»Autsch«, schrie er auf, als ihn das kleine Mistvieh in einem Moment der Unachtsamkeit in die Hand biß. Es schien noch ganz gut bei Kräften zu sein. Er lutschte das Blut von seinem Handballen und hielt die Falle mit dem zappelnden Tier mit der Linken vom Körper weg. Dann setzte er die Falle wieder auf den Boden, drückte das Tierchen vorsichtig gegen den Fallenboden und bog den Bügel zurück. Es piepste und stemmte sich mit überraschender Kraft gegen seine Hand. Er packte es im Nacken und warf es auf den Boden. Raschelnd verschwand der Nager sofort im dichten Unterholz. Hoffentlich fiel er nicht gleich der erstbesten Schlange zum Opfer.

In der Ferne hörte man ein Rauschen, das langsam lauter wurde. Der Mann schaute nach oben durch das dichte Blätterdach in die tiefhängenden dunklen Wolken. Regen, und er kam näher. Er mußte sich beeilen, wenn er von dem Unwetter nicht überrascht werden wollte. So ein Regenguß im Dschungel war kein Kinderspiel, keine kleine erfrischende Dusche, der man sich bei der hier herrschenden Hitze gerne aussetzte. Die extreme Feuchtigkeit und die von den Blättern abprallenden feinen Sprühwassertropfen bildeten schnell einen dichten Nebel, durch den man kaum ein paar Meter weit sehen konnte und Gefahr lief, völlig die Orientierung zu verlieren, auch wenn man sich so gut auskannte wie er. In diesem diffusen Licht sahen dann alle Pflanzen gleich aus, und hier gab es weit und breit nichts anderes als Pflanzen.

Er verstaute die leere Falle in seinem kleinen Lederrucksack, griff nach dem Buschmesser, das er auf dem Boden abgelegt hatte, und machte sich auf den Rückweg. Das Rauschen des Regens war zu einem bedrohlich klingenden Tosen angeschwollen, einem machtvollen Geräusch, das Klatschen von Millionen schwerer Wassertropfen auf breite sattgrüne Blattflächen, die sich den Raum in einem erbarmungslosen Wettkampf um Licht so optimal aufgeteilt hatten, daß der größte Teil des Regens gar nicht bis auf den Boden gelangte. Aber es würde immer noch reichen, um ihn in kürzester Zeit bis auf die Haut zu durchnässen.

Die Regenfront kam zu schnell. Innerhalb von Sekunden wurde es dunkel. Das Geräusch schwoll an wie ein Trommelwirbel, und plötzlich war er in einen dichten Vorhang von Wassertropfen gehüllt. Er mußte einen Unterschlupf finden, schnell. Er schaute sich suchend um und entdeckte ganz in der Nähe eine Palme und einen der schirmförmigen Baumfarne, deren Wedel zusammen ein dichtverflochtenes Dach bildeten. Das war ein guter Platz, um abzuwarten, bis der schlimmste Guß vorüber war. Es konnte Stunden dauern. Er war es gewöhnt, lange Zeit zu warten, fast bewegungslos auf einem Fleck auszuharren. Geduld war eine Tugend, die er hier gelernt hatte.

Er hockte sich dicht neben den wie behaart aussehenden Stamm des Baumfarns auf den Boden und holte sich ein Stück

Trockenfleisch aus seinem Rucksack. Nein, das Warten machte ihm nichts aus. Außerdem hatte er genügend Stoff zum Nachdenken. Während ihm einzelne dicke Tropfen auf die Krempe seines Hutes fielen und er langsam auf dem zähen Fleisch herumkaute, betrachtete er nachdenklich die Falle, aus der er den Nager befreit hatte. Es war eine normale Mausefalle, wie man sie überall kaufen konnte, vielleicht etwas größer und moderner als die, die sein Vater früher immer benutzt hatte, wenn er in der Speisekammer Mäuseköttel entdeckt hatte.

Was ihn beschäftigte, war aber nicht sosehr die Konstruktion der Falle, sondern die Tatsache, daß sie nicht von ihm stammte. Hier trieb sich noch jemand herum, jemand, den er nicht kannte und der kleinen Tieren mit Fallen nachstellte. Das war neu und beunruhigte ihn wesentlich mehr als der Tropenregen, der nun mit voller Heftigkeit auf das Blätterdach des Dschungels niederging.

Der Plan

»Hallo, Micha, schön, daß du anrufst. Was gibt's denn? Ich wollte gerade aus dem Haus.«

»Ich muß dich sofort sprechen.«

»Heute noch?«

»Oder morgen, jedenfalls so bald wie möglich.«

»Ja ... gut, heute nachmittag hätt ich Zeit, so gegen vier.«

»Okay. Und wo?«

»Komm doch zu mir. Worum geht's denn?«

»Um deine beschissenen Mitbringsel!« schrie Micha in den Hörer. Was hatte der Kerl nur aus ihm gemacht? Seine wiedergewonnene Selbstbeherrschung war offenbar nur ein dünnes Häutchen, das bei der geringsten Erschütterung riß.

»Wird ja auch Zeit. Du hast ne ganz schön lange Leitung, das muß ich schon sagen. Hab schon viel früher mit dir gerechnet.«

Micha biß die Zähne zusammen und ignorierte Tobias' Bemerkungen.

»Bis später.«

»Ja, ich erwarte dich.«

Gegen Mittag rief Claudia an und erkundigte sich nach seinem Befinden. Er hatte mit so etwas gerechnet und sich für diesen Fall eine ziemlich windige Erklärung zurechtgelegt, etwas von einem Referat, das er bis morgen fertiggestellt haben müßte und das ihm schreckliches Kopfzerbrechen bereitete. Deshalb sei er in der Bibliothek so nervös gewesen. Claudia schien das zu schlucken, jedenfalls bohrte sie nicht weiter nach und wünschte ihm nur viel Erfolg. Sie sagte noch, er solle doch mal wieder bei ihr vorbeikommen, und außerdem könnte er ihr bei Gelegenheit einmal seine Fossiliensammlung zeigen. Sie fände das sehr aufregend. Er war heilfroh, als sie endlich auflegte.

Den Rest des Tages verbrachte er damit, dem Treffen mit Tobias entgegenzufiebern. Er befand sich in einem eigentümlichen Schwebezustand zwischen Wachen und Träumen. Selbst die alltäglichsten Verrichtungen schienen ihm plötzlich tiefere Geheimnisse zu bergen. Seine beiden Mitbewohner, denen er nur kurz beim Frühstück begegnet war, warfen sich vielsagende Blicke zu: zu tief ins Glas geschaut oder frisch verliebt.

Gegen zwei Uhr hielt er es nicht mehr aus und machte sich auf den Weg. Er fuhr eine große Schleife durch die Stadt, um nicht allzufrüh bei Tobias einzutreffen, und stand kurz nach drei vor dessen Wohnungstür.

»Ah, Tag Micha, da bist du ja schon. Komm rein!«

Ohne ein Wort zu sagen, betrat er die Wohnung. Am liebsten wäre er Tobias sofort an die Gurgel gesprungen, hätte ihn gewürgt und hin und her geschüttelt und gefragt, was er sich dabei gedacht habe, warum er aus einem ausgeglichenen und friedliebenden Menschen wie ihm ein einziges Nervenbündel gemacht habe, ob ihm so etwas Spaß mache. Aber er tat nichts dergleichen.

Gleich neben der Wohnungstür befand sich der Eingang zur Küche, und, ohne zu zögern, nahm er an dem kleinen, quadratischen Küchentisch Platz, kramte seine Zigaretten aus der Lederjacke und zündete sich eine an.

»Magst du einen Kaffee oder lieber Tee?« fragte Tobias und machte sich am Herd zu schaffen.

»Kaffee!« antwortete Micha und versuchte ruhig zu bleiben.

Tobias setzte Wasser auf und füllte ein paar Löffel Kaffeepulver in eine weiße Kanne.

»Du hast also endlich herausgefunden, wo der Käfer und die Pflanze herstammen, ja?« Er warf Micha einen flüchtigen Blick zu, als er Zucker und Milch auf den Tisch stellte.

»Also ich muß dir sagen, daß ich anfangs total sauer auf dich war wegen dieses lächerlichen Versteckspiels, aber jetzt ...« Er wollte so richtig Dampf ablassen, kam aber gleich wieder ins Stocken.

»Was ist jetzt?«

»Ach, ich weiß auch nicht. Ich blick nicht mehr durch.«

Tobias goß das Kaffeewasser in die Kanne und rührte mit einem Löffel eine Weile darin herum. »Was hast du denn nun herausgefunden?« Er schaute erwartungsvoll.

»Sie stammen nicht aus der Slowakei.«

»Hmm ... Dafür hast du so lange gebraucht?«

»Scheiße, jetzt mach mich bloß nicht an, ja!« brüllte er, und Tobias hob beruhigend die Hände.

»Micha, was hätte ich denn tun sollen, he? Wenn ich dir einfach nur erzählt hätte, woher sie stammen, hättest du es mir dann geglaubt?«

»Was geglaubt?«

»Na, daß sie aus der Vorzeit stammen. Aus dem Eozän, um genau zu sein.«

Jetzt war es heraus! So deutlich hatte er es für sich bisher nicht zu formulieren gewagt. Er hielt sich unwillkürlich die Hände über die Ohren, und sein ganzer Körper verkrampfte sich.

»Aber das ist *unmöglich!*« rief er.

»Wieso unmöglich? Du hast den Käfer doch selbst gesehen.«

»Den kannst du in einem Laden gekauft haben, in diesem Naturaliendingsda.«

Tobias schüttelte lächelnd den Kopf.

»Oder du warst gar nicht in der Slowakei, sondern irgendwo in den Tropen, in Indonesien, oder weiß der Himmel.«

»Nein. Du glaubst doch selbst nicht, was du da sagst.« Er schaute ihn eindringlich ein. »Ich war in der Slowakei, und ich bin in die Höhle gefahren.«

»Was für eine Höhle?«

Micha sprang auf, saugte gierig an seiner Zigarette und lief in der Küche auf und ab. Tobias stellte Kaffeekanne, Milch, Zucker und zwei Tassen auf ein Tablett und sagte: »Komm, wir trinken unseren Kaffee drüben. Da ist es gemütlicher.«

Micha folgte ihm durch die Diele in ein Zimmer, das von der tiefstehenden Sonne hell erleuchtet war. Kaum trat er über die Türschwelle, blieb er wie angewurzelt stehen.

»O Gott!« entfuhr es ihm.

Das ganze Zimmer wimmelte von Dinosaurierfiguren in allen Größen, Formen und Ausführungen, Dinosaurier aus Metall, aus Plastik, aus Holz und Stein, als Radiergummi, Briefbeschwerer oder Buchstopper, in toto oder als Skelett, wie das fast brusthohe Holzgerippe eines auf den Hinterbeinen laufenden Fleischfressers, das direkt neben dem Kachelofen in einer Zimmerecke stand. An den Wänden hingen alte Filmplakate mit grellen Darstellungen diverser Ungeheuer sowie Ausschnitte aus verschiedenen Zeitungen und Zeitschriften.

»Hab ich so zusammengetragen über die Jahre«, sagte Tobias.

»Da hast du in letzter Zeit ja Schwerstarbeit verrichten müssen.«

»Wieso? Wegen dem Film?«

»Klar.«

Tobias saß jetzt an einem kleinen runden Tisch neben dem Fenster, von wo aus er amüsiert und mit unverhohlenem Stolz verfolgte, wie Micha an den von Saurierfiguren überquellenden Regalbrettern entlangging. »Nein, nein, da bin ich nun doch ein bißchen zu alt für«, sagte er. »Das meiste ist uralter Kram, aber ich bring's nicht übers Herz, ihn wegzuschmeißen. Ich häng dran.«

Zwischen den vielen kleinen Drachen entdeckte Micha nun auch andere Sammelstücke: Versteinerungen, Ammoniten, einen kleinen Trilobiten, Abdrücke von Farnwedeln und Blättern, Bernsteinbrocken, Muschelschalen und Schneckengehäuse, kleine Kristalle in den verschiedensten Farben und schließlich auch ein Exemplar jenes ominösen, ebenfalls in Kunstharz eingeschlossenen Prachtkäfers, was ihm in aufdringlicher Weise wieder den Grund seines Besuches in Erinnerung rief. Er hatte es plötzlich überhaupt nicht mehr eilig, darüber zu reden.

»Macht wohl etwas Mühe beim Staubwischen, der ganze Scheiß, hm«, sagte er.

Tobias lachte. »Freut mich, daß du deinen Humor wiedergefunden hast. Komm, der Kaffee wird kalt. Milch, Zucker?«

»Nein, schwarz«, erwiderte er und setzte sich endlich, ohne seine Augen von den zahllosen Ausstellungsstücken abwenden zu können.

»Also, jetzt mal im Ernst, du weißt, daß es stimmt, was ich sage, oder?«

»*Wissen, wissen*«, sagte Micha spöttisch. »Wie kann man so etwas Verrücktes schon wissen? Es würde einiges erklären ... aber glauben kann ich es nicht.«

Er griff nach seiner Tasse und rührte mit dem Löffel gedankenverloren darin herum, bis ihm der heiße Kaffee auf die Hose schwappte.

»Mist!«

»Du kannst ja zweifeln, solange du willst, Micha, aber ich sage dir: Es stimmt! Ich war da. Ich habe es mit eigenen Augen gesehen.« Von irgendwoher zauberte er das Bild mit der Höhle hervor, das Micha schon an dem Abend in der Kneipe gesehen hatte, und legte es vor Micha auf den Tisch. »Es gibt diese Höhle, und sie führt in die Urzeit, ob du's glaubst oder nicht.«

Er saß ganz entspannt auf seinem Stuhl, ein spindeldürres Bein über das andere geschlagen, hielt zwischen beiden Händen seine Kaffeetasse und machte ganz und gar nicht den Eindruck, als habe er irgendeine Vorstellung davon, welche Ungeheuerlichkeit er da gerade behauptet hatte.

»Wie kannst du erwarten, daß ich das glaube?« Micha schüttelte den Kopf. »Es ist so ... so ...«

»Was willst du denn noch? Ich habe dir die Beweise doch geliefert.«

»Beweise, ha!« Micha stellte die Tasse ab und ging in die Küche, um seine Zigaretten zu holen, die er dort auf dem Tisch liegengelassen hatte. »Das reicht mir nicht«, rief er von dort in Richtung Saurierzimmer.

»Welche Beweise würdest du denn akzeptieren?« fragte Tobias, als Micha mit Zigaretten und Aschenbecher zurückkam.

»Ich weiß nicht, ich ... vielleicht müßte ich es sehen.«

»*Ja!*« rief er. »Genau das will ich doch, Mensch. Ich will zusammen mit dir in die Höhle. Was meinst du, was das alles sonst für einen Zweck hatte?«

»Bist du verrückt?« Ihm krampfte sich bei dieser Vorstellung alles zusammen.

»Ich denke, du willst es selbst sehen?«

»Ja, aber ...«

So ging es noch eine ganze Weile. Er wollte es sehen, aber er wollte es auch wieder nicht sehen. Er glaubte kein Wort von der Geschichte, und irgendwie wünschte er doch, sie wäre wahr. Er war hin und her gerissen.

Und Tobias? Was war das eigentlich für ein Mensch, der ihm da gegenübersaß und seinen Kaffee schlürfte. Ein Wahnsinniger, ein infantiler Bekloppter, der es bis heute nicht geschafft hatte, sich von einer fixen Kindheitsidee zu lösen? Ein Besessener, ein hoffnungsloser Fall, der ihn nun auch in seine Wahnwelt hinabziehen wollte? Man mußte sich ja hier nur einmal umsehen, all dies unsägliche Zeug, wie das Zimmer eines Zehnjährigen.

Micha war immer noch völlig verkrampft, jeder Muskel seines Körpers arbeitete, und er hampelte dauernd auf seinem Stuhl herum, weil er nicht wußte, wie er sich hinsetzen sollte.

»Ich schaff es nicht alleine, Micha. Ich will ganz ehrlich sein: Ich hatte solchen Schiß, daß ich mir vor Angst fast in die Hosen gemacht hätte. Im eozänen Dschungel bin ich umgekehrt. Ich hab's einfach nicht mehr ausgehalten.«

Wie das klang, *im Eozän umgekehrt*, als sei dies irgendeine geographische Angabe. Dabei war es ein Erdzeitalter, eine Adresse in der Zeit, 50 Millionen Jahre her, eine unfaßbare Zeitspanne. Jedes Kohlenstoffatom, jedes Wassermolekül hatte seitdem wahrscheinlich schon unzählige Male im globalen Kreislauf zirkuliert, nichts war mehr übrig von den Lebewesen dieser Zeit, außer einigen spärlichen Überresten in Form plattgedrückter, von vielen Tonnen Gestein zusammengepreßter Skelette.

»Du willst mir doch wohl nicht im Ernst weismachen, daß diese Höhle in die Urzeit führt und irgend etwas mit dem Film zu tun hat, den wir damals gesehen haben«, sagte Micha.

»Du meinst *Die Reise in die Urwelt?*« Er lachte. »Natürlich nicht, für wie blöd hältst du mich eigentlich? Das ist einfach nur ein verrückter Zufall, nichts weiter. Ich bin da herumgefahren und stand plötzlich vor diesem Loch im Berg. Natürlich mußte ich in diesem Moment auch an Zemans Film denken, aber er hatte sicher nicht die leiseste Ahnung, wie nah er damit der Wirklichkeit gekommen war. Außerdem sieht Zemans Höhle ganz anders aus.«

Irgendwie hätte es ihn gereizt, da hineinzufahren, erzählte Tobias. Vielleicht habe die Erinnerung an den Film dabei auch eine Rolle gespielt, aber für einen angehenden Geologen besäßen Höhlen auch so eine unwiderstehliche Anziehungskraft. Er hatte sogar ein Kunststoffboot gekauft, das dort auf sie warten würde. Eine Petroleumlampe sei auch vorhanden. Alles sei vorbereitet.

Er redete lange auf ihn ein.

Die Leute in der Gegend seien sehr zugeknöpft gewesen, wenn er die Sprache auf die Höhle brachte. Unter den Einheimischen in der unmittelbaren Umgebung, offensichtlich ziemlich abergläubische Leute, galten die Höhle und der angrenzende Wald als verrufenes Gebiet, in das man sich nicht gerne hineinwagte. Nur ein zahnloser Alter habe ihm mehr erzählt. Im Flüsterton sprach er von der Teufelshöhle, die, solange man denken könne, immer wieder Opfer gefordert habe. Leute seien hineingefahren und für immer verschwunden. Tobias erzählte, ein Neffe des Alten habe zwar alles in ein englisch-deutsches Mischmasch übersetzt, dabei aber immer wieder mit der Hand vor seinen bebrillten Augen hin und her gewischt, wohl um anzudeuten, daß der Alte übergeschnappt sei und man sein Gefasel nicht ernst nehmen sollte.

Gegen Ende wurde Tobias immer nervöser. Wahrscheinlich spürte er, daß er mit seinen haarsträubenden Geschichten nicht bis zu seinem alten Schulfreund durchdrang. Micha schüttelte bei alldem nur immer wie unter Zwang den Kopf.

Nein, dazu würde Tobias ihn nie überreden können. Er war kein kleiner Junge mehr, der voller Begeisterung nach seinen Hirngespinsten griff, weil ihm selber nichts einfiel.

Aber abgesehen von dem Käfer und der Seerose und dem ganzen Unsinn mit der Reise in die Urzeit, gab es da noch etwas, das Micha brennend interessierte. Es fiel ihm schwer, Tobias danach zu fragen, aber es mußte einfach sein.

»Sag mal, noch was ganz anderes, diese Schwarzhaarige ...«

»Welche Schwarzhaarige?«

»Na die, die du neulich begrüßt hast, bei dem Colloquiumsvortrag. Sie war mit diesem Gartenzwerg da.«

»Ach, du meinst Ellen, Sonnenbergs Assistentin.«

»Das ist seine Assistentin?« Micha war verblüfft, ohne so recht zu wissen, warum. Es lag ja eigentlich nahe.

»Ja, warum nicht? Meinst du, sie sieht zu gut aus dafür?«

»Was? Nein, natürlich nicht, ich meine …«

»Na ja, sag doch, was du meinst!« In seine Augen trat ein lauernder Ausdruck. »Du bist scharf auf sie.«

»Quatsch, ich hab sie doch nur einmal gesehen.«

»Tu nicht so! Einmal reicht. Alle sind scharf auf sie.«

»Und …«

»Was und?« Tobias sah ihn forschend an, und Micha verfluchte sich schon, daß er überhaupt nach ihr gefragt hatte.

»Du willst wissen, ob ich etwas mit ihr habe, stimmt's? Du, laß die Finger von ihr. Sie ist ein Eisblock, wunderschön, aber kalt und steif wie ein Brett.«

»Na, hör mal. Da hatte ich aber einen ganz anderen Eindruck.«

»Ja, ja, ich kenn das. Du brauchst mir nichts zu erzählen. Ich will dich nur warnen. An der hat sich schon der halbe Campus die Zähne ausgebissen.«

»Aber du nicht, oder wie?«

Tobias setzte ein derart widerliches, selbstverliebtes Grinsen auf, daß Micha ihn am liebsten gepackt und in diese Regale voller pubertärer Scheußlichkeiten geschleudert hätte. Hatte er sich dieses Grinsen angewöhnt, seit er den bescheuerten Diamanten im Zahn hatte?

»Wenn du es unbedingt genau wissen willst«, sagte Tobias, und jedes einzelne Wort traf Micha wie ein glühendes Eisen, »wir haben einmal zusammen geschlafen, vor ein paar Monaten, aber ich kann nicht gerade behaupten, daß es eine besonders beglückende Erfahrung war.«

Lügner! dachte Micha. Lügner, Lügner, Lügner. Der Kerl log doch, wenn er das Maul aufmachte. Entweder das Ganze war ein einziges Hirngespinst, Angeberei der schlimmsten, der lächerlichsten Sorte, oder es war ihm schon gekommen, als sie ihn nur einmal scharf anguckte und sich mit der Zunge die Lippen befeuchtete. Verdammt, er mußte raus hier.

Tobias rief ihm im Treppenhaus noch hinterher, daß er sich sein Angebot überlegen solle, daß er schwöre, nur die Wahrheit gesagt zu haben.

In der Folge entwickelte das, was Tobias ihm erzählt hatte, ein fatales Eigenleben, weniger das mit Ellen, davon glaubte er kein Wort, sondern das andere, diese verrückte Reise, die er mit ihm unternehmen sollte. Er konnte an nichts anderes mehr denken, hatte Schwierigkeiten, sich zu konzentrieren, schlief, von Alpträumen und Schreckensvisionen verfolgt, miserabel, und selbst seine besten Freunde fühlten sich bald vernachlässigt, weil er sich kaum noch bei ihnen meldete. Zweimal ging er abends mit Claudia aus, in der vergeblichen Hoffnung, das könne ihn etwas ablenken. Beim zweiten Mal landeten sie sogar bei ihm zu Hause auf dem Bett, brachen ihre Bemühungen aber bald ab, weil er mit seinen Gedanken ganz woanders war. Claudia war ziemlich sauer, als sie ging.

Das schlimmste war, daß er mit niemandem reden konnte. Wem sollte man eine solche Geschichte schon auftischen, ohne Mitleid oder schallendes Gelächter zu ernten. Zwei-, dreimal rief Tobias an, wohl um ihn weiter zu bearbeiten, aber Micha legte möglichst schnell wieder auf, weil diese Telefonate das bißchen Stabilität, das er sich in der Zwischenzeit aufgebaut hatte, wieder zusammenbrechen ließen wie ein wackliges Kartenhaus.

Mit der Zeit wurde ihm aber klar, daß es nur eine Möglichkeit gab, diesem Alptraum ein Ende zu setzen. Er mußte auf Tobias' Ansinnen eingehen und mit ihm zu dieser verfluchten Höhle reisen. Nur dort, in der Höhle des Löwen sozusagen, konnte er Tobias und sich selbst beweisen, daß die Welt noch so war, wie sie ihm bis vor kurzer Zeit erschienen war, chaotisch zwar, völlig außer Rand und Band und mit Karacho der sicheren Apokalypse entgegenschlingernd, aber doch nicht so verrückt, als daß in ihr irgendwelche obskuren Schlupflöcher in längst vergangene Erdzeitalter Platz gehabt hätten.

»Is ja super, Mann! Wahnsinn!« rief Tobias, als er ihm seinen Entschluß am Telefon mitteilte. Er war völlig aus dem Häuschen.

»Hör zu, erwarte bitte keine allzu große Begeisterung von mir«, versuchte Micha seine Euphorie zu bremsen. »Ich brauche Klarheit, verstehst du, sonst drehe ich durch.«

»Klar, Micha, versteh ich vollkommen. Aber wir müssen uns langsam ranhalten. Es gibt jetzt unendlich viel zu besprechen.«

Da hatte er wahrscheinlich recht, denn sie hatten mittlerweile Mitte Dezember. Wenn sie die Sache in den kommenden Semesterferien hinter sich bringen wollten, und dazu war er fest entschlossen, er wollte diese Angelegenheit so schnell wie möglich aus der Welt schaffen, dann blieben ihnen gerade noch zwei Monate für die Vorbereitung dieses Unternehmens. Wahrscheinlich war es ziemlicher Wahnsinn, Mitte Februar in die Slowakei fahren zu wollen, aber es mußte jetzt bald geschehen. Bis zum Sommer zu warten, war für ihn eine unerträgliche Vorstellung. Und Tobias war begeistert von seinem plötzlichen Elan. Tatsächlich verschaffte Micha diese Entscheidung etwas Erleichterung, so als hätte er nach längerer Verstopfung endlich einmal wieder auf der Toilette gesessen.

Er traf sich nun regelmäßig mit Tobias, um die Einzelheiten zu besprechen, wer sich um was zu kümmern hatte, wer Zelt, Kochgeschirr, Lebensmittel, Fotoausrüstung, und was man sonst so für eine Reise in die Urzeit brauchte, besorgen sollte und so weiter. Insgesamt planten sie etwa sechs bis acht Wochen ein. Hin und wieder fand Micha sogar zu seinem Humor zurück, aber es war ein böser, sarkastischer Humor, und manchmal stand er vor dem Spiegel, schaute in sein vertrautes Milchbubigesicht und dachte: Du bist übergeschnappt, mach du nur weiter so. Irresein fängt immer so an.

Ende Januar traf er Claudia noch einmal. Da er nun davon ausging, daß der Spuk bald vorüber sein würde, ging es ihm deutlich besser, und sie verbrachten einen netten Abend zusammen. Sie sahen sich endlich *Jurassic Park* im Kino an, und angesichts der zahlreichen, überzeugend lebensechten Saurier, die den Streifen bevölkerten, lief ihm eine Gänsehaut nach der anderen über den Rücken, wie er es schon seit Jahren nicht mehr erlebt hatte. Tobias hatte vom Eozän gesprochen. Wenn überhaupt irgendwohin, zu den Sauriern führte diese Höhle jedenfalls nicht. Das war beruhigend und enttäuschend zugleich. Wenn Tobias sich schon so einen himmelschreienden Blödsinn ausdachte, warum dann nicht gleich mit den richtigen Akteuren, den ungekrönten Majestäten der Vergangenheit? Wahrscheinlich hatte er befürchtet, das Ganze klänge dann von vornherein noch unglaubwürdiger.

Später beim Bier kamen sie auf die bevorstehenden Semesterferien zu sprechen. Während Claudia erklärte, sie sei noch unschlüssig, ob sie wegfahren solle, sie hätte sich eigentlich vorgenommen, endlich ihre Arbeit fertigzustellen, erzählte er von seiner Reise in die Slowakei.

»Ungewöhnlich«, war ihr erster Kommentar. Genau dasselbe hatte er auch gesagt, als Tobias ihm von seinen Plänen erzählt hatte, damals in dem Café.

»Und was wollt ihr da machen?« fragte sie.

»Na, rumreisen, Ski fahren, wandern, lesen, was man halt so macht im Urlaub. Du stellst vielleicht Fragen.«

»Hmm.« Sie schaute ihn, an ihrem Bier nippend, mit großen Augen an. »Is das derselbe Freund, der dir die Pflanze mitgebracht hat?«

»Ja, Tobias, warum?«

»Ach, nur so. Und wo genau wollt ihr da hin?«

Komisch, das wußte er selbst nicht. Tobias hatte mit keinem Wort erwähnt, wo diese seltsame Höhle lag. Bisher hatten sie nur Bahnkarten nach Prag gekauft. Daß das, was sie suchten, wie in dem Film eine Höhle sein sollte, fand er irgendwie phantasielos. Es hätte doch etwas anderes sein können, ein Vulkan wie bei Jules Verne oder ein Mahlstrom wie bei Poe.

»Hohe Tatra«, sagte er aufs Geratewohl, weil ihm diese Gegend noch irgendwie in Erinnerung war.

»Ach so, ja, davon habe ich auch schon gehört. Da kommen die slowakischen Wintersportler her.«

Sie saßen einige Minuten schweigend da, und er rauchte und versenkte sich in den Anblick ihrer neuen blonden Stoppelfrisur. Sie hatte früher schulterlange, sehr lockige Haare gehabt und trug seit ein paar Tagen einen ziemlich radikalen Kurzhaarschnitt.

»Stehen dir gut, die Haare, meine ich.«

»Findest du?« Sie fuhr sich mit der Hand durch die Stoppeln und lachte. »Ist noch sehr ungewohnt.«

»Das glaub ich.«

»Hat dir dein Freund eigentlich mal erzählt, wo er die Pflanze nun her hatte, die du mir gezeigt hast?« fragte sie plötzlich. Er erschrak fürchterlich.

»Ach so, die Pflanze, ja, haha, die ... die stammte tatsächlich von da unten.«

»Von wo unten?«

»Na, aus Indonesien, wie du gesagt hast. War wirklich nur ein dummer Scherz von ihm.«

»Das kann man wohl sagen. Aber sonst versteht ihr euch gut, ja?«

»Och, ja, klar.«

»Ich frag nur, weil du doch ziemlich sauer auf ihn warst, wenn ich mich recht erinnere. Und jetzt willst du plötzlich mit ihm verreisen. Ist doch irgendwie seltsam, findest du nicht?«

»Wir haben uns eben wieder vertragen«, erwiderte er kurz angebunden. Er sah ihr an, daß sie ihm kein Wort glaubte.

»Na, ich wünsche euch jedenfalls viel Spaß zusammen«, sagte sie noch. »Hoffentlich schlagt ihr euch nicht gegenseitig die Schädel ein, wenn deinem Freund noch mehr so merkwürdige Scherze einfallen.«

Enameloid von Prionace

Axt saß an diesem trüben Februartag schon sehr früh an seinem Schreibtisch in der Station, weil er versuchen wollte, endlich den Artikel fertig zu schreiben, mit dem er sich nun schon seit Wochen herumquälte. Früher ging ihm so etwas leichter von der Hand. Neben ihm lagen Stapel von dicken Büchern und Fotokopien von Fachaufsätzen, und ihm kam plötzlich der Gedanke, daß er schon seit Ewigkeiten kein normales Buch mehr gelesen hatte. Er las überhaupt nichts anderes mehr als dieses trockene Fachchinesisch mit Titeln, die jedem normalen Menschen wie Überschriften irgendwelcher mystischer Geheimliteratur erscheinen mußten, Titel wie »Vergleichende Osteologie und Phylogenie der Anabantoidei«, »Enameloid von Prionace« oder etwas in der Richtung. Klar, sein Spezialgebiet waren die Fische, und so lauteten heute nun einmal die Überschriften wissenschaftlicher Veröffentlichungen, aber das, was ihm seit Jahren vertraut war, kam ihm plötzlich reichlich absurd vor.

Er mußte grinsen. Früher war das anders. Karl von Frisch, der berühmte Bienenforscher, hatte in den zwanziger Jahren einmal einen Artikel mit dem genialen Titel »Ein Zwergwels, der kommt, wenn man pfeift« veröffentlicht. Dabei handelte es sich sogar um eine angesehene Fachzeitschrift. So etwas würde heute kein Mensch mehr wagen. Auch wenn es in modernen Veröffentlichungen um ganz einfache Dinge ging, mußten sie hinter möglichst kryptischen Titeln verborgen werden. Geschadet hatte es von Frisch offensichtlich nicht. Jahre später bekam er den Nobelpreis, allerdings nicht für seine Arbeit über den folgsamen Zwergwels.

Vielleicht sollte er es auch einmal in dem Stil versuchen. »Ein 50 Millionen Jahre alter Fisch, der nicht stinkt, wenn man ihn ausgräbt« wäre doch nicht schlecht. Oder: »Über Ölschiefer, der weder Öl noch Schiefer enthält, dafür aber jede Menge anderer interessanter Sachen«. Er lachte in sich hinein.

»Na, dir scheint's ja gut zu gehen«, sagte Sabine, die mit der Stationspost in der Hand am Türpfosten lehnte. »Freut mich! Ehrlich! Ich hab dich schon ewig nicht mehr lachen hören.«

»Unsinn«, erwiderte Axt. »Du mußt dich täuschen.«

»Nein, nein, das kannst du dir von einer alten Freundin ruhig einmal sagen lassen.« Sie legte ihm die Post auf den Schreibtisch. »Hier, vielleicht findest du ja da noch etwas, worüber du dich amüsieren kannst.«

Axt schaute ihr lächelnd hinterher, als sie den Raum verließ. Dann ging er den Poststapel durch und stieß auf einen großen Briefumschlag mit dem Absender des Geologischen Instituts. So wie sie hier in Messel hatten wohl auch die Geologen die Wintermonate dazu genutzt, um endlich Daten auszuwerten und zur Veröffentlichung vorzubereiten, denn der Umschlag enthielt einen Artikel, den Niedner und seine Mitarbeiter für eine geologische Fachzeitschrift geschrieben hatten. Er faßte die ersten Ergebnisse ihrer Untersuchungen in Messel zusammen.

Auf Seite drei war eine Karte der Grube abgedruckt. Darüber hatten sie ein schachbrettartiges Raster gelegt. In den Kreuzungspunkten befanden sich jeweils die Bohrlöcher. Irgendwo in der

Nähe des steilen Grubenrandes, da, wo die Linien II oder III langführten, mußte das große Krokodil liegen. Es war wirklich ein bemerkenswert großer Wirbel, und alle waren in heller Aufregung gewesen. Axt schätzte, daß das vollständige Tier mindestens drei Meter lang sein mußte. Gegen seinen erbitterten Widerstand hatten die anderen das Krokodil auf den Namen Messi getauft. Er bekam jetzt noch eine Gänsehaut, wenn er daran dachte. *Messi*, so ein Unsinn.

Sie hatten damals lange diskutiert, was sie tun sollten. Das Skelett lag etwas abseits ihrer augenblicklichen Grabungsstellen. Sie gingen natürlich nach einem bestimmten Plan vor, gruben nicht wahllos mal hier, mal dort, sondern tasteten sich systematisch voran. Das Gebiet, in dem sie das Krokodil vermuteten, wäre eigentlich erst sehr viel später an die Reihe gekommen, und sie hätten die gesamte Planung umstellen müssen, wenn sie es sofort aus dem Schiefer holen wollten. Also beschlossen sie nach Rücksprache mit Schmäler, das Skelett zunächst dort zu belassen, wo es war. Schließlich gab es keinen sichereren Aufbewahrungsort als den Messeler Schiefer, in dem das Fossil schon die letzten 50 Millionen Jahre überdauert hatte.

Plötzlich fiel ihm auf, daß das Riesenkrokodil unmittelbar neben der Stelle lag, wo die Belgier letztes Jahr gegraben hatten. Es hätte nicht viel gefehlt und die Kollegen aus Brüssel wären mit einem wirklich spektakulären Fundstück nach Hause gefahren. Na ja, dicht daneben ist auch vorbei, dachte Axt und schnaubte kurz durch die Nase.

Er mochte Prof. Lenoir und seine Mitarbeiter. Sie kannten sich seit vielen Jahren. Aber auch die kollegialste Zusammenarbeit hatte irgendwo ihre Grenzen. Als die Belgier einmal bei einer einzigen Grabungskampagne eine unverschämte Glückssträhne hatten und nicht weniger als fünfzehn vollständige Fledermausskelette zu Tage beförderten, bekam Sabine einen schweren Heulkrampf und war danach tagelang nicht mehr ansprechbar. Und Axt konnte es ihr wirklich nicht verdenken. Er war entschieden der Meinung, daß die wichtigsten ihrer Fundstücke hier in Deutschland zu bleiben hatten. Dieses Krokodil hatte hier gelebt, war hier gestorben und sollte nun auch der hiesigen Wissenschaft und Öffentlichkeit zur Verfügung stehen.

Er blätterte langsam durch das schmale Heftchen und überflog den Text. Viel Neues hatte der Artikel nicht zu bieten, aber er stellte ja nur eine erste Übersicht über die durchgeführten Untersuchungen dar. Wirklich interessant würde erst die Feinuntersuchung werden, der genaue Verlauf der Schichten, die exakte Altersstruktur, die Lage von Bruchkanten und Verwerfungen, aber dazu war sicher noch viel mühsame Arbeit zu verrichten.

Seine Sympathie für die von den Geologen geleistete Arbeit schlug abrupt in blankes Entsetzen um, als er in der abschließenden Diskussion auf folgende Sätze stieß:

Im Bohrkern des Loches II 37 stießen die Verfasser in 2,48 m Tiefe übrigens auf einen vollkommen intakten Wirbelknochen. Wie eine genaue Untersuchung durch Dr. Helmut Axt von der Messeler Senckenberg-Station ergab, handelt es sich um den Halswirbelknochen eines eozänen Krokodils, vielleicht eines *Asiatosuchus germanicus*. Aufgrund der Größe des Knochens kann auf ein sehr großes Exemplar geschlossen werden.

Ein ungewöhnlich heftiger Wutanfall stieg in ihm auf wie glühendes Magma in einem Vulkanschlot.

»Das gibt's doch nicht!« rief er aus und hämmerte mit der Faust auf die Schreibtischplatte. Und er war auch noch so gutgläubig gewesen und hatte Niedner sofort informiert. Sie hätten gleich dazu schreiben sollen, daß die Ausgrabungsstelle am Sonntag um dreizehn Uhr zur öffentlichen Ausschlachtung freigegeben war. Wußte der Mann denn nicht …

Ein Ruck ging durch seinen Körper und mit hastigen Bewegungen suchte er Niedners Telefonnummer heraus. Zwei Minuten später schallte dessen Stimme aus dem Telefonhörer.

»Ja, Niedner hier?«

»Axt, Messel.«

»Ach, Herr Axt, was machen die Menschenknochen, haha? Wie geht es …«

»Sagen Sie mal, sind Sie eigentlich von allen guten Geistern verlassen?« polterte Axt los. Er war keineswegs zu Scherzen aufgelegt und schon gar nicht, wenn es um Menschenknochen ging. Er war ganz im Gegenteil schrecklich wütend.

»Äh, ich verstehe nicht recht.«

»Ich rede von Ihrem Artikel.«

»Ja, und?«

»Warum haben Sie nicht gleich eine Zeitungsannonce aufgegeben. Riesenkrokodil meistbietend zu verhökern oder so. Haben sie die Stelle eigentlich mit bunten Fähnchen markiert?«

»Ich verstehe immer noch nicht.«

»Natürlich verstehen Sie nicht. Wenn Sie auch nur irgend etwas verstanden hätten, dann hätten Sie diese Krokodilgeschichte in Ihrem langweiligen Artikel wohl kaum erwähnt, geschweige denn, mit genauer Angabe der Tiefe und des Fundortes. Mir fehlen die Worte für soviel Ignoranz.«

»Also, hören Sie mal ...«

»Nein, Sie hören jetzt zu! Wissen Sie überhaupt, was Messel-Fossilien auf dem Schwarzmarkt wert sind? Ein Krokodil dieser Größe bringt wahrscheinlich mehrere zehntausend Dollar.«

»Oh, das wußte ich nicht«, sagte Niedner kleinlaut.

»Ja, das kann ich mir denken. Sie haben wohl auch nicht gewußt, daß Sammler, die soviel Geld dafür hinblättern, geologische Fachzeitschriften lesen und auf solche Informationen ganz versessen sind? Das sind keine naiven Idioten. Haben Sie sich überhaupt irgend etwas gedacht mit Ihrem versteinerten Geologenhirn?«

»Nun reicht's, Axt. Ihr Ton ist absolut unangemessen.«

»So, finden Sie? Angemessen wäre, wenn Sie uns die Wachmannschaften bezahlen, die jetzt eigentlich für die nächsten Jahre die Grube bewachen müßten. Vielleicht sollten Sie uns Ihre Artikel in Zukunft zur Durchsicht vorlegen, bevor Sie so einen Mist verzapfen.«

»Ich beende jetzt unser Gespräch!«

»Soweit kommt's noch. Hören Sie sich ruhig an, was ich zu sagen habe. Sie haben nämlich das Glück, mich in einer Verfassung zu erleben, die nicht allzuhäufig vorkommt.« Axt holte noch einmal tief Luft. Dann brüllte er in die Leitung: »Das ist eine gottverdammte Schweinerei, die Sie uns da eingebrockt haben. *Auf Wiederhören!*« und knallte den Hörer auf die Gabel.

So, jetzt ging es ihm besser. Das hätte er schon viel früher machen sollen, irgendwo einmal richtig Dampf ablassen. Er wollte gerade die Whiskyflasche aus seinem Schreibtisch nehmen, als es vorsichtig an der Tür klopfte und kurz darauf Sabines Gesicht ins Zimmer schaute.

»Ist irgend etwas, Helmut?« fragte sie mit besorgter Miene.

»Natürlich ist was. Warum sollte ich hier sonst so rumbrüllen, verdammt noch mal.«

Er griff nach dem Artikel und warf ihn Sabine entgegen. Wie ein zu groß geratener Schmetterling flatterte das Papier durch sein Arbeitszimmer und landete auf halbem Wege neben einer auf dem Fußboden stehenden Yucca-Palme.

»Lies selbst! Auf der letzten Seite«, sagte er und goß sich dann seinen wohlverdienten Drink ein.

Die Höhle

Vorräte und Reiseutensilien begannen sich zu stapeln. Eva und Rainer, Michas Mitbewohner, verfolgten anfangs belustigt, später staunend, was sich da in imposanten Mengen auf dem Fußboden neben seinem Kleiderschrank anhäufte.

»Wo wollt ihr hin?« fragte Eva zum wiederholten Male und grinste, während Meier, der schwarz-weiße WG-Kater, schnurrend an den Büchsentürmen vorbeistrich. »Ihr habt wohl Angst, daß es da nichts zu essen gibt.«

»Ich hab wirklich noch nie gesehen, daß einer kiloweise Reis, Spaghetti, Kaffee, Zucker und so'n Zeug mitschleppt«, bemerkte Rainer. »Wollt ihr in die Antarktis?«

Micha hatte sich schon lange abgewöhnt, darauf zu reagieren. Am besten war es, sie einfach zu ignorieren, sonst lief man nur Gefahr, unangenehme Fragen zu provozieren. Als er eines Tages ungefähr zehn Tuben Tomatenmark und ebenso viele Büchsen Pfirsiche, Birnen und Gulasch die vier Treppen hochschleppte, hielten sie ihn endgültig für übergeschnappt.

»Kannst du mir mal verraten, wie ihr das alles tragen wollt?« fragte Eva, womit sie den Nagel auf den Kopf traf. Genau das hatte er sich auch gerade gefragt. Aber er sagte nichts, sondern stürmte wieder aus der Wohnungstür, um Vitamintabletten,

Antibiotika, Pflaster und ähnliches zu besorgen. Nur gut, daß man in der Urzeit kein Geld braucht, dachte er, denn seines ging schon im Vorfeld ihrer Reise bedenklich zur Neige. Das Ganze entpuppte sich als ziemlich teurer Spaß.

Tobias kümmerte sich um Zelt, Schlafsäcke, Kocher und alles andere, was zu einer anständigen Expedition gehörte, während er sich um ihr leibliches Wohl sorgen sollte. Das alles war ziemlich verrückt, und er konnte es Eva und Rainer nicht verübeln, daß sie sich darüber lustig machten.

Sie hatten zwei alte Koffer organisiert, in die sie ihre Vorräte pressen wollten, was ihnen bei einem Probepacken unter größten Mühen auch gelang. Allerdings zerrissen dabei eine Tüte Naturreis und ein Paket Zucker, und es gab eine Riesenschweinerei auf Michas Teppichboden. Jeder hatte neben einem prallgefüllten Rucksack einen dieser bleischweren Koffer zu tragen, was mit Sicherheit kein Vergnügen sein würde.

Als ihre Abreise schließlich immer näher rückte, machte sich in ihm eine rastlose Nervosität breit, die durch nichts mehr zu beruhigen war.

»Meine Güte, hast du Hummeln in der Hose?« fragte Eva, als sie wenige Tage, bevor es losgehen sollte, mitansah, wie er hastig seine Frühstücksbrote in sich hineinstopfte, den Kaffee hinterherkippte und sofort danach, noch kauend, in sein Zimmer stürzte, um eine Liste aller Vorräte anzufertigen.

Was, wenn Tobias nun die Wahrheit erzählt hatte? Nur mal angenommen, nur so als Gedankenspiel. Alles mußte dann peinlich genau kontrolliert werden, damit sie ja nichts vergaßen. Er versuchte solche Gedanken zwar von sich abzuschütteln, aber das führte genau zu dieser unglaublichen Hektik, die es ihn nirgendwo lange aushalten ließ und die allen, die mit ihm zu tun hatten, zunehmend auf die Nerven ging.

Wenige Tage vor ihrer Abreise rannte er noch einmal kurz entschlossen aus der Wohnung, um in der Innenstadt eine Karte der Slowakei zu kaufen. Er war der festen Überzeugung, die würde ihnen letztlich mehr von Nutzen sein als die Tabelle der Erdzeitalter, die Tobias eingepackt hatte. Im Landkartenladen traf er überraschenderweise auf Claudia.

»Was machst du denn hier?« fragte Micha, als er sie, einen

kleinen Rauhhaardackel an der Leine führend, vor den Regalen stehen sah. Sie zuckte zusammen.

»Na, ich stöbere nur so rum«, sagte sie, und ihr Blick flatterte unruhig zwischen ihm, dem Dackel und irgendwelchen Punkten im Raum hin und her.

»Ist das deiner?« Er wies auf den Hund.

»Ja, das ist Pencil.«

»Ah, ja, Pencil also.« Ihm fiel auf, daß sie eine Karte in der Hand hielt.

»Was hast'n da?« Sie wollte ihre Hand wegziehen, aber er hatte schon zugegriffen.

»Tschechoslowakei? Willst du jetzt auch dahin?«

»Nein, ach, ich ...« Sie schüttelte energisch den Kopf und riß ein paarmal unvermittelt an der Hundeleine, als ob sie ihren Dackel bändigen wollte. Pencil hockte aber ganz brav neben ihr und schaute verwundert nach oben. »Die fiel mir gerade in die Hände, und da du erzählt hast, daß du dahin fahren ... Ja, komisch, ich hatte gerade an dich gedacht.«

»Na, wenn du sie nicht willst, kannst du sie ja mir geben. Deswegen bin ich nämlich hier.«

»Klar! Bitte!«

Er griff nach der Karte und warf kurz einen prüfenden Blick auf den Umschlag.

»Geht's bald los bei euch?« fragte sie.

»Ja, in vier Tagen fahren wir nach Prag.«

»Na, dann viel Spaß.«

»Ja, danke. Du, ich hab's eilig. Bis nach den Ferien dann.«

»Tschüs!«

»Tschüs!« rief er, schon auf dem Weg zur Kasse. Plötzlich machte er auf dem Absatz kehrt und umarmte sie. »Wo fährst du denn jetzt hin?« fragte er und küßte sie auf die Wange.

»Ich bleibe hier und schreibe meine Arbeit zusammen.«

»Klingt ja echt aufregend. Und da wolltest du wenigstens hier etwas vom Duft der großen weiten Welt schnuppern, was?«

Sie zuckte mit den Achseln und zog die Augenbrauen nach oben. »Nicht jeder hat es eben so gut wie du.«

»Wir sprechen uns nachher wieder«, sagte er voller dunkler Vorahnungen.

Er zahlte, winkte ihr noch einmal zu und verließ den Laden, um direkt zu Tobias zu fahren. Eigentlich war er ja immer noch der Meinung, sie würden eine ganz normale Urlaubsreise antreten, sofern eine Fahrt in die Slowakei zu dieser Jahreszeit als normal anzusehen war, aber er war vor einer Reise noch sie so aufgeregt gewesen. Er mußte noch einmal mit Tobias reden. Womöglich hatten sie etwas Wichtiges vergessen.

Als ob sie noch nicht genug zu tragen hätten, tauchte Tobias kurz vor ihrer Abreise plötzlich mit einem Zehn-Liter-Plastikkanister auf und behauptete, den müßten sie unbedingt mitnehmen, der sei für Trinkwasser gedacht und für sie so lebenswichtig, daß sie ohne ihn gar nicht erst aufzubrechen brauchten. Micha fand, daß ihre Gepäckmassen auch ohne den Kanister schon mehr als zumutbar waren, aber Tobias meinte, ihm sei eingefallen, daß sie hinter der Höhle mitten im Meer landen würden und daß sie ohne Trinkwasservorrat verloren seien beziehungsweise gleich wieder umdrehen könnten.

Von einer Ankunft im Meer war bisher noch nie die Rede gewesen, und Micha fiel aus allen Wolken. Die Sache brachte ihn so aus dem Konzept, daß er in eine große Krise geriet und die ganze Expedition abblasen wollte. Irgendwie schaffte Tobias es aber, ihn davon zu überzeugen, daß er damals bei seiner ersten Reise zufällig eine Wasserflasche mit dabei hatte, da er ja nicht gewußt habe, wie groß die Höhle war. Für ihn alleine hätte das Wasser gereicht, und deshalb habe er jetzt gar nicht mehr darüber nachgedacht. Aber für zwei Personen, und wenn sie unglücklicherweise in schlechtes Wetter gerieten und langsamer vorankommen sollten als er damals, waren zehn Liter Trinkwasser das absolute Minimum.

Daß sie nun plötzlich hinter der Höhle im Meer landen sollten, hier mitten in Europa, machte die Geschichte in Michas Augen nicht gerade glaubwürdiger. Aber er war nun schon so weit gegangen, daß er auch auf dieses Ansinnen einging und den Kanister zu den beiden bleischweren Koffern in sein Zimmer stellte.

Die Anreise war eine elende Schinderei und übertraf Michas Befürchtungen bei weitem. Bis sie schließlich, beladen wie zwei

Packesel, nach vier endlosen Tagen das trostlose Kaff erreichten, in dessen Nähe nach Tobias' Angaben die Höhle liegen sollte, hatte Micha seinen Entschluß schon bei etlichen Gelegenheiten bitter bereut. Jedes gottverdammte Gramm dieses verfluchten Koffers hatte er zum Teufel gewünscht, jeden Meter, den er das Gepäck schleppen mußte, nur an sein gemütliches Zuhause und seine weiche Matratze gedacht, während Tobias alles mit stoischer Gelassenheit und freudiger Erwartung hinter sich brachte. Michas Arme schienen mit jeder Minute, die er diesen Koffer tragen mußte, länger zu werden. Der auch nicht gerade leichte Rucksack auf seinem Rücken fiel dagegen kaum noch ins Gewicht.

Ihr Anblick war zweifellos mehr als lächerlich. Die Leute auf den Bahnsteigen und Busstationen starrten sie an, als kämen sie aus einer anderen Welt. Polizisten beäugten sie mißtrauisch. Mehrmals mußten sie ihre Papiere herauskramen und einmal sogar die Koffer öffnen, wobei den Beamten angesichts ihrer Vorräte fast die Augen übergingen. Ihre Erklärung, das sei alles für den Eigenbedarf bestimmt, rief ungläubiges Kopfschütteln und ein endloses Palaver hervor. Aber sie ließen sie ziehen. Glücklicherweise schien ihnen nicht aufzufallen, daß die ganze Ausrüstung eher in die Tropen als in die winterliche Slowakei paßte.

Nach drei Nächten, die sie auf Bahnhöfen und in einem schäbigen Hotel zugebracht hatten, erreichten sie schließlich, völlig durchgefroren und übermüdet, mit schmerzenden Gelenken und Blasen an den Händen, ihr erstes Etappenziel. Sie mieteten sich in einem einfachen Landgasthaus ein und polterten dort, mit den sperrigen Koffern und dem leeren Kanister überall gegenstoßend und von den in der Gaststube herumsitzenden Einheimischen mit offenen Mündern bestaunt, eine knarrende Holztreppe hinauf zu ihrem Zimmer, wo Micha sich sofort ins Bett fallen ließ.

Am nächsten Morgen, gleich nach einem spärlichen Frühstück, wollte Tobias, dem die Strapazen der letzten Tage nichts ausgemacht zu haben schienen, sofort nach seinem Boot sehen, das er in dem Schuppen eines Bauern zurückgelassen hatte.

»Ohne Boot keine Expedition«, sagte er, und obwohl er damit zweifellos recht hatte, sah Micha sich außerstande, an diesem Tage auch nur einen Schritt mehr als unbedingt nötig zu gehen. Also zog Tobias alleine los. Micha hielt sich solange in ihrem Zimmer auf, lief später ein paar Schritte durch das ärmliche Dorf und bewunderte die schöne Umgebung. Sie hatten Glück. Es war für diese Jahreszeit viel zu mild. Überall tropfte es. Es lag schon fast ein Hauch von Frühling in der klaren Bergluft. Ringsum ragten schroffe Felsklötze auf, die das Dorf schon am frühen Nachmittag beschatteten und auf denen sich an geschützten Stellen noch einige Schneereste gehalten hatten, und gleich hinter den letzten Häusern, angrenzend an einige Viehweiden und Felder, begann ein urtümlich wirkender Bergwald. Durch das Dorf plätscherte ein kleines Flüßchen in seinem steinigen Bett, und er fragte sich, ob dies wohl schon *ihr* Fluß wäre, der, der sie in die Höhle führen sollte.

Am Nachmittag kam Tobias zurück, berichtete, daß alles in Ordnung sei und daß er das Boot schon zu dem kleinen See gerudert habe. Das Gewässer, in dem eine ziemlich starke Strömung herrschte, sei, Gott sei Dank, nur mit einer dünnen Eisschicht bedeckt gewesen. Sie würden ohne Probleme vorankommen. Das Boot warte jetzt in der Nähe der Höhle auf sie. Alles sei bereit.

»Wie weit ist denn dieser See von hier entfernt?« fragte Micha und räkelte sich gähnend auf seinem Bett. Der kurze Marsch durch das Dorf hatte ihn sehr angestrengt.

»Etwa vierzig Minuten. Er liegt mitten im Wald.«

»Vierzig Minuten?« Micha schoß sofort senkrecht in die Höhe und starrte ihn ungläubig an. »Willst du damit sagen, daß wir die Scheißkoffer vierzig Minuten durch den Wald schleppen müssen?«

»Von selbst werden sie wohl kaum dahin laufen.«

»Na dann prost Mahlzeit«, seufzte Micha und ließ sich zurück in das Kissen fallen.

Später eröffnete ihm Tobias, daß er schon am nächsten Tag aufbrechen wollte. Micha versuchte ihn dazu zu überreden, ein, zwei Tage abzuwarten, noch etwas auszuruhen vor dem Unternehmen Urzeit. Jetzt, wo ihr Ziel so nahe lag, wurde ihm die ganze Sache ziemlich unheimlich, und er suchte nach Gründen, um den Aufbruch hinauszuzögern. Tobias trug eine solche Selbstsicherheit zur Schau, daß die seine immer mehr ins Wanken geriet.

Für jemanden, dessen hochtrabende Ankündigungen sich sehr bald als reines Phantasieprodukt erweisen sollten, war er wirklich von einer bemerkenswerten Gelassenheit.

Was Micha nicht schaffte, besorgte ein Wetterumschwung. Für die nächsten zwei Tage verzogen sich die Berge hinter dicke Wolkenpolster, und der Winter kehrte zurück. Es schneite ununterbrochen. Das war dann doch nicht das Wetter, das sie sich für ihren Aufbruch gewünscht hatten. Die meiste Zeit verbrachten sie dösend und lesend in ihrem Zimmer, was Micha nur recht war, Tobias aber von Stunde zu Stunde nervöser werden ließ. Er saß vor dem Fenster, meditierte über die unaufhörlich fallenden Schneeflocken und trommelte dabei ununterbrochen mit seinen Fingern auf das Fensterbrett. Als es wieder aufklarte, gab es für ihn kein Halten mehr.

»Moment mal«, versuchte Micha ihn zu bremsen. »Du kennst das hier alles schon. Aber ich möchte mir doch diese Höhle, in die ich hineinfahren soll, wenigstens einmal vorher anschauen, wenn's recht ist, ja.«

Was darauf folgte, konnte man mit Fug und Recht als ihren ersten handfesten Streit bezeichnen, aber es gelang ihnen nach langer Diskussion, einen Kompromiß zu finden. Sie würden ihr Gepäck in zwei Hälften teilen und die eine heute, die andere morgen unmittelbar vor der Abreise zum Boot transportieren. Auf diese Weise hatte Micha noch einen Tag gewonnen, konnte wenigstens einmal einen Blick auf diese mysteriöse Höhle werfen, und auch Tobias mußte zustimmen, daß sie sich so die unvermeidliche Schlepperei wesentlich erleichterten.

Sie räumten die beiden Rucksäcke aus und verstauten darin statt dessen einen Teil des Proviants. Mit den Rucksäcken, dem Kanister und einem leeren Koffer beladen, in den sie am Boot angekommen die Vorräte wieder einpacken wollten, brachen sie dann endlich auf, wanderten an schneebedeckten Viehweiden vorbei in den Wald hinein. Es war kalt, aber Micha genoß die Luft und den frisch verschneiten Winterwald und wünschte, sie könnten es dabei belassen, könnten – möglichst ohne diese Massen an sinnlosem Gepäck – einfach hier umherwandern wie ganz normale Bergtouristen und sich an der herrlichen Landschaft erfreuen.

Nach etwa einer halben Stunde gelangten sie an einen Fluß, dessen Lauf sie folgten, bis dieser in einen kleinen See mündete. Auf der Eisdecke lag jetzt eine frische, makellose Schneeschicht. Kaum hatten sie den See erreicht, stockte Micha der Atem, denn am gegenüberliegenden Ufer klaffte in einer vielleicht fünfzig Meter steil aufragenden Felswand ein tiefes, schwarzes Loch: die Höhle.

»Das ist sie«, sagte Tobias und breitete voller Besitzerstolz seine Arme aus, als wolle er ihm in seiner unendlichen Großmut den See, die Berge, den Wald und die Höhle zu Füßen legen.

»Sieht ziemlich unheimlich aus«, sagte Micha und wollte den Rucksack vom Rücken hieven.

»Warte noch! Das Boot liegt ein Stückchen weiter dahinten.«

Tobias war schon vorausgelaufen, und Micha folgte ihm, ohne seinen Blick auch nur eine Sekunde von diesem gähnenden Loch in der Felswand abwenden zu können. Dort wollten sie hineinfahren? Verrückt!

Es war seltsam still hier, aber wahrscheinlich kam ihm das nur so vor. Er erkannte, daß der kleine See, der kaum mehr als hundert Meter Durchmesser aufwies, keinen Abfluß hatte, jedenfalls konnte er keinen entdecken. Der Fluß, an dem sie entlanggelaufen waren, mündete eindeutig in das Gewässer, schien aber nirgends wieder hinauszuführen, sondern tatsächlich in die Höhle zu fließen. Kurz vor dem Höhleneingang endete die Eis- und Schneeschicht, und man sah einen spiegelglatten Fleck pechschwarzen Wassers. Einzelne kleine Eisschollen hatten sich gelöst und trieben in die Finsternis des Berges.

»Mannomann, das ist ja Wahnsinn«, murmelte Micha vor sich hin.

»Was sagst du?« fragte Tobias, der ein paar Meter vor ihm ging und sich jetzt umdrehte.

»Ich sagte, daß es Wahnsinn ist, da hineinzufahren.«

»Hast du Angst?«

»Du nicht?«

»Ein bißchen, doch, klar hab ich Angst.« Er lief noch ein paar Schritte weiter und blieb dann stehen.

»Hier ist es!«

Das Boot beziehungsweise das, was man von ihm unter der

dicken Schneeschicht noch erkennen konnte, war überraschend groß. Es sah so aus, als ob es zwei Ruderbänke hätte und sowohl im Heck als auch im Bug Sitzflächen, unter denen eine ganze Menge Stauraum vorhanden war. Irgendwie beruhigte ihn der Anblick des Kahns mit seinen vom Schnee abgerundeten Formen.

»Ich habe es Titanic getauft, weil es uns zu den Titanen führen soll«, sagte Tobias.

»Sehr sinnig.«

»*Die* hier kann nicht untergehen.«

»Das haben die Leute damals auch gesagt.« Micha wuchtete endlich den schweren Rucksack von seinem Rücken und setzte ihn vorsichtig im Uferschnee ab. »Aber ich gebe zu, es gefällt mir.« Er grinste.

Zusammen machten sie sich daran, das Boot von den Schneemassen zu befreien, und während Micha sich danach ans Ufer hockte, eine Zigarette anzündete und mit einer Mischung aus Faszination und Grauen auf die dunkle Höhle gegenüber starrte, sprang Tobias wieder in das Boot und zeigte ihm stolz allerhand Gerätschaften, die er unter der Hecksitzbank hervorzauberte: eine Petroleumlampe, zwei angerostete Kanister, einen kurzen Spaten, einen Gummihammer, eine Axt, schließlich sogar eine Angel.

»Wo hast du denn das alles her?« fragte Micha erstaunt und belustigt zugleich. All das war seltsam unwirklich. In seinem Magen machte sich ein Kribbeln bemerkbar.

Tobias lachte. Er schien jetzt ganz in seinem Element zu sein. Sein geschäftiges Poltern, das von der gegenüberliegenden Felswand zurückschallte, bildete einen seltsamen Kontrast zu der winterlichen Stille.

»Reich mir doch mal die Rucksäcke rüber«, rief er Micha zu, während er versuchte, den leeren Koffer unter die hintere Sitzbank zu schieben.

»Dacht ich mir's doch! Absolute Maßarbeit!« Tatsächlich paßte der Koffer genau hinein. »Der zweite hat auch noch Platz.« Schließlich setzte er sich auf eine der Ruderbänke und schaute wie Micha über die unberührte Schneefläche des Sees.

»Morgen geht's los«, sagte er in die Stille hinein und lächelte dabei.

»Mhm«, machte Micha und zog so kräftig an seiner Zigarette, daß er husten mußte. »Und wo ist der Eisbrecher?«

Tobias sagte nichts, sondern schlug mit dem Ruder auf das Eis. Es brach sofort. Wasser spritzte auf.

Plötzlich knackte es ganz in der Nähe im Wald, und ihre beiden Köpfe fuhren herum. Es raschelte, und dann war wieder Ruhe. Einen Moment später kläffte irgendwo ein Hund.

»Komm, wir räumen den Koffer ein und gehen zurück«, sagte Tobias und stand auf. Micha erhob sich ebenfalls, kletterte in das sanft schaukelnde Boot, und zusammen packten sie ihren Proviant aus den Rucksäcken in den alten Koffer um. Anschließend schoben sie ihn wieder unter die Bank, legten die anderen Utensilien darauf und wollten gerade aus der Titanic klettern, als sie plötzlich eine Stimme hörten, die Micha seltsam bekannt vorkam.

»Wo wollt ihr denn hin mit dem ganzen Zeug?«

Im nächsten Moment fegte ein kleines haariges Wesen durch das Unterholz und blieb hechelnd und mit Schnee bepudert am Ufer sitzen. Es war ein Dackel, ein Rauhhaardackel, der fröhlich mit dem Schwanz wedelte. Micha bekam einen solchen Schreck, daß er fast aus dem schwankenden Boot gefallen wäre.

»Mach'n Mund zu, es zieht!« sagte Claudia, die neben den Baum trat, an dem das Boot festgemacht war. Sie meinte Tobias, dem vor Verblüffung der Unterkiefer heruntergeklappt war.

»Du bist wohl Tobias?« fragte sie ihn und grinste.

»Kennst du die?« Er drehte den Kopf zu Micha und zeigte ungläubig auf Claudia.

»Ja«, sagte Micha, weniger verblüfft über ihr Erscheinen, als er es eigentlich sein sollte. »Das ist Claudia.«

»Und das ist Pencil«, sagte sie und deutete auf den Hund.

»Aha, und was habt ihr hier zu suchen?« fragte Tobias.

»Wieso? Ist das hier dein Privatwald?« antwortete Claudia herausfordernd.

»Wie kommst du denn hierher?« fragte Micha, kletterte aus dem Boot und baute sich neben ihr auf.

»Mit dem Morgenbus.« Sie zwinkerte ihm zu. »War nicht besonders schwierig, eurer Spur zu folgen. Ihr seid so auffällig wie zwei bunte Hunde. Ich hab den Leuten was vorgeheult, daß ich meine Freunde verloren hätte. Was meinst du, wie hilfsbereit die

Menschen werden, wenn eine schluchzende junge Frau vor ihnen steht.«

»He!« rief Tobias, der immer noch im Boot stand. »Was soll das hier darstellen, ne Art Familienzusammenführung oder was?« Er starrte sie feindselig an.

»Quatsch! Ich kenn sie vom Studium her. Sie ist Botanikerin, und ich hatte ihr damals die Pflanze gezeigt.«

»Was?« schrie Tobias. »Du hast ihr die Pflanze gezeigt? Ich hatte dich doch gebeten, niemandem davon zu erzählen.«

»Jetzt mach aber mal halblang, ja!« gab Micha zurück. »Du schickst mir diese bescheuerte Pflanze und willst wissen, was das ist, behauptest, sie sei aus der Slowakei. Warum soll ich da nicht jemanden fragen, der davon mehr Ahnung hat als ich, he? Wie sollte ich bei deiner beschissenen Geheimniskrämerei wissen, was wirklich dahintersteckt?«

Er zeigte auf Claudia, die ihre Auseinandersetzung mit sichtlichem Vergnügen verfolgte. Wahrscheinlich hatte sie mit so etwas gerechnet. »Und außerdem hatte ich keine Ahnung ... ich meine, ich weiß auch nicht, wie sie darauf kommt, uns hierher zu folgen.«

»Für wie blöd hältst du mich eigentlich, Micha«, schaltete sich Claudia ein. »Diese Pflanze wächst weder in der Slowakei noch in Indonesien, sondern ist seit vielen Millionen Jahren ausgestorben, basta. Da hat mich natürlich interessiert, was dahintersteckt, wenn du entschuldigst. Und dann erzählst du mir auch noch, daß du mit Tobias in die Slowakei fahren willst, genau dahin, wo die Pflanze ja angeblich herstammte, und mit demselben Tobias, über den du dich kurz vorher noch schwarz geärgert hast. Da hab ich eins und eins zusammengezählt, und hier bin ich.«

»Scheiße!« sagte Tobias, hockte sich wieder auf die Sitzbank und fuhr sich mit beiden Händen durch die Haare. »Und was willst du nun hier, wenn ich mal fragen darf?«

»Na, ich komme mit euch, ist doch klar. Ich will auch wissen, wo diese Pflanze herkommt«, sagte Claudia selbstbewußt.

»Dann hast du doch eine Karte kaufen wollen.« Claudia zuckte mit den Schultern und grinste Micha an.

»Was?« fragte Tobias aufgebracht.

»Ach, nichts!« Micha hockte sich ans Ufer und stocherte unschuldig mit einem Holzstöckchen im Schnee herum.

»Also nur über meine Leiche. Diese Tussi kommt mir nicht ins Boot«, sagte Tobias, kletterte aus der Titanic und begann wütend Steine auf das Eis zu werfen. Es antwortete mit einem seltsamen flirrenden Laut.

»Jetzt spiel dich hier bloß nicht als Chef auf, ja, sonst kannst du nämlich gleich alleine losfahren.« Micha ärgerte Tobias' Art, schließlich war Claudia eine Freundin von ihm, wenn auch hier sehr unerwartet. »Willst du sie wieder nach Hause schicken?«

»Mir ist völlig egal, was sie macht. Interessiert mich nicht. Mitkommen kann sie jedenfalls nicht.«

»Hör mal, sie ist Kugelstoßerin. Sie nimmt's mit Leichtigkeit mit uns beiden auf und hat ne Bombenkondition. Außerdem kennt sie sich mit Pflanzen aus. Warum soll sie eigentlich nicht mitkommen?«

Tobias sah jetzt seine Felle davonschwimmen. »Na fein! Hätt ich nicht von dir gedacht, Micha, daß du mir jetzt so in den Rücken fällst. Ich dachte, wir beide wollten diese Expedition durchführen.« Der Schwung, mit dem er die Steine auf den See schleuderte, ließ etwas nach. »Außerdem reichen unsere Vorräte nicht für drei.«

Claudia klopfte auf den riesigen, prallgefüllten Rucksack auf ihrem Rücken. »Alles dabei«, sagte sie.

»Was ist mit Trinkwasser?« fragte Tobias. »Und die Töle?« Er zeigte auf Pencil.

»Wieso Trinkwasser? Hier gibt's doch reichlich Süßwasser, oder etwa nicht? Und für den Hund ist auch gesorgt. Außerdem sucht der sich selbst, was er braucht.«

»Du hast ja keine Ahnung.« Tobias verdrehte die Augen und winkte verächtlich ab. »Er soll wohl kleine Dinosaurier reißen, dein Raubtier, was?«

Pencil merkte wohl, daß sie über ihn sprachen und mischte sich mit einem Knurren in die Diskussion ein. Tobias quittierte es mit einem angewiderten Gesichtsausdruck.

»Wieso Dinosaurier? Was meint der damit?« fragte Claudia mit gerunzelter Stirn.

Micha ignorierte ihre Frage. »Wo wohnst du eigentlich? Mir ist immer noch schleierhaft, warum wir dich nicht schon vorher gesehen haben.«

»Nicht schlecht, was?« Sie schaute ihn neckisch an. »Ich bin gestern erst angekommen und wohne bei einem sehr netten alten Ehepaar.« Sie setzte mit spielerischer Leichtigkeit den enormen Rucksack ab. Tobias musterte sie von oben bis unten.

»Das mit den Dinosauriern verstehe ich immer noch nicht«, sagte sie. »Wo soll denn die Reise eigentlich hingehen? Hier gibt's mit Sicherheit keine Seerosen, jedenfalls nicht um diese Jahreszeit.«

»Hat irgend jemand was von Seerosen gesagt?« schnaubte Tobias. »Du faselst die ganze Zeit davon.«

Micha wies auf die Höhle.

»Wie? Da hinein?«

Er nickte. Tobias machte irgendeine geringschätzige Bemerkung, die Micha nicht verstand.

»In die Höhle? Und dann?« Claudia war sichtlich verwirrt.

»Das hat doch alles keinen Zweck!« Tobias stand mit einem Ruck auf.

»Ihr braucht mich nicht für dumm zu verkaufen.« Claudia hatte die Hände in die Hüften gestemmt und schaute sie herausfordernd an. »Erklärt mir doch lieber mal, was ihr eigentlich vorhabt. So schnell werdet ihr mich ohnehin nicht los. Wenn es dort, wo diese Pflanzen herkommen, noch mehr davon gibt, dann ist das eine Sensation – versteht ihr, was ich meine? –, eine absolute Sensation.«

»Wir fahren in die Höhle«, sagte Micha.

»Ja, das sagtet ihr schon einmal. Und dann?«

Er zuckte mit den Achseln. Da fragte sie den Falschen. Das wüßte er ja selbst gern. In die Höhle, und dann? Wahrscheinlich würden sie im Dunkeln herumirren, gegen eine Felswand donnern und sich ein paar riesige Beulen an den Köpfen holen.

»Macht, was ihr wollt, aber ich geh jetzt zurück«, sagte Tobias und marschierte los.

»Halt! Nun warte doch mal! Ich komme mit.« Micha gestikulierte Claudia, sie solle das übrige ihm überlassen, und folgte Tobias, der schon zehn, zwanzig Meter vorausgeeilt war. Claudia und Pencil blieben zurück.

Tobias redete auf dem Heimweg kein Wort. Er starrte stur geradeaus und stapfte verbissen durch den Schnee, aber man sah, daß es in ihm rumorte. Jeden zweiten Stein, der auf dem Pfad lag, beförderte er mit einem wütenden Fußtritt in den Wald und würdigte Micha keines Blickes.

In ihrem Hotelzimmer legte er dann los, überhäufte Micha mit Vorwürfen, von Vertrauensbruch war die Rede, Gefährdung des ganzes Projektes, von Ballast, den sie nun mitschleppen müßten, und er solle, verdammt noch mal, sehen, wie er ihnen die Frau wieder vom Hals schaffe, wenn er schon nicht in der Lage gewesen sei, die Klappe zu halten. Micha versuchte, ganz ruhig zu bleiben und ihm Claudias Anwesenheit irgendwie schmackhaft zu machen, aber Tobias blieb, bis sie schlafen gingen, stur.

Am nächsten Morgen war er schon vor Tagesanbruch auf den Beinen und polterte im Zimmer herum. Micha versuchte mit allen Mitteln, ihren endgültigen Aufbruch hinauszuzögern. Da sie diesmal neben den vollgepackten Rucksäcken auch noch abwechselnd einen der schweren Koffer tragen mußten, kamen sie wesentlich langsamer voran als am Vortag, und er hoffte inbrünstig, daß Claudia es doch noch irgendwie schaffen würde, rechtzeitig an Ort und Stelle zu sein. Ihm lag mittlerweile eine ganze Menge daran, daß sie mitkam. Ja, er freute sich, daß sie da war. Innerlich begann er sich schon auf eine Auseinandersetzung mit Tobias einzustellen, falls er versuchen sollte, ohne sie abzulegen. Aber als sie bei dem Boot ankamen, sah er, daß seine Sorgen überflüssig waren. Claudia hockte schon auf einer der Ruderbänke und winkte ihnen zu, als sie näherkamen. Sie war wirklich hartnäckig, das mußte man ihr lassen.

Tobias sagte kein Wort zu ihr, verstaute schweigend den zweiten Koffer unter der Sitzbank, und auch als Claudia später ihren Rucksack ins Boot reichte, zeigte er keinerlei Reaktion. Erst als sie alle drei in der Titanic saßen, Tobias und Micha auf den beiden Ruderbänken, Claudia vorne im Bug und Pencil noch irgendwo am Ufer durch das Unterholz flitzte, machte er zum ersten Mal an diesem Morgen den Mund auf: »Was ist? Braucht dein Köter eine Extraeinladung?«

Claudia grinste, pfiff kurz durch die Zähne, und sofort schoß Pencil aus dem Wald, schüttelte sich den Schnee vom Fell und versuchte winselnd ins Boot zu kommen. Claudia wollte schon aufstehen, aber Micha sagte: »Laß, ich mach das schon«, stand auf, kletterte hinaus und hob Pencil über die Bordwand, der sofort vorne bei Claudia unterkroch.

Jeder, der sie hier beobachtete, mußte sie für völlig übergeschnappt halten. Mitten im Winter hatten sie nichts Besseres zu tun, als auf einem gefrorenen See herumzurudern, beladen mit Gepäck- und Ausrüstungsmassen, die einer Weltumsegelung zur Ehre gereicht hätten. Aber der See, auf den sie hinausfuhren, war nur wenige hundert Quadratmeter groß.

Micha löste die Leine vom Baum und stieß das Boot mit einem Tritt vom Ufer ab. Das Eis knirschte.

Es ging los.

Bald hatten sie die offene Wasserfläche vor dem Höhleneingang erreicht und ließen sich auf das gähnende Loch am Fuße der fast senkrechten Felswand zutreiben.

»Was soll denn nun in der Höhle sein?« fragte Claudia, die sich umgedreht hatte und auf das schwarze Loch starrte. »Jetzt könnt ihr mir's doch sagen. Seerosen ja wohl nicht, Pflanzen brauchen Licht.«

Die Arme, dachte Micha, sie hat noch weniger Ahnung, was uns da möglicherweise erwartet, als ich. Selbst wenn er ihr jetzt gesagt hätte, was er ja selber nicht glauben konnte, wäre sie nicht mehr umgekehrt. Sie hätte es für einen Scherz gehalten.

»Ich weiß es auch nicht«, sagte er und mußte schlucken.

»Laßt euch doch überraschen«, sagte Tobias und beförderte sie mit einem kräftigen Ruderschlag durch das graue, jetzt aus der Nähe riesig wirkende Felsentor ins Innere des Berges. Kurze Zeit später befanden sie sich schon einige Meter hinter dem Höhleneingang, vor ihnen nur noch undurchdringliche Schwärze.

»Mach mal unseren Scheinwerfer an, Micha!«

Tobias' Stimme hatte in der nun völlig veränderten Akustik einen fremden, voluminösen Klang bekommen. Micha stutzte kurz, überlegte, welchen Scheinwerfer er wohl meinte, dann kletterte er vorsichtig über ihre Rucksäcke zur Heckbank, wo die Petroleumlampe stand. Seine Hand zitterte. Erst beim dritten Versuch gelang es ihm, den Docht zu entzünden. Dann reichte er die Lampe nach vorne zu Claudia durch, die sie im Bug hochhielt.

Mit vorsichtigen Schlägen ruderte Tobias tiefer in die Höhle hinein. Micha blieb im Heck sitzen, stützte sich auf seine Knie und war regelrecht paralysiert vor Spannung. Hier vorne in der Nähe des Eingangs bildete die Grotte ein riesiges Gewölbe, mindestens zehn Meter hoch und etwa doppelt so breit. Seltsamerweise wunderte er sich in diesem Moment darüber, daß hier noch kein Touristentummel herrschte. So etwas sah man nicht alle Tage. Die Höhle war wirklich außergewöhnlich. Sein Gehirn klammerte sich an diesen Einfall.

Soweit man erkennen konnte, verengte sich der Fluß weiter vorne. Als sie noch tiefer eingedrungen waren, schrumpfte der Höhleneingang zu einem blendend hellen Guckloch in die Außenwelt zusammen. Was sie hier taten, war Wahnsinn.

»Huh, ist das gruselig«, sagte Claudia mit zitternder Stimme. Micha nickte und sah wie Tobias bei ihrer Bemerkung das Gesicht verzog.

Jetzt machte der Fluß eine Biegung, und als sie diese passiert hatten, erleuchtete nur noch das gelbliche Licht ihrer Petroleumlampe die Umgebung. Der Höhleneingang war verschwunden. Die einzigen Geräusche waren das vorsichtige Eintauchen von Tobias' Ruderblättern und ein leises ununterbrochenes Glucksen und Tröpfeln.

»Wie groß ist die Höhle eigentlich?« fragte Micha und erschrak über den dröhnenden Klang seiner Stimme. Ihm fielen jetzt überhaupt tausend Fragen ein, auf die er gerne eine Antwort gewußt hätte, am besten draußen am Ufer, bei einer gemütlichen Zigarette und einer dampfenden Tasse Tee. Es war empfindlich kalt hier drinnen, kalt und feucht.

»Ziemlich groß«, sagte Tobias und stieß sie wieder ein Stück weiter voran. Die Höhlenwände rechts und links kamen immer näher, waren vielleicht zu jeder Seite noch zwei Meter vom Bootsrand entfernt. Auch die Decke senkte sich zusehends, schwebte vielleicht noch drei Meter über ihren Köpfen. Sie fuhren wie durch ein riesiges, immer enger werdendes Felsenrohr.

Was, wenn sie hier einfach steckenblieben?

Plopp! Wie ein Stöpsel, von der Strömung blockiert, kein Vor und kein Zurück mehr. Gefangene tief im Inneren des Berges. Micha bekam ernsthafte Zweifel, ob er diesem Abenteuer wirklich gewachsen war.

Sie fuhren immer tiefer in die Höhle, und nichts änderte sich.

Irgendwann hörte Tobias auf zu rudern, und sie ließen sich von der leichten Strömung treiben, achteten nur noch darauf, daß sie nicht gegen die Höhlenwand stießen. Ein plötzliches Plätschern ließ sie alle zusammenzucken. Irgendwo ergoß sich aus dem Fels ein Rinnsal in den Fluß.

Micha hatte jedes Zeitgefühl verloren. Seine Uhr wollte ihm zwar einreden, daß sie erst fünfzig Minuten unterwegs waren, aber aus irgendeinem Grunde bezweifelte er das. Zeit? War die hier überhaupt gültig? Vielleicht waren schon Stunden vergangen?

»Aua!« schrie Claudia plötzlich und riß ihn aus seinen Gedanken. Sie hatte sich an einem überraschend auftauchenden Felsvorsprung gestoßen und rieb sich den Kopf. Tobias verdrehte die Augen. Wieder endloses Dahingleiten, ohne daß sich etwas tat. Irgendwann begann Pencil zu winseln.

»Halt ja den Köter fest!« zischte Tobias. Claudia hob Pencil auf ihren Schoß, aber der kleine Dackel wollte nicht wieder aufhören. Es klang herzzerreißend, er jaulte und heulte. Micha kam es vor, als ob der ganze Berg mitvibrierte.

»Kannst du ihn nicht abstellen?« Tobias drehte sich auf seiner Ruderbank zu Claudia um und musterte sie finster.

»Keine Ahnung, was er hat«, sagte sie und drückte Pencil noch fester an sich.

»Na, Schiß hat er, was denn sonst? Ich im übrigen auch, verdammt noch mal. Das ist doch alles Wahnsinn«, sagte Micha. »Außerdem ist mir schlecht.«

»Mir auch!« sagte Claudia und verzog das Gesicht.

»Wir kommen der Sache wohl näher«, meinte Tobias.

Micha war tatsächlich hundeelend zumute. In seinen Eingeweiden rumorte es beängstigend, und er hatte das Gefühl, daß es ihm mit jedem Meter, den sie vorantrieben, schlechter ging.

»Welcher Sache?« fragte Claudia.

»Dem Zeitsprung«, antwortete Tobias und lachte schallend. Es klang ohrenbetäubend, wie der Beginn eines Erdbebens.

»Was für ein Zeitsprung? Wovon redet der?«

Micha war mittlerweile so kotzübel, daß er glaubte, sich jeden Augenblick übergeben zu müssen. Außerdem bekam er dröhnende Kopfschmerzen. Sein Gleichgewichtssinn schien nicht mehr zu funktionieren. Alles drehte sich. War das die Angst? Auch Tobias verzog das Gesicht. Warum sagte er nichts? War ihm auch schlecht?

»Au, Mann, mir ist zum Kotzen«, stöhnte Claudia. »Was, in Gottes Namen, geht hier vor?« Pencils Jaulen wurde noch lauter.

Tobias' hageres Gesicht war eine verzerrte Maske. Er sah grauenerregend aus in dem schummerigen Licht. »Könnt ihr nicht mal die Klappe halten?« zischte er mit zusammengepreßten Zähnen.

Micha hatte das Gefühl, als ob ihm eine Schraubzwinge den Kopf zerquetschte, ganz langsam, Umdrehung für Umdrehung. Gleichzeitig streikte sein Magen.

Dann ging plötzlich alles ganz schnell. Claudia schrie: »Da vorne! Ich sehe Licht!« Tobias ließ eine Art Triumphschrei los, Micha konnte sich nicht mehr beherrschen und spuckte sein spärliches Frühstück über die Bordwand, und kurz danach verlor er wohl das Bewußtsein, denn in seinem Gedächtnis fehlten später ein paar Minuten.

II

Man spule das Band des Lebens bis in die Frühzeit zurück und lasse es noch einmal vom gleichen Ausgangspunkt ablaufen: Die meisten Möglichkeiten werden nie realisiert, und wer kann schon sagen, was dadurch verlorenging?

Stephen Jay Gould, *Zufall Mensch*

4

Erdrutsch

Der Mann stand am Rande des Moores und blickte betroffen auf die graubraune tote Masse, die dort jetzt alles bedeckte. Nachdenklich kraulte er seinen wilden Bart, der schon seit Monaten keine Schere mehr gesehen hatte, und betrachtete die Gegend ringsum, überprüfte die anderen Landmarken, an denen er sich orientiert hatte. Noch einmal kniff er ungläubig die Augen zusammen. Aber es half nichts, er hatte sich nicht geirrt. Er kannte diese Stelle doch genau. Da drüben am Berg hatte sich noch bei seinem letzten Abstecher in diese Gegend eine haushohe, überhängende Wand aus Geröll und fester Erde befunden. Oft hatte er hier gesessen und in der heraufziehenden Dämmerung dem Ausflug der Fledermäuse zugesehen, einem phantastischen Schauspiel, das alleine den strapaziösen Anmarsch hierher wert war. Zu Tausenden verbrachten sie in einer Höhle nahe der Mooroberfläche den Tag.

Aber statt der Wand und der Höhle sah er nun nur ein verheerendes Bild der Verwüstung. Der ganze Hang mußte ins Rutschen gekommen sein und war in das Moor gestürzt. Es hatte stark geregnet in letzter Zeit. Möglicherweise hatte sich eine Schlammlawine gelöst und schließlich den halben Berg mit ins Moor gerissen.

Es war zum Heulen. Die Fauna und Flora dieses relativ isoliert liegenden verlandenden Sees war einmalig gewesen. Natürlich waren der Wald und die darin liegenden Feuchtgebiete unermeßlich groß, und er hatte bisher nur einen Bruchteil davon erkunden können, aber dieser Moorsee schien ihm doch etwas ganz Besonderes gewesen zu sein. Viele Endemiten, Pflanzen und Tiere hatte er nirgendwo sonst gesehen, sie schienen nur hier vorzukommen. Alles hin, unter meterdickem Schlamm und Geröll erstickt, wirklich ein Jammer. Sogar die Vögel waren verschwunden, die hier sonst so zahlreich nach Nahrung gesucht hatten.

Erdrutsche kamen vor, natürlich, noch dazu in einer Gegend wie dieser, wo sintflutartige Regenfälle niedergingen und sich innerhalb von Minuten reißende Sturzbäche bildeten.

Aber da waren diese Explosionen gewesen, fünf, sechs kurz hintereinander. Sie waren hier aus dieser Gegend gekommen. Er hätte jedenfalls schwören können, daß es so war. Zuerst hatte er gedacht, es seien die Vulkane, ein Ausbruch oder mehrere, aber die großen Bergkegel in der Ferne stießen weiter ihre Rauchwölkchen aus und vermittelten ansonsten den Eindruck stoischer Ruhe.

Außerdem hatten die Explosionen anders geklungen, schärfer, kürzer, fast wie Gewehrschüsse, ohne das tiefe Grollen und Rumpeln, ohne das Beben der Erde, das er beim letzten Ausbruch der Vulkane trotz der großen Entfernung zu seiner Behausung verspürt hatte. Diese Explosionen hatten etwas Fremdes, Künstliches an sich gehabt.

Seit er die erste Falle gefunden hatte, war er unruhig und nervös. Außerdem war es nicht bei der einen Falle geblieben. Er hatte schon ein ganzes Arsenal davon aus dem Verkehr gezogen und war auch auf weitere Spuren gestoßen, die auf die Anwesenheit eines Menschen hindeuteten, abgeschlagene Bäume und Sträucher, ein Stück ausgefranstes Seil.

Irgendwie wurde er das Gefühl nicht los, daß auch dieser Erdrutsch auf das Konto des Unbekannten ging. Es wollte ihm jedoch absolut nicht einleuchten, was jemand damit bezweckte, einen Berghang loszusprengen und in ein Moor stürzen zu lassen. Das war blinde Zerstörungswut. Hier war ja wohl kein Ferienhotel, keine Dschungellodge oder so etwas geplant, für das Platz geschaffen werden mußte. Er lachte bitter.

Auf jeden Fall bedeutete es, daß er sich in Zukunft vorsehen mußte. Er konnte sich hier nicht mehr so ungezwungen bewegen wie bisher. Er war nicht mehr allein. Es gab in diesem Wald noch jemanden, und wenn dieser Jemand hier wirklich seine Finger mit im Spiel gehabt hatte, dann mußte er die Sache im Auge behalten.

Der Zusammenbruch

»Sag mal, was hast du denn mit Niedner angestellt?« fragte Schmäler am Telefon. »Der war ja völlig außer sich.«

»Ach, hat er gleich bei dir angerufen und gepetzt, ja?«

»*Helmut!*«

»Jaahh ...«, sagte Axt, »tut mir leid. Ich bin vielleicht etwas heftig geworden.«

»Ich kann mich nur wundern. Das ist doch sonst nicht deine Art. Was war denn los?«

»Hast du seinen Artikel nicht gelesen? Die Geschichte mit dem Halswirbel?«

»Ja, unerfreuliche Sache, aber, hör mal ...«, Schmäler räusperte sich, »so kannst du mit Niedner nicht umspringen. Das geht einfach nicht. Der Mann ist wichtig für uns.«

»Ich war einfach ... ja, total sauer. Ist das so schwer zu verstehen? Als ob wir nicht schon genug Probleme am Hals hätten. Er hätte sich doch wenigstens vorher mit uns in Verbindung setzen können.«

»Natürlich, das habe ich ihm auch gesagt. Aber was beunruhigt dich eigentlich so? Die Sache mit den Grabungsräubern? Mit denen hatten wir doch schon seit Jahren keine Probleme mehr.«

»Das heißt ja nicht, daß sie einer so freundlichen Einladung widerstehen können«, sagte Axt. Vielleicht war er in der Hitze des Gefechts ein wenig über das Ziel hinausgeschossen.

»Na ja, ich glaube, ich habe ihn wieder etwas besänftigen können. Hab ihm erzählt, daß es dir nicht so gutgeht in letzter Zeit, und er zeigte sich sehr verständnisvoll. Ich muß dir ja nicht erklären, wie wichtig sein Labor für uns ist. Ohne ihn müßten wir unsere Proben zur Altersbestimmung um die halbe Welt schicken.«

So kannte er Schmäler, immer auf Schönwetter aus, immer ausgleichend, immer darauf bedacht, seine zahlreichen Kontakte und Beziehungen zu pflegen. Wahrscheinlich mußte man in seiner Position so sein, aber Axt fand es widerwärtig.

»Apropos Altersbestimmung. Da wäre übrigens noch etwas ...«

Axt hielt den Atem an. »Ja?«

»Ich habe kürzlich das Ergebnis der Kontrolluntersuchung aus München bekommen ...«
»Welcher Kontrolluntersuchung?« Axt stellte sich dumm, obwohl er genau wußte, was Schmäler meinte. Er wollte ihn ein bißchen zappeln lassen, wollte die beiden Worte, die ihn so quälten, aus seinem Munde hören.
»Na, du weißt schon. Es geht um dieses ...«
Ja, und *wie* schwer es Schmäler fiel, es auszusprechen. Er wand sich wie ein Wurm am Haken. Sollte er ruhig ein bißchen leiden. Es war zwar nur ein schwacher Trost, aber immerhin.
»... diesen *Homo sapiens*.« Schmäler hüstelte wie eine alte Oma, die gezwungen war, das Wort Scheiße auszusprechen.
»Und?«
»Leider nichts Neues.«
»Verstehe.«
»Tja, tut mir leid, daß ich dir nichts anderes mitteilen kann.«
»Hm.«
»Helmut, wir müssen uns bald ganz in Ruhe zusammensetzen und überlegen, was wir daraus machen.«
»Ja, das müssen wir, Gernot.«
»Aber jetzt ruft die Pflicht.«
»Natürlich, Gernot, ich verstehe.«
Ja, ja, dachte Axt, halt du dich nur raus, kneif deine faltigen Arschbacken zusammen und tu so, als wäre nichts.

Er saß eine Weile unbeweglich da und spielte mit Sonnenbergs Prachtkäfer herum, der einen Ehrenplatz auf seinem Schreibtisch bekommen hatte. Wenn er den Kunstharzblock mit dem Käfer in die Sonnenstrahlen hielt, die auf seinen Schreibtisch fielen, löste das Licht auf den metallisch glänzenden Flügeldecken des Tieres ein wunderbares Spiel der Farben aus.

Plötzlich spürte er ein mächtiges Gefühl, das sich irgendwo in seinem Bauch herauszubilden begann, dann mit Macht an die Oberfläche drängte und ihm das Wasser in die Augen trieb.

Stundenlang, nächtelang hatte er versucht sich für diesen Moment zu wappnen, für den Augenblick, da er dieses Phänomen in sein bisheriges Weltbild einordnen mußte. Er hatte nach den abenteuerlichsten Erklärungen gesucht, hatte wilde, mitunter die

Grenzen seiner Wissenschaft sprengende Theorien gewälzt, damit genau in der Situation, in der er sich jetzt befand, nicht alles aus den Fugen geriet.

Wenn alle anderen die Station längst verlassen hatten, war er in den Keller gegangen und hatte das Skelett nach oben transportiert. Voller Angst, jemand der anderen könnte vielleicht etwas vergessen haben und noch einmal zurückkehren, saß er noch lange vor dem Röntgenschirm und starrte das Skelett an, in der Hoffnung, irgend etwas Neues zu entdecken, irgendeine Kleinigkeit, die er bisher übersehen hatte und die ihm das Ganze vielleicht erklären könnte.

Bisher wußte er nicht einmal genau, ob es sich um einen Mann oder eine Frau handelte. An einer einigermaßen frischen menschlichen Leiche wäre die Geschlechtsbestimmung natürlich kein Problem gewesen. In diesem Fall hatte er aber nur ein Skelett, und, um genau zu sein, nicht einmal das, sondern nur das *Röntgenbild* eines Skeletts. Sogar er selbst, der er ja in gewissem Sinne vom Fach war, hatte bisher keine Vorstellung, wie schwer es sein konnte, das Geschlecht eines unbekannten menschlichen Gerippes zu bestimmen. Was in lebendem Zustand so unterschiedlich aussah, müßte doch auch an Hand der Knochen leicht zu unterscheiden sein, sollte man meinen, aber weit gefehlt. Mit den Weichteilen schien auch die Geschlechtszugehörigkeit von den Knochen zu fallen und alles, was übrigblieb, war eine Reihe von erstaunlich unpräzisen Unterscheidungsmerkmalen, von denen viele überraschenderweise im Kopfbereich lagen und keineswegs dort, wo man sie vielleicht vermutet hätte.

Beim Lesen war er unter anderem auf eine Tabelle gestoßen, in der ein skeptischer Anthropologe einmal zusammengestellt hatte, welches Geschlecht verschiedene Wissenschaftler für jeweils dieselben Skelette herausgefunden zu haben glaubten. Das Ergebnis war niederschmetternd. Bei sieben untersuchten Skeletten – es handelte sich um Neandertaler, aber das änderte im Prinzip nicht viel –, waren sich die Forscher nur bei einem einzigen einig gewesen.

Auch was das Alter des *Homo sapiens* anging, war er nicht weitergekommen. War das nun ein Greis oder ein junger Mann? Die Suturen des Kopfes, die zackigen Nähte der Schädelknochen, boten normalerweise grobe, aber zuverlässige Anhaltspunkte. Aber gerade entlang dieser Nähte war der Schädel geborsten, so daß man nicht mehr erkennen konnte, in welchem Maße sie verwachsen waren.

Als das alles nichts nutzte, als er immer nur dieselben verwirrenden Details erkannte – die überkronten Backenzähne, den Schatten der Armbanduhr, die gebrochenen Rippen, das geborstene Schädeldach, die Bruchstelle am linken Arm –, begann er andere Wege zu beschreiben. Es war ja nicht so, daß ihn sein wissenschaftlich geschulter Verstand im Stich gelassen hätte, ganz im Gegenteil. Er zog komplizierte physikalisch chemische Prozesse in Erwägung, die möglicherweise eine Rolle gespielt haben könnten.

Seine aussichtsreichste Hypothese ging von einer Manipulation aus, natürlich, etwas anderes war hundertprozentig auszuschließen. Jemand hatte das Skelett in die Grube geschafft und es irgendwie bewerkstelligt, daß die Schieferstruktur dabei intakt blieb. Das Wie blieb vorerst ein Rätsel, aber das hieß ja nicht, daß dafür keine Erklärung existierte. Wenn er sich schon jetzt von solchen fehlenden Mosaiksteinchen im Theoriegebäude beeindrucken ließ, konnte er alle Erklärungsbemühungen gleich einstellen. Lag das Skelett erst einmal im Schiefer, gab es möglicherweise chemische Prozesse, eine Art Osmose oder so etwas, Vorgänge jedenfalls, die es möglich machten, daß die für die Altersbestimmung relevanten Stoffe aus dem Schiefer in das Skelett diffundierten und schließlich die Analysegeräte narrten. Das wäre doch möglich. Das klang doch ganz plausibel. Warum kam Schmäler nicht auf so etwas, der große Schmäler?

Das schöne an dieser Theorie war, daß man mit ihr experimentieren konnte. Chemie, Diffusion, das war harte Wissenschaft. Wenn es stimmte, was er sich da zusammengereimt hatte, käme dies allerdings einer Art Bankrotterklärung der gesamten Fossilienkunde gleich, denn keiner der je und wo auch immer ermittelten Altersangaben wäre dann mehr zu trauen. Aber das war im Augenblick sein geringstes Problem.

Wer könnte so etwas tun, und warum? Um das Opfer eines Mordes zu beseitigen? Da gab es sicherlich bessere Methoden als die skelettierte Leiche ausgerechnet Paläontologen vor die Füße zu legen.

Versuchte da jemand, die Anthropologie auf den Kopf zu stellen? Ihm fiel wieder das Buch ein, das die 65 Millionen Jahre alte Vormenschheit zu beweisen vorgab. Jemand, der solche abstrusen Theorien beweisen wollte? Irre gab es überall, und es wäre nicht das erste Mal.

Der berühmte Piltdown-Schädel aus England war das beste Beispiel. Erst viele Jahrzehnte nach seiner Entdeckung Anfang des Jahrhunderts und nach langen hitzigen Debatten stellte sich heraus, daß es sich um eine ziemlich plumpe Fälschung handelte und keineswegs um das erhoffte *Missing link,* das Verbindungsglied zwischen Affe und Mensch. Jemand hatte der Geschwindigkeit anthropologischen Erkenntnisgewinns etwas nachhelfen wollen und ein eiszeitliches menschliches Schädeldach mit einem Gorillakiefer kombiniert. Das erstaunliche war nur, daß der Schwindel so lange unentdeckt blieb und erst durch moderne Methoden der Altersbestimmung entlarvt wurde. Das Geschehen um den Piltdown-Menschen führte sogar noch fünfzig Jahre nach seiner Entdeckung zu einer Staatsaffäre. Auf diesem Gebiet ging es eben um wesentlich mehr als um reine Wissenschaft, deswegen hatte Axt tunlichst die Finger von der Anthropologie gelassen. Hier spielten Religion und Weltanschauungen mit hinein, und diese Verbindung funktionierte meist nicht sehr gut.

Leider machte im Fall seines Messeler *Homo sapiens* auch diese schöne Erklärung keinen Sinn. Wenn jener mysteriöse Unbekannte die Vorstellung in die Welt setzen wollte, die Menschheit sei sehr viel älter als bisher angenommen, dann hätte er sich wirklich die Mühe machen sollen, seinem Skelett die Backenzähne zu ziehen und ihm die Armbanduhr abzunehmen. So war das Ergebnis einfach nur lächerlich.

Axt hatte also versucht sich vorzubereiten, sich ein Netz zu knüpfen, damit er nicht ins Bodenlose fiel, wenn die Kontrolluntersuchung zu demselben Ergebnis kam wie Niedners Labor in Frankfurt. Und doch, trotz aller Vorsichtsmaßnahmen, traf ihn diese Situation jetzt wie ein heimtückischer Überfall aus dunklem Hinterhalt, wie der Tod eines schwerkranken lieben Menschen, mit dem man immer rechnen mußte und der einen doch völlig unvorbereitet überwältigt.

Er warf den Kunstharzblock mit dem Prachtkäfer auf den

Schreibtisch, sprang auf und lief ruhelos in seinem Arbeitszimmer umher. Aber der Raum wurde ihm bald zu eng, die Wände, die Decke schienen auf ihn zuzukommen, drohten ihn und alles andere im Raum zu zermalmen. Er griff nach seinem Mantel und stürzte aus der Tür.

Eigentlich wollte er nur raus aus diesem Gebäude, an die frische Luft, weg von dem Skelett. Ohne nachzudenken, lief er zur Grube hinunter.

Es war ein trüber Tag mit tiefliegenden, grauen, von einem kräftigen Wind angeschobenen Wolken. Er schlug den Mantel zu und klappte den Kragen hoch. Während er den Kiesweg hinter dem Eingangstor entlangschritt und in die Grube hinunterschaute, dachte er noch: Der Schiefer sieht heute tiefschwarz aus, schwärzer als sonst. Dann geschah es.

Zuerst hörte er nur ein Rauschen und Plätschern, das langsam anschwoll. Er verspürte ein leichtes Schwindelgefühl, Übelkeit. Mein Kreislauf, dachte er und blieb vorsichtshalber stehen, tastete haltsuchend nach den kahlen Ästen des Gestrüpps am Wegrand, nach irgend etwas, woran er sich festhalten konnte. Seine Knie zitterten. Die Farben der umgebenden Landschaft verblaßten, vertraute Konturen verschwammen wie hinter einer Milchglasscheibe. Grelle Lichtpunkte blitzten auf. Plötzlich leuchtete alles in einem intensiven Grün, und statt des Schiefers lag da eine glänzende Wasserfläche. Der Wind peitschte ihm Regentropfen ins Gesicht, und er hörte fremdartige Tierstimmen, das Rauschen der Baumkronen, das Rascheln der Palmwedel hoch über ihm, ein Klatschen im Wasser. Die Brise trug ihm einen fauligen Geruch in die Nase, dann roch es plötzlich süß und schwer nach Blütenduft. Der See lag wie ein dunkler Spiegel vor ihm, rechts ein Meer von Seerosen. Dazwischen konnte er deutlich die Nasenlöcher und Augenhöcker eines großen Krokodils erkennen, das unbeweglich im Wasser lag und ihn zu mustern schien. Er stand ganz in der Nähe des Seeufers, und jetzt spürte er, wie Feuchtigkeit in seine Schuhe sickerte. Mit großer Mühe gelang es ihm, den Kopf zu bewegen und auf den Boden zu schauen. Seine Schuhe standen auf einer schwärzlichen Schicht halbverrotteter Blätter. Als er seine Füße hob, füllten sich die Abdrücke langsam mit Wasser. Plötzlich hörte er ein seltsam vertrautes Geräusch, einen Schrei, den ihm wohl der Wind über die Wasserfläche zuwehte. Das war doch eine menschliche Stimme ...

Nach Osten

Es war heiß. Heiß und feucht. Wie in einer Sauna.

Micha riß die Augen auf, mußte sie aber sofort wieder schließen, weil er von einer gleißenden Helligkeit geblendet wurde.

Das war unmöglich! Er träumte noch.

Langsam hob er erneut die Lider und blickte ungläubig über den Bootsrand hinweg in eine endlose spiegelglatte Wasserwüste, über der ein milchiger Dunst schwebte. In der Ferne nur schemenhaft auszumachen, ragten gezackte Berggipfel in einen diesigen Himmel. Es herrschte absolute Stille, nur das Glucksen des Wassers am Bootsrand war zu hören. Er wollte sich aufrichten, aber sofort ließ ihn ein pochender Schmerz am Hinterkopf innehalten. »Autsch! Was zum Teufel ...?«

»Ah, unser Steuermann ist aufgewacht«, hörte er Tobias sagen. »Willkommen im Tertiär! Ist das nicht phantastisch?«

Claudia und Tobias saßen in T-Shirts nebeneinander auf der vorderen Ruderbank und hatten sich beide zu ihm umgedreht. Tobias zeigte ein seliges Lächeln, während Claudias Gesicht von Angst gezeichnet war. Sie sah aus, als ob sie mindestens zwei Nächte durchgemacht hätte.

»Tertiär, he?« sagte Micha und zwang sich trotz der Schmerzen in seinem Schädel ein Lächeln ab. Vorsichtig streckte er den Kopf in die Höhe und blinzelte in die blendende Helligkeit. Als er sich umdrehte, erkannte er in einiger Entfernung vom Boot eine zerklüftete Felseninsel. Waren sie daher gekommen?

Wo war die Höhle? Was war überhaupt passiert? Er war ohnmächtig geworden, soviel war klar, aber ...

»Es ist also wirklich wahr«, sagte er leise und rieb sich seinen schmerzenden Hinterkopf. Er fühlte eine beachtliche Beule. Er mußte sich irgendwo den Kopf gestoßen haben.

»Was hast du denn gedacht?« Tobias strahlte. Wenn er den Mund aufmachte, sendete sein Diamant helle Lichtblitze aus und gab ihm etwas Diabolisches. »Du hast nicht daran geglaubt, was?« Er lachte aus vollem Halse.

Nein, natürlich hatte er es nicht geglaubt, und irgendwie glaubte er es auch jetzt nicht.

»Meinst du nicht, du solltest dich jetzt langsam mal mit dem Gedanken vertraut machen, daß ich recht haben könnte?« Er stieß Claudia in die Seite. »Deine Freundin hier hat damit allerdings auch noch große Probleme. Ich habe versucht, ihr alles zu erklären, wo wir sind und die ganze Vorgeschichte, aber sie glaubt mir einfach nicht. Ihr paßt wirklich prima zusammen. Kompliment!«

Sie war ein Bild des Jammers. Gerne hätte Micha ihr gesagt, sie solle sich keine Sorgen machen, das alles hier sei nur ein besonders realistischer Traum, aber die Tatsachen sprachen einfach für sich. Wenn das hier nicht das Tertiär war, dann hatte sie die Höhle, der Fluß oder was auch immer direkt nach Sansibar oder in die Südsee verfrachtet, was mindestens genauso erstaunlich wäre. Er war schwer angeschlagen, aber Claudia tat ihm wirklich leid. Sie hatte es unvorbereiteter getroffen als ihn. Das Lachen war ihr gründlich vergangen. Sie schüttelte wieder und wieder den Kopf und sah aus wie die personifizierte Ratlosigkeit.

»Wo ist eigentlich Pencil?« fragte sie kleinlaut. Ihre Augen wurden größer und blickten suchend umher.

Tobias' gellendes Gelächter schallte über das Wasser. »Da unten!« Er deutete nach vorne. »Hat sich verkrochen, der Ärmste.« Tatsächlich hockte Pencil zitternd unter der Sitzbank im Bug und schien sie mit großen, vorwurfsvollen Augen zu mustern.

»Vielleicht solltest du dich mal etwas zeitgemäßer kleiden, Micha, sonst erkältest du dich noch und verscheuchst uns mit deinem Geniese die Säbelzahntiger.«

Tobias' gute Laune war penetrant. Er triumphierte.

Micha wischte sich den Schweiß aus dem Gesicht und zog die Windjacke und den dicken Pullover aus.

Von Norden wehte plötzlich ein leichter Wind über das Wasser, und gleichzeitig hörte man in der Ferne ein tiefes Rumpeln. Dann noch einmal. Sie drehten sich alle drei in die Richtung, aus der das Geräusch gekommen war.

»Vulkane«, sagte Tobias ganz selbstverständlich.

Blödmann, tut so, als ob er das alles hier kennen würde wie seine Westentasche, dachte Micha. Aber da war es wieder! Diesmal besonders laut, ein dunkles, machtvolles Grollen, faszinierend und fremdartig. Sogar Pencil kam jetzt aus seiner Deckung hervorgebrochen, stützte sich aufrecht mit den Vorderpfoten an der Bordwand ab und starrte über das Wasser.

Nach den wenigen Sätzen, die sie gesprochen hatten, senkte sich bald eine bedrückende Stille über das winziges Boot. Keiner sagte mehr etwas, sogar Tobias schwieg. Bis auf den Vulkan schien hier alles tot zu sein. Nichts rührte sich, selbst der Wind legte sich wieder, und die Titanic dümpelte in einer schwülen Backofenhitze dahin. Später sahen sie in großer Höhe einige Vögel in Formation vorüberziehen, erste und tröstliche Vorboten einer belebten Welt. Aber was für eine Welt war das hier? Micha bekam sofort Kopfschmerzen, wenn er darüber nachdachte.

»Was ist? Wollen wir mal ein bißchen rudern?« Tobias schaute Claudia auffordernd an. Sie schüttelte den Kopf, erhob sich vorsichtig, damit das Boot nicht allzusehr schwankte, und setzte sich vorne in den Bug. Tobias zuckte mit den Achseln, rückte in die Mitte der Sitzbank und griff nach den Rudern. »Na, gut. Dann eben nicht. Aber ich fang schon mal an, ja? Wir haben noch einen weiten Weg vor uns.«

Er schaute kurz auf seinen Kompaß, zog das rechte Ruder durch das Wasser, um die Titanic etwas zu drehen, und begann dann mit beiden Riemen kräftig zu rudern. Das Knarren des Holzes löste Micha aus seiner Erstarrung. Nach ein paar Minuten setzte er sich auf die andere Holzbank und griff nach dem zweiten Ruderpaar.

Den Tag über ruderten sie ruhig, aber zügig, einerseits, um sich in der drückenden Schwüle mit der ungewohnten Tätigkeit nicht zu überanstrengen, andererseits war Rudern das beste und auch fast das einzige Mittel gegen die Angst. Micha zitterte wie Espenlaub. Das geringste Geräusch ließ ihn zusammenzucken. Die Angst war so elementar, so existentiell, daß irgend etwas in seinem Gehirn verhinderte, sie als solche überhaupt wahrzunehmen. Claudia ging es nicht anders. Sie signalisierte mit ihrem ganzen Körper, daß man sie auf jeden Fall in Ruhe lassen sollte, und dafür, daß er das alles hier schon einmal erlebt hatte, wirkte auch Tobias ziemlich unruhig und in sich gekehrt.

Wenn Micha nicht ruderte, saß er meist auf der hinteren Bank und blickte ihrer Fahrspur hinterher, beobachtete, wie die von den Ruderschlägen ausgelösten Wirbel sich beruhigten, die zurückbleibenden Blasen sich langsam wieder auflösten, oder er starrte nach vorne auf die Bergkette, der sie sich unmerklich näherten. Unaufhörlich nagten dann Angst und Verwirrung an seiner Selbstbeherrschung, und mehr als einmal mußte er den schier übermächtigen Impuls bekämpfen, sich der Ruder zu bemächtigen, das Boot zu drehen und wieder mit voller Kraft in Richtung Heimat zu fahren. Untätigkeit war Gift für ihn in diesen ersten Tagen, und so versuchte er sich meistens irgendwie zu beschäftigen. Oft griff er zu seinem Tagebuch und füllte Seite um Seite mit ausufernden Schilderungen seiner Angst- und Wahnvorstellungen, die im Dunkeln schier übermächtig zu werden drohten.

Nachts ließen sie sich einfach treiben und versuchten zu schlafen. Es war entsetzlich eng und unbequem. Die erste Nacht war am schlimmsten. Micha hatte sich sogar noch einen Pullover übergezogen, aber ihm war trotzdem kalt. Beklemmende Angst und der Schock taten das übrige. Während Tobias bald leise vor sich hin schnarchte, konnte Micha lange kein Auge zutun, starrte nur mit klappernden Zähnen in die kalte Schwärze um sie herum und versuchte verzweifelt, seine amoklaufenden Gedanken im Zaum zu halten.

Auch Claudia schlief kaum. Sie lag mit offenen Augen da, zuckte bei jeder zufälligen Berührung zusammen, als wolle man ihr an die Gurgel springen. Erst jetzt, mit stundenlanger Verspätung, traf ihn die ganze Wucht der Erkenntnis, daß Tobias offensichtlich die Wahrheit gesagt hatte. Wie sollte man in einer solchen Situation schlafen? Es war ihm unmöglich, auch nur einen klaren Gedanken zu fassen. Alles in ihm war in höchster Alarmbereitschaft. Schnatternd vor Angst und Kälte glaubte er immer wieder, irgendwelche schleichenden, schattenhaften Bewegungen in der Nähe des Bootes ausmachen zu können. Das gelegentliche leise Plätschern des Wassers versetzte ihn derart in Panik, daß an eine ruhige, besonnene Analyse der neuen Lage nicht im Traum zu denken war.

Nicht einmal die Sterne boten Trost, im Gegenteil. In fremder, willkürlich erscheinender Verteilung blinkten sie vom Himmel auf ihre erbärmliche Nußschale herab. Immer wieder versuchte Micha irgendwelche vertrauten Muster zu entdecken, aber da gab es nichts außer chaotisch anmutenden Sternhaufen, denen keine irgendwie geartete Ordnung zu entlocken war, und je länger er hinaufstarrte, desto verlorener kam er sich vor.

Die Vögel, die sie tagsüber hin und wieder vorbeifliegen sahen, blieben das einzige Zeichen von Leben, das ihnen in den nächsten drei Tagen begegnen sollte. Abgesehen von den Bergen, die aber noch in großer Entfernung lagen, gab es nichts als Wasser, so weit das Auge reichte, Wasser und schwere feuchte Luft.

Bei alldem war Micha unbegreiflich, wie Tobias das bei seiner ersten Reise alleine geschafft hatte. Schon der bloße Gedanke daran, hier allein, ohne jede Begleitung, auf dem Wasser zu schaukeln, machte ihn ganz krank. Sie redeten zwar kaum miteinander, aber wenigstens war er nicht allein.

Tobias hatte damals vier Tage benötigt, um das Wasser zu durchqueren. Das war die vage Aussicht, an die Micha sich klammerte, wenn er wieder mehr schlecht als recht eine Nacht überstanden hatte, endlose Stunden in schwüler mondloser Dunkelheit, in denen er mindestens zehnmal aufwachte, weil er sich an der Ruderbank, den Rudern oder den Rucksäcken stieß oder seine Gefährten ihm beim Umdrehen den Ellbogen in die Seite gerammt hatten.

Als Micha wieder einmal auf der Heckbank hockte und während der monotonen Bewegungen des Bootes versonnen die im Dunst zurückgelegte Wegstrecke überblickte, schoß ihm plötzlich ein Gedanke durch den Kopf, der ihn sofort alarmierte und ruckartig aufstehen ließ.

»He, Mann, paß doch auf! Bist du verrückt?« rief Tobias, und Claudia kreischte vorn auf, weil das Boot durch seine abrupte Bewegung bedenklich ins Schaukeln geraten war.

»Könnt ihr mir mal verraten, wie wir hier wieder zurückfinden sollen?« schrie Micha aus vollem Hals und zeigte mit weit aufgerissenen Augen in die Richtung, aus der sie gekommen waren. »Schaut euch doch an, wie es hier aussieht.«

»Trostlos«, sagte Claudia mit versteinertem Gesichtsausdruck.

»He, he, beruhige dich, Micha!« sagte Tobias. »Wir müssen immer nur nach Osten fahren, genau nach Osten!« Er tippte auf seinen Kompaß, den er an einer Schnur um den Hals trug. »Überhaupt kein Problem, glaub mir.«

Schlagartig fiel es ihm wieder ein: Tobias hatte es ja auch geschafft. Er war zurückgekommen. Es ging also. Nach Osten, immer nach Osten!

Micha ließ sich wieder auf die Sitzbank sinken und atmete tief durch. Nach Osten.

»Alles wieder okay?« Tobias hatte eine Hand auf seine Schulter gelegt. »Mach dir keine Sorgen! Die Insel mit dem Höhlenausgang ist ziemlich groß. Man kann sie kaum übersehen.«

Micha nickte. Besonders wohl fühlte er sich nicht, aber er zwang sich mit aller Kraft daran zu denken, daß Tobias auch zurückgefunden hatte, eine Methode, die sich auch in den nächsten Tagen bei ähnlichen Anfällen bewährte. Aufregen half eh nichts mehr. Der Wahnsinn hatte seinen Lauf genommen.

Sie ruderten jetzt immer zu zweit, lösten sich etwa im Stundenturnus ab, so daß sich jeweils einer ausruhen konnte. Kaum merklich war das Grollen und Rumpeln der Vulkane im Laufe der Zeit immer lauter geworden und hatte die Stille verdrängt. Aber die Einsamkeit und Verlorenheit, die Micha in dieser Landschaft empfand, hätte nicht totaler sein können. Stundenlang saßen sie im Boot, ruderten mit langsamen, aber stetigen Schlägen und sprachen selten.

Claudia war besonders schweigsam. Das paßte nicht zu ihr und beunruhigte Micha. Aber was erwartete er eigentlich? Er war momentan auch kein sehr amüsanter Gesprächspartner. Da sie die ganze Zeit über auf engstem Raum zusammenhockten und jeder ununterbrochen unter Beobachtung der anderen stand, schienen sie sich alle so tief wie möglich in sich selbst zu verkriechen. Auch Tobias bildete da keine Ausnahme. Kaum einmal ein Lachen, nur unsichere Blicke.

Claudia saß gerade vorne im Bug, kraulte mit einer Hand Pencil, der unter der Sitzbank lag, und schaute in Fahrtrichtung in den Dunst hinaus. Es herrschte absolute Flaute.

Wie das plötzliche Kreischen einer Motorsäge zerschnitt ihr Schrei die Stille, und Michas Herzschlag machte einen Sprung. Sie hörten sofort auf zu rudern und drehten sich um. Claudia zeigte auf eine Stelle im Wasser. Etwa zwanzig Meter schräg rechts vor der Titanic bildete sich aus dem Nichts eine gigantische blauweiße Wasserblase, die immer größer wurde, schließlich zerfloß und den warzigen Rücken eines riesigen Lebewesens offenbarte. Eine meterhohe Dampf- und Wasserfontäne schoß direkt neben ihnen fauchend in die Luft, und sie hielten alle starr vor Schreck den Atem an. Das Boot begann zu schaukeln. Noch ein Aufschrei. Pencil verkroch sich winselnd tiefer in sein Versteck. Meter für Meter wälzte sich ein von Seepocken, Muscheln und anderem Bewuchs bedeckter Rücken durch das Wasser, bis die riesige Schwanzflosse eines Wals baumhoch und unverkennbar vor ihnen aufragte. Kurz danach erinnerten nur noch die sich auf dem spiegelglatten Wasser rasch entfernenden Wellenkreise daran.

Nach einem kurzen Moment verblüfften Schweigens entlud sich ihre Anspannung in freudigem Gejohle und Gekreische. Sie hatten einen Wal gesehen, einen richtigen, lebenden, riesig großen Wal. Wie um ihnen eine Freude zu machen, tauchte er hundert Meter weiter wieder auf, blies seine Fontäne in die Luft und verschwand schnaufend in der Tiefe. Diesmal begrüßten sie den Riesen mit lautem Geschrei.

Natürlich gab es danach stundenlang kein anderes Thema mehr. Sie mußten alle drei unwillkürlich daran denken, was die Menschen diesen grandiosen Kreaturen antaten.

»Wißt ihr, daß Onassis, dieser Oberkapitalist, die Barhocker seiner Luxusjacht mit Walpenishaut beziehen ließ?« fragte Claudia. »Wenn sich dann irgendwelche dickärschigen Damen darauf setzten, machte er anzügliche Bemerkungen wie: Ist ihnen klar, Madam, daß sie mit ihrem schönen Hintern auf dem größten Penis der Welt sitzen?« Ihr Gesicht verzog sich voller Ekel.

Tobias hatte eine erstaunliche kleine Karte dabei, die er aus irgendeinem geologischen Fachbuch kopiert hatte – Europa im Eozän. Aber von den vertrauten Formen ihres Kontinents war da nichts zu sehen, statt dessen nur seltsam verschlungene Küstenlinien und wahllos im Ozean verteilte Inselgruppen.

Ihnen allen war klar, daß sich die vertraute Topographie der Erde im Laufe der Jahrmillionen, gelinde gesagt, verändert hatte. Genaugenommen war das Unterste zuoberst gekehrt worden. Aus Meerestiefen waren zackige Bergketten geworden, und ganze Gebirge wurden durch Luft und Wasser wieder zu Staub zermahlen. Sogar die Gipfelfelsen des Mt. Everest, über 8000 Meter über dem Meeresspiegel, bestanden aus biogenem Kalk, den zahllose winzige Meereslebewesen über schwindelerregend lange Zeiträume hinweg gebildet hatten. Die den Menschen so vertrauten Küstenverläufe und Umrisse der Kontinente waren erdgeschichtlich betrachtet nur vorübergehende, flüchtige Erscheinungen, wie eine Wüstendüne, die permanent Standort und Form verändert. Heutige Bezeichnungen hatten in diesen Zeiten keinerlei Bedeutung. Völlig andere, geheimnisvoll klingende Namen bezeichneten die geographischen Strukturen, Namen, die klangen, als entstammten sie Tolkiens Fantasy-Welten.

Natürlich wußten sie das alles, aber es nützte ihnen nicht viel. Tobias' kleine Kopie war ja wohl nicht ernst zu nehmen, und da man hier nirgends detailliertere Karten kaufen konnte, hatten sie keine Ahnung, wo sie sich augenblicklich befanden. Auch die magnetischen Pole hatten sich im Laufe der Jahrmillionen immer wieder umgekehrt. Was also wollte ihnen Tobias' Kompaß sagen, wenn seine Nadel nach Norden wies?

Sie mußten sich wohl damit abfinden, auf absehbare Zeit in einer Wirklichkeit gewordenen Unmöglichkeit zu leben, so schwer das ihren naturwissenschaftlich geschulten – oder sollte man sagen: verbildeten – Gehirnen auch fiel. Nichts schien mehr festzustehen, alles war völlig neuartig, unbestimmt und bot reichlich Stoff für hitzige Streitgespräche.

Der einzige in ihrer Gesellschaft, den das alles nicht zu kümmern schien, war natürlich Pencil, der die meiste Zeit des Tages in seinem Versteck unter der Bugsitzbank döste und nur zum Leben erwachte, wenn er über die Bordwand gehalten werden wollte oder Claudia ihm eine Dose Hundefutter öffnete. Das schlang er dann in sich hinein, als befände er sich zu Hause neben dem heimischen Herd. Die Banalität seiner alltäglichen Bedürfnisse hatte etwas Tröstliches inmitten all der Ungewißheit.

Außerdem bot er einige der wenigen Anlässe für Erheiterung, etwa wenn er im Schlaf immer wieder anfing, knurrend irgendwelche imaginären Löcher zu buddeln. Ihm fehlten eben die Bäume, der Sand, die kleinen Dinge, die ein Hundeleben lebenswert machten.

In Richtung Westen, ihrer Fahrtrichtung, waren sie dem Festland so nahe gekommen, daß durch Tobias' Fernglas vor den in größerer Entfernung liegenden Berggipfeln Einzelheiten eines braunen, flachen Landes erkennbar wurden. Außerdem entdeckten sie etwas südlich von ihrer Route eine breite Flußmündung und änderten daraufhin ihren Kurs. Tobias hatte die Mündung schon vorher angekündigt. Es war immerhin beruhigend, daß wenigstens einer von ihnen wußte, wo es langging.

Besonders verlockend war die Aussicht nicht. Alles in allem bot die sich nähernde Landschaft einen ziemlich trostlosen Eindruck. Keine Bäume, nicht einmal ein paar mickrige Sträucher, und an einen Dschungel war gar nicht zu denken. Je näher sie kamen, desto deutlicher wurde, daß der Fluß sie mitten in eine Wüste hineinführen würde.

Trotzdem legten sie sich kräftig in die Riemen, um noch vor Einbruch der Nacht endlich das Festland zu erreichen. Zwei Stunden später passierten sie die Flußmündung, ruderten gegen eine schwache Strömung ein Stück flußaufwärts und suchten einen günstigen Anlegeplatz. Sie einigten sich auf eine kleine sandige Bucht, und wenige Minuten später betraten sie zum ersten Mal seit Tagen wieder festen Boden. Keiner war glücklicher darüber als Pencil, der, kaum hörte er das Knirschen des Bootsrumpfes auf dem Ufersand, wie von der Tarantel gestochen aus der Titanic schoß und kreuz und quer durch die Gegend peste.

»Pencil!« brüllte Claudia erschreckt. »Komm sofort zurück!« Aber sie schrie sich vergeblich die Seele aus dem Leib.

»Laß ihn doch! Er braucht Auslauf«, sagte Micha und sprang mit nackten Füßen in das kühle braune Wasser. »Ich kann selber kaum glauben, daß wir an Land sind.«

Während Claudia sich vergeblich bemühte, Pencil wieder einzufangen, der sich ein Spiel daraus zu machen schien und sie ganz nahe herankommen ließ, um dann wieder mit fliegenden

Ohren und heraushängender Zunge zwischen den verstreut herumliegenden Felsbrocken hindurchzuhetzen, zogen Tobias und Micha die Titanic ans Ufer und vertäuten sie an einem großen Felsen.

»Ich gehe mal'n bißchen spazieren«, sagte Tobias ziemlich unvermittelt. Er wirkte unruhig und marschierte sofort los, ohne eine Reaktion abzuwarten.

Claudia, die inzwischen die Vergeblichkeit ihrer Bemühungen eingesehen hatte, kehrte schwer atmend zum Boot zurück und lachte. Es war das erste Mal, daß Micha sie lachen sah, seit sie in die Höhle gefahren waren.

»Puh, es hat keinen Zweck«, sagte sie. »Den kriegt keiner.«

Sie half ihm, das Zelt an Land zu transportieren, und entdeckte dabei die Angel. »Ohh, eine Angel, super! Ich versuch, uns ein paar Fische zu fangen«, rief sie, schnappte sich die Angel und den kleinen Spaten und stapfte im nächsten Moment schon im Ufersand flußaufwärts.

»Es dämmert bald«, rief Micha ihr hinterher.

»Da beißen die Fische am besten«, hörte er sie noch rufen. Dann war sie hinter einigen Felsblöcken verschwunden. Pencil trottete hinter ihr her.

Statt das Zelt aufzubauen, hockte er sich auf einen Stein und betrachtete die Umgebung. Es war das erste Mal seit vielen Tagen, daß er für einen Moment allein war, und er genoß es aus vollen Zügen. Sein Blick schweifte über die Bergkette, über die goldenen Brauntöne der weiten Wüstenlandschaft am anderen Flußufer. Im Westen verschwand die Sonne als roter Glutball hinter den Berggipfeln, und im Osten schimmerte die spiegelglatte Wasserfläche eines Meeres, dessen Namen er nicht einmal kannte. In der diesigen Ferne verschmolz das Wasser, durch das sie gekommen waren, zu einer einzigen weißen Linie am Horizont, die Erdball und Himmel zu trennen schien. Irgendwo dort lag auch die Höhle.

All das war wunderschön und majestätisch und gleichzeitig erschreckend fremdartig und beunruhigend. Er stand auf und lief am Fluß auf und ab, genoß es, wieder richtige Erde unter den Füßen zu haben.

Schließlich entdeckte er an der kleinen Uferböschung ein paar

Pflanzen. Neugierig betrachtete er die mickrigen Grashalme. Ein paar Meter weiter fand er sogar einige unscheinbar blühende Kräuter. Aber sah tertiäres Gras genauso aus wie heutiges, wirkten tertiäre Blumen irgendwie primitiver als die heimischen Gänseblümchen? Oder war das hier gar nicht das Tertiär?

Wenig später kam Tobias zurück und stutzte, als er ihn ansah.

»Ist dir ein Engel erschienen, oder hast du dich heimlich über unsere Vorräte hergemacht?«

»Wieso?«

»Du siehst so zufrieden aus.«

»Ja? Hm, vielleicht liegt das an den Pflanzen hier«, sagte Micha und zeigte auf die dürren Hälmchen in Ufernähe. Tobias schaute ihn kurz an.

»Wo ist eigentlich Claudia?«

»Fische fangen!«

»Hier?« Tobias schien überrascht. »Na, hoffentlich ist sie erfolgreich.«

Er hatte sich während der Tage im Boot nie wieder darüber beklagt, daß Claudia und Pencil jetzt mit ihnen fuhren. Aber sie wurde von ihm besonders kritisch beobachtet, und Micha hatte das Gefühl, daß Tobias immer wieder nach Gründen suchte, die ihrer Anwesenheit für ihn irgendeinen Sinn verliehen.

Während Tobias unten am Ufer auf- und abschritt, quälte Micha sich an einer flachen, trockenen Stelle etwas oberhalb der kleinen Bucht mit den Zeltstäben und einer verwirrenden Vielzahl von Leinen ab. Er kannte dieses Zelt nicht und hatte keine Ahnung, was wohin gehörte. Als mit Macht die Dämmerung hereinbrach, versuchte er immer noch, Ordnung in das Chaos zu bringen. Endlich gelang es ihm, mit vier Heringen den Boden des Zeltes zu fixieren. Der Rest ergab sich dann schnell von selbst.

»Wenn Claudia nicht sofort mit dem Abendessen kommt, mach ich mich über unser Gulasch her«, rief Tobias vom Ufer hoch und rieb sich den Magen.

Micha fand auch, daß sie langsam wieder auftauchen könnte. Die Sonne war schon untergegangen, und es wurde jetzt rapide dunkel. Sie hockten sich nebeneinander unten ans Ufer und wärmten sich die Hände an der kleinen Flamme des Petroleumkochers. Es wurde empfindlich kalt. Sie warteten.

»He, Jungs, schaut mal, was ich hier habe!« Claudia stand auf einem Felsen und hielt irgend etwas in die Luft. Micha konnte in der Dämmerung nicht genau erkennen, was sie da in der Hand hielt, aber eines war sicher: Fische waren es nicht.

»Ach, das ist ja bloß Grünzeug«, sagte Tobias verächtlich, als Claudia kurze Zeit später neben ihnen am Flußufer stand.

»Immerhin etwas Lebendiges. Ansonsten ist hier ja absolut tote Hose.« Micha schaute zu Tobias hinüber. »Sagtest du nicht etwas von einem Dschungel?«

»Ihr habt ja keine Ahnung!« sagte Claudia entrüstet. »*Bloß Grünzeug*, Schachtelhalme sind das und was für welche. Sie wachsen ein Stück weiter flußaufwärts in einer morastigen Mulde. Der einzige grüne Fleck weit und breit. Hätt ich hier nicht erwartet.«

»Ich hab auch ein paar Pflanzen entdeckt«, sagte Micha.

»Und was ist mit Fischen?« fragte Tobias.

Claudia schüttelte den Kopf.

»Sag mal ...« Micha rieb sich nachdenklich das Kinn und betrachtete die feingliedrigen Gewächse, die Claudia mitgebracht hatte. Sie waren für Schachtelhalme ziemlich groß, fast einen Meter lang. »Sind so große Schachtelhalme nicht eher typisch für das Erdaltertum, Karbon und so?«

Er schaute zu Tobias, der den Blick sofort senkte und mit einer Hand im Sand herumspielte.

Sonntagnachmittagsschinken

Als Helmut Axt wieder zu sich kam, lag er am Rand des Kiesweges und blickte in das besorgte Gesicht von Max.

»Gott sei Dank, er kommt wieder zu sich«, rief Max, während er sich nach hinten umdrehte. Er war ganz außer Atem. Kurze Zeit später kam Rudi schnaufend und hustend die Auffahrt hoch und ließ sich ebenfalls neben Axt nieder, der gerade versuchte sich aufzurichten.

»Bin ich ohnmächtig gewesen?«

»Sie sind umgekippt«, keuchte Max. »Wir haben es von unten gesehen und sind gleich hochgerannt.«

»Tsss«, machte Axt und schüttelte benommen seinen Schädel. Er war noch immer völlig desorientiert.

Nur langsam und zögernd erinnerte er sich, was passiert war. Er hatte wieder dieses seltsame Gefühl gehabt, nur stärker als sonst, viel stärker. Alles hatte so real gewirkt, geradezu beängstigend, als ob er mitten im urzeitlichen Dschungel gestanden hätte. Was war das für Zeug da an seinen Schuhen?

Ihm fiel das Krokodil ein. Ganz deutlich hatte er es gesehen, lauernd hatte es zwischen den Seerosen gelegen. Es war ein besonders großes Tier gewesen, vielleicht so groß wie das, was dahinten am Grubenrand noch im Schiefer lag. Wir müssen es bald herausholen, dachte er. Wir dürfen nicht warten ...

»Er wird schon wieder ganz blaß. Wir sollten ihn so schnell wie möglich nach oben in die Station bringen. Was meinst du, Rudi?« Max schaute zu seinem Kollegen, der aber noch viel zu heftig nach Luft schnappte, um ihm antworten zu können, und nur mit dem Kopf nickte.

Er wandte sich wieder Axt zu. »Können Sie aufstehen?«

»Ja, natürlich«, sagte er selbstsicher, aber es gelang ihm auch mit Hilfe der beiden Grubenarbeiter nur mühsam, sich aufzurichten. Nach ein paar Minuten ließ das Kribbeln in seinen Beinen nach, und sie konnten sich langsam in Bewegung setzen.

»Sie sollten zum Arzt gehen«, sagte Max, der sich den rechten Arm seines Vorgesetzten um die Schulter gelegt hatte. »Mit so was ist nicht zu spaßen.«

»Hm«, erwiderte Axt, aber er hatte gar nicht richtig zugehört. Er stand noch ganz unter dem Eindruck dessen, was er gesehen hatte oder sich eingebildet hatte zu sehen.

Von Max und Rudi flankiert, erreichte Axt schließlich nach einer halben Stunde den Eingang der Senckenberg-Station. In Windeseile hatte sich unter der Belegschaft herumgesprochen, daß er auf dem Weg in die Grube zusammengebrochen war.

Seine Beteuerungen, ihm gehe es wieder gut und alles sei in Ordnung, nützten nichts, im Gegenteil. Alle wuselten aufgeregt um ihn herum, preßten ihn in seinen Stuhl und räumten die Schreibtischplatte frei, damit er seine Füße hochlegen konnte. Dann flößten sie ihm heißen Tee ein, setzten ihn schließlich in ein Taxi und rangen ihm das Versprechen ab, sich zu Hause sofort ins Bett zu legen. Er solle ja nicht wagen, sich hier in dieser Woche noch einmal blicken zu lassen, sondern sich endlich einmal richtig ausruhen. Er habe in letzter Zeit ausgesprochen nervös und überarbeitet gewirkt. Sabine wollte Schmäler in Frankfurt anrufen und ihm sagen, daß Axt krank war.

»Aber sag ihm nicht, daß ich zusammengebrochen bin«, flehte er sie an. »Er macht sich sonst unnötige Sorgen.«

»Ich mach das schon, Helmut. Denk du jetzt mal an dich.« Sie streichelte ihm über den Kopf.

Meine Güte, dachte er. Sie meinten es ja sicher gut, aber solch geballtes Mitgefühl, derart massive Hilfsbereitschaft konnte einem wirklich auf die Nerven gehen. Sie taten so, als sei er todkrank. Es war nur eine kleine, vorübergehende Unpäßlichkeit, nichts weiter. So etwas konnte doch jedem passieren.

Zu Hause legte er sich aber dann doch sofort ins Bett. Im Nu war er eingeschlafen.

Drei Tage später saß er allein am Küchentisch, grübelte vor sich hin und spießte mit der Gabel die Reste seines Rühreis vom Teller. Marlis war nicht zu Hause. Sie war über das Wochenende mit Stefan zu ihrer Freundin Monika nach Frankfurt gefahren und würde erst am Nachmittag zurückkommen. Natürlich hatte sie ihn nur unter größten Bedenken alleine gelassen, aber da er sowieso nur schlafen wollte, hatte er auf diese Weise seine Ruhe. Ihm fehlte ja nichts Ernstes, das hatte auch der Arzt gesagt. Ein Schwächeanfall, nichts weiter. Den gestrigen Tag hatte er im Bett verbracht, zweimal kurz mit Marlis telefoniert. Er fühlte sich matt und kraftlos.

So etwas war ihm noch nie passiert. Er war einfach völlig überarbeitet. Seit drei Jahren hatte er keinen richtigen Urlaub gemacht, nur diese zwei Wochen in Dänemark letzten Sommer. Statt dessen hatte er Nacht für Nacht über seinen Papieren gesessen, Berichte abgefaßt und Fachliteratur studiert. Und dann diese Geschichte mit dem Skelett. Das war einfach zuviel des Guten. Marlis hatte es ihm prophezeit. Er fühlte sich für alles und jedes verantwortlich und war unfähig, Arbeiten zu delegieren. Jetzt hatte er das Ergebnis.

Der Sonntag vormittag zog sich endlos in die Länge. Bald

wünschte Axt, Marlis und Stefan wären hier und könnten ihn auf andere Gedanken bringen. Er versuchte Schmäler, den *Homo sapiens*, diese ganze leidige Geschichte aus seinen Gedanken zu verbannen, aber es wollte ihm einfach nicht gelingen. Er konnte an nichts anderes mehr denken. In seinem Kopf gab es nur dieses furchtbare Skelett. Sein Zusammenbruch in der Grube, so schien ihm jetzt, war der traurige Höhepunkt seines Niedergangs. Eine steile Karriere, die einmal zu den größten Hoffnungen Anlaß gab, hatte ihren Zenit überschritten, und nun ging es in rasendem Tempo bergab.

Er überlegte kurz, ob er einen Spaziergang machen sollte. Er war schon seit Tagen nicht mehr vor der Tür gewesen. Ein Blick aus dem Küchenfenster ließ ihn davon Abstand nehmen. Draußen regnete es Bindfäden.

Ratlos lief er durch die Zimmer ihres Hauses, bahnte sich durch herumliegendes Spielzeug und Dinosaurierfiguren einen Weg in das Kinderzimmer und versuchte sich eine Weile an einem von Stefans Gameboys. Aber er schaffte es einfach nicht, auch nur das erste der Monster zu überwinden. Außerdem bekam er von dem ununterbrochenen Gepiepe Kopfschmerzen.

Er blätterte wahllos in verschiedenen Büchern herum, las hier eine Seite, betrachtete dort eine Abbildung. Ihm fiel das Werk von Ernst Herzog in die Hände, einer der berühmtesten Dinosaurierkenner Deutschlands. Im Zuge des aufkochenden Saurierfiebers hatte man sich des Klassikers erinnert und vor kurzem eine modernisierte, reich illustrierte Neuausgabe herausgebracht. Obwohl er im Augenblick auf Dinosaurier nicht gut zu sprechen war, hatte er nicht widerstehen können und das Buch gekauft, aber aus Zeitmangel bisher kaum hineingeschaut. Im Vorwort der Neuausgabe las er vom rätselhaften und bis heute nicht aufgeklärten Verschwinden Herzogs, von einer Familientragödie, die den großen Gelehrten möglicherweise aus der Bahn geworfen und ihn zu einer tragischen, allerdings nie nachgewiesenen Verzweiflungstat getrieben hatte. Seltsam, dachte Axt, daß Menschen heutzutage einfach so verschwinden können. Er blätterte noch etwas in dem Buch herum und legte es dann mit einem gelangweilten Seufzer aus der Hand.

Schließlich landete er vor dem Fernseher. Er schaltete durch die Programme, schaute sich ein paar Ballwechsel eines Tennisspiels an, verfolgte einige grelle Musikvideos und blieb bei einer blonden Fernsehansagerin hängen, die den Beginn eines Spielfilms ankündigte.

Wunderbar, dachte Axt, so ein richtiger Sonntagnachmittagsschinken, das ist jetzt genau das richtige, je dümmer, desto besser. Ohne darüber nachzudenken, ging er an den Wohnzimmerschrank, griff nach einer vollen Flasche Malt Whisky, ließ sich in den großen Sessel fallen und starrte auf die flackernde Mattscheibe.

Halb amüsiert, halb gelangweilt und zwischendurch immer wieder sein Glas füllend, verfolgte er, wie vier Jungs in ein Ruderboot stiegen, eine große Höhle passierten und sich dann durch dichtes Packeis kämpfen mußten. Er fand den Film nur mäßig, aber als er das Mammut mit seinen unbeholfenen stereotypen Bewegungen sah, das die Jungs bei der Einfahrt in eine Flußmündung mit erhobenem Rüssel wie ein Empfangskomitee begrüßte, als er die gemalten Hintergrundkulissen sah und die Pappmachéaufbauten der dargestellten eiszeitlichen Landschaft, mußte er lauthals lachen, und aus seinen Augenwinkeln lösten sich einige Tränen.

Als Marlis kurz vor vier nach Hause kam und ins Wohnzimmer trat, bot sich ihr ein seltsamer Anblick. Zuerst sah sie die halbgeleerte Whiskyflasche auf dem Tisch und wollte schon aus der Haut fahren, aber dann blickte sie in das Gesicht ihres Mannes und hielt erschreckt inne. Auf dem Fernsehschirm stürzten sich gerade zwei laut brüllende Dinosaurierpuppen aufeinander und davor, auf dem Fußboden, hockte ihr Mann mit geröteten Augen und feuchten Wangen und sah sie mit einem derart mitleiderregenden und jammervollen Gesichtsausdruck an, daß sie die große Tasche mit Stefans Spielsachen einfach fallen ließ, sich neben Axt auf den Teppich hockte und ihn in den Arm nahm.

»Helmut, was ist denn los?« brachte sie nur heraus, bevor er sie umklammerte wie ein Ertrinkender seinen Retter und an ihrer Schulter in lautes, seinen ganzen Körper erschütterndes Schluchzen ausbrach.

»Um Gottes willen, Helmut, was ist passiert? Ist jemand gestorben?« Alle möglichen Katastrophen geisterten ihr durch den Kopf: Job verloren, Krebs, multiple und andere Sklerosen ...

»Vielleicht ist eine Zeitreise die Lösung«, nuschelte er und sah sie mit verheultem Gesicht an. »Das wäre doch wirklich eine verdammt gute Erklärung, findest du nicht?«

»Tut mir leid, ich verstehe kein Wort. Meinst du den Film da?« Sie zeigte auf den Fernseher. Das unterlegene der beiden Trickmonster schleppte sich mühsam weg, bis es schließlich von trauriger Musik untermalt regungslos liegenblieb. Es war ein *Stegosaurus*, soviel hatte sie als Mutter in den letzten Wochen gezwungenermaßen mitbekommen.

»Was is'n mit Papa los?« fragte Stefan, der mit großen fragenden Augen in der Zimmertür stand.

»Papa geht's nicht gut«, sagte Marlis und ging zu dem Jungen. »Komm, sei lieb, geh nach oben in dein Zimmer. Ich ruf dich, wenn's Essen gibt, ja?«

»Okay«, sagte Stefan zögernd und versuchte noch einen Blick auf seinen Vater zu erhaschen, als Marlis ihn hinaus in die Diele schob.

Sie hockte sich neben Helmut auf den Teppich und strich ihm über das Haar. Er weinte noch immer, verbarg das Gesicht hinter seinen Händen. Hinter ihm, auf der Mattscheibe, kletterten Kinder auf dem *Stegosaurus* herum und maßen die Knochenplatten mit einem Maßband. Sie beugte sich vor und schaltete den Apparat aus.

Die plötzliche Stille schien ihn aufzuwecken. In einem vollkommen ungeordneten Wortschwall brach alles aus ihm heraus. Er war betrunken und lallte, und sie hatte Mühe, ihn zu verstehen.

Marlis wurde es langsam unheimlich. Schon in Frankfurt hatte sie so ein komisches Gefühl gehabt und war deshalb relativ früh aufgebrochen. So hatte sie ihren Mann noch nie erlebt. Er war in einer absolut desolaten Verfassung, erst dieser Zusammenbruch in der Grube und jetzt das hier. Er hatte die halbe Flasche ausgetrunken. Am hellichten Tage schon betrunken. Sie hätte ihn nie alleine lassen dürfen. Er redete vollkommen konfuses Zeug und sah aus, als ob er einer Nervenheilanstalt entsprungen wäre.

»Paß mal auf Helmut, was hältst du davon, wenn ich uns jetzt erst einmal einen starken Kaffee mache, hm? Und dann erzählst du mir alles noch mal ganz in Ruhe. Aber zuerst bringe ich dich mal ins Bad. Vielleicht kommst du durch eine Dusche wieder zu dir.«

Sie führte ihn ins Badezimmer. Während er unter der Dusche stand, kochte sie schnell Kaffee. Irgendwann schlurfte er in seinen weißen Frotteebademantel gehüllt in die Küche. Sie kauten stumm auf ein paar Keksen herum, tranken den Kaffee.

»So, nun fang bitte noch einmal von vorne an, ich meine, wirklich von Anfang an, und wenn möglich in der richtigen Reihenfolge.«

Sie hielt ihre Tasse zwischen beiden Händen und sah ihren Mann an, der mit gesenktem Kopf auf die Krümel auf seinem Teller starrte. Sein Löffel malte unsichtbare Figuren in das Porzellan.

»Na ja, es fing damit an, daß Max einen außergewöhnlichen Fund machte, vor ein paar Monaten schon, und dann ...«

Die Ralle

Während Axt vor dem Fernseher saß, betrat Familie Peters nur wenige Kilometer entfernt das Messeler Fossilienmuseum. Sie wollten eigentlich einen Waldspaziergang machen, aber dann hatte sie der Regen überrascht. Daniel, der Sohn der Peters, war ganz verrückt nach Fossilien und hatte sie schon lange gelöchert. Aber nach wenigen Minuten war klar, daß dieser Sonntag nachmittag kein reines Vergnügen werden würde.

Es war immer dasselbe mit dem Jungen. Er setzte sich irgend etwas in den Kopf, terrorisierte mit seiner Sturheit tagelang die ganze Familie, triezte die Kleine bis zur Weißglut mit seinen hinterlistigen Attacken, und wenn sie ihm dann nachgaben, um des lieben Familienfriedens willen das taten, was er wollte, war natürlich alles eine einzige Enttäuschung, war nichts so, wie er es sich vorgestellt hatte, gab es Tränen und lange Gesichter. Mit diesem Museum war es genauso.

Das Haus schien nicht gerade aus allen Nähten zu platzen, jedenfalls waren die Peters offenbar die einzigen Besucher. Es war ziemlich schwierig gewesen, den alten windschiefen Fachwerkbau überhaupt zu finden. Und es war ein sehr kleines Museum. Mehr als die zwei Mark Eintritt war es wirklich nicht wert. Außerdem könnten sie irgendwo wenigstens einen Getränkeautomaten oder so was aufstellen, Gummibärchen oder Schokoriegel und Comics für die Kinder anbieten. Die Deutschen hatten eben keine Ahnung, wie man so etwas aufziehen mußte, damit der Laden lief.

Die Amerikaner waren da ganz anders. Letztes Jahr waren sie in Florida gewesen und hatten das Sea-World-Aquarium in Orlando besucht. Was er da erleben durfte, hatte ihn tief beeindruckt. Sogar Daniel war ausnahmsweise einmal zufrieden gewesen. Aber so eine spektakuläre Reise war eben nicht jedes Jahr drin.

Peters blickte sich um. Wo steckte der Bengel? Ah ja, er lief im Nebenraum umher und ließ seine Hand mit entsetzlich gelangweiltem Gesicht über das Vitrinenglas gleiten. So sehr ihn Daniels Verhalten auch provozierte, insgeheim mußte er ihm recht geben. Dieses Museum war so aufregend wie die Streichholzschachtelsammlung seines alten Vaters, Gott hab ihn selig, verstaubte gläserne Kästen mit Skeletten, die toter nicht hätten aussehen können, lieblos präsentiert mit völlig unverständlichen, überfrachteten Schautafeln daneben. Peters' Verstand pflegte angesichts der Zeiträume, um die es bei diesen Fossiliengeschichten ging, sowieso zu kapitulieren. Millionen, ja, Milliarden Jahre, wie sollte man so etwas begreifen? Ihm fiel es mitunter schon schwer, sich daran zu erinnern, was er letztes Wochenende gemacht hatte. Und was sollte dieses lateinische Kauderwelsch überall, bei dessen Entzifferung er sich fast die Zunge verrenkte. Da verging einem doch gleich die Lust. Außerdem gab es hier nur Krokodile, Schildkröten, Schlangen, Echsen und so etwas, alles Tiere, die selbst in lebendigem Zustand nicht besonders attraktiv waren, immer nur apathisch herumlagen und Daniel neulich im Frankfurter Zoo zu der berechtigten Frage veranlaßt hatten, ob die denn überhaupt echt seien.

Gut, da war dieses Urpferdchen, das wohl ziemlich berühmt war, und vor dessen Vitrine er noch einmal vergeblich versucht hatte, Daniels Interesse zu wecken (»Das soll'n Pferd sein?«), aber, ehrlich, da war doch jeder lebendige Ackergaul tausendmal interessanter.

Schon von außen hatte das alte Haus mit seinen Geranien und Yucca-Palmen in den Fenstern und dem hölzernen Treppenaufgang eher wie eine Puppenstube gewirkt. Das hätte ihn schon warnen müssen. Das Haus war selber ein Fossil. Keine Spur von aufregender Wissenschaft. Unten am Eingang hatte sie dann diese alte Jungfer empfangen. Sie wirkte genauso verstaubt wie all dies tote Zeug hier. Er verstand das einfach nicht. Warum sie da nicht eine junge hübsche Frau hinsetzten, vielleicht ein bißchen Zigeunerin, ein bißchen Hexe, so was wie die Einarmige im Haiaquarium von Orlando, mit dunklen, unergründlichen Augen, in denen irgendwie ein geheimnisvolles Feuer glomm, die unermeßlichen Tiefen der Zeit, das Wissen um die Vergänglichkeit alles Irdischen oder so etwas in der Richtung.

Die Kleine begann zu plärren, und Elsbeth warf ihm einen flehenden Blick zu. Sie stand dahinten vor der Vitrine mit der Schildkröte, die aussah, als sei sie unter eine Dampfwalze geraten, und versuchte die Kleine zu beruhigen. Er wollte gerade nach Daniel rufen, als die aufgeregte Stimme seines Sohnes aus dem Nebenraum drang.

»Papa, komm mal her!«

Sollte er doch noch etwas gefunden haben, das seine Aufmerksamkeit erregt hatte? Kaum zu glauben. Er bedeutete Elsbeth mit einer Handbewegung, daß sie sofort aufbrechen würden, und ging hinüber. Daniel drückte sich dort an einer der Glasvitrinen die Nase platt.

»Du, Papa, Fossilien können doch nicht einfach verschwinden, oder?« fragte er, ohne sich von der Stelle zu rühren.

»Natürlich nicht, wie kommst du denn darauf?« brummte Peters. Was war das nun wieder für eine Schnapsidee?

»Na, eben waren hier noch Knochen, und jetzt sind sie weg.«

»Das bildest du dir ein. Sachen verschwinden nicht einfach von einem Moment auf den anderen.« Er stand jetzt hinter dem Jungen und hatte ihm beide Hände auf die Schultern gelegt. »Komm, Daniel, wir wollen gehen.«

»Aber es stimmt!« beharrte der Junge. »Guck doch selbst! Da ist nichts mehr.«

»Ich sagte, wir wollen gehen.«

»Ich hab aber recht! Ich will jetzt nicht gehen.« Er stampfte mit dem Fuß auf den Boden und preßte beide Handflächen gegen das Glas.

»Du, werd jetzt nicht bockig, ja.« Nein, von ihm hatte er das bestimmt nicht. Er war als Kind ganz anders gewesen.

Peters zog den quengelnden Jungen von der Vitrine weg und schob ihn durch die niedrige Tür vor sich her in den Nebenraum. Wirklich gelungen, ihr Sonntagsausflug. Jetzt mußten sie sich auch noch durch den Ausflugsverkehr nach Hause quälen. Daniel wurde neuerdings immer schlecht im Auto. Schöne Aussichten. Das war jedenfalls das letzte Mal, daß er dem Genörgel des Jungen nachgegeben hatte. Elsbeth war wohl mit der Kleinen schon vorausgegangen, jedenfalls war sie nirgendwo zu sehen.

Beim Hinausgehen blickte er noch einmal über die Schulter. Da war tatsächlich nichts, nur dieses bräunliche Zeug, in dem die Fossilien eingebettet waren. Darunter stand: *Messelornis cristata*, Messelralle, was auch immer das sein sollte. Wäre doch wirklich nett, wenn sie sich wenigstens noch ein, zwei erklärende Worte abringen könnten.

Komisch, dachte er, während er den Jungen voranschob. Na ja, vielleicht ist der oder die Ralle gerade zum Entstauben im Labor, oder wie das bei den Fossilienfritzen hieß. Könnte alles mal ein Staubtuch vertragen hier.

5

Lügen

Seit vier Tagen ruderten sie nun schon durch diese Landschaft, und nichts schien sich zu verändern, eine endlose Stein- und Geröllwüste, in der zackige Felsgebilde aufragten wie marode Zähne im Maul eines Riesen. Flirrende Luft lag über dem Land, das aussah, als hätten Frost und Hitze, Wind und Wetter über endlose Zeitspannen hinweg ihr Zerstörungswerk getan und an dem schroffen Fels genagt, bis er irgendwann einmal zu Sand und Geröll zersprungen und zermahlen wurde. Diese Erde, wie jung sie auch immer sein mochte, sah schon uralt aus.

Micha wußte nicht mehr recht, was er eigentlich erwartet hatte, ob er unbewußt damit rechnete, alle Ungeheuer dieser Zeit würden am Ufer Spalier stehen, Männchen machen und sie mit ohrenbetäubendem Gebrüll willkommen heißen, aber er war enttäuscht. Diese karge Verlassenheit, diese leblose Stille wirkte deprimierend und unheimlich, wie die Ruhe vor dem Sturm. Vögel, die mit ihren Stimmen für etwas Auflockerung hätten sorgen können, schien es hier nicht zu geben. Es rührte sich nichts, jedenfalls nicht tagsüber, und wenn die Bewohner dieser Wüste nachtaktiv waren, dann waren sie sehr rücksichtsvoll und verhielten sich bei ihren nächtlichen Verrichtungen ausgesprochen still. In all den Tagen auf dem Fluß hatten sie nicht ein einziges lebendes Tier gesehen, und sei es noch so unbedeutend. Micha war nicht einmal mehr sicher, ob es wirklich Vögel gewesen waren, die sie da draußen auf dem Meer gesehen hatten. Und der Wal? War das vielleicht auch nur Einbildung gewesen, eine Fata Morgana?

Langsam, kaum merklich, rückte die Bergkette näher. Man erkannte jetzt deutlich einige schroffe Felsformationen, insbesondere zwei wie Zwillingstürme nebeneinander aufragende Felsnadeln, die sie King und Kong tauften. Hin und wieder trieben dicke Wolkenkissen über die Berge, die sich aber oft bald wieder auflösten. Sie kamen von der anderen Seite, aber Regen brachten sie wohl nicht. Auch da vorne an den Berghängen gab es keine Bäume, keinen Wald, das konnten sie jetzt durch das Fernglas eindeutig erkennen.

Sie hatten sich ziemlich schnell entschieden, die empfindlich kalten Nächte an Land zu verbringen, obwohl sie nicht wußten, was dort möglicherweise auf sie warten würde. Keiner war nach den ersten Tagen besonders versessen darauf, noch eine Nacht in der Titanic zu schlafen. Sie verzichteten allerdings auf ihr Zelt und schliefen nur auf den Thermomatten, damit sie sofort verschwinden konnten, wenn die Wache Alarm schlug.

Aber alle ihre Befürchtungen erwiesen sich als übertrieben. Die Nächte vergingen eine nach der anderen, ohne daß sich irgend etwas tat. Da es außerdem wirklich keine besonders angenehme Beschäftigung war, drei Stunden in absoluter Dunkelheit und Geräuschlosigkeit auszuharren, ausschließlich damit beschäftigt, nicht einzuschlafen und auf das Lager aufzupassen, schafften sie die Wachen bald ab. Vielleicht war es leichtsinnig, aber sie hatten ja Pencil. Micha hatte selten eine gruseligere Zeit verbracht als diese wenigen, aber endlos erscheinenden Stunden seiner nächtlichen Wache. Nur der winzige Lichtfleck ihrer auf kleinste Flamme gestellten Petroleumlampe hatte vor ihm in der Nacht geschwebt wie ein einsames Glühwürmchen, eher mitleiderregend als beruhigend. Immer wieder spielte ihm seine Phantasie einen Streich und gaukelte ihm zwischen den Felsen in seinem Rücken riesenhafte dunkle Schatten vor. Ohne dieses kleine Licht wäre er vor Angst wahrscheinlich durchgedreht.

Mit der Sonne kam dann die Hitze, aber an der bei Tag und Nacht um sie herum herrschenden bedrückenden Grabesstille änderte sich nichts. Nur das Plätschern beim Eintauchen der Ruder begleitete sie und gelegentlich das Heulen des Windes. Hin und wieder tanzten kleine Wirbel aus Staub über die Felsen und den ausgedörrten Boden.

Nur selten ragten direkt neben dem Fluß hohe Felswände auf, die Schatten auf das Wasser warfen und ihnen etwas Erleichterung verschafften. Gegen die geradezu brutale Sonneneinstrahlung gab es ansonsten außer einem Regenschirm, den Claudia dabeihatte, kaum einen Schutz, so daß sie sich trotz dicker

Cremeschichten schon Sonnenbrände auf Oberschenkeln, Schultern, Nasen und Armen zugezogen hatten. Besonders Tobias hatte es übel erwischt. Sein Nasenrücken hatte sich mit einer blutigen Kruste überzogen. Nach den schmerzhaften Erfahrungen der ersten Tage zogen sich die jeweiligen Ruderer jetzt trotz der Hitze lange Hosen an und legten sich feuchte Handtücher oder T-Shirts auf Schultern und Kopf. Die dritte Person konnte sich unter Claudias Schirm verkriechen. Pencil lag hechelnd unter dem Bugsitz.

Zwar gab es in den Windungen des Flusses durchaus geeignete Badestellen, und ihr Bedürfnis nach Erfrischung hätte kaum größer sein können, aber keiner von ihnen war besonders scharf darauf, in diesem Fluß zu schwimmen. Es war nicht nur das graubraune Wasser, das sie abschreckte. Claudia hatte zwar mit ihrer Angel trotz wiederholter Versuche noch immer nichts gefangen, aber das hieß ja nicht, daß da drinnen nicht doch so allerhand lebte.

Ihr mitgebrachter Trinkwasservorrat hatte gerade für die Durchquerung der Meeresbucht ausgereicht und war mittlerweile aufgebraucht, so daß sie nun notgedrungen auf das lehmige Flußwasser zurückgreifen mußten. Anfangs kostete das einige Überwindung. Aber das war nicht der Grund, warum Micha immer unruhiger wurde. Sie konnten die trübe Brühe ja filtern und abkochen, und außerdem hatten sie einen großen Vorrat an Tabletten zur Wasseraufbereitung. Das war nicht das Problem.

Sie hatten genug zu trinken und zu essen, und das Gefühl unmittelbarer Bedrohung, das Micha die ersten Tage im Boot so zu schaffen gemacht hatte, war mit der Zeit schwächer geworden. Hier gab es einfach nichts, und deshalb konnte ihnen auch nichts gefährlich werden, jedenfalls nichts Größeres. Nein, er hatte keine Angst mehr. Auch Claudia nicht.

Es lag auch nicht daran, daß es ihm hier nicht gefiel. Nach einer guten Woche hatte er sich an die neue Situation gewöhnt, die anfangs so ungewohnten Beschäftigungen waren fast zur Routine geworden. Und ganz egal, in welcher Zeit sie sich nun tatsächlich befanden, wenn man sich erst einmal eine Weile in ihr bewegte, fühlte sie sich ziemlich real an, und er ertappte sich hin und wieder dabei, daß er gar nicht mehr darüber nachdachte, was hier eigentlich vor sich ging. Außerdem war die Landschaft eindrucksvoll, geradezu atemberaubend, und natürlich gesetzt den Fall, man mochte Wüsten, war es sicher einmalig, was ihnen hier geboten wurde. Besonders die Abende und der frühe Morgen brachten unvergleichliche Stimmungen, herrliches Licht ...

Es war nur so, daß in der ganzen Zeit der Vorbereitung, in den vielen Gesprächen in Berlin und während der Anreise nie von einer Wüste die Rede gewesen war.

Das Problem war Tobias.

Micha hatte ihn mehrmals darauf angesprochen, aber nur ausweichende oder absolut unbefriedigende Antworten bekommen. Trotz seiner gegenteiligen Beteuerungen vermittelte Tobias in keiner Weise den Eindruck eines selbstbewußten Forschungsreisenden, der hier auf seinen eigenen Spuren wandelte und sie in das von ihm entdeckte Land führte.

Wenn Tobias das alles schon einmal gesehen hatte, warum war er dann so nervös, warum mied er ihre Gegenwart und machte sich sofort aus dem Staube, sobald sie mit dem Boot irgendwo anlegten. Warum kletterte er bei jeder sich bietenden Gelegenheit auf Felsen und kleine Anhöhen und suchte mit seinem Fernglas flußaufwärts die Gegend ab?

Auf die Frage, wo denn nun der Dschungel sei, von dem er erzählt habe, der Dschungel, aus dem die Seerose und der Prachtkäfer stammten, und der ihm solche Angst gemacht hatte, daß er schließlich wieder umgekehrt war, auf diese wiederholten und immer drängender gestellten Fragen hatte er nur geantwortet, der Urwald läge noch einige Tagesreisen von hier, und unbestimmt in die Richtung der Bergkette gezeigt, aus der ihr Fluß zu kommen schien. Aber das war zwei Tage her und nichts, aber auch gar nichts deutete daraufhin, daß aus dieser trostlosen, toten Wüstenlandschaft in nur wenigen Kilometern Entfernung ein üppiger Dschungel werden würde.

Was also hatte das zu bedeuten? Hatte sich die Gegend etwa verändert, seit Tobias das letzte Mal hier gewesen war? Wohl kaum. Wie sollte in einem halben Jahr aus einem Dschungel eine Wüste werden? Oder hatte sie die Höhle diesmal vielleicht in eine ganz andere Zeit versetzt? Oder an einen anderen Ort? Die Höhle und das, was sie mit ihnen gemacht hatte, war so verrückt, so jenseits von allem, was bisher für ihn Gültigkeit besessen hatte, daß Micha ihr nun buchstäblich alles zutraute.

Er hatte auch mit Claudia darüber gesprochen, aber da er sie nicht weiter beunruhigen wollte, hatte er nur gefragt, ob sie mit dem spärlichen Pflanzenwuchs etwas anfangen könne, der sich hin und wieder am Flußufer zeigte. Er war froh, daß sie ihre anfängliche Sprachlosigkeit endlich überwunden hatte und langsam wieder die alte wurde, und da wollte er sie nicht gleich mit einer erneuten Hiobsbotschaft vor den Kopf stoßen. Vielleicht bildete er sich das alles nur ein. Mit seiner Neigung zu paranoiden Zwangsvorstellungen hatte er ja schon in Berlin einschlägige Erfahrungen sammeln können und mußte nicht noch andere Leute damit anstecken. Er vermied es daher, mit Tobias darüber zu reden, solange sie dabei war.

Leider sagten Claudia die Pflanzen gar nichts, auch nicht die Schachtelhalme. Das sei eine so alte Pflanzengruppe, daß praktisch alle Erdzeitalter der letzten 300 Millionen Jahre in Frage kämen, sagte sie. Aber es sprach zumindest nicht gegen das Tertiär. Es war ihr anzumerken, daß sie keineswegs davon überzeugt war, sich hier wirklich in einer anderen Zeit zu bewegen. Auch Micha fand, daß die spärlichen Grashälmchen und Kräuter, die sich hier halten konnten, wenig Altertümliches an sich hatten, und war verunsichert.

Am Nachmittag des vierten Tages auf dem Fluß steuerten sie schon relativ früh das Ufer an, weil sie ihren Wasservorrat wieder auffüllen mußten. Das Filtern des lehmigen Flußwassers dauerte Stunden. Im Boot, während der Fahrt, war es zu eng, und es bestand die Gefahr, daß sie alles wieder verschütteten.

Als Claudia sich später mit Pencil vom Lagerplatz entfernte, und er mit Tobias unten am Flußufer neben dem Wasserkanister hockte, hielt Micha die Gelegenheit für günstig, Tobias noch einmal darauf anzusprechen.

»Ich versteh das nicht«, sagte er. »Wir müßten doch schon lange da sein. Du hast nie davon gesprochen, daß wir vorher tagelang durch eine Wüste fahren müssen.«

Tobias blickte nicht einmal auf. Wortlos schöpfte er Wasser und filterte es durch das Handtuch in den Kanister.

»Tobias, ich hab dich was gefragt!«

»Hinter der Bergkette«, brummte er, ohne in seiner Beschäftigung innezuhalten.

»Wie bitte?«

»Wir müssen über die Berge.«

Micha glaubte, sich verhört zu haben. Über die Berge? Das war ja etwas ganz Neues. Bisher hatte es immer geheißen, einige Tagesreisen von hier, kurz *vor* der Bergkette, aber da waren die Berge so weit entfernt gewesen, daß man außer ihren Umrissen kaum etwas erkennen konnte. Sie wußten mittlerweile, daß es da vorne mit Sicherheit keinen Wald gab.

»Davon war nie die Rede. Du willst da rüber?« Micha richtete sich auf und schaute flußaufwärts. Es würde nicht mehr lange dauern, bis die Sonne hinter den Gipfeln verschwunden war. King und Kong ragten wie zwei Wachtürme in den wolkenlosen Himmel. Wie hoch waren sie? Das Ganze sah aus wie eine riesige Barriere. Für Micha hatte sie bisher eindeutig signalisiert: Halt! Bis hierher und nicht weiter.

»*Tobias!*«

»Ja, doch, was ist denn?« Er hob den Kopf, schaute Micha an und zuckte mit den Schultern. »Ich sag doch. Wir müssen über die Berge.« Seine Augen flackerten. Hatte er Angst? Was war nur los mit ihm?

»Und wieso sagst du das erst jetzt?«

Da stimmte doch etwas nicht. Micha war fest entschlossen, nicht locker zu lassen. »Du erzählst doch irgendwelche Scheiße! Du weißt selber nicht, was hier los ist. Wir sind irgendwo anders gelandet, stimmt's?«

Tobias zuckte zusammen. »Quatsch! Wie kommst du denn darauf?«

Micha hätte schwören können, daß Tobias keine Ahnung hatte, wo sich dieser verdammte Dschungel befand. Aber er hatte die Seerose und den Käfer mitgebracht. Er mußte dort gewesen sein. Oder …

Plötzlich hatte er einen Verdacht, der so schrecklich war, daß ihm schon bei dem bloßen Gedanken daran schwindlig wurde. Er hatte ja schon alles mögliche in Erwägung gezogen, aber vor diesem Gedanken, der ihm buchstäblich den Boden unter den

Füßen wegzog, war er bisher zurückgeschreckt. Alles wäre plötzlich wieder offen, die Konsequenzen gar nicht absehbar. Nein, das war unmöglich. Soweit wäre er nicht gegangen.

Micha beobachtete, wie Tobias mit gesenktem Kopf weiter Wasser schöpfte. Er sah, wie die Brühe an den staubigen Seiten des Kanisters herunterlief und im Ufersand eine Pfütze bildete, bevor sie versickerte. Tobias' Hand zitterte so stark, daß er die Hälfte verschüttete.

Mein Gott, dachte Micha, er hat Angst. Aber wovor? Vor mir? Vor was müssen wir hier Angst haben?

Er hielt die Luft an.

Es ist wahr.

Micha spürte ein Beben. Dann fühlte er förmlich, wie das ganze wackelige Kartenhaus in sich zusammenfiel. O Gott!

»Alles gelogen!« sagte Micha fassungslos vor sich hin, und je länger er Tobias dabei beobachtete, wie er mechanisch und scheinbar ungerührt den Kanister füllte, desto sicherer wurde er, daß er mit seinem Verdacht recht hatte. Jetzt erinnerte er sich plötzlich daran, wie Tobias erst wenige Tage vor ihrer Abreise eingefallen war, daß sie mitten im Meer ankommen würden und deshalb unbedingt Trinkwasser bräuchten. Das hätte ihn warnen müssen. Er hätte sich nicht überreden lassen dürfen. Und Claudia hatte er jetzt auch noch mit hineingezogen. So etwas Wichtiges wie Trinkwasser vergaß man doch nicht, schon gar nicht, wenn man erst vor kurzem selbst in der Situation war. Es sei denn ...

Wenn Tobias bisher nie davon gesprochen hatte, daß sie auf eine Wüste treffen würden, dann konnte das nur eines heißen: *Er hatte es nicht gewußt.*

»Du bist überhaupt noch nie hier gewesen, stimmt's?«

»Phh«, machte Tobias.

»Du hast das alles zusammenphantasiert, oder? Du kennst das hier genausowenig wie wir.«

Schweigen.

»*Tobias!*« brüllte Micha, dem jetzt der Geduldsfaden riß. »Verdammt, sieh mich gefälligst an, wenn ich mit dir rede!«

Eine ungeheure fassungslose Wut begann von ihm Besitz zu ergreifen, und er preßte seine Kiefer so fest aufeinander, daß die Muskeln schmerzten.

»Du gottverdammter Scheißkerl hast von Anfang an nur Mist erzählt.« Er boxte ihn gegen die Schulter und erschreckte fast vor Tobias angstgeweiteten Augen, als dieser endlich den Kopf hob und ihm ins Gesicht blickte.

»Ohhh«, stöhnte Micha auf. »Ich faß es nicht. Es war alles gelogen. Du ...«.

Er schnellte hoch und sprang ihn an, drückte Tobias' Schultern in den feuchten Ufersand. Sie wälzten sich kurz herum und stießen dabei den schon halbgefüllten Wasserkanister um.

Micha kniete jetzt über Tobias und schlug ihn ins Gesicht. »Scheißkerl!«

Tobias machte kaum Anstalten, sich zu wehren. Er ließ es über sich ergehen, als hätte er darauf gewartet, versuchte nur mit den Armen sein Gesicht abzuschirmen und Michas Schläge abzufangen, die nun auf ihn einprasselten.

»Was hast du dir dabei gedacht, uns hierher zu locken, he? Du widerliche Vogelscheuche, machst du vielleicht mal den Mund auf.« Micha war außer sich. Mit der flachen Hand schlug er zwischen den Sätzen immer wieder zu. Tobias' demonstrative Passivität provozierte ihn noch mehr.

Plötzlich spürte er zwei kräftige Hände, die an seinen Schultern zerrten und ihn von Tobias herunterrissen. Im nächsten Augenblick landete er im Matsch.

»Hört sofort auf! Was soll denn der Mist?« Claudia stand über ihnen, die Hände in die Hüften gestemmt, und schnaubte vor Wut und Anstrengung. Pencil knurrte.

»Spinnt ihr, oder was? Seid ihr völlig übergeschnappt?« Sie blickte rasch zwischen Micha und Tobias hin und her. »Männer!« sagte sie voll spöttischer Verachtung. »Ich finde, wir haben wirklich genug Probleme, da müßt ihr euch nicht noch gegenseitig den Schädel einschlagen. Außerdem brauchen wir Wasser.«

Micha richtete sich auf und rieb sich die Schulter. So leid es ihm tat, aber jetzt mußte er ihr wohl erzählen, was los war. Es war höchste Zeit, daß sie alle zusammen Tacheles redeten. Sie hatte zweifellos recht, sie hatten wirklich Probleme, allerdings in einer Größenordnung, von der sie sich wohl nicht die geringste Vorstellung machte.

»Frag ihn!« Er wies mit dem Kopf auf Tobias, der sich nun

ebenfalls aufgerichtet hatte und auf den Ellenbogen stützte. Er wischte sich mit dem Handrücken über das Gesicht und verschmierte dabei einen Blutstropfen, der aus seiner Nase lief.

»Ach, lieber nicht«, sagte Micha und machte eine abfällige Handbewegung. »Falls du es noch nicht weißt, der Kerl lügt, sobald er seinen häßlichen Mund aufmacht. Da hilft auch kein Diamant.«

»Is gut, Micha!« Tobias war aufgestanden. Er wischte sich den Dreck von den Beinen. »Du hast es jetzt wirklich oft genug gesagt.«

Claudia schüttelte verständnislos den Kopf. »Könnt ihr mir vielleicht mal erklären ...«

»Er ist noch nie hier gewesen«, sagte Micha und warf Tobias einen haßerfüllten Blick zu.

»Wie?«

»Na, alles erstunken und erlogen. Er weiß genausowenig wie wir, wo wir sind und wann und ... na ja, was das hier alles zu bedeuten hat.«

Claudias Augen wurden immer größer. »Du meinst ...?« Sie sah entsetzt zu Tobias hinüber.

»Ganz so schlimm ist es nicht«, sagte Tobias. »Aber im Prinzip hat er schon recht.«

»Na, wunderbar, welche Offenherzigkeit!« Micha schüttelte fassungslos den Kopf und versuchte, einigermaßen Ordnung in die auf ihn einstürmenden Gedanken zu bringen. Wenn Tobias noch nie hier gewesen war, woher stammten dann die Mitbringsel, und wie hatte er überhaupt von dieser verdammten Höhle erfahren? Vielleicht war das mit dem Heimweg auch nicht so einfach, wie Tobias behauptet hatte. Von wegen nach Osten. Außerdem ...

»Aber wenn Tobias vorher noch nie hier war«, kam ihm Claudia zuvor. »Wer dann? Irgend jemand muß diese Seerose doch gefunden haben.«

Micha spürte, wie er wieder wütend wurde und die Aggressionen in ihm hochstiegen. Sein Hiersein kam ihm mit einem Schlage so absurd vor, auch die jetzt zwischen King und Kong, den beiden Felstürmen, untergehende Sonne sah so unwirklich aus, daß er meinte, kurzfristig den Verstand zu verlieren. Er hatte dieses Rätselraten satt, ein für allemal und endgültig satt. Er würde sich das keine Sekunde länger mehr anhören.

»Tobias!« sagte er betont ruhig, hob drohend den Finger und kam sich dabei irgendwie albern vor. Aber es war nur ungewohnt. Er meinte es ernst. »Wenn du uns nicht sofort diese ganze beschissene Geschichte erzählst, ich meine wirklich die *ganze* Geschichte, dann gnade dir Gott. Ich habe noch nie jemanden krankenhausreif geschlagen, aber im Augenblick verspüre ich eine geradezu unwiderstehliche Lust dazu. Kannst du mir folgen?«

Tobias nickte. Dann verzog sich sein dreck- und blutverschmiertes Gesicht zu einem diamantenverzierten Grinsen. »Okay, okay! Ich erzähl's euch. Alles. Ich versprech's. Setzen wir uns oben auf die Matten?« Hinter ihm verschwand der rotglühende Rand der Sonne hinter den Bergen.

Dr. Di Censo

Als Axt an diesem schönen Vorfrühlingstag in die Station kam – es war Anfang März, und überall schauten schon die ersten Krokusse aus dem Boden –, wußte er noch nicht, daß dieser Tag für ihn eine entscheidende Wende herbeiführen sollte.

Es ging ihm deutlich besser. Er hatte die Nachwirkungen seines kleinen Malheurs gut überstanden, und vor allem die Tatsache, daß er gegenüber der Person, die ihm am meisten bedeutete, nicht mehr lügen mußte, ließ ihn sehr viel gefaßter, nüchterner und entschlossener in die Zukunft blicken. Voller Dankbarkeit dachte er an Marlis und den Sonntag nachmittag zurück. Wie hatte er nur so dumm sein können, ihr von alldem nichts zu erzählen? Bis in die Nacht hinein hatte sie sich die Geschichte angehört. Irgendwann waren ihr die Augen vor Müdigkeit zugefallen.

»Du mußt etwas unternehmen, Helmut«, hatte sie gesagt. »Du darfst dich nicht so passiv verhalten.« Er war nicht sicher, ob sie ihm wirklich glaubte, aber sie hatte ihm die Panik genommen, dieses unerträgliche Gefühl, nur hilfloses, ohnmächtiges Opfer zu sein.

Festen Schrittes lief er durch die beengten Räumlichkeiten der

Station, grüßte Sabine und die anderen und steuerte in seinem Arbeitszimmer wie jeden Morgen sofort auf die Kaffeemaschine zu.

Natürlich änderte das alles nichts daran, daß dieses Skelett existierte. Eingeschlossen in seinem Schiefersarg lag es da unten in dem feuchten, kühlen Kellerraum inmitten der anderen Fossilien und zeigte ihm mit knochigen toten Fingern eine lange Nase. Der einzige Unterschied war, daß er sich nun nicht mehr ganz so allein damit fühlte.

Er hatte sich an den Schreibtisch gesetzt und etwa zwei Stunden konzentriert gearbeitet, als ein karmesinroter Ferrari auf dem Stationsgelände hielt und in einem grandiosen und unübersehbaren Auftritt das Schicksal in Gestalt von Dr. Emilio Francesco Di Censo das Haus betrat.

Schmäler hatte die Angewohnheit, die zahlreichen Gäste aus aller Welt, die ihn und das Frankfurter Senckenberg-Museum besuchten, hinaus nach Messel zu schicken, sobald sie ihm lästig wurden. »Waren Sie denn schon in der Grube draußen?« pflegte er in solchen Situationen zu fragen, und wenn seine Gäste bedauernd mit dem Kopf schüttelten, setzte er einen Ausdruck grenzenlosen Erstaunens und tiefsten Mitgefühls auf, schob die Besucher sanft, aber bestimmt aus seinem Büro und sagte: »Na, das müssen Sie unbedingt nachholen. Am besten, Sie fahren gleich raus. Es ist nicht weit. Es wäre doch ein Jammer, wenn Sie sich das entgehen ließen. Ich werde sofort anrufen und Ihren Besuch ankündigen. Unser Leiter dort, Dr. Axt, wird für Sie sicher ein hübsches kleines Fossil finden, das Sie als Andenken mit nach Hause nehmen können. Mich müssen Sie bitte entschuldigen. Die Pflicht ruft, Sie verstehen.«

In der Regel funktionierte diese Methode ganz hervorragend, denn die meisten Besucher des Museums wünschten sich nichts sehnlicher, als die berühmte Grube Messel besichtigen zu dürfen, von der man nicht wußte, ob sie in wenigen Jahren nicht vielleicht unter Tonnen von Babywindeln, Kartoffelschalen und Zahnpastatuben verschüttet sein würde. Und die Aussicht auf ein eigenes Fossil ließ ihre Augen leuchten, auch wenn das Ding – was viele nicht wußten – nach wenigen Stunden zu kleinen braunen Schieferschnipseln zerfallen würde. Schmälers Anruf in der Station blieb meistens aus, und so standen die Gäste dann plötzlich in der Tür, platzten unangekündigt in die alltägliche Arbeit hinein und tänzelten verlegen von einem Bein aufs andere, wenn sie merkten, daß sie gar nicht erwartet wurden.

So ähnlich mußte auch Di Censo hergefunden haben, aber sein Auftritt konnte sich sehen lassen. Im schweren Kamelhaarmantel, einen weißen Seidenschal lässig um den Hals geschlungen und auf dem mächtigen Schädel einen schwarzen breitkrempigen Hut fegte er durch die Tür wie ein heißer Wüstenwind, blieb kurz stehen, um sich zu orientieren, und als er Axt durch die offene Tür des Arbeitszimmers an seinem Schreibtisch erspäht hatte, breitete er seine kräftigen Arme aus wie ein Opernsänger, der sich anschickte, seiner Angebeteten das zweigestrichene C entgegenzuschleudern.

»Dottore, carissimo«, schallte es durch das ganze Haus, und während Axt der Stift aus der Hand fiel, heulte Lehmkes Sandstrahlgebläse laut auf, und Sabine vergoß den Inhalt ihrer Kaffeetasse über die Holzplatte ihres Arbeitstisches.

»Dr. Di Censo«, entfuhr es Axt nach einem kurzen Moment des Schocks. Dann stand er auf, lief auf den unverhofften Gast zu und ließ sich von diesem an den Kamelhaarmantel drücken. Verstärkt durch den Resonanzkörper eines enormen Brustkorbs schien Di Censos Lachen die Luft des ganzen Gebäudes in Schwingung zu versetzen.

»Hahaha! Wie geht es Ihnen, Dottore? Was macht Ihre entzückende Frau, mia bella fiamma?«

»Gut …«, sagte Axt und wollte, nachdem er sich aus Di Censos Umarmung befreit hatte, zu längeren Erklärungen ansetzen. Ganz benommen von soviel Herzlichkeit, fuhr er sich durch die in Unordnung geratenen Haare und strich seinen verrutschten Pullover wieder glatt.

»Auch Ihnen geht es gut wie immer, was?« fragte er und nahm aus den Augenwinkeln wahr, wie Sabine den verschütteten Kaffee aufwischte und sich mit dem Finger an die Stirn tippte. Lehmke arbeitete schon wieder an seinem Präparat, als wäre nichts geschehen.

»Benissimo, caro, benissimo«, bestätigte Di Censo und klopfte Axt donnernd auf die Schulter.

Die beiden kannten sich, wenn auch bei weitem nicht so gut, wie das ausgedehnte Begrüßungzeremoniell vermuten ließ. Sie hatten sich bei verschiedenen Tagungen im Ausland getroffen. Anläßlich eines Meetings in Rom hatte Di Censo auch Marlis kennengelernt und sich von ihren roten Haaren derart hingerissen gezeigt, daß er sie fortan nur noch *mia bella fiamma,* meine schöne Flamme, nannte und es bei ihren seltenen Treffen nie versäumte, sich nach ihr zu erkundigen.

»Nun zeigen Sie mir mal Ihre berühmte Grube, Dottore«, sagte Di Censo, nahm mit weit ausgreifenden Schritten den ganzen Raum in Besitz, schaute dem ungerührt weiterarbeitenden Lehmke über die Schulter und steckte sich, ohne zu fragen, eine von Sabines Pralinen in den Mund, die stets auf ihrem Tisch herumlagen.

»Und wen haben wir hier?« Er baute sich vor Sabine auf, die mit einer Mischung aus Ekel und Faszination an ihm emporschaute und rot anzulaufen begann.

Axt trat schnell dazu, um eine Katastrophe zu verhindern. »Das ist Dr. Schäfer, unsere Fledermausexpertin.«

»Ahhh«, machte Di Censo, »ich bin entzückt, *che gioia.*«

Er ergriff ihre Hand, schaute ihr tief in Augen und sagte: »Gestatten, Graf Dracula, hahaha ...«

Sabine lächelte verkrampft und ließ zu, daß er ihre Hand küßte, nachdem sie Axts flehenden Blick empfangen hatte.

»Nun kommen Sie, Dottore, zeigen Sie mir Ihre Schätze. Ich habe leider nur wenig Zeit.«

»Äh, ich müßte eigentlich ... Aber, na gut, wenn es nicht allzulange dauert.« Es hatte wohl wenig Sinn, sich diesem Orkan zu widersetzen.

»Hahaha, immer beschäftigt, immer unserer Göttin, der Wissenschaft, zu Diensten. Das gefällt mir. Aber ein halbes Stündchen müssen Sie mir schon opfern, Dottore, sonst bin ich sehr, sehr böse auf Sie.«

Axt konnte sich lebhaft vorstellen, was das bedeuten würde, und lief hinüber in sein Arbeitszimmer, um den Mantel zu holen. Di Censo blieb solange neben Sabine stehen, betrachtete sie prüfend wie ein Metzger eine frisch gelieferte Rinderhälfte, lächelte sie dann mit seinen vollen Lippen an und verfolgte belustigt, wie sich in der Wissenschaftlerin vor seinen Augen ein Ausbruch von außerordentlicher Heftigkeit anbahnte.

Axt rettete die Situation, indem er kurz entschlossen zwischen die beiden trat.

»Ich bin dann soweit. Wir müssen dort entlang«, sagte er, und Di Censo nickte verständnisvoll. Draußen konnte Axt durch das Fenster gerade noch erkennen, wie Sabine aufsprang und wild gestikulierend umherlief.

Dr. Emilio Di Censo stammte aus einer steinreichen Industriellenfamilie. Er gehörte zu der sehr selten gewordenen Spezies der Privatgelehrten, lebte von seinem Vermögen und ging seinen Studien nach. Er war ein weltweit anerkannter Experte für fossile Insekten und hatte verschiedene Bücher veröffentlicht, die als Standardwerke auf diesem Gebiet galten. Auch wenn seine operettenhafte Erscheinung es nicht ohne weiteres vermuten ließ, er war ein exzellenter Wissenschaftler mit einem messerscharfen Verstand. Axt hatte bei verschiedenen Gelegenheiten miterlebt, wie Di Censo löchrige Argumentationsketten und schlecht vorbereitete Vorträge mit geradezu chirurgischer Präzision auseinandernahm und die bedauernswerten Referenten als zitternde Häufchen Elend zurückließ.

Bald standen sie unten in der Grube, und Di Censo rutschte mit seinem hellen Mantel und den teuren italienischen Schuhen in dem dreckigen, schmierigen Schiefer herum. Er war vor Begeisterung schier aus dem Häuschen, obwohl es außer unansehnlichen Gesteinstrümmern, dreckigen Plastikplanen und rostigem Bohrgestänge buchstäblich nichts zu sehen gab. Max und Rudi, die hier unten Ordnung schaffen sollten, verfolgten Di Censos Darbietung mit stoischer Gelassenheit.

Axt lud Di Censo noch zu einem kurzen Abschiedskaffee in sein Arbeitszimmer ein und achtete darauf, daß sein Gast auf dem Weg dahin nicht bei der in Alarmstimmung befindlichen Sabine hängenblieb.

Sie saßen schon ein paar Minuten zusammen und plauderten, als Di Censo zielsicher nach dem Kunstharzblock mit Sonnenbergs Prachtkäfer griff. Er betrachtete das Tier eingehend, legte die sonnengebräunte Stirn in Falten und brach dann in wieherndes Gelächter aus.

»Haha, ein schönes Stück. Wer hat Ihnen das denn gemacht?«
»Wieso gemacht?« fragte Axt verblüfft. »Ach, Sie meinen, wer ihn in das Harz eingebettet hat? Das weiß ich nicht. Das Tier stammt jedenfalls aus Mittelamerika, Costa Rica, soviel ich weiß. Ich fand es verblüffend, wie ähnlich es unseren Messeler Prachtkäfern sieht.«

Di Censo warf Axt einen Blick zu, der ihn auf das Format eines Überraschungseimännchens zusammenschrumpfen ließ. Der Mann hatte eine Ausstrahlung, vor der man nur vor Neid erblassen konnte. Axt wünschte, ihm hätte in den letzten Wochen nur ein Bruchteil dieser Kraft zur Verfügung gestanden.

»No, no, no, caro amico.« Di Censo betrachtete den Käfer von allen Seiten. »Das ist eine Fälschung, eine verdammt gute, das muß ich sagen. Ich komme gar nicht dahinter, wie das gemacht wurde. Aber, glauben Sie mir, so einen Käfer gibt es heute weder in Mittelamerika noch sonstwo, impossibile, assolutamente impossibile. Da wollte Sie jemand auf den Arm nehmen, Dottore.«

Axt war völlig perplex. »Meinen Sie das im Ernst?«

»Si, si.« Er machte jetzt ein nachdenkliches Gesicht, ganz der Wissenschaftler, der sich herausgefordert sah. »Ich kenne diese Tiere sehr gut. Es gibt heute nicht allzu viele von diesen großen bunten Arten auf der Welt, und die mittelamerikanischen Spezies sehen anders aus, ohne diese bronzefarbenen Streifen. Nein, das ist eine Fälschung, ein ganz bemerkenswertes Stück.« Kopfschüttelnd stellte er den Harzblock auf den Schreibtisch zurück, von wo aus er sofort in den Händen von Helmut Axt landete.

»Das ist ja ein Ding! Altes Schlitzohr!« Axt dachte gerade an sein Gespräch mit Sonnenberg, als der gellende Schrei einer Frau aus dem Präparationsraum drang. Di Censo sah ihn fragend an, dann sprangen sie auf, stürzten aus dem Zimmer und trafen auf eine leichenblasse, zitternde Sabine Schäfer, die entgeistert auf einen der Holzrahmen zeigte, in denen sich ihre Fossilien befanden.

»Was ist denn los?« fragte Axt atemlos.

»Sie ist weg!«

»Wer ist weg?«

»Meine *Hassianycteris*.« Das war eine der Messeler Fledermausgattungen, von Sabine selbst entdeckt und beschrieben.

»Was meinst du damit, sie ist weg?«

»Na weg, verschwunden, in Luft aufgelöst, was weiß ich.« Sie zitterte am ganzen Leib.

»Das ist doch völlig unmöglich.« Axt trat näher und fand in dem Holzrahmen nur eine makellose, feuchtigkeitsglänzende Kunstharzplatte. »Du meinst, sie war da drin?«

»Hältst du mich für völlig bescheuert, oder was?« Sie funkelte ihn böse an. Auf ihren geröteten Wangen glänzten die Spuren von Tränen. »Ich habe wochenlang daran gearbeitet. Es war eine *Hassianycteris magna,* noch dazu ein besonders schönes Exemplar. Du hast sie doch selbst gesehen. Man konnte ganz deutlich die Flughäute zwischen den Fingerknochen erkennen.«

»Das begreife ich nicht.«

In Axts Rücken räusperte sich jemand. Er drehte sich um und schaute in Di Censos Gesicht. Der Italiener sah aus, als sei er sich nicht mehr so sicher, ob hier noch alle bei Verstand waren.

Sorgen

Alois Sonnenberg saß an seinem Schreibtisch und rieb sich die schmerzende Hüfte. Es war erst Mitte März, aber vor zwei Tagen war plötzlich übergangslos der Sommer mit Temperaturen um die fünfundzwanzig Grad ausgebrochen. Solche rapiden Wetterwechsel machten seiner lädierten Hüfte immer schwer zu schaffen.

Unabhängig von dem abrupten Temperaturwechsel beherrschte ihn seit einiger Zeit eine quälende Unruhe, die von Tag zu Tag schlimmer wurde. Nicht daß er erwartet hätte, etwas von Tobias und seinem Freund zu hören. Da, wo die beiden sich jetzt wahrscheinlich aufhielten, gab es weder ein Postamt noch sonst irgend etwas, das auch nur im entferntesten an zivilisierte Einrichtungen erinnerte. Aber ihm war eingefallen, daß er dem Jungen viele sehr wichtige Dinge nicht mehr hatte sagen können. Er war so aufgeregt gewesen, so begeistert und überwältigt von der Aussicht, endlich jemanden gefunden zu haben, der den Mut und die Befähigung dazu hatte, in seine Fußstapfen zu treten, daß er vieles schlicht vergessen hatte.

Außerdem, seine eigene Reise – war es möglich, daß es schon so lange her war? – lag nun schon mehr als zwanzig Jahre zurück, und was ließ ihn eigentlich glauben, daß alles noch so war, wie er es damals erlebt hatte? Woher kam seine Zuversicht, daß es die Passage überhaupt noch gab? Vielleicht war die Höhle eingestürzt, oder dahinter, auf der anderen Seite, sah alles ganz anders aus, als er es in Erinnerung hatte. Er machte sich schwere Vorwürfe, daß er die beiden jungen Leute hatte fahren lassen, nur weil ihn Tobias' Erregung irgendwie mitgerissen hatte und die Aussicht auf frisches Forschungsmaterial für ihn so unwiderstehlich gewesen war.

Da war zum Beispiel die Sache mit der Meeresbucht. Er hatte immer nur von einem Fluß gesprochen, dem sie folgen müßten, aber dann war ihm wenige Tage vor Tobias' Abreise plötzlich eingefallen, daß die Höhle sie zunächst in eine große Meeresbucht entlassen würde und die Mündung des Flusses, dem sie folgen sollten, einige Tagesreisen in westlicher Richtung entfernt lag. Zu seinem großen Entsetzen hatte er das vollkommen vergessen. Aber anstatt von dem ganzen Vorhaben Abstand zu nehmen oder wenigstens die Abreise zu verschieben, hatte Tobias nur gelacht und gesagt: »Na Gott sei Dank, daß dir das noch eingefallen ist. Ich hätte ganz schön dumm aus der Wäsche geguckt.«

Der Junge war so voller Vorfreude gewesen, daß ihm nicht recht klar geworden war, in welch ungeheure Gefahr er da möglicherweise durch seine Nachlässigkeit geschliddert wäre. Und was war, wenn die beiden mit ihrem kleinen Ruderboot in ein Unwetter mit schwerer See gerieten?

Nein, er hatte unverantwortlich gehandelt, das wurde ihm jetzt klar. Nicht auszudenken, wenn ihnen etwas zustoßen würde. Hätte er doch nur etwas früher darüber nachgedacht. Jetzt blieb ihm nichts anderes als abzuwarten.

Manchmal war da sein fataler Hang zum Nervenkitzel, der ihn schon mehr als einmal in Teufels Küche gebracht hatte, ohne den er aber andererseits seine eigene Reise damals gar nicht angetreten hätte. Warum mußte er zum Beispiel diese Prachtkäfer, die er aus der tertiären Vergangenheit mitgebracht und in Kunstharz eingebettet hatte, für jeden sichtbar auf seinen Schreibtisch stellen? Warum hing diese Aufnahme des tertiären Urwaldes noch immer dort oben neben seinen anderen Erinnerungsfotos an der Wand?

Er liebte es einfach, sich mit Studenten, Kollegen und sonstigen Besuchern seines kleinen Instituts zu unterhalten, während zwischen ihnen auf dem Schreibtisch dieser Käfer lag, ein Tier, das vor 50 Millionen Jahren gelebt hatte, und somit eine ungeheuere Provokation war für dieses eindimensionale naturwissenschaftliche Denken, das heute vorherrschte und die Welt an den Abgrund manövrierte. Es war einfach köstlich und eine Quelle tiefster Befriedigung für ihn, den sie schon alle abgeschrieben und als Versager und Dummkopf abgestempelt hatten. Als dieser Wissenschaftler aus Messel hier gewesen war, hatte er sich sogar dazu hinreißen lassen, ihm eines der Tiere zu schenken, ihm, der dieselben Käfer als Millionen Jahre alte Fossilien aus seiner Schiefergrube holte. Wenn das kein geglückter Scherz war.

Das Leben schlug schon seltsame Kapriolen. Da reiste er monatelang durch eine archaische Wildnis, kehrte ohne eine Schramme, ohne die geringste Verletzung zurück und fiel dann zwei Jahre später von der Leiter, als er den Apfelbaum im Garten seiner Eltern zurückschneiden wollte. Dabei zog er sich einen derart komplizierten Hüftgelenkbruch zu, daß er dank der tatkräftigen Mithilfe unfähiger Ärzte dieses Andenken noch heute mit sich herumschleppte.

Nun ja, was er mit sich selber anstellte, war eine Sache. Aber hier ging es um das Leben zweier junger Leute, die zu den größten Hoffnungen Anlaß gaben, und da hätte er sich verdammt noch mal zusammenreißen müssen.

Tobias hatte seine Bedenken immer weggewischt. Er war genauso ein Draufgänger wie er selbst, als er vor zwanzig Jahren durch die Höhle gefahren war.

Das Tertiär war kein Spielplatz. Es war ein lebensgefährlicher Ort oder besser eine lebensgefährliche Zeit, das hatte er Tobias immer wieder einzutrichtern versucht. Aber der Junge hatte natürlich nur gelacht und gesagt: »Bestimmt nicht gefährlicher als die Kantstraße zur Hauptverkehrszeit.«

Nein, nachdem Tobias von dem Geheimnis erfahren hatte, gab es für ihn kein Zurück mehr, und er, Sonnenberg, hatte von Anfang an gewußt, daß es so sein würde. Die Aussicht, diese untergegangene Welt mit eigenen Augen erleben zu können, war für einen jungen Mann wie Tobias einfach unwiderstehlich. Dagegen kam er mit seinen ängstlichen Altmännerbedenken nicht mehr an. War man erst einmal infiziert von diesem Gedanken, ließ er einen nicht mehr in Ruhe.

Zuerst hatte er sich vehement dagegen gesträubt, daß Tobias einen Freund mitnehmen wollte, noch dazu einen, den er gar nicht kannte. »Alleine fahr ich nicht«, hatte Tobias kategorisch gesagt.

Sonnenberg hatte nur noch daran gedacht, daß nun auch für ihn die lange Zeit der Untätigkeit endlich zu Ende sein würde. Seit damals, seit seiner eigenen Reise in die Vergangenheit, hatte er nichts mehr publiziert, keine einzige Zeile mehr geschrieben. Wie sollte er auch? Er hatte die Welt des Eozän erlebt, am eigenen Leibe erfahren und gefühlt. Und da sollte er weiter diese lächerliche Forschung an ebenso lächerlichen Fossilienresten betreiben? Es ging nicht mehr. Er konnte nicht einfach so tun, als ob seine Reise nie stattgefunden hätte.

Was die Paläontologie da notgedrungen betrieb, war wirklich ein hoffnungsloses Unterfangen, von geradezu rührender Hilflosigkeit geprägt. Wie sollte jemand etwa *Krieg und Frieden* rekonstruieren, wenn er statt der vielen tausend kunstvoll konstruierten Sätze Tolstois nur einhundert wahllos herausgegriffene Wörter des Buches kannte, ja, von vielen sogar nur einzelne Buchstaben? Und wie sollte man Beethovens fünfte Sinfonie verstehen, wenn nur das berühmte *dadadadaaa* überliefert war? So war doch die Lage. Jede andere Einschätzung wäre Augenwischerei, das hatte er damals auch versucht, diesem Besucher aus Messel zu vermitteln. Aber wie die meisten, hatte der sich natürlich stur gestellt. Wer ließ sich schon gerne sein Spielzeug wegnehmen?

Aber er wußte, daß es so war, denn er hatte das Ganze gesehen. Auch über diese Gefahr hatte er Tobias nicht im unklaren gelassen. Er sei danach für die Paläontologie verloren, hatte er ihm gesagt, werde möglicherweise nie wieder mit derselben Begeisterung wie jetzt seinen Studien nachgehen können. Und was hatte der Bengel geantwortet? »Besser die Wahrheit kennen, als ewig wie ein Blinder im Dunkeln herumstochern«, hatte er gesagt und natürlich recht damit.

Deswegen mußte man ja mit dieser ungeheuren Möglichkeit so sorgsam umgehen. Prof. Hegerová, die ihm von der Höhle erzählt hatte, hatte damals gesagt, diese Information sei so gefährlich wie das Wissen um die Kernspaltung. Er dürfe sie unter keinen Umständen weitergeben, und wenn doch, dann nur an absolut zuverlässige Menschen, denen er ohne Bedenken sein eigenes Leben anvertrauen würde. Sonnenberg hatte sich fast drei Jahrzehnte daran gehalten, aber es war ihm mit den Jahren immer schwerer gefallen. Nur zwei Menschen hatte er davon erzählt, Ernst Herzog, dem berühmten Dinosaurierforscher und langjährigen guten Freund, der nach dem tragischen Tod seiner Frau spurlos verschwand. Wahrscheinlich hatte er Selbstmord begangen. Und jetzt Tobias.

Nun gab es noch einen Mitwisser, Tobias' Freund, diesen Michael. Tobias versicherte ihm immer wieder, daß er für ihn die Hand ins Feuer legen würde, daß es keinen Besseren gäbe, und schließlich hatte er klein beigegeben. Als Tobias ihn darum bat, hatte er ihm sogar einige Fotos, einen der Prachtkäfer und das Herbarblatt gegeben, damit er seinen Freund auf diese Weise überzeugen konnte. Hoffentlich hatte er keinen schweren Fehler gemacht.

Tobias sollte ihm Proben aus der Vergangenheit mitbringen, Material, mit dem er endlich seine seit vielen Jahren unterbrochene Forschungsarbeit wiederaufnehmen konnte. Auch wenn niemand davon erfahren durfte, war das immer noch besser, als noch länger in dieser erzwungenen Untätigkeit zu leben. Natürlich hatte er seine Lehraufgaben, und die erfüllte er, so gut er konnte, aber es war unendlich demütigend mitzuerleben, wie er mehr und mehr in der Vergessenheit versank. Wer nicht publizierte, existierte nicht, so war es nun einmal in der Wissenschaft.

»Was, der lebt noch?« hatte er einmal aus dem Munde eines Kollegen hören müssen, als dieser sich bei irgendeiner Gelegenheit mit Ellen, seiner Assistentin, unterhielt. Sie erzählte ihm gerade, daß sie beim alten Sonnenberg promovierte, und die beiden hatten ihn offensichtlich nicht bemerkt. Das tat weh. Und vor ein paar Jahren, als er sich das letzte Mal auf eine der Fachtagungen gewagt hatte, starrten ihn seine Kollegen an, als sei er ein lebendes Fossil, ein Untoter, der jüngst dem Grabe entstiegen war und nun wieder in den alten Kreisen herumgeisterte.

Wenn er wenigstens neues Forschungsmaterial hätte. Das würde ihm über diese verletzende, zutiefst demütigende Nichtexistenz innerhalb seiner Kollegenschaft hinweghelfen. Das hoffte er jedenfalls. Deshalb war er schwach geworden.

Aber war Tobias wirklich der Richtige? Hatte denn damals die alte Hegerová die richtige Wahl getroffen? In letzter Zeit bekam er da manchmal seine Zweifel.

Tobias war vor etwa einem Jahr aufgetaucht. Er sprühte vor Energie und Wissensdurst, versäumte keine seiner Lehrveranstaltungen und wurde bald zu einem vertrauten Anblick in den Gängen und Räumlichkeiten des Institutes. Sonnenberg begann sich schon Sorgen zu machen, ermahnte ihn, daß er gerade jetzt in der Anfangsphase seines Studiums die anderen geologischen Disziplinen nicht vernachlässigen durfte, aber Tobias ließ sich nicht beeindrucken. Der Junge war besessen von der Vergangenheit, und das imponierte ihm.

Heutzutage gab es kaum noch Studenten, die sich ernsthaft für die Paläontologie interessierten. Die meisten strömten in die modernen biologischen Modefächer, die Physiologie, die Ökologie und besonders in die Genetik, seit sich andeutete, daß man als Biologe dort erstmals gutes Geld verdienen konnte. Oder sie wollten als Geologen nach Erdöl, Gold und Diamanten suchen. Und sogar im letzten Jahr, als seine Seminare und Vorlesungen im Zuge der Dinosaurierwelle plötzlich aus allen Nähten platzten, bröckelte das Interesse schnell wieder ab, als die Studenten mitbekamen, welch mühsames Tagewerk die Paläontologie für sie bereithielt, daß es unter Umständen Wochen dauern konnte, nur einen einzigen Knochen aus dem Gestein zu lösen und daß die dann mühselig rekonstruierten Skelette nicht brüllend und stampfend und voller Leben durch die Gegend marschierten.

Tobias war anders. Er konnte sich tagelang genauestens mit einem einzigen Fundstück befassen. Seine Geduld, die wichtigste Eigenschaft, die ein Paläontologe mitbringen mußte, schien unermeßlich, und Sonnenberg verfolgte seine Entwicklung mit immer größerer Sympathie und Aufmerksamkeit.

Irgendwann, es mußte etwa im Spätsommer letzten Jahres gewesen sein, erzählte er Tobias dann von der Höhle und dem Geheimnis, das sie verbarg. Es war ein schwieriges Stück Arbeit, aber er hatte sich genau überlegt, wie er vorgehen würde. Vorausgegangen waren Tage und Wochen, in denen er sich immer wieder gefragt hatte, ob Tobias endlich derjenige war, nach dem er so lange gesucht hatte. Er war ungeduldig geworden, hatte Angst, daß der Richtige vielleicht nie mehr auftauchen könnte, wenn er weiterhin so hohe Maßstäbe anlegte. Alles wäre sowieso ganz anders gekommen, wenn nicht in demselben Maße, in dem Tobias sein Vertrauen gewann, das in seine Assistentin Ellen immer tieferer Ernüchterung wich.

Denn eigentlich hatte sie es sein sollen, die er einweihen wollte, sonst hätte er ihr nie die Assistentenstelle verschafft. Aber Ellen hatte ihn enttäuscht. Das in sie gesetzte Vertrauen erwies sich als eine einzige niederschmetternde Fehlinvestition. Es war noch nicht allzuviel Zeit vergangen, seit er sich zu einer so deutlichen und ungeschminkten Einschätzung der Lage durchgerungen hatte.

Ellen, seine schöne Ellen, wie hatte er sich nur so in ihr täuschen können? Natürlich hatte er sich damals, als seine Wahl für die frei werdende Assistentenstelle auf sie fiel, auch gefragt, welche Rolle dabei ihr Äußeres spielte. Sie war wirklich ein Traum von einem Mädchen. Auch wenn er auf die dreiundsechzig zusteuerte und ein lahmes Bein hatte, so war er doch kein Neutrum, den das völlig kalt ließ. Der Mann gleich welchen Alters, den Ellen nicht in helle Aufregung versetzt hätte, müßte noch geboren werden. Sie verstand es ja auch, ihre Wirkung auf Männer geschickt einzusetzen. Aber ausschlaggebend waren ihre fachlichen Qualitäten gewesen, ihr Diplom in Botanik, ihr scharfer Verstand, ihr ungeheurer Ehrgeiz, soweit hatte er sich schon unter Kontrolle gehabt.

Am Anfang lief alles recht erfreulich. Sie begann mit großem Eifer an ihrer Promotion über die eigenartigen Blütenstrukturen einiger fossiler Pflanzenfamilien zu arbeiten. Sie wollte versuchen, daraus Rückschlüsse auf deren Bestäubungsbiologie abzuleiten. Sonnenberg stand ihr zwar für Fragen zur Verfügung, hielt sich aber eher zurück. Er hatte ja mit eigenen Augen beobachtet, wie es funktionierte, hatte einsam unter seiner Plastikplane im Regen des eozänen Urwaldes gehockt und gesehen, daß es Fledermäuse waren, welche die Pollen aus den seltsam geformten Staubgefäßen unfreiwillig von Blüte zu Blüte transportierten. Aber das durfte er ihr natürlich nicht sagen. Seine Situation war deshalb nicht einfach.

Wenn alles optimal verlaufen wäre, hätte er ihr irgendwann bei einer gemütlichen Tasse Kaffee von der Höhle erzählt, und sie hätte es sich selbst ansehen können. Er hatte sich alles so schön vorgestellt – sie pflegten damals einen freundschaftlichen Umgangston, gingen hin und wieder sogar zusammen essen, und er genoß die erstaunten Blicke der anderen Gäste, neidisch bis empört, wenn er mit Ellen ein Restaurant betrat und sie sofort alle Augenpaare auf sich zogen.

Aber es lief eben alles andere als optimal. Irgendwann merkte er, daß sie immer verschlossener wurde, sich Schritt für Schritt von ihm zurückzog, schließlich sogar schnippisch und aggressiv wurde, wenn er sie ansprach oder sie sich in dem kleinen Institut über den Weg liefen. Er zermarterte sich das Gehirn, ob er irgendeinen Fehler gemacht, irgendein falsches Wort fallengelassen hatte, daß sie so reagierte und ihm aus dem Weg ging. Über ihre Arbeit, über die sie vorher so angeregt diskutiert hatten, schwieg sie sich zunehmend aus. Mitunter blieb sie tagelang verschwunden, ohne ein Wort zu sagen. Lange redete er sich ein, das Ganze werde schon vorübergehen, junge Frauen wie Ellen seien eben wankelmütige sensible Geschöpfe. Ihre Stimmungsschwankungen seien, ohne daß sie etwas dafür könnten, enormen Amplituden unterworfen, denen er alter Knacker nicht mehr zu folgen vermochte. Vielleicht hatte sie Liebeskummer oder irgendwelche anderen Probleme, über die sie nicht reden wollte.

Als dann Tobias auftauchte und die beiden sich bald näherzukommen schienen, schöpfte er noch einmal neue Hoffnung, dachte, daß sich alles wieder einrenken werde. Er träumte kurzzeitig sogar von einer kleinen dynamischen Arbeitsgruppe, etwas, das aufzubauen ihm nie zuvor nie gelungen war. Aber alles wurde nur noch schlimmer. Heute sprachen Ellen und Tobias kaum miteinander. Er wußte bis heute nicht, was zwischen den beiden vorgefallen war, und würde es wohl auch nie erfahren.

Er seufzte. Das Assistenten-Professoren-Verhältnis war eben eine besonders heikle Angelegenheit. Unter den Fittichen ihrer akademischen Ziehväter und -mütter spielte sich eine Art zweiter Pubertät ab, ein komplizierter, emotional aufwühlender Emanzipationsprozeß, der wie die Loslösung vom Elternhaus zu dramatischen Erschütterungen und Turbulenzen führen konnte, auch und gerade bei Frauen, deren Kampf um Anerkennung im patriarchalischen Wissenschaftsbetrieb besonders hart war. Nicht selten wuchsen die jungen Forscher und Forscherinnen ihren Betreuern über den Kopf, wenn sie sich mit jugendlichem Elan auf ihr neues Arbeitsgebiet stürzten, und es bedurfte auf seiten der etablierten Wissenschaftler schon eines außerordentlichen Einfühlungsvermögens und einer gewissen menschlichen Größe, wenn sie diesen schwierigen Prozeß begleiten und fördern sollten, ohne ihn zu stören oder zu behindern.

Im Falle von Ellen war ihm das gründlich mißlungen. Er mußte sich damit abfinden und nach vorne schauen. Jetzt gab es Tobias. Ein gutes Jahr noch, dann lief Ellens Stelle aus, und er hatte ein Problem weniger am Hals. Schade, daß Tobias erst am Anfang seines Studiums stand und daher noch nicht ihren Platz einnehmen konnte.

In Gedanken versunken spielte Sonnenberg mit einem Kugelschreiber herum, malte abstrakte Figuren auf ein Blatt Papier, Linien, die aussahen wie mystische esoterische Zeichen.

Hatte er Tobias eigentlich von dem Wasserfall erzählt, den Stromschnellen, die sie an Land umgehen mußten, um in die Savanne und den Dschungel zu gelangen? In seiner Erinnerung hatte es nur noch diesen Dschungel und die Savanne gegeben, weil er sich damals nur dort länger aufgehalten hatte. Alles andere, die gesamte Anreise, war im Laufe der Jahre zu einem undeutlichen Wirrwarr von Eindrücken verschwommen. Und da er auf Anraten der Hegerová keine detaillierten Wegbeschreibungen festgehalten hatte, halfen auch seine Aufzeichnungen nicht weiter. Wenn sie sich doch nur bis zum Sommer Zeit gelassen hätten, dann hätte er vielleicht …

Herr im Himmel, wenn dem Jungen etwas zustieß, würde er sich das nie verzeihen. Noch so ein Rückschlag wäre zuviel, das könnte er nicht mehr verkraften.

King und Kong

»O Gott!« stöhnte Micha, riß die Augen auf, soweit es ging, und rieb sich mit beiden Händen über das schweißbedeckte Gesicht. Es war noch früh am Morgen. Er hatte geträumt. Er richtete sich auf und starrte auf King und Kong. Wenige Kilometer entfernt ragten sie ungerührt in den Himmel. Ihre Gipfel wurden schon von der Morgensonne angestrahlt. Warum mußte er bei ihrem Anblick immer an Wachtürme denken?

Seitdem Tobias ihnen alles gestanden hatte, träumte er jede Nacht haarsträubenden Unsinn zusammen. Mal verirrte er sich in der endlosen gleißenden Helligkeit irgendeiner Eiswüste, mal stürzte er in Fallgruben urzeitlicher Jäger, wurde um ein Haar von wütenden Mammuts zertrampelt oder von hyperrealistischen Velociraptoren verfolgt, wie die Helden in diesem Dinosaurierfilm. Seitdem es für ihn keine Gewißheiten mehr gab, was diese Reise anging, spielte seine Phantasie verrückt, reimte sich im Traum irgendwelche Abenteuer zusammen, die in der Realität weiterhin hartnäckig ausblieben. Noch immer gab es nichts als den steingrauen Fluß, als Sand und Felsen, diese allerdings in erstaunlicher Vielfalt.

Den schlimmsten, weil hinterhältigsten aller Alpträume hatte er in der vergangenen Nacht gehabt. Er saß allein an einem Seeufer, hinter ihm ein dichter Kiefernwald. Es wurde rasch dunkel, und bald war um ihn herum nur mondlose Finsternis. Er fühlte sich ganz entspannt, glaubte, er säße irgendwo am Ufer eines heimatlichen märkischen Sees, als plötzlich durch die Baumkronen des gegenüberliegenden Seeufers ein schwacher Lichtschimmer zu sehen war, der rasch heller wurde. Wenige Minuten später schob sich eine blendend helle, riesige Mondscheibe über den Rand der Welt und raste bedrohlich schnell über den Himmel. Sie war viel größer als normal. Ein Zittern wanderte über den Erdboden. Die Baumkronen rauschten in einem plötzlichen Windstoß. Micha hatte vor Angst geschrien, sowohl im Traum als auch in der Realität. Tobias hatte ihnen am Vorabend allerhand Erstaunliches über den guten alten Mond erzählt, zum Beispiel, daß er im Erdaltertum vermutlich nur halb soweit von der Erde entfernt war wie heute und seine entsprechend größere

Scheibe wohl auch viel schneller gewandert sei. Michas Gehirn griff dankbar nach solchen Bildern, um ihn später im Traum damit zu traktieren, um ihn mal hier-, mal dorthin zu versetzen und in irgendwelche meist katastrophal verlaufenden Abenteuer zu verwickeln.

Claudia schlief ein paar Meter weiter, gleich neben der Feuerstelle, und hatte sich so tief in ihren Schlafsack verkrochen, daß kaum noch etwas von ihr zu sehen war. Nur ein paar blonde Haarsträhnen lugten heraus. Pencil lag mit der Schnauze auf den Vorderpfoten und offenen Augen neben ihr und verfolgte jede seiner Bewegungen.

Es ist schön, daß sie hier ist, mußte er plötzlich denken. Ob sie das genauso sah? Er empfand ihr gegenüber fast so etwas wie Dankbarkeit, weil sie ihn nicht mit diesem Lügner allein gelassen hatte. Wer weiß, was aus ihnen geworden wäre, wenn Claudia sie nicht getrennt hätte, vor ein paar Tagen, als er drauf und dran gewesen war, Tobias zu Hackfleisch zu verarbeiten. Er hatte gar nicht gewußt, daß er zu einem solchen Ausbruch von Aggressivität überhaupt fähig war. Einen kurzen Moment lang hatte er rotgesehen. Seitdem beschäftigte ihn immer wieder der Gedanke, wie weit er wohl gegangen wäre, wenn es Claudia nicht gegeben hätte. Wie sie mit dieser ganzen, für sie völlig unerwarteten Situation fertig geworden war, nötigte ihm jedenfalls größten Respekt ab.

Nur langsam verschwanden die Bilder des Traumes aus seinem Bewußtsein und hinterließen ein unbestimmtes Gefühl der Bedrohung. Er war nervös und versuchte sich abzulenken, indem er aus seinem Schlafsack kroch und das Feuer neu entfachte.

Sie hatten gestern tatsächlich Holz am Ufer gefunden, einen großen, völlig ausgeblichenen und blankpolierten Ast, und der Versuchung nicht widerstehen können, damit ein Lagerfeuer zu entfachen. Es war eine nette Abwechslung und der Situation irgendwie angemessener als die Petroleumlampe, die ihnen sonst als Lichtquelle diente. Aber, was viel wichtiger war als die Möglichkeit, ein Feuer zu machen: Der Ast bewies, daß es hier anscheinend doch irgendwo Bäume gab. Claudia konnte zwar an Hand des Holzes nicht feststellen, um was für eine Art von Pflanze es sich handelte, aber der Ast stammte zweifellos von einem Baum und mußte vom Fluß hierhertransportiert worden sein.

Hatte Tobias womöglich recht, und sie mußten nur da hinüber, auf die andere Seite der Berge? Er schaute hinauf und verfolgte einige Wolken, die gerade über die Gipfel trieben. Der Bergzug war nicht besonders hoch. Es gab überall Sattel und Pässe, die sie sicher ohne halsbrecherische Klettertouren erklimmen konnten. Ob sie allerdings auf der anderen Seite wieder herunterkamen, mußte sich erst noch herausstellen. Wasser würde ein Problem sein, und die Vorräte. Sie würden alles tragen müssen. Vielleicht konnten sie sich in der Nähe des Flusses halten.

Aber wenn es so wäre, wenn da oben oder dahinter tatsächlich Dinge auf sie warteten, die sie aus ihrem irgendwie zeitlosen Zustand herausrissen, etwas, das ihnen unmißverständlich anzeigte, was die Uhr geschlagen hatte, ein ... nun ja, ein Dinosaurier zum Beispiel oder ein Urpferdchen, lebendig wohlgemerkt, warum hatte dann Sonnenberg Tobias nur so mangelhaft darauf vorbereitet, warum hatte er nichts davon erzählt, daß sie auf dem Weg dorthin erst eine siebentägige Wüstendurchquerung mit anschließender Gebirgswanderung absolvieren mußten? Das war so, als bitte man jemanden einzutreten, ohne ihm zu sagen, daß hinter der Schwelle ein etwa zwei Meter breites und fünf Meter tiefes Loch wartete. Nicht auszudenken, was geschehen wäre, wenn sie kein Wasser mitgeführt hätten. Was hatte sich Sonnenberg dabei gedacht? So verkalkt hatte er gar nicht gewirkt. Oder war auch diese Version der Geschichte wieder nur eine von Tobias' Lügen?

Und was war mit ihm selbst? Wäre er wirklich zufriedener, wenn er endlich Gewißheit hätte? Hatte er diese ganze Reise nicht nur angetreten, um endlich zu beweisen, daß Tobias log? In diesem Falle hätte der Beweis doch kaum überzeugender ausfallen können und er hatte wirklich allen Grund, zufrieden zu sein. Tobias hatte tatsächlich gelogen, allerdings in einem gänzlich anderen Zusammenhang, als Micha das ursprünglich vermutet hatte. Es *gab* die Höhle, und es geschahen zweifellos ungewöhnliche Dinge, wenn man durch sie hindurchfuhr, aber auch Tobias kannte all das nur vom Hörensagen. Er war alles andere als ein vertrauenswürdiger Expeditionsleiter, an dem sie sich aufrichten konnten, wenn Angst und Zweifel sie überkamen. Sie drei zusammen waren hier auf einem völlig neuen Trip, einer Reise, die, wollte man Tobias' neuer Geschichte ausnahmsweise einmal Glauben schenken, zuletzt vor mehr als zwanzig Jahren unternommen worden war.

Zwanzig Jahre. Micha hatte gedacht, ihm schwinden die Sinne, als Tobias fast beiläufig erwähnte, wie lange Sonnenbergs Reise schon zurücklag. Wie konnten die beiden nur so naiv sein und glauben, daß etwas so Unbegreifliches wie diese Höhle nach mehr als zwanzig Jahren noch haargenau so funktionieren würde wie damals? Im Grunde waren sie nichts weiter als Versuchskaninchen. Wie die Affen, die als erste mit Gemini in den Weltraum fahren durften.

Was hatte dieses Loch im Fels mit ihnen gemacht? Was war das hier, das Erdmittelalter, das Devon? Australien? Oder doch das mittlere Tertiär, das Eozän, wie Tobias noch immer behauptete, obwohl er nicht die geringsten Beweise dafür hatte?

Das alles war sehr verwirrend. Micha mußte an den *Planet der Affen* denken. Das Ganze hier hatte sowieso sehr viel mehr Ähnlichkeit mit Hollywoods Zelluloidwelten als mit der Realität. Charlton Heston, die junge, aus der Sklaverei der Affen gerettete Menschenfrau hinter sich im Sattel, reitet am Ende des Films durch das flache Wasser immer an der Meeresküste entlang. Er ist auf dem Weg in das verbotene Land und findet dort den spektakulären Beweis dafür, daß er sich auf der Erde befindet: die zerschmolzene und verschüttete New Yorker Freiheitsstatue. War das hier am Ende eine Art *Mad Max*-Endzeit-Szenario, weder Vergangenheit noch Gegenwart, sondern die Zukunft? Scheißzeitreisen!

Michas Vertrauen in Tobias war so tief erschüttert, daß er überhaupt nicht mehr wußte, was er glauben sollte und was nicht. War wirklich Sonnenberg, dieses kleine verkrüppelte Männchen, derjenige, der hinter dieser ganzen mysteriösen Angelegenheit stand? Natürlich war ihm auch Ellen wieder eingefallen und was Tobias über sie gesagt hatte. *Steif wie ein Brett.* Mit Sicherheit war auch das eine Lüge.

Die Luft war kalt, und mit seinen Handflächen versuchte er,

die von den bald aufflackernden Flammen ausgehende Wärme aufzunehmen. Das Holz brannte gut. Es ging in dieser toten Welt etwas beruhigend Lebendiges von dem kleinen Feuer aus. Vielleicht durch das Knacken des brennenden Holzes geweckt, kam Leben in die große blaue Plastikrolle, bis schließlich Claudias verschlafenes Gesicht herausguckte.

»Morgen!«

»Morgen, Claudia! Gut geschlafen?«

»Na ja, es ging.« Sie öffnete den Reißverschluß ihres Schlafsacks und richtete sich auf. »Es ist noch früh, oder?« Sie gähnte.

»Hm.«

Er schaute auf die Uhr: halb sieben. Normalerweise bekam ihn zu dieser Zeit kein Mensch aus dem Bett. Er sah hier nur noch selten auf die Uhr. Sein Bezug zur Zeit hatte irgendwie Schaden genommen auf dieser Reise.

Er stand auf, ging zu Claudia hinüber, hockte sich auf die Knie und nahm sie in den Arm. »Ich hab vielleicht wieder einen Unsinn zusammengeträumt«, flüsterte er. Er spürte, wie sie sich an ihn drückte.

»Was war's denn diesmal?«

»Du kamst auch vor, als Kettenraucherin.«

»Als was?«

»Ach, ist doch unwichtig.« Er vergrub sein Gesicht an ihrem Hals. Es tat gut, ihre Wärme zu spüren. Eine Weile hielten sie sich eng umschlungen.

»Ah, schon auf, die Turteltäubchen.«

Micha fuhr zusammen, verkrampfte sich und stand ruckartig auf. Tobias' Kopf schaute aus dem Schlafsack und blinzelte sie mit zusammengekniffenen Augen an.

»Sieht nach idealem Reisewetter aus!« sagte er.

Micha fühlte sich ertappt. Gleichzeitig ärgerte er sich darüber, daß Tobias' Auftauchen ein solches Gefühl in ihm hervorrufen konnte. Der Kerl hatte schon wieder eine ziemlich große Klappe. Ein, zwei Tage lang war er wie ein verprügelter Hund mit gesenktem Kopf umhergeschlichen, aber je näher sie den Bergen kamen, desto besser wurde seine Laune. Er war überzeugt davon, daß der Dschungel hinter der Bergkette lag und daß Sonnenberg aus irgendeinem Grunde nicht mehr daran gedacht hatte, genauso wie ihm die Sache mit der Meeresbucht erst im allerletzten Moment wieder eingefallen war. Das Holz am Flußufer kam ihm da natürlich wie gerufen. Jetzt wußten sie immerhin, daß es irgendwo auf diesem Planeten Bäume geben mußte, was den Rahmen der in Frage kommenden Erdzeitalter immerhin um ein paar hundert Millionen Jahre einengte. Seitdem hatte er eindeutig Oberwasser.

Trotz ihrer vollkommen ungeklärten Lage dachte Micha seltsamerweise nicht daran, umzukehren. Er hatte sich mit Claudia darüber verständigt, daß sie den immer näher rückenden Berghang hinaufklettern und nachschauen würden, was dahinter lag. Wenn es auf der anderen Seite der Bergkette nicht anders als hier aussah, würden sie umkehren, ganz egal, was Tobias davon halten mochte. Ihm würde nichts anderes übrigbleiben, als sich ihnen anzuschließen. Aber jetzt, nein, jetzt dachte er noch nicht an Umkehr. Er wollte wissen, wo er denn nun hier gelandet war, was das alles zu bedeuten hatte. Claudia ging es genauso. Jetzt waren sie schon so weit gefahren. Es war simple Neugierde. Sie würden diese gottverdammten Berge hinaufsteigen und dann weitersehen.

Der Moment kam früher als erwartet. Schon am nächsten Tag zogen sie das Boot an Land und versteckten es hinter einem großen Felsen.

Die Strömung des Flusses war zu stark geworden. Es hatte keinen Sinn mehr, mit Muskelkraft dagegen ankämpfen zu wollen. Sie verbrauchten zuviel Energie dabei und zerbrachen möglicherweise noch eines der Ruder. Wenn sie wissen wollten, wie es hinter den Bergen aussah, dann mußten sie von jetzt ab laufen.

Sie ließen alles im Boot zurück, was ihnen irgendwie entbehrlich erschien, und füllten die so in den Rucksäcken entstandenen Lücken mit Vorräten aus den beiden Koffern und anderen Ausrüstungsgegenständen. Sämtliche geeigneten Gefäße mußten mit Trinkwasser gefüllt werden, da sie nicht wußten, wie lange es dauern würde, bis sie wieder auf Wasser stießen.

Es war ein beklemmendes Gefühl, die Titanic zurückzulassen. Als legten sie in zwanzig Meter Wassertiefe die Tauchgeräte ab, um von nun an ohne Luftzufuhr weiterzuschwimmen. Alle empfanden das so, aber niemand sprach darüber.

Bald hatten sie die kahlen Berghänge erreicht. Das Gelände stieg an. Claudia war sehr gut zu Fuß. Sie legte mit ihrem großen Rucksack ein solches Tempo vor, daß die beiden Männer kaum folgen konnten. Mit einem aufgeregten Pencil an ihrer Seite lief sie vorneweg.

Solange es ging, hielten sie sich in unmittelbarer Nähe des Flusses, dessen Wasser immer wilder wurde. Schließlich mußten sie aber auch ihn links liegen lassen, da die Uferböschung zu steil wurde. Wie unter Zwang mußte sich Micha auf den ersten Kilometern ihres Marsches immer wieder umdrehen und zurückschauen. Ohne das Boot gab es für sie keine Rückkehr.

Am Nachmittag desselben Tages stöberten sie zwischen den Felsen eine ziemlich normal aussehende Eidechse auf, wobei sie sich gegenseitig einen höllischen Schrecken einjagten. Sie war das erste lebende Wesen, das ihnen seit vielen Tagen begegnete, aber die Begrüßung fiel nicht besonders freundlich aus. Als sie dem Tier zu nahe kamen, präsentierte es plötzlich einen zackigen, bunten Hautkamm auf Rücken und Kopf und fauchte sie wütend an.

Wenig später fanden sie einen ersten Hinweis, daß hier vielleicht auch größere Tiere existierten, sogar sehr viel größere. Abends, im Licht der letzten Sonnenstrahlen, streiften sie noch etwas durch die Mondlandschaft in der Umgebung ihres Lagerplatzes. Dabei stieß Tobias auf die Fährte eines Tieres. Als Claudia, Pencil und Micha durch sein gellendes Geschrei alarmiert und voller schlimmer Befürchtungen bei ihm eintrafen, saß er in einem riesigen Fußabdruck, den Rücken an die Ferse gelehnt, die Arme lässig vor der Brust gekreuzt und mit den Beinen über Abdrücke monströser Zehen hinausragend, wie in einem morbiden, ausgetrockneten Whirlpool.

Das waren die Spuren eines riesigen Sauriers, da konnte nicht der geringste Zweifel bestehen. Sie erstreckten sich über etwa hundert Meter und rissen dann plötzlich ab, als ob das Tier die Lust am Laufen verloren und sich kurzerhand in die Lüfte erhoben hätte. Aber wie alt war die Fährte? War das der Beweis, auf den sie die ganze Zeit gewartet hatten? Wohl kaum, schließlich hatten sich eine große Zahl solcher Fußabdrücke bis in die Neuzeit erhalten. Diese hier mochten Jahrtausende, vielleicht Jahrmillionen alt sein, unter Umständen aber auch nur wenige Wochen. Der Boden war jedenfalls steinhart. Zu dem Zeitpunkt, als das Tier hier entlanggegangen war, mußte er weich gewesen sein, so daß sich die Spur tief eingedrückt hatte. Im Augenblick sah es wirklich nicht danach aus, aber vielleicht gab es hier doch gelegentlich heftige Regenfälle oder Überschwemmungen. Leider wurden sie durch diese Entdeckung nicht sehr viel schlauer, im Gegenteil. Michas Verwirrung nahm zu. Erdmittelalter, Dinosaurier, bei aller Liebe, aber das hatte ihm gerade noch gefehlt.

Er machte ein Foto von Tobias, wie er in dem Fußabdruck saß und so tat, als ob er sich einseife und abdusche. Sie hatten sich schon lange nicht mehr richtig gewaschen. Wahrscheinlich stanken sie zum Himmel. Claudia kicherte, aber ihm ging Tobias' Getue schon bald auf die Nerven. Es waren nur ziemlich leicht durchschaubare Versuche, mit albernen Scherzchen Schönwetter zu machen.

In der nächsten Nacht träumte Micha von einer großen Herde Hadrosaurier. Tobias ging darin aus und ein, spielte in den großen Nestern mit den übermütigen Jungtieren herum und wurde von den riesigen Echsen begrüßt und beschnüffelt wie ein alter Bekannter. Sobald Micha aber versuchte sich ihnen zu nähern, wandten sie ihm ihre riesigen Köpfe mit den flachen Entenschnäbeln zu, knurrten bedrohlich und brüllten in ohrenbetäubender Lautstärke. In den Morgenstunden legte Claudia ihre Matte dicht neben Michas und schlief eng an ihn geschmiegt wieder ein. Danach hörten endlich die Alpträume auf.

Sie näherten sich der Paßhöhe. Der Anstieg in der zunehmenden Tageshitze war mörderisch, und Micha wurde es ab und zu schwarz vor Augen, er stolperte und mußte einige Minuten ausruhen. Der Fluß lag jetzt linker Hand tief unter ihnen und brauste dort mit elementarer Gewalt durch eine enge Schlucht. Hinter ihnen erstreckte sich die Wüste. Irgendwo da unten lag ihr Boot. Unmittelbar vor ihnen ragten jetzt King und Kong in die Höhe wie ein gigantisches Victory-Zeichen. Ihr Weg würde sie ganz nah an den beiden Felstürmen vorbeiführen.

Jetzt hatte Tobias die Führung übernommen. Er kletterte immer schneller zwischen den überall verstreuten Felsbrocken hindurch in Richtung Gipfel. Als er oben war, verschwand er aus Michas Blickfeld, aber er hörte ihn irgend etwas rufen.

Bald hatte auch Micha die letzten Meter zurückgelegt und stand schwer atmend auf einem breiten Bergsattel. Er suchte Tobias und fand ihn hundert Meter weiter an einen Felsen gelehnt. Er hielt sich das Fernglas vor die Augen. Auch Claudia und Pencil waren schon dort eingetroffen. Sie wuchtete gerade den schweren Rucksack vom Rücken und trank anschließend aus ihrer Wasserflasche. Micha schleppte sich noch ein paar Schritte weiter und ließ sich neben den anderen erschöpft auf den Boden fallen.

Unten, auf der anderen Seite, erstreckte sich eine weite goldgelbe Hochebene, durch die sich als breites grünes Band der Fluß schlängelte. In diesiger Ferne erkannte man dicke Wolken am Himmel, darunter kegelförmige Berge, Vulkane. Tobias blickte angestrengt durch das Fernglas, schwenkte mal hierhin, mal dorthin. Hin und wieder gab er ein Schnauben oder Grunzen von sich.

»Na, gibt's wenigstens was zu sehen?« fragte Claudia. Ihr Gesicht war von der Anstrengung gerötet und glänzte vor Schweiß.

»Allerdings«, brummte Tobias. »Allerdings!«

Er machte keine Anstalten, das Glas abzusetzen.

Da unten rührte sich etwas. Micha erkannte jetzt einzelne kleine Punkte in der Ebene, die sich zu bewegen schienen. Es waren viele. Weit weg.

Plötzlich ging ein Ruck durch Tobias. Sein Rücken straffte sich. Er versuchte sich lang zu machen, stellte sich auf die Zehenspitzen.

»Was hast du denn?«

Einen Moment lang rührte sich Tobias nicht, dann setzte er das Fernglas ab, bot es Micha an und grinste. »Hier! Schau selbst! Damit dürften dann wohl alle Unklarheiten beseitigt sein.«

»Was meinst du?« Micha konnte oder wollte zunächst nichts Besonderes erkennen. Sein Kopf war träge nach dem anstrengenden Aufstieg. Seine Augen begannen zu tränen, weil ihm beißender Schweiß hineinlief. Er mußte blinzeln. Erst nach und nach sickerte in sein Bewußtsein, was diese Bilder zu bedeuten hatten.

Unten am Flußufer gab es dichte Vegetation, ein Galeriewald. Da waren die Bäume, die sie gesucht hatten. Kein Dschungel, aber immerhin große, weit ausladende Baumriesen, dichtes Gesträuch. Und ... Was war das? Ja, natürlich, das waren Vögel ...

»Nein, nicht da«, sagte Tobias, faßte ihn an den Schultern und drehte ihn herum. »Du mußt weiter rechts gucken. Ja, weiter rechts. Noch weiter.«

»Oah!«

Micha mußte vor Schreck das Glas absetzen. Aber jetzt sah er sie auch mit bloßen Augen, vier schwarze Punkte, die gemächlich in Richtung Fluß trotteten. Drei Alte und ein Kalb.

Elefanten!

Aus der Entfernung sahen sie zunächst wie ganz normale Dickhäuter aus, ähnliche Größe, dieselben charakteristischen Bewegungen, der federnde schaukelnde Gang. Aber irgend etwas an ihnen stimmte nicht. Es war offensichtlich, aber es dauerte einen Moment bis Micha verstand, was ihn an den Tieren irritierte. Er bekam eine Gänsehaut.

Das da waren ganz und gar keine gewöhnlichen Elefanten. Was er da sah, waren Dinotherien. Es war der Rheinelefant, das berühmte Schreckenstier von Eppelsheim, das da quicklebendig im Familienverband die Tränke ansteuerte, ein Tier, dem die Leute im 19. Jahrhundert angesichts der ersten ausgegrabenen Schädelfragmente ziemlich ratlos gegenübergestanden hatten und das Micha aus Abbildungen wohlbekannt war. Kein Wunder, daß die verwirrten Gelehrten der damaligen Zeit den Unterkiefer zunächst falsch herum am Kopf montierten.

Es waren vor allem die Stoßzähne, die nicht stimmten. Anders als beim modernen Elefanten ragten sie in scheinbar sinnlosem Bogen nach unten aus dem Kiefer. Wegen der furchtbaren Eckzähne dachten die Leute damals, ihr Fund könne nur ein großes Raubtier gewesen sein, und ehrten es wie die großen Saurier mit der Vorsilbe Dino-: *Dinotherium*, schreckliches Biest. Den schweren Köpfen der Dickhäuter fehlten die ausgeprägten Stirnhöcker der Elefanten, der Rüssel war kürzer. Sie sahen zugleich verwirrend vertraut und irgendwie beunruhigend fremdartig aus.

Micha setzte das Fernglas langsam ab. Mit offenem Mund schaute er zuerst Tobias, dann Claudia an, die nach unten starrte und dabei versuchte, ihre Augen mit der Hand zu beschatten.

»Na, weißt du jetzt, wo wir sind?« fragte Tobias spöttisch, nahm dem konsterniert wirkenden Micha das Glas aus der Hand und reichte es an Claudia weiter.

Ja, er wußte es.

Dinotherien waren eine im Tertiär erfolgreiche Rüsseltiergruppe. Sie hielten sich viele Millionen Jahren lang und starben erst zwei Millionen Jahre vor der Neuzeit aus. Jetzt konnten sie vielleicht herausfinden, was sie nun wirklich mit ihren nach unten gerichteten Zähnen taten, ob sie Wurzeln ausgruben oder ob sie tatsächlich, wie einige glaubten, Flußlebewesen waren, die ihre Zähne vom Wasser aus in den Uferboden rammten, um sich auf diese Weise zu verankern und beim Ruhen nicht von der Strömung fortgerissen zu werden.

Es konnte wohl wirklich keinen Zweifel mehr geben. Tobias hatte recht gehabt, von Anfang an.

Sie befanden sich in einer anderen Zeit. Das hier war das Tertiär.

Kunstharz

Sabines *Hassianycteris magna*, ihre seltene Messeler Fledermaus, war und blieb verschwunden. Sie standen vor einem Rätsel. Di Censo hatte sich nach dem Zwischenfall ziemlich schnell aus dem Staube gemacht und dabei den Eindruck vermittelt, als sei in der Station eine schreckliche Epidemie ausgebrochen, als wüchsen ihnen plötzlich eitrige Geschwüre im Gesicht. Alle hatten sich um die völlig verstörte Sabine versammelt und die Ärmste mit Fragen bombardiert.

»Laßt mich doch endlich in Ruhe«, hatte sie geschrien und die Hände verzweifelt vors Gesicht geschlagen.

Zuerst verhielten sie sich ziemlich idiotisch, aber angesichts der außergewöhnlichen Umstände war das vielleicht zu entschuldigen. Vollkommen unsystematisch durchsuchten sie Schränke und Schreibtischschubladen, durchstöberten dicke Papierstapel und wühlten in Abfalleimern herum, so, als sei es bei ihnen üblich, wertvolle Fossilien achtlos herumliegen zu lassen und zu vergessen, oder als sei es möglich, daß seit Äonen konservierte Tiere plötzlich zum Leben erwachten und sich ängstlich irgendwo verkrochen, um den Manipulationen durch ihre Entdecker und deren furchteinflößendes Instrumentarium zu entgehen.

Dabei lag der Fall ziemlich klar, nur wollte es zunächst niemand wahrhaben. Sie hatten nämlich mit der Aufarbeitung und Präparation von Fossilien genug zu tun, als daß es ihnen in den Sinn gekommen wäre, vollkommen normale, fossillose Schieferplatten, wie sie unten in der Grube tonnenweise herumlagen, mit einem Holzrahmen zu versehen, diesen säuberlich mit Kunstharz auszugießen, um dann von der Rückseite vorsichtig, Schicht für Schicht, den Schiefer abzutragen und zu einer makellos leeren Kunstharzplatte vorzudringen, auf der es absolut nichts zu sehen gab. Genau das müßte aber mit dem fraglichen Stück geschehen sein, denn auf dem holzgerahmten leeren Harzblock, der vor Sabine auf dem Tisch lag, klebten, wie Axt bei näherer Betrachtung feststellte, hier und da noch Reste des Schiefers. Wenn Sabine sich also in den letzten Wochen nicht mit einem vollkommen leeren Stück Ölschiefer abgeplagt hatte – und das war ja wohl auszuschließen –, dann hatte sie, so schwer das auch zu begreifen war, recht, und das ursprünglich darin befindliche Skelett hatte sich regelrecht in Luft aufgelöst. Sie beteuerte immer wieder, noch den ganzen Tag daran gearbeitet zu haben, auch vorhin, als Di Censo sich neben ihr aufgebaut hatte. Irgendwann sei sie nur mal rasch auf die Toilette gegangen, und als sie zurückkam, sei ihre schöne *Hassianycteris* weg gewesen. Und wie die Dinge lagen, stimmte das wohl.

Axt blieb in der ganzen Aufregung seltsam gelassen. Er plagte sich ja nun schon seit Monaten mit einem ähnlich absurden, wenn auch völlig anders gelagerten Fall herum, von dem die anderen nicht die Spur einer Ahnung hatten, auch wenn der kaum zu übersehende Beweis nur wenige Meter unter ihren Füßen im Kellermagazin lagerte. Plötzlich gab es nicht nur dieses wahnwitzige Menschenskelett, sondern nun auch dieses vollkommen rätselhafte Verschwinden eines Fossils. Aus *einem* obskuren, jeglichen gesunden Menschenverstand sprengenden, isolierten Phänomen waren nun unversehens deren zwei geworden, und er vermutete sofort, daß es eine Verbindung geben könnte, einen verrückten, nie dagewesenen, aber erklärbaren Zusammenhang.

Plötzlich war er sicher, daß die Zweifel und die Verunsicherung, die er in den letzten Monaten durchgemacht hatte, nicht ein Produkt seiner zu lebhaften Phantasie waren, sondern daß hier tatsächlich etwas sehr, sehr Merkwürdiges im Gange war, daß es irgendwo da draußen ein mysteriöses Phänomen gab, das ihnen diese bisher unerklärlichen Ereignisse bescherte. Der ernsten Situation gänzlich unangemessen, verspürte er tatsächlich so etwas wie Erleichterung. Was auch immer es war, es hatte sich nun nicht mehr nur ihn allein als Zielscheibe für seine seltsamen Scherze ausgesucht.

Und das Verschwinden von Sabines Fledermaus sollte kein Einzelfall bleiben. In den nächsten Tagen und Wochen häuften sich Meldungen wie diese. Von überall her kamen plötzlich aufgeregte Anrufe, aus Brüssel, aus Berlin, aus New York, sogar aus Tokyo, aber der erste, der Axt erreichte, kam hier ganz aus der Nähe, aus dem in dem alten Fachwerkrathaus untergebrachten Fossilien- und Heimatmuseum des Städtchens Messel. Am Telefon war eine völlig aufgelöste Gertrude Hohnerbach, eine pensionierte Lehrerin, die dort an den Wochenenden ehrenamtlich Dienst tat.

»Wirklich, Dr. Axt«, schluchzte sie herzzerreißend, »mir ist völlig unerklärlich, wie das geschehen konnte.«

»Nun beruhigen Sie sich mal, liebe Frau Hohnerbach. Niemand macht Ihnen einen Vorwurf.«

Sie schien ihn gar nicht gehört zu haben. »Ich weiß noch nicht einmal, wann das eigentlich passiert ist. Ich schaue ja nicht jedes einzelne Ausstellungstück an, bevor ich abschließe.« Sie schneuzte sich so laut in ein Taschentuch, daß Axt den Hörer weghalten mußte und den Anfang ihrer weiteren Beteuerungen verpaßte. »... verstehen. Natürlich kontrolliere ich alle Schlösser an den Vitrinen, bevor ich gehe, das ist ja selbstverständlich, und wenn eines der Schlösser aufgebrochen oder eine Scheibe zerschlagen gewesen wäre, hätte ich das bestimmt bemerkt, schon wegen der Glasscherben. Sie wissen ja, daß ich es in solchen Dingen sehr genau nehme. Ich fege jeden Abend einmal von oben bis unten durch. Die Menschen bringen ja soviel Dreck von draußen herein, Sie machen sich keine Vorstellung, wie ...«

»Ist das Vogelskelett denn gestohlen worden? Sie sagten doch, daß es ein Vogel war, oder habe ich Sie da falsch verstanden?«

»Ja, eine Ralle, jedenfalls steht das auf dem Schild. Eine Ralle ist doch ein Vogel, oder nicht? Himmelherrgott, ich bin vollkommen durcheinander. Daß ausgerechnet mir so etwas passieren muß. Es ist mir so schrecklich peinlich. Sie glauben ja gar nicht, wie mir zumute war, als ich das entdeckt habe. Ich ...«

»Was haben Sie den nun entdeckt, Frau Hohnerbach?« Die arme Frau. Sie konnte einem wirklich leid tun.

»Es ist weg«, schluchzte sie, »einfach verschwunden. Ich meine, nur das Skelett. Die Platte steht noch völlig unversehrt in der Vitrine, aber da ist nichts mehr. Sie ist leer.«

Später kamen dann die Anrufe aus Brüssel und den anderen Städten. Keine Tränen, weniger Emotionen, aber immer wieder große Aufregung und dieselben Botschaften. In Brüssel waren es gleich zwei Fledermäuse, allerdings keine *Hassianycteris*, in Rom ein Frosch, in New York eine Schlange, in Tokyo ein kleiner Nager, in Berlin ein Insektenfresser und in London wieder eine Fledermaus. Was immer es war, es schien Fledermäuse in besonderer Weise zu betreffen. Insgesamt acht Fälle zählte Axt schließlich und erkannte überall dasselbe Phänomen. Niemand war dabei gewesen, niemand hatte etwas beobachtet, aber plötzlich hatten sich all diese wertvollen Stücke scheinbar in Luft aufgelöst. Es geschah in Museumsvitrinen, in dunklen Sammlungsschubladen und mitten auf den Arbeitstischen forschender Paläontologen.

Axt hatte große Mühe, die aufgeregten Anrufer zu beruhigen. Fossilien aus Messel waren nicht gerade billig, ganz davon abgesehen, daß an Nachschub in beliebiger Menge nicht zu denken war.

Bei ihnen im Hause sei dasselbe passiert, sagte er den Anrufern, als könne er sie damit über ihren Verlust hinwegtrösten. Vielleicht handele es sich um einen bisher unbekannten Zerfallsprozeß, eine Art chemischer Zersetzung, sie tappten da selber noch im dunkeln, sagte er und überhörte den mitunter durchklingenden vorwurfsvollen Ton seiner Gesprächspartner, so, als ob sie irgend etwas damit zu tun hätten, als hätten sie eine Art Bestandsgarantie auf ihre Messeler Fossilien abgegeben, die von geprellten Kunden einklagbar wäre.

So chaotisch und undurchschaubar sich die Situation zunächst darstellte, es gab ein paar Gemeinsamkeiten, die Axt im Geiste sorgsam notierte. Es schien nur Fossilien aus Messel zu betreffen, nur solche, die aus der relativ späten Messelzeit stammten. Da war kein allgemeines Fossiliensterben im Gange oder so etwas.

Reginald Wood vom New Yorker Museum of Natural History, das über eine besonders umfangreiche Dinosauriersammlung verfügte, schnappte hörbar nach Luft, als Axt ihn fragte, ob bei ihnen im Haus noch andere Fossilien verschwunden seien. »Na, hören Sie mal! Die Leute rennen uns hier in Scharen die Bude ein, weil sie unsere Dinos sehen wollen. Was meinen Sie wohl, was hier los wäre, wenn sich plötzlich unser *Tyrannosaurus* verkrümeln oder die Dinomumien in Luft auflösen würden? Um Himmels willen, ich darf gar nicht darüber nachdenken. Eine Katastrophe wäre das. Wir könnten den Laden hier dichtmachen, sofort. Nichts für ungut, Dr. Axt, aber wegen der jetzt verschwundenen Messeler Schlange ist bestimmt niemand ins Museum gegangen, so schön und bedeutend sie auch gewesen sein mag. Ich fürchte, außer uns wird sie kaum jemand vermissen.«

Auch alle anderen Gesprächspartner, die er danach fragte, versicherten ihm, daß ihnen keine vergleichbaren Fälle mit Fossilien aus anderen Epochen der Erdgeschichte bekannt seien, weder jüngeren noch älteren Datums.

Es gab noch andere Gemeinsamkeiten. Es schien nur Tiere zu befallen, Landtiere, um genau zu sein, Tiere mit amphibischer Lebensweise und größerem Aktionsradius sowie solche, die fliegen konnten, wie Vögel, Insekten und natürlich Fledermäuse. Fische waren bisher nicht betroffen, was ihn als Ichthyologen in gewisser Weise beruhigte.

Das war zwar nicht viel, aber immerhin etwas, auch wenn es auf der nicht gerade beeindruckenden Datengrundlage von nur acht ähnlichen Fällen beruhte. Seltsamerweise schien ausgerechnet die umfangreiche Messel-Sammlung des Frankfurter Senckenberg-Museums von dieser weltweit grassierenden Fossilienseuche verschont zu bleiben.

Das Ganze war sicher alles andere als erfreulich, und Axt hätten die Tränen kommen können angesichts der schier unersetzlichen Fundstücke, die verschwunden waren, aber was ihn wirklich wütend werden ließ und endgültig auf die Palme brachte, war, wie Schmäler sich in dieser Sache verhielt. Er hatte natürlich schon mehrmals mit ihm darüber sprechen wollen, schließlich war er der Chef, und wann, wenn nicht in einer solchen Situation, sollte ein Direktor schnellstens und aus erster Hand unterrichtet werden, aber entweder Schmäler war nicht im Hause, ließ sich schlicht verleugnen, führte irgendwelche bedeutenden Besucher durch die hochmodernen Museumsräumlichkeiten, oder er zeigte sich seltsam uninteressiert und schien das Ganze am liebsten gar nicht zur Kenntnis nehmen zu wollen. Axt stieß bei Schmäler auf eine undurchdringliche Mauer erstaunlichen Verdrängungsvermögens. Eigentlich hätte ihn das kaum noch überraschen dürfen. Er hatte es ja in anderem Zusammenhang schon einmal durchexerziert. Auch die großartig angekündigte Aussprache über das *Homo sapiens*-Skelett hatte bis zum heutigen Tage nicht stattgefunden.

Trotz wiederholter Enttäuschungen hatte Axt aber bisher die Beherrschung behalten können. Bei einem erneuten Versuch, mit Schmäler zu reden, platzte ihm dann allerdings der Kragen.

»Ach, du bist es«, meldete sich Schmäler zerstreut und nicht gerade begeistert. Immerhin, ein erster Teilerfolg. Es geschah selten genug, daß man ihn überhaupt einmal in seinem Büro erwischte. »Was gibt es denn, Helmut?«

»Was es gibt?« Axt war fassungslos. »Du fragst allen Ernstes, was es gibt? Du hast nicht das Gefühl, daß es irgend etwas zu besprechen gäbe, nein? Ich meine, in aller Welt lösen sich unsere Fossilien in Rauch auf, ach was, wenn es wenigstens Rauch wäre, buchstäblich in nichts lösen sie sich auf, und du fragst mich, was es gibt?«

»Ja, ja, dumme Geschichte«, sagte Schmäler mit gequälter Stimme. »Sehr unangenehm, aber, hör mal, ich erwarte …«

Nun reichte es. Axt sprach mit dem Mann, dem er vieles, fast alles zu verdanken hatte, und zum ersten Male brüllte er ihn an, so laut er konnte: »Weißt du, es wäre wirklich sehr hilfreich, wenn du deinen Verstand einmal dazu benützen könntest, darüber nachzudenken, was hier, verdammt noch mal, eigentlich vor sich geht!«

6

Safari

Je weiter sie sich von ihrem Nachtlager am Berghang entfernten, desto vielgestaltiger wurde das Leben um sie herum, desto üppiger die Vegetation. Anfangs nur vereinzelt, säumten bald dichte Bestände hoher Laubbäume den gewundenen Flußlauf. In ihren ausladenden Kronen lebten viele Vögel, und Lemuren flohen mit lautem Kreischen die Stämme hinauf, wenn die kleine Expedition ihnen zu nahe kam. In einer Art Dominoeffekt scheuchten sie ihrerseits die dort sitzenden Vögel auf und regten sie zu heftigem Geflatter und Gezeter an. Nach der leblosen Stille in den Tagen zuvor war dieses schier überquellende Leben für Micha ein Schock. Er hatte sich auch in den zwei Tagen, die sie in ihrem Lager am Berghang zugebracht hatten, noch nicht daran gewöhnen können.

Pencil schien sich hier wohl zu fühlen, war aber sehr aufgeregt. Er flitzte durch das dichte Gebüsch, stürmte ruhelos voneweg, entfernte sich aber nie sehr weit von den Menschen und kam bald zurück, um zu schauen, wo sie blieben.

»Seht mal da drüben!« rief Claudia und deutete auf eine kleine Herde hirschähnlicher Tiere, die ohne Eile am gegenüberliegenden Flußufer entlangtrotteten. Sie schaute durch das Fernglas. »Merkwürdig! Die haben Eckzähne wie Raubtiere.«

Tatsächlich konnte man durch das Glas erkennen, daß einigen der Tiere lange, spitze, eher an Katzen oder Paviane erinnernde Eckzähne senkrecht nach unten aus dem Maul ragten, ein irritierender, befremdlicher Anblick. Schon in den Tagen zuvor waren sie überall auf ähnlich verwirrende Details gestoßen. Solche Zähne hatten für ihre Begriffe im Maul von friedlichen Pflanzenfressern nichts zu suchen.

»Säbelzahnhirsche«, sagte Micha spöttisch, aber in Wirklichkeit verfolgte er die Bewegungen der kleinen Herde eher mit gemischten Gefühlen, war froh, daß sie sich auf der anderen Flußseite aufhielten.

»Die Moschushirsche haben heute noch solche Zähne«, kommentierte Tobias beiläufig. »Mit heute meine ich natürlich die Neuzeit, das Holozän.« Er grinste.

Micha spürte, wie ihn leichter Ärger überkam. Er hatte es kapiert, er hatte es jetzt wirklich kapiert und mußte es nicht alle fünf Minuten erneut aufs Butterbrot geschmiert bekommen. Ja, sie waren im Tertiär gelandet, wie Tobias es gesagt hatte. Ja, er hatte letztlich doch recht gehabt. Ja, ja, ja.

Aber über die Moschustiere mußte er ihm nichts erzählen, das wußte er selber. Sie präsentieren ihre Eckzähne drohend bei Rivalenkämpfen. Tobias sollte lieber bei seinen Steinen bleiben.

Nach etwa einer Stunde machte der Fluß eine große Schleife. Dahinter bot sich ihnen ein prachtvoller Ausblick auf die beiden kegelförmigen Vulkane, deren Grollen sie schon seit vielen Tagen gehört hatten. Es war mehr als nur ein Geräusch, das ihnen durch Mark und Bein ging. Ein leichtes Zittern der Erde schien es zu begleiten, in dem die Androhung einer ungeheuren Kraft und Gewalt lag.

Den ganzen Abend hatten sie gestern damit zugebracht, sich vorzustellen, wie die Welt denn aussah, in der sie sich jetzt befanden. Die beiden Vulkane waren sichtbare Zeichen für die dramatischen geologischen Prozesse, die zu dieser Zeit überall auf der Erde abliefen. Im Tertiär entstanden die Alpen, der Himalaja, die Rocky Mountains und der Oberrheingraben. Letzterer war ein riesiger, mehrere hundert Kilometer langer Riß der Erdkruste, in den hinein, wie ein gigantischer Keil, der heutige Rheingraben mehrere tausend Meter tief abgesackt war. Es entstand eine Schlucht von derart monströsen Ausmaßen, daß sich der Grand Canyon dagegen wie ein harmloser Kratzer in der Erdkruste ausnahm. Jahrmillionen der Erosion haben die ursprünglichen Höhenunterschiede schließlich wieder verschwinden lassen. Heute gibt es nur noch klägliche Erinnerungen an die Dimensionen, die dort früher einmal zu sehen waren. Auch Gebirge werden geboren und sterben.

Sie stritten darüber, ob menschliche Bewohner in der damaligen Zeit wohl gewußt hätten, welche umwälzenden Veränderungen die Oberflächengestalt der Erde gerade durchmachte, ob sie etwas davon gemerkt hätten, daß ganze Kontinente kollidierten, daß sich unvorstellbare Massen ineinanderschoben und dabei Gebirge von der Breite eines Erdteils auftürmten. Tobias hatte aufgelacht und gefragt, ob wir denn jetzt etwas davon merken würden oder ob wir es früher, zu Hause, gespürt hätten, wir seien doch selbst die Zeitzeugen, von denen wir gerade gesprochen hätten. Zwar sei das Tertiär, geologisch gesehen, wirklich ein relativ turbulentes Zeitalter gewesen. Aber die Steine würden eigentlich nie schlafen, auch nicht im vermeintlich so ruhigen Holozän. Natürlich, er hatte recht: Bewohner des Tertiärs hätten wahrscheinlich genausoviel oder -wenig von der Umgestaltung der Erdoberfläche bemerkt, wie die Mitteleuropäer des zukünftigen 20. Jahrhunderts etwas davon mitbekommen, daß der Riesenerdteil Afrika entlang des Rift Valley, quer durch Kenia und Äthiopien, unter spektakulären lokalen Begleiterscheinungen in zwei Teile auseinanderreißt. Letztlich kam es wohl wie so oft auf den Standpunkt an, von wo aus man das Geschehen verfolgte.

Tobias holte noch einmal seine kleine Kartenkopie hervor, welche die vermutliche Verteilung von Meer und Landmassen im eozänen Mitteleuropa zeigte. Jetzt, da sie endlich wußten, wo sie sich befanden, betrachteten sie die fremden Umrisse der dargestellten Insellandschaft mit anderen Augen. Das war die Welt, in der sie sich jetzt bewegten.

Obwohl weltweit schon einiges an die vertraute Oberflächengestalt der Erde erinnerte, hatte der Planet im Tertiär noch in vieler Hinsicht ein anderes Aussehen. Zwischen Nord- und Südamerika gab es keine Landverbindung, was die eigentümliche Entwicklung der südamerikanischen Säugerfauna ermöglichte, auch Afrika und Eurasien waren noch durch einen Ozean, die Tethyssee, getrennt. Italien und Griechenland schwammen in trauter Einheit als große U-förmige Insel da, wo heute das Mittelmeer liegt, und auch Indien trieb als eigener Erdteil irgendwo im Ozean herum, bereitete sich sozusagen auf den unmittelbar bevorstehenden großen Zusammenstoß mit den asiatischen Festlandsmassen vor, der Geburtsstunde des Himalaja.

Tobias wußte ungeheuer viel über diese Vorgänge und hörte sich natürlich auch gerne reden. Abends im Schlafsack ärgerte Micha sich, wie unvorbereitet er auf diese Reise gegangen war.

Aber er hatte ja nicht damit gerechnet, dies alles hier zu sehen, und eigentlich nur Tobias' Schwindel beweisen wollen. Unter anderem erzählte Tobias von einer neuen faszinierenden Theorie, nach der sich die Kontinente dieser Erde alle 500 Millionen Jahre zu Pangäa, einem einzigen Superkontinent, vereinigen würden, um dann, vielleicht in ganz neuer Gestalt, wieder auseinanderzudriften.

»Wann ist es denn wieder soweit?« fragte Micha.

»Vermutlich so in 300 Millionen Jahren.«

»Na dann haben wir ja noch ein Weilchen Zeit«, bemerkte Claudia. Sie kicherte. »Ich glaube allerdings kaum, daß die Amerikaner oder die Australier besonders begeistert sein werden, wenn sie wieder mit dem guten alten Europa vereint sind.«

Auch Micha mußte lachen. »Stellt euch vor, was das für weltpolitische Turbulenzen nach sich ziehen würde. Die Europäische Union und all die anderen Staatengebilde hätten gar keinen Sinn mehr. Völlig neue Konstellationen würden sich herausbilden. New York läge nur noch ein paar Autostunden von Berlin entfernt, Lissabon gleich neben Miami, Argentinien ...«

»Ihr habt vielleicht Probleme«, unterbrach ihn Tobias kopfschüttelnd, und für einige Minuten schallte ihr ausgelassenes Lachen hinunter auf die Hochebene.

Sie waren ganz guter Stimmung gewesen gestern abend, froh, der deprimierenden Leblosigkeit der tertiären Wüste entkommen zu sein. Besonders Tobias schien erleichtert. Seit sie die andere Seite der Bergkette erreicht hatten, war er viel umgänglicher.

Die Vulkane, die zu diesen Gesprächen Anlaß gegeben hatten, waren allerdings weit entfernt, viele Kilometer. Sie würden sicherlich nicht in die Nähe der rauchenden Bergkegel kommen, aber ihre Umrisse beherrschten auch so die weite Savanne zu ihren Füßen.

Eine von Tobias' Geschichten blieb Micha in besonders lebhafter Erinnerung.

Im Miozän, in ungefähr 35 Millionen Jahren also, platzt die Haut des Planeten im zukünftigen Bundesstaat Washington an der Westküste Nordamerikas und aus riesigen Erdspalten ergießen sich wahre Sturzbäche dünnflüssigen Magmas. Flutwellen aus Lava von hundert Kilometer Breite und mehr wälzen sich immer wieder von neuem über das von einer artenreichen Großtierfauna bevölkerte Land und begraben alles unter sich, was nicht rechtzeitig fliehen kann.

15 Millionen Jahre später, im Holozän, finden Geologen bei Bohrungen im Osten von Washington ein seltsames Loch in dem vulkanischen Basaltboden eines Weizenfeldes. Erste Untersuchungen deuten darauf hin, daß dieses Loch von der Größe eines Mittelklassewagens offenbar eine sehr eigentümliche Form aufweist, und lange wird gerätselt, was es damit auf sich hat. Man spekuliert über Gasblasen, über komplizierte chemische Prozesse, die zu einer solchen Höhle mitten in einer mächtigen Lavaschicht geführt haben könnten. Dann hat jemand eine Idee und schlägt vor, das Loch mit Beton auszugießen. Als sie den Plan in die Tat umsetzen, erleben die Wissenschaftler eine Überraschung. Zum Vorschein kommt kein formloser Klumpen, sondern ein perfekt gestaltetes Betonnashorn. Das Tier ist wohl im Miozän vor einer meterhohen und auf großer Breite herannahenden Lavafront geflohen, vielleicht viele Stunden oder gar Tage um sein Leben gerannt und schließlich entkräftet zusammengebrochen. Das Magma begräbt das urzeitliche Rhinozeros, und in dem viele tausend Grad heißen flüssigen Gestein verschmort der kräftige Tierkörper innerhalb kürzester Zeit. Aber das tragische Ereignis bleibt nicht ohne Spuren. Noch im Tod prägt das Leben dem Stein für alle Zeiten seinen Stempel auf. Der Nashornkadaver war groß genug, um die umgebende Lava deutlich abzukühlen, und so erstarrt die Schmelze rings um den Tierkörper zu einer harten Gesteinskruste, schließt sich zu einer nahezu perfekten Hohlform. Zurück bleibt ein Loch in Nashorngestalt.

Stunden später. Wieder eine neue Windung des Flusses.

Während sich auf ihrer Seite der Biegung einige große Bäume mit dichtem Unterholz zu einem Wäldchen gruppierten, hatte der Fluß auf der anderen Seite eine große flache Bucht ausgespült, in der zahlreiche Wasserpflanzen wuchsen. Was sie dort sahen, verschlug ihnen den Atem. Sie blieben wie angewurzelt stehen.

Im Uferbereich und in den dichten Beständen der Wasserpflanzen tummelte sich die verrückteste und außergewöhnlichste Gesellschaft von Lebewesen, die ihnen bis dahin unter die Augen gekommen war. Es gab sicherlich noch viel fremdartigere Wesen als die, die sie hier sahen, aber wahrscheinlich war es gerade die Kombination von Vertrautem mit völlig Ungewöhnlichem, die diese hier so besonders faszinierend machte. Es waren allesamt eindeutig Säugetiere, aber keines ließ sich so ohne weiteres in bekannte Schemata einordnen. Mit dem Tertiär begann ja das Zeitalter der Säuger, die innerhalb relativ kurzer Zeit eine große Formenfülle hervorbrachten. Sie befanden sich jetzt gewissermaßen in der Morgenröte dieser Entwicklung.

Auf der Lichtung, die sich bis zu dem Wäldchen erstreckte, lagen einzelne Felsblöcke herum, die eine hervorragende Deckung boten. Hinter diesen Steinen versteckten sie sich, legten ihre Rucksäcke ab und rührten sich für die nächsten Stunden kaum von der Stelle. Leider besaßen sie nur ein Fernglas, mit dem sie das Treiben auf der anderen Seite beobachten konnten. Ungeduldig rissen sie es sich nun immer wieder gegenseitig aus den Händen. Zur Not konnte man auch durch Tobias' Teleobjektiv schauen.

Zwei große, massige Burschen standen im flachen Wasser und fühlten sich dort unter vernehmlichem Schnaufen augenscheinlich sehr wohl. Tobias nannte sie Schaufelzähner. Es war schon beeindruckend, daß er für fast jedes dieser Tiere einen Namen parat hatte. Was die lateinischen Namen anging, mit denen er ausgesprochen gerne um sich warf, so konnte er ihnen natürlich den größten Unsinn erzählen, ohne daß sie etwas davon nachprüfen konnten. Aber diesmal sah Micha sein vor Erregung glühendes Gesicht und glaubte ihm. Er selbst kannte kaum eines dieser Tiere. Tobias war in diesen Stunden vorbehaltlos und uneingeschränkt glücklich, und Micha verspürte zum ersten Mal seit längerer Zeit wieder so etwas wie Sympathie für seinen alten Schulfreund. Tobias' Begeisterung war ansteckend und übertrug sich auch auf ihn und Claudia. Es half ihnen, das mulmige Gefühl im Magen zu vergessen, das die zum Teil riesigen Urzeitwesen in ihnen hervorriefen. Micha nahm sich jedenfalls zum wiederholten Male vor, sich nach ihrer Rückkehr viel mehr mit diesen Dingen zu beschäftigen.

Den Namen Schaufelzähner hätte er im übrigen keine Sekunde angezweifelt, denn er beschrieb die Tiere sehr zutreffend. Es waren frühe Elefanten, wie die Dinotherien ein später ausgestorbener Seitenzweig der großen Gruppe der Rüsseltiere, von deren großem Artenreichtum in ferner Zukunft nur kümmerliche zwei Formen übrigbleiben sollten. An der Ausrottung der dritten, der Mammuts, waren ja wahrscheinlich die eiszeitlichen Frühmenschen nicht ganz unbeteiligt. Einer der frühesten Fälle von Menschen verschuldeter Ausrottung einer Großtierart. In jüngster Zeit hatte man allerdings auf der Wrangelinsel in der ostsibirischen See die Überreste von Zwergmammuts entdeckt, die sich dort noch ein paar tausend Jahre länger halten konnten als ihre großen Vettern auf dem Festland und erst 4500 Jahre vor der Neuzeit ausstarben. Micha konnte nicht anders, als an das Schicksal ihrer Verwandten zu denken. Ob es in der Zukunft für die letzten Überlebenden der Rüsseltiere, die Elefanten, auch solche Rückzugsgebiete geben wird? Oder werden diese Refugien aussehen wie Zirkuszelte und Freigehege zoologischer Gärten?

Die Schaufelzähner besaßen vier Stoßzähne, von denen zwei als flache parallele Schaufeln ausgebildet waren und nach vorne aus dem langgestreckten Unterkiefer ragten. Die Tiere operierten damit wie ein Bagger, fuhren mit ihrer Zahnschaufel zwischen die dichten Matten der Wasserpflanzen, klemmten sie mit ihrem darüber hängenden, breiten Rüssel fest, rissen mit einer kräftigen Kopfbewegung dicke Büschel aus dem Untergrund und kauten dann langsam und genüßlich, wobei ihnen eimerweise eine grünlich braune Flüssigkeit, eine Mischung aus schlammigem Wasser und Pflanzensaft, aus den Mäulern lief.

Wie gebannt beobachteten sie diese friedlichen Riesen, die keinerlei Notiz von ihnen nahmen. Eine sanfte Brise wehte ihnen entgegen, so daß die Tiere sie nicht wittern konnten. Atemlos vor Spannung hockten sie hinter ihrem Felsen und verhielten sich so still wie möglich, nur Claudia hatte alle Hände voll damit zu tun, Pencil zu beruhigen, der offenbar am liebsten aus ihrem Versteck gestürzt wäre, um sich den beiden Schaufelzähnern als neuer Spielpartner vorzustellen.

Es herrschte ein ununterbrochenes Kommen und Gehen. Durch Zufall hatten sie einen Platz ausfindig gemacht, der anscheinend die bevorzugte Badestelle und Tränke der ganzen Gegend darstellte. Sie mußten sich nur ruhig verhalten und abwarten, dann flanierte alles an ihnen vorbei wie auf dem Boulevard einer Großstadt.

Neben den Tieren mit den seltsamen Eckzähnen stellten sich allerlei andere Arten von Antilopen und Hirschen ein. In kleinen Gruppen oder größeren Herden näherten sie sich vorsichtig dem Wasser, tranken und verschwanden wieder. Eine Gruppe fiel ihnen besonders auf, denn die Tiere trugen zwei Paar Geweihe, wieder eines dieser merkwürdigen Details, die ihnen sofort ins Auge stachen. Hunderte von »normalen«, zweihörnigen Exemplaren hatten sie kaum beachtet, angesichts der Vierhörnigen bekamen sie sofort eine Gänsehaut. Aber gab es einen anderen Grund, Vierhörnige weniger normal als Zweihörnige zu finden, als daß sie einfach neu für sie waren? Das zusätzliche Geweihpaar wuchs den Tieren auf der Mitte des Kopfes zwischen Nase und Augen, und die beiden V-förmig auseinanderstrebenden Hörner waren wie die Fühler einer Schnecke an den Enden zu Kolben verdickt. Einer anderen Art wuchs dort nur ein einzelnes, an der Spitze gegabeltes Horn. Sie konnten beobachten, wie einzelne Tiere kurze Kämpfe damit ausfochten. Der Wind wehte das Krachen der aufeinanderprallenden Geweihe und Schädel bis zu ihrem Versteck hinüber.

Unter den Hornträgern sah man auch einzelne massige, schwerfällige Tiere, die drei paar knöcherne, grotesk aussehende Fortsätze auf ihren schweren Köpfen trugen. Tobias nannte sie Uintatherien. Die großen Eckzähne des Oberkiefers, die ihnen wie den Hirschen aus dem Maul ragten, gehörten hier wohl zur Grundausstattung. Vielleicht war es in diesen harten Zeiten nötig, sich mit Hilfe eines möglichst grimmigen Äußeren unter all diesen urzeitlichen Riesen Respekt zu verschaffen, auch wenn nicht viel dahintersteckte.

Zwei riesige Dinotherien fanden sich ein. Erst jetzt konnten sie sehen, wie groß diese Dickhäuter wirklich waren. Von oben und aus großer Entfernung hatten sie in der endlosen Savanne doch eher wie fehlkonstruierte Spielzeugelefanten gewirkt. Jetzt aber überragten sie mit ihren hohen Schultern alle anderen Tiere, und ihr Aussehen erzeugte in Micha ein ganz ähnliches Befremden wie zuvor die vierhörnigen Geweihträger. Diese seltsamen, fast rechtwinklig nach unten gekrümmten Unterkieferstoßzähne deklassierten sie zu einer jahrmarktreifen Elefantenmißgeburt. Die Riesen planschten eine Weile würdevoll herum, tranken, bespritzten sich mit Wasser und zogen dann langsam und majestätisch ausschreitend wieder davon. Was sie mit ihren umstrittenen Stoßzähnen anfangen konnten, blieb weiterhin ein Rätsel.

Plötzlich wurde Micha von einer Bewegung auf ihrer Seite des Flusses abgelenkt. Mit lautem Getrappel traf eine Gruppe hundegroßer Tiere auf der Lichtung vor dem Wald ein und begann sogleich, an den Blättern der Sträucher am Waldrand herumzuknabbern.

»Urpferdchen!« flüsterte Tobias.

»Das sollen Pferde sein?« fragte Claudia ungläubig, wobei sie unter Mühen Pencil festzuhalten versuchte, den es unwiderstehlich auf die Lichtung zu ziehen schien.

»Nicht Pferde, *Eohippus* ist das, ein Vorläufer unserer Pferde. Schau genau hin, sie haben noch sieben Zehen, vier vorne und drei hinten.« Mit offensichtlicher Mißbilligung verfolgte Tobias aus dem Augenwinkel, wie Pencil immer unruhiger wurde.

»Halt ja den Köter fest! Laß ihn nicht weg!« zischte er.

»Das sagst du so«, erwiderte Claudia mit dem zappelnden Dackel auf dem Arm. »Ich weiß nicht, ob ich ihn noch lange festhalten kann.«

Wie Pferde sahen die kleinen Gesellen wirklich nicht aus, eher schon wie Miniesel. Sie hatten ein paar Fohlen bei sich, die ausgelassen auf der Lichtung herumtollten.

Plötzlich geschah etwas Unglaubliches. Völlig überraschend brach ein riesiger, auf zwei Beinen laufender Vogel aus dem dichten Unterholz des Wäldchens, stieß mit seinem fast pferdegroßen Kopf und weit aufgerissenen Schnabel nach einem der Fohlen. Augenblicklich herrschte auf der Lichtung helle Aufregung. Die Urpferdchen rannten wiehernd in panischer Angst hin und her, und kurze Zeit später war die ganze Herde verschwunden. Micha konnte sie gut verstehen, denn seine Gefühle gingen in eine ähnliche Richtung, und um ein Haar hätte er sich ihnen angeschlossen. Sogar auf der anderen Flußseite machte sich Unruhe bemerkbar. Die diversen Hornträger hatten ihre Köpfe gehoben und starrten zu ihnen herüber. Sogar die Schaufelzähner hielten kurz inne.

Erst jetzt sah Micha, daß der braungefiederte Angreifer mit seinem Überfall Erfolg gehabt hatte. Eines der jungen Urpferde hing schlaff in seinem furchterregenden Schnabel, und mit eisigen Augen spähte der Vogel sichernd umher. Diese unbeweglichen Raubvogelgesichter mit dem durchdringenden Blick hinterließen bei Micha immer den Eindruck, die Tiere seien irgendwie unleidlich und gerade furchtbar schlecht gelaunt, auf jeden Fall sei nicht gut Kirschen essen mit ihnen. Auf diesen hier traf das ganz besonders zu.

»O Gott, was ist das denn für ein Bursche?« flüsterte Claudia. Micha spürte, wie sie sich fest an seinen Arm krallte.

Sie drückten sich eng an den Felsblock. Claudia preßte Pencil fest an sich und hielt ihm die Schnauze zu. Tobias spähte mit dem Fernglas vorsichtig zu dem Riesenvogel hinüber, der keine fünfzig Meter von ihnen entfernt war.

»Ein *Diatryma*«, flüsterte er. »*Diatryma gigantea*. Unglaublich, das Tier! Guckt euch nur diese riesigen Krallen an.«

Neugierde ließ auch Micha wieder über den Felsen schauen. Der Vogel hatte seine Beute auf dem Boden abgelegt, einen Fuß mit den furchtbaren Krallen darauf gesetzt und stand nun mit gesenktem Kopf da.

»Der Schnabel reicht mir schon. An dem ist alles gigantisch«, sagte Micha. Das Tier überragte ihn sicher um einiges.

Der Kopf des Vogels zuckte plötzlich nach oben, und seine riesigen Augen schienen Micha genau zu fixieren. Wie zwei Pfeile bohrten sich die starren Pupillen des Räubers in sein Gehirn. Ihm blieb fast das Herz stehen. Er wagte kaum zu atmen und mußte daran denken, daß der Diatryma vielleicht schon die ganze Zeit über dort im Unterholz gehockt und auf Beute gelauert hatte. Möglicherweise wußte er, daß sie hier hinter dem Felsen saßen. Als potentielle Beute waren sie für ihn sicherlich zu groß, aber es reichte ja, wenn er sie als Konkurrenten ansah, die ihm seine Beute abspenstig machen wollten. Micha war jedenfalls fest entschlossen, sich auf keinerlei Auseinandersetzung mit diesem Burschen einzulassen und konnte nur hoffen, daß dieser es genauso sah.

»Was hat er denn, dein Diadingsda?« Claudia war kaum zu verstehen, so leise sprach sie. Pencil schien auf ihrem Arm endlich begriffen zu haben, daß jetzt nicht der Moment für Spielereien war, und verhielt sich ruhig.

»*Diatryma* heißt der«, antwortete Tobias. »Ich weiß auch nicht, er ist nervös.«

Der Riesenvogel schaute immer wieder zu ihnen herüber, spähte zum anderen Flußufer und in die offene Savanne und wandte sich dann wieder seiner Beute zu. Von einer Gänsehaut begleitet wurde Micha klar, daß es sich bei den dunklen Flecken an seinem Schnabel um frisches Blut handeln mußte. Ein paarmal hob er den kleinen Kadaver in die Luft und ließ ihn wieder fallen. Er oder sie war unschlüssig.

Plötzlich streckte der Vogel seinen Kopf vor in ihre Richtung, stieß einen krächzenden Schrei aus, der Micha noch nächtelang in seinen Träumen verfolgen sollte, packte das tote Urpferd, warf es ein paarmal im Schnabel hin und her und schlang die leblose Beute in einem Stück hinunter. Dann rannte er auf seinen ungemein kräftigen Beinen zurück in den Wald, aus dem er gekommen war. Eine Weile hörte man aus dem Gesträuch noch das Knacken der Äste.

»Verdammt, habt ihr das gesehen? Habt ihr gesehen, wie der mich angeglotzt hat?« keuchte Micha. Er war leichenblaß und wischte sich den Schweiß von der Stirn. »Und ... ich hatte die ganze Zeit das Gefühl, er wußte genau, daß wir hier sitzen.« Für heute war sein Bedarf an Riesenvögeln gedeckt. Claudia schien es nicht viel anders zu gehen. Sie wirkte sehr erleichtert.

»Mann, Leute, ich hab vergessen, ihn zu fotografieren«, sagte Tobias mit weinerlicher Stimme. Auch ihm standen Schweißperlen auf der Stirn. »Das verzeih ich mir nie.«

Claudia schüttelte verständnislos den Kopf. »Du hast Sorgen. Ich bin froh, daß ich noch lebe, und du hast nur deine Kamera und deine nicht gemachten Fotos im Kopf. Die kannst du doch später außer Sonnenberg sowieso niemandem zeigen.«

Der Diatryma hatte die Idylle dieses Platzes gründlich zerstört. Während die Tiere wieder zur Tagesordnung übergegangen waren und friedlich badeten, tranken oder fraßen, vermutete Micha nun hinter jedem Busch, jedem Baum und jedem Felsen hungrige Säbelzahnkatzen und Schlimmeres. Wo so viele große Pflanzenfresser herumliefen, konnten eigentlich auch die entsprechenden Raubtiere nicht weit sein. Und wenn hier schon kleine Hirsche mit zentimeterlangen Eckzähnen bewaffnet waren, wie mochten dann erst die wirklichen Räuber aussehen?

Ihm war plötzlich völlig unverständlich, wie sie hier sorglos und ohne jede Bedenken, mit nichts als ihren Taschenmessern bewaffnet, durch diese wilde Landschaft spazieren konnten, als befänden sie sich auf einem Sonntagnachmittagsausflug durch den sommerlichen Tiergarten. Er begann zu zittern. Wie jemand, der unter starker Höhenangst leidet und sich nicht auf eine schwankende Hängebrücke traut, drückte er sich mit dem Rücken gegen den schützenden Felsen und umklammerte seine Knie dabei.

Sie blieben noch etwa anderthalb Stunden in ihrem Versteck, und diese Zeit brauchte Micha auch, um sich überhaupt wieder in der Lage zu sehen, weiterzulaufen. Er versenkte sich wieder in den Anblick der friedlichen Gesellschaft am anderen Flußufer, deren offensichtliche Arglosigkeit auch ihn langsam wieder ruhiger werden ließ. Besonders die Schaufelzähner boten einen ungemein friedlichen und gelassenen Anblick. Schubkarrenweise mümmelten sie wieder ihre Wasserpflanzen, als wäre nichts geschehen.

Gerade als sie aufbrechen wollten, machte sich ein leichtes Vibrieren des Bodens bemerkbar. Sie schauten sich zu den Vulkanen um, weil sie unwillkürlich vermuteten, diese seien für das Beben verantwortlich, aber die beiden Bergriesen stießen nur unverändert ihre Rauchwolken aus und sahen ansonsten so friedlich und unschuldig aus, wie das einem tätigen Vulkan eben möglich ist. Es waren nicht die Vulkane. Es war etwas anderes, Lebendiges. Claudia entdeckte die Staubwolke als erste, die sich aus der Ferne dem gegenüberliegenden Flußufer näherte. Die Tiere an der Tränke schienen ebenfalls zu bemerken, daß dort irgend etwas Großes im Anmarsch war, dem man besser aus dem Wege ging. Ohne allzu große Eile an den Tag zu legen, zogen sie sich zurück und machten Platz.

Aus dem Vibrieren war ein tiefes Donnern geworden. In der Staubwolke konnte man bald die Umrisse großer Tierkörper erkennen, die im Laufschritt unaufhaltsam zu der Tränke strebten und dabei alles niederzuwalzen drohten, was sich nicht rechtzeitig aus dem Staube gemacht hatte. Es mußte eine riesige Herde sein. Kurz darauf trafen die ersten schnaufend am Flußufer ein, und sie konnten erkennen, daß es sich um ungeheuer kräftige und bullige Tiere handelte, die entfernt an Nashörner erinnerten, aber erheblich größer waren.

»Donnertiere, Brontotherien«, sagte Tobias und begann sofort wild herumzuknipsen.

Claudia stand vor Erstaunen der Mund offen. »Der Name paßt«, flüsterte sie.

Micha dachte zuerst, Tobias wolle sie auf den Arm nehmen. Donnertiere, den Namen hatte er sich doch ausgedacht. Aber ohne den Blick von der Herde abzuwenden, erklärte Tobias mit leiser Stimme, daß der Name auf die nordamerikanischen Indianer zurückgehe. Sie waren häufig auf die Knochen dieser Tiere gestoßen und glaubten, daß es sich um riesige Pferde gehandelt habe, die über den Himmel galoppierten und dabei Gewitterstürme auslösten.

Micha mußte kurz daran denken, was wohl aus ihnen geworden wäre, wenn sich diese Donnertiere auf ihrer Seite des Flusses eingefunden hätten. Er mußte an die großen Herden denken, die in ihrem Rücken weideten und von dem vielen trockenen Gras sicherlich auch irgendwann einmal Durst bekamen. Diese gewaltigen Säuger hätten nicht allzu viel von ihnen übriggelassen. Die Brontotherien, deren Schultern sie sicher um Haupteshöhe überragten, machten zwar einen relativ gutmütigen Eindruck, aber ein einziger ungeschickter Schritt oder ein unabsichtlicher Stubser eines solchen Fleischberges hätte sie mit Schwung in die ewigen Jagdgründe befördert.

Es waren Hunderte. An der Kopfspitze trugen sie ein großes Y-förmiges Horn mit stumpfen, kolbenartigen Enden, hatten relativ kleine Augen und Ohren und eine derart massige Schulter- und Nackenpartie, daß sich daran wohl selbst ein Säbelzahntiger die Zähne ausgebissen hätte.

Immer mehr Brontotherien drängten sich ans Wasser. Dicht an dicht standen sie nebeneinander, eine einzige undurchdringliche Wand dampfender, graubrauner Leiber, deren Durst sie unwillkürlich um den Fortbestand des Flusses fürchten ließ. Die sanfte

Brise wehte einen durchdringenden Geruch zu ihnen herüber. Pencil, den Claudia wieder auf den Boden gesetzt hatte, hob schnüffelnd die Nase, ließ sich dann seufzend im Gras neben dem Felsen nieder und machte Anstalten, ein Nickerchen zu halten. Er hatte offensichtlich ein gutes Gespür dafür, in welchen Momenten es besser war, keine unnötige Aufmerksamkeit zu erregen. Zwischen ihnen und der Brontotherienherde strömte zwar das braune Flußwasser, aber man konnte ja nie wissen.

Mindestens eine halbe Stunde lang beherrschte das Schnaufen und Grunzen der Donnertiere die Szene. Selbst die Schaufelzähner schienen Respekt vor den Neuankömmlingen zu haben, jedenfalls hatten sie sich etwas tiefer ins Wasser zurückgezogen, fraßen dort aber seelenruhig weiter. Dann, wie auf ein unhörbares Kommando, kam Unruhe in die Herde, und die Tiere machten ihrem Namen alle Ehre, galoppierten wieder in einer haushohen Staubwolke davon in die Weite der Graslandschaft und hinterließen einen völlig zertrampelten und verwüsteten Uferbereich. Erst nach und nach kehrten die anderen Tiere an die Tränke zurück.

Für sie wurde es höchste Zeit aufzubrechen. Sie mußten sich noch einen sicheren Lagerplatz suchen, und nach allem, was sie gerade erlebt hatten, fand Micha, daß sie sich bei der Auswahl dieses Platzes wirklich große Mühe geben sollten. Sie schulterten ihre Rucksäcke und machten sich auf den Weg. Tobias redete die ganze Zeit über wie ein Wasserfall. Er war absolut begeistert.

Einige Zeit später hatten sie im Schatten eines riesigen freistehenden Baumes das Zelt aufgestellt. In der Ferne der sanft hügeligen Graslandschaft vor den hoch aufragenden Vulkankegeln konnte man wieder große Tierherden erkennen, aber sie waren so weit entfernt, daß sie selbst mit Hilfe des Fernglases nicht sagen konnten, um was es sich handelte, vielleicht Brontotherien, vielleicht aber auch irgendwelche anderen Riesen, die sie noch nicht kannten. Da aber das, was im Augenblick in großer Ferne herumlief, auch einmal hier in der Nähe des Flusses auftauchen konnte, beschlossen sie, reihum Wache zu halten. Sie sollte auch und vor allen Dingen auf das Feuer aufpassen.

Es war nicht ganz einfach, genügend Brennholz zu finden,

aber mit vereinten Kräften sammelten sie doch einen größeren Haufen, der für eine Nacht reichen sollte. Das Feuer würde zwar meilenweit zu sehen sein, aber immerhin gab es hier keine Menschen, die dadurch alarmiert werden könnten, und wenn doch, dann hatten sie wenigstens die Genugtuung, sämtliche wissenschaftlichen Erkenntnisse über die Entstehung der Gattung *Homo* über den Haufen geworfen zu haben. Der Mensch, ja, sogar seine frühesten Vorläufer waren noch einige Zehnmillionen Jahre entfernt.

Zum Abendbrot gab es Spaghetti mit Büchsenfleisch. Tobias verkroch sich danach früh ins Zelt und Micha blieb mit Claudia allein am Feuer sitzen. Sie unterhielten sich leise über die Erlebnisse des Tages und lauschten dann schweigend dem Prasseln der Flammen und den unbekannten Lauten der Nacht. Über den fernen Gipfeln der Vulkane schwebte in der Dunkelheit ein rötlicher Schimmer.

Nach einer Weile stand Claudia auf, kam zu ihm hinüber auf die andere Seite des Feuers und kuschelte sich wortlos an ihn. Er freute sich darüber, fühlte sich aber gleichzeitig gehemmt. Er hatte Angst, Tobias könnte sie aus dem Zelt beobachten. Der Zelteingang war nicht geschlossen. Er hatte nur die Fliegengaze hinter sich zugezogen. Dahinter war nichts zu erkennen. Vielleicht lag er da im Dunkeln auf seiner Matte und starrte zu ihnen hinaus.

Es war der vierte Tag, den sie am Fluß entlang durch die Savanne marschieren wollten. Aber nach dem Frühstück beschlossen sie spontan, nicht weiterzulaufen, sondern hier an Ort und Stelle zu bleiben, sich auszuruhen und etwas die Gegend zu erkunden. Sie waren träge und sehnten sich alle danach, einmal einen ruhigen Tag zu verbringen. Außerdem bot sich ihr sicherer, wie eine Festung ringsum von Felsen umgebener Lagerplatz für einige faule Stunden geradezu an. Die großen Felsmonolithen bildeten eine Art natürlichen Irrgarten mit engen Durchlässen und dunklen Sackgassen, kein geeigneter Platz für Herden großer Tiere.

Claudia spielte mit Pencil am Flußufer, Tobias putzte sein Taschenmesser, und Micha versuchte ein Buch zu lesen. Nach ein paar Zeilen klappte er es aber wieder zu. Er fand es hier, so Millionen Jahre vom heimatlichen Bücherschrank entfernt und umgeben von Schaufelzähnern, Brontotherien und Diatrymas, doch zu absurd, in einem Buch zu lesen. Wenn er wenigstens Fachliteratur mitgenommen hätte, um all die Fragen zu beantworten, die ihm durch den Kopf geisterten. Statt dessen verschränkte er die Hände im Nacken, saß eine Weile reglos da und ließ seinen Blick über die Savanne zu den rauchenden Vulkanen und den großen Herden schweifen. Dann begann er Tagebuch zu schreiben. Es gab da einiges, das ihm nach den Eindrücken der letzten Tage nicht mehr aus dem Kopf ging. Je länger er sich an diese urtümliche Welt und ihre Bewohner gewöhnte, desto unverständlicher und deprimierender fand er den Gedanken, daß all dies nicht überleben würde. Für jede Lebensform schlug irgendwann die Stunde der Wahrheit. Er hatte diesen Gedanken noch nie so schmerzhaft empfunden wie angesichts dieser üppigen tropischen Welt, von der er wußte, daß sie keinen Bestand haben würde. Nichts hatte Bestand. Jener zukünftigen Welt, aus der er stammte, würde es nicht besser ergehen, auch ohne die unrühmliche Rolle, die seine eigene Spezies dabei spielte. Welchen Sinn hatte das alles?

Claudias Stimme riß ihn aus seinen Gedanken.

»Micha, Tobias, kommt mal her!« Sie hatte irgend etwas entdeckt.

Claudia stand keine zweihundert Meter entfernt mit hängenden Schultern in einer kleinen, vom Flußwasser rundlich ausgespülten Bucht und zeigte völlig entgeistert auf einen Punkt vor ihr im Ufersand.

Was dort lag, war jedoch kein urzeitliches Wasserwesen von abenteuerlichem Aussehen, es war überhaupt nichts Lebendiges. Es war auch kein Stein oder Holz. Es war etwas vollkommen anderes, etwas, das ihnen allen nur zu gut bekannt war. Micha hätte jedenfalls noch eine Minute vorher die Existenz eines solchen Dings hier und jetzt genauso vehement angezweifelt, wie er Tobias' Ansinnen einer möglichen Reise in die Urzeit von sich gewiesen hatte. Dieses Ding hatte hier absolut nichts zu suchen und angesichts der großen Sinnfrage, der kosmischen Sphären, in denen sich seine Gedanken noch wenige Minuten zuvor bewegt hatten, mußte er sich beherrschen, um nicht laut loszulachen. Aber so wahnsinnig komisch war Claudias Fund bei näherer

Überlegung eigentlich nicht. Vor ihnen lag eine zerbeulte Cola-Dose.

Sie waren sprachlos.

Dann versuchte Micha sein Glück. »Vielleicht ist sie vom Fluß hierhergespült worden?«

»Du meinst, die ganze Strecke durch die Höhle, über die Meeresbucht?« fragte Claudia zweifelnd. »Und gegen die Strömung?«

Er zuckte mit den Achseln. Nein, besonders wahrscheinlich klang das nicht.

»In der Slowakei gibt es keine Coca Cola-Dosen. Das ist Pepsi-Territorium«, behauptete Tobias.

»Vielleicht hat sie ein Tourist in den See geworfen«, schlug Micha vor, aber so recht glaubte er selbst nicht daran.

Am wahrscheinlichsten war eine Möglichkeit, an die sie naiverweise bisher noch nie gedacht hatten oder nicht hatten denken wollen: Die Höhle existierte, und es gab Menschen, die von ihr und ihrem Geheimnis wußten. Warum sollten sie dann die einzigen sein, die davon Gebrauch machten?

Claudia war die erste, die es aussprach: »Nein, es war schon jemand vor uns hier.«

»Natürlich, Sonnenberg«, sagte Tobias mit gequältem Gesichtsausdruck.

»Gab es denn damals schon Cola-Dosen?« fragte Micha. »Vor mehr als zwanzig Jahren?«

Es war wirklich verrückt. Da hatten sie die urtümlichsten Landschaften, die abenteuerlichsten Lebewesen gesehen und einen Sprung über unvorstellbare Zeiträume hinter sich gebracht, aber nichts hatte bisher ihre Aufmerksamkeit derart gefesselt wie diese beschissene Alubüchse. Die Aussicht, daß sich hier Menschen aufhalten könnten, erschien ihnen aus irgendeinem Grunde beunruhigender als alle Untiere dieser Zeit zusammengenommen.

Tobias wirkte regelrecht verzweifelt, als stürze für ihn eine Welt zusammen. Er hockte neben der Cola-Dose und starrte sie an, als wolle er sie hypnotisieren, als würde sie Auskunft geben, wenn man sie nur eindringlich genug musterte oder recht höflich darum bat.

Plötzlich kam Leben in ihn. Seine Knie knackten, als er sich abrupt aufrichtete. »Laßt uns mal gucken, ob wir noch mehr finden!«

Sie schwärmten sofort aus und suchten die Umgebung ab. Ohne auch nur eine Sekunde zu verweilen, schweifte Michas Blick über eigentümliche Pflanzen und seltsamste Kleintiere, die ihn noch vor wenigen Minuten gefesselt und in Entzücken versetzt hätten. Schließlich stieß er gar nicht weit entfernt auf etwas, das wie eine alte Feuerstelle aussah. Er schrie sich den Hals aus dem Leib.

»Tatsächlich!« sagte Tobias, vom Rennen atemlos.

Jetzt gab es kein Herumgerede mehr. Es war jemand vor ihnen hier gewesen, und dieser jemand war kein verfrühter Urmensch, was die Sache ja noch einigermaßen reizvoll gemacht hätte. Herumliegende Konservenbüchsen, deren deutsche Aufschriften man gerade noch erahnen konnte, und eben jene Cola-Dose sprachen eine deutliche Sprache.

»Vielleicht hat Sonnenberg die halbe Universität hier runtergeschickt. Nur wir haben davon nichts mitbekommen«, sagte Micha und erntete einen giftigen Blick von Tobias.

Was waren das für Leute, die mit Cola-Dosen bewaffnet in die Vergangenheit reisten und diese dann auch noch achtlos in der Gegend herumliegen ließen, als befänden sie sich am Strand von Palma de Mallorca?

Da hatten sie geglaubt, zu einem kleinen, elitären Kreis von Menschen zu gehören, denen sich ein ungeheuerliches Geheimnis offenbarte – und nun stellte sich heraus, daß hier vielleicht ein reges Kommen und Gehen herrschte, womöglich eine Art Urzeittourismus mit knipsenden und grinsenden Japanern, mit Kaugummi kauenden Amerikanern in karierten Hosen und schmerbäuchigen Deutschen mit vom Sonnenbrand geröteter Haut.

Was war aus ihnen geworden? Waren sie zurückgekehrt und hatten ihre Urzeit-Dias zwischen T wie Tansania und V wie Venezuela in den Schrank gestellt, um sie dann, Bier saufend und Kartoffelchips mampfend, einmal ihren gelangweilten Freunden zu zeigen und damit anzugeben?

Das Unternehmen war irgendwie entweiht. Tobias' Laune

sackte nach dieser Entdeckung in den Keller. Fluchend und schmollend sonderte er sich ab und trieb sich eine Weile in der Gegend herum. Die verlorene Exklusivität ihrer Erlebnisse vermieste ihm gründlich und sehr nachhaltig die Stimmung. Er übertrieb mal wieder maßlos, bis Claudia und Micha seine Bemerkungen überhörten oder mit einem »Du spinnst ja!« oder »Nun komm mal wieder auf den Teppich!« abkanzelten.

An diesem Tag ging Micha zum ersten Mal ernsthaft der Gedanke durch den Kopf, sie könnten Menschen begegnen, feindseligen, verzweifelten Menschen, die es zum Beispiel auf ihre Titanic abgesehen hatten, weil sie ansonsten keine Möglichkeit sahen, wieder nach Hause zu kommen. Eine entsetzliche Vorstellung, die ihm augenblicklich das Blut in den Adern gefrieren ließ: bis zum Skelett abgemagerte, verwilderte, dem Wahnsinn nahe Gestalten, die sich knüppelschwingend aus einem Hinterhalt auf sie stürzten, weil durch ihr Erscheinen die verzweifelte Hoffnung auf Rückkehr aufgekeimt war.

Micha sah, wie sich Tobias das Fernglas schnappte und das Lager verließ.

»Wo willst du denn hin?«

»Ich lauf mal 'n paar Schritte. Muß ich dir über jeden Schritt Rechenschaft ablegen?« fragte Tobias und machte sich, ohne eine Reaktion abzuwarten, auf den Weg.

Was immer er vorhatte, er wollte es offenbar alleine tun. Er blickte sich nicht einmal um, ob jemand Anstalten machte, ihm zu folgen. In seinen staubigen Sachen sah er aus wie ein alten Westernfilmen entsprungener Desperado. Nur die modernen Turnschuhe wollten nicht dazu passen.

Claudia, die gerade ihren Schlafsack nach irgendwelchen ungebetenen Untermietern durchsuchte, blickte kurz zu ihm herüber und tippte sich mit dem Finger an die Stirn.

»Jetzt schnappt er total über«, sagte sie, als Tobias zwischen den Felsen verschwand. Sie schüttelte verständnislos den Kopf.

»Laß ihn doch! Wenn er unbedingt den Held spielen muß«, antwortete Micha. Sie hatte recht. Es war Wahnsinn, hier alleine herumzulaufen. Was wußten sie denn schon von den Gefahren, die hier auf sie warteten?

Claudia hatte keinen Erfolg bei ihrer Suche, rollte den Schlafsack wieder sorgfältig zusammen und hockte sich neben Micha auf eine der Matten. Pencil kam angetrottet. Sie hob ihn hoch und setzte ihn auf ihren Schoß, wo er es sich sofort bequem machte. Zusammen schauten sie auf den Fluß hinaus.

Claudia untersuchte ihren Schlafsack mehrmals täglich. Sie war förmlich besessen von der Vorstellung, irgend etwas Stachliges oder Schuppiges könnte sich tagsüber in ihrem Schlafsack verstecken und dort auf sie warten. Bisher hatte sie noch nie etwas gefunden.

Sie lehnte ihren Kopf an seine Schulter. Claudias Nähe erregte ihn. Er legte den Arm um sie, küßte sie mehrmals zärtlich auf die Schläfe und spielte mit den gekräuselten Locken in ihrem Nakken. Die blonden Härchen auf ihrem Arm glänzten verführerisch in der Sonne. Je brauner ihre Haut wurde, desto goldener funkelte dieser feine, weiche, bisher fast unsichtbare Flaum auf Armen und Beinen. Er fand das sehr aufregend und wollte es ihr gerade sagen. Aber er kam nicht dazu. Ein gellender Schrei irgendwo in ihrem Rücken traf sie völlig unvorbereitet.

»Was war das?« Sie sprangen beide auf. Pencil wurde abrupt in den Sand gestoßen.

»*Tobias?*« schrie Micha. Claudia war leichenblaß.

Völlig kopflos rannte er erst in die eine, dann in die andere Richtung. Dieser Schrei ... das war ernst.

Plötzlich brüllte er: »Du bleibst hier!« und stürmte in die Richtung, in der Tobias verschwunden war.

»Sei vorsichtig!« hörte er Claudia hinter sich rufen. »Pencil! Bleib hier, du sollst hier bleiben, verdammt noch mal!« Ihre Stimme klang schrill.

Im nächsten Moment schoß ein kleines pelziges Etwas an ihm vorbei und verschwand zwischen den Felsen. Er hetzte weiter und sah hinter einer Biegung des Weges, wie der Dackel mit gesenktem Kopf und wedelndem Schwanz einer für ihn unsichtbaren Spur folgte. Ein paar Minuten rannten sie durch das Gewirr der Felsen, die Augen starr auf den Boden gerichtet. Der Schrei schien noch immer wie ein Fremdkörper zwischen den Felsen zu schweben, als suche er sich in hektischer Eile einen Weg durch dieses urtümliche Labyrinth aus Stein.

Dann fand Micha ihn. Er hockte am Fuße eines großen Felsblocks auf dem Boden, vor ihm tänzelte ein aufgeregter Pencil.

Erst, als Micha ihn fast erreicht hatte, merkte er, daß etwas nicht stimmte. Tobias saß in sich zusammengekauert da, schwankte leicht hin und her und schien völlig mit sich selbst beschäftigt. Die Arme hielt er eng an den Körper gepreßt. Hin und wieder gab er ein leises Wimmern und Stöhnen von sich.

»Tobias! Da bist du ja!« rief er ihm zu. »Alles okay?«

Das Wimmern schwoll an und entlud sich in einem lauten Aufschrei voller ohnmächtiger Wut und Enttäuschung.

»Scheiße! Sehe ich aus, als ob alles okay wäre?« Er wandte ihm sein schmerzverzerrtes Gesicht zu. Micha erschrak. Seine Stirn war blutverschmiert.

»Was ist denn passiert, um Gottes Willen? Bist du verletzt?«

Er antwortete nicht gleich, wohl weil ihm die Schmerzen den Mund versiegelten. »Ich hab mir den Arm gebrochen«, preßte er schließlich hervor. Es war kaum zu verstehen.

»O Gott!«

Micha hockte sich neben ihn und sah jetzt, daß auch seine Hände voller Blut waren. Pencil winselte.

Messi

Axt wollte gerade das Haus verlassen, um zur Arbeit zu fahren, als das Telefon klingelte.

»Gehst du mal ran, Marlis?« rief er ihr zu. »Wenn jemand nach mir fragt: Ich bin schon weg.«

Sie kam aus der Küche, wo sie für den Jungen irgendeinen Zaubertrank zubereitete.

Stefan war krank. Nichts Ernstes, er hatte leichtes Fieber, aber Marlis hatte ihn ins Bett gesteckt und in der Bibliothek angerufen, daß sie heute nicht kommen könnte.

Axt trat vor die Haustür und schauderte. Es war noch einmal empfindlich kalt geworden. Leichte Nachtfröste, hatte der Wetterbericht gesagt. Er schaute auf die Uhr. Fast halb zehn. Er war spät dran.

»Helmut, es ist Sabine. Sie sagt, sie muß dich unbedingt sprechen.«

Wahrscheinlich hat sich jetzt die ganze Grube in Luft aufgelöst, dachte er grimmig, und die Station gleich mit. Er ließ seine Aktentasche draußen vor der Tür stehen und lief zurück ins Haus. Marlis stand in der Diele, bedeckte die Muschel des Hörers mit ihrer Hand und sagte mit betroffenem Gesicht: »Irgendwas ist los. Sie ist sehr aufgeregt.«

Voller dunkler Vorahnungen nahm er ihr den Hörer aus der Hand.

»Ja, Sabine, was gibt's denn?«

»Helmut, es ist etwas Schreckliches passiert. Du mußt sofort herkommen!«

»Wenn du mich nicht aufhalten würdest, wäre ich schon fast da. Was ist denn los?«

»Wir hatten heute nacht Besuch in der Grube. Irgend jemand hat sich an der Bohrstelle zu schaffen gemacht.« Sie war total durcheinander, das hörte Axt sogar durch das Telefon. Ihre Stimme bekam so einen piepsigen Klang, wenn sie aufgeregt war. Aber er verstand nicht, was sie meinte.

»Welche Bohrstelle?«

»Na da, wo die Geologen den Halswirbel im Bohrkern gefunden haben.«

»*Was?*« Jetzt hatte er verstanden. »Und?«

»Sie haben es fast erreicht.«

»Heißt das, daß sie das Skelett nicht mitgenommen haben?«

»Nein, nein, Messi ist noch im Schiefer. Aber wenn sie es noch einmal versuchen, haben sie es.«

»Ich komme!«

Auch das noch! Grabungsräuber! Er hatte doch gewußt, daß sie Probleme bekommen würden. Niedners Artikel mußte in den Ohren dieser Typen wie eine Einladung geklungen haben. Kommt und holt es euch! Jetzt hatten sie den Salat. Nur, weil diese Geologen so hyperkorrekt sein mußten, hatten sie den Kerlen einen der spektakulärsten Funde der letzten Jahre auf dem silbernen Tablett präsentiert. Die hatten offensichtlich genau gewußt, wo sie suchen mußten. Nicht nur, daß ihre Messeler Fossilien einfach verschwanden, jetzt hatten sie auch noch diese Kriminellen am Hals.

»Was ist denn passiert?« Marlis stand in der Küchentür und trocknete sich die Hände ab.

»Wir hatten heute nacht Grabungsräuber in der Grube«, sagte er und rieb sich mit der Linken über den Nasenrücken. Er hatte leichte Kopfschmerzen.

Marlis schüttelte den Kopf. »Sag mal, bei euch geht's ja drunter und drüber in letzter Zeit. Ich dachte, ich hätte einen Mann mit einem ruhigen, krisensicheren Job geheiratet.«

»Tja«, sagte er und zuckte mit den Achseln. Diese Zeiten schienen ein für allemal vorbei zu sein. Er konnte sich kaum noch daran erinnern, wie es war, in der Grube Messel ohne Fossilienschwund, ohne anachronistische *Homo sapiens*-Skelette zu arbeiten.

»Ich muß los«, sagte er.

»Klar. Viel Glück!«

Plötzlich drehte er noch einmal um, ging erneut zum Telefon und rief Schmäler in Frankfurt an. Der wußte schon Bescheid. Sabine hatte in ihrer Aufregung anscheinend die ganze Gegend alarmiert.

»Geht's dir wieder besser?« fragte Schmäler, ohne auf den Vorfall einzugehen.

»Wieso?«

»Na, neulich schienst du nicht besonders ...«

»Ja ja«, unterbrach er ihn, »mir geht's bestens.« Er hatte ihre kleine Auseinandersetzung schon fast wieder vergessen. »Hör mal, Gernot, kannst du uns nicht ein paar Studenten von euch rüberschicken. Wir brauchen unbedingt Hilfe, sonst schaffen wir das nicht alleine. Wir müssen das Skelett möglichst noch heute herausholen.«

»Ich werde mal nachschauen, wer da ist.«

»Tu das. Wir brauchen so viele Leute wie möglich, und am besten, sie setzen sich sofort in einen Wagen und kommen raus in die Grube. Sie sollen oben am Tor warten. Wir holen sie dann runter.«

»Ich werd sehen, was sich machen läßt. Aber paß auf dich auf, Helmut. Du solltest dich schonen. Schäfer hat mir gesagt ...«

»Quatsch! Ich fühle mich bestens. Wir haben jetzt wirklich Wichtigeres zu tun.«

»Na gut. Du mußt wissen, was du tust. Ich wünsche euch jedenfalls viel Glück!«

In der verlassenen Station angekommen, schlüpfte Axt schnell in seine Gummistiefel und machte sich unverzüglich auf den Weg in die Grube. Kaum kam er in die Nähe des Zaunes, packte ihn die Angst. Plötzlich mußte er wieder daran denken, was ihm hier erst vor wenigen Wochen zugestoßen war. Von einem Moment auf den anderen fühlten sich seine Beine schwer und bleiern an.

Wenn es ihm nun wieder passierte, wenn er noch mal einen solchen Anfall hatte und zusammenbrach, jetzt, wo sie alle auf ihn warteten, wo es darauf ankam, daß sie schnell und zielstrebig handelten? Er zögerte. Durch den Maschendraht erkannte er unten eine Gruppe von Menschen, die mit Spaten und Brecheisen im Schiefer arbeiteten.

Sie haben schon angefangen, dachte er. Ich muß hinuntergehen, sonst wundern sie sich, wo ich bleibe. Vielleicht haben sie mich schon gesehen. Man kann von unten den gesamten Kiesweg gut überblicken. Winkte da jemand?

Er schloß das Tor auf und ging mit gesenktem Kopf den Kiesweg entlang. Nicht hinunterschauen, dachte er, nur nicht hinunterschauen. Hier irgendwo muß es doch gewesen sein. Es darf nicht wieder geschehen. Ich muß mich zusammenreißen, muß mich konzentrieren.

Es schockierte ihn ungemein, daß er Angst davor hatte, diesen Weg zu gehen. Bis vor wenigen Wochen noch war dies alles hier sein Leben gewesen, seine Bestimmung. Und jetzt sollte er nicht einmal mehr in der Lage sein, hinunter zu ihren Ausgrabungsstellen zu gehen? Nein, er durfte sich nicht so gehen lassen, nicht zulassen, daß diese wahnwitzigen Ereignisse sein Leben zerstörten. Er mußte dagegen ankämpfen, wieder zu alter Tatkraft und Initiative finden, er mußte …

Ein Ruck ging durch seinen Körper. Er richtete sich auf und lief nun entschlossenen Schrittes und mit erhobenem Kopf weiter.

Fünfzehn Minuten später stand er unten bei den anderen. Lehmke, Kaiser, Sabine, die beiden Praktikantinnen und Rudi schüttelten ihm erleichtert die Hand. Max fehlte. Alle redeten aufgeregt durcheinander, und er verstand zunächst überhaupt nichts. Erst, nachdem er laut um Ruhe gebeten hatte, konnte Sabine ihm im Zusammenhang erzählen, was geschehen war.

Rudi hatte es als erster entdeckt. Er war wie jeden Morgen in die Grube gegangen und hatte gesehen, daß sich dort jemand ziemlich brutal am Bohrloch zu schaffen gemacht hatte.

Sie gingen hinüber zum Grubenrand, damit sich Axt selbst ein Bild machen konnte. Es war zum Heulen. In einer Nacht hatten sie etwa zehn Quadratmeter rigoros abgeräumt. Die zerstörten Schieferplatten lagen natürlich ohne Abdeckung in der Gegend herum. Vielleicht steckten noch die größten Schätze darin, aber vieles war unwiederbringlich zerstört. Glücklicherweise war es in der Nacht ja sehr kalt und feucht gewesen, so daß sich die Schäden durch die Austrocknung des Schiefers noch in Grenzen hielten.

Das war ja das Schlimme an diesen Grabungsräubern. Nicht nur, daß sie für irgendwelche reichen Fanatiker, die nicht wußten, wohin mit ihrem Geld, Fossilien stahlen, diese unschätzbar wertvollen Zeugnisse der Vergangenheit, die allen Menschen gehörten, insbesondere natürlich den Wissenschaftlern, nein, sie zerstörten mit ihrem rücksichtslosen Vorgehen viele unscheinbare, aber wertvolle Fundstücke, die nur für die Paläontologen von Interesse waren. Diese kriminellen Banausen konnten damit natürlich nichts anfangen.

Axt teilte die Anwesenden in zwei Gruppen ein. Die einen sollten das achtlos weggeworfene Abraummaterial der Plünderer nach noch verwertbaren Stücken durchsuchen. Vielleicht ließ sich da noch einiges retten. Für sie waren ja auch geringste Spuren von Interesse, Abdrücke von Blättern etwa, fossilisierte Früchte oder winzige Insekten. Um die zu entdecken, mußte man sich jedes einzelne Schieferbruchstück noch einmal genau anschauen.

Leider waren die ursprünglichen Lagebeziehungen der einzelnen Schieferplatten nicht mehr zu rekonstruieren. Schon das alleine war eine Katastrophe. Selbst, wenn sie darin noch etwas fänden, hätte es doch viel von seiner ursprünglichen Aussagekraft verloren. Die Ölschieferablagerungen in Messel hatten eine

Stärke von etwa 190 Metern. Wenn man für den tertiären Messel-See von einer durchschnittlichen Ablagerungsrate ausging, wie sie von anderen, heutigen Seen her bekannt war, bedeutete dies, daß die Schieferschicht einem Zeitraum von immerhin zwei Millionen Jahren entsprach. Das war kein Pappenstiel und entsprach in etwa der durchschnittlichen Lebensdauer einer Säugetierart. Es war für die exakte Zuordnung und Interpretation der Funde also sehr wichtig zu wissen, wo genau die Fossilien gelagert hatten. Feine mineralische Sedimentschichten wie die sogenannten Sandhäute waren dabei wichtige Orientierungsmarken. Alles kaputt, alles sinnlos zerstört. Überall Stiefelabdrücke. Axt fluchte.

Gegen Mittag traf die Verstärkung aus Frankfurt ein. Sechs Studenten und Studentinnen machten sich durch lautes Rufen oben am Tor bemerkbar. Axt teilte sie sogleich der zweiten Gruppe zu, zu der auch er selbst sowie Lehmke und Rudi gehörten. Seltsamerweise war Max noch immer nicht aufgetaucht, und niemand schien zu wissen, was mit ihm los war. Sie hätten ihn heute wirklich dringend gebraucht.

Die zweite Gruppe arbeitete weiter an der Freilegung des Krokodils. Vorsichtig trugen sie Schicht für Schicht ab, übergaben die Schieferplatten zur Feinuntersuchung an die Kollegen und tasteten sich so langsam an das Skelett heran. Um vier Uhr hatten sie es erreicht.

Es war ein wirklich außergewöhnliches Fossil, mindestens drei, wenn nicht vier Meter lang. Axt mußte natürlich sofort an das andere, menschliche Skelett denken, das oben in der Station lag. Dieses hier war noch wesentlich größer.

Im Laufe des Nachmittags wurde ihm klar, daß sie es heute wohl kaum noch schaffen würden, den Fund in Sicherheit zu bringen. Die Grabungsstelle befand sich in relativ schlecht zugänglicher Lage in der Nähe des Grubenrandes und war für schweres Bergungsgerät praktisch unerreichbar. Ob ihnen die Deponie noch einmal ihren Kran zur Verfügung stellen würde, mußte sich erst noch herausstellen. Darum kümmerte sich Sabine.

Um das freigelegte Fossil in eine für den Abtransport günstigere Position zu bringen, mußten sie eine Art Rampe bauen. Die Studentengruppe aus Frankfurt sollte sich darum kümmern. Die sechs jungen Leute machten sich sofort mit Feuereifer an die Arbeit, begannen Schieferplatte auf Schieferplatte zu schichten und arbeiteten sich langsam an die Fundstelle heran. Für sie schien das Ganze eine Mordsgaudi zu sein. Axt war es nur recht.

Wieder mußten sie einen großen Schieferquader herausarbeiten. Bis zum Einbruch der Dunkelheit heulte immer wieder die Motorsäge auf, mit der sie einen nahezu fünf Meter langen schwarzen Schieferblock aus dem weichen Gestein schnitten. Diesmal wußte Axt zwar, was darin verborgen war, aber die auf einem breiten Sockel liegende, irgendwie bedrohlich wirkende schwarze Steinplatte erinnerte ihn fatal an ihr kleineres Gegenstück im Keller der Station. Er hoffte, daß es den anderen nicht genauso ging.

Als es zu dunkel wurde, um weiterzuarbeiten, brachen sie die Bergung ab, und Axt rief alle Beteiligten zu sich.

»Wer bleibt heute nacht mit mir hier unten?« fragte er und schaute in die Runde. Die meisten sahen ziemlich erschöpft aus. Immerhin hatten sie den ganzen Tag lang ohne größere Pausen durchgeschuftet.

Zuerst schien sich niemand besonders darum zu reißen, ihm hier unten in der Kälte Gesellschaft zu leisten, aber dann meldete sich Sabine, und nach einem kurzen Palaver trat einer der Studenten vor und sagte, wenn er, Axt, nichts dagegen hätte, würde sich die ganze Gruppe gerne zur Verfügung stellen.

»Wunderbar!« rief Axt hocherfreut. »Wir sind für jede Hilfe dankbar. Ich denke, dann sind wir genug. Treffpunkt für die anderen ist morgen früh acht Uhr dreißig hier unten in der Grube. Wir müssen die Sache morgen unbedingt zum Abschluß bringen. Dank Frau Schäfers Verhandlungsgeschick werden unsere Nachbarn uns dann hoffentlich wieder mit ihrem Kran zu Hilfe kommen. Vielen Dank, daß ihr alle so tatkräftig mitgeholfen habt.«

Der Gedanke, die Nacht hier unten in der Grube zu verbringen, war ihm schon vor Stunden gekommen. Er hatte zwar nach seinem kleinen morgendlichen Rückfall auf dem Weg hinunter ein mulmiges Gefühl dabei, aber wenn sie ihren Fund jetzt unbeaufsichtigt ließen, dann mußten sich die Fossilienjäger heute nacht nicht einmal mehr die Finger schmutzig machen und brauchten sich nur zu bedienen. Das im Schiefer eingeschlossene Skelett lag jetzt wie auf dem Präsentierteller.

Sie gingen nach oben in die Station. Einige der Studenten fuhren nach Hause, um Schlafsäcke und Luftmatrazen zu holen. Zwei Stunden später waren sie zurück und mit ihnen etliche Flaschen Rotwein und ein Kassettenrekorder.

Er selbst griff zum Telefonhörer, um seiner Frau Bescheid zu sagen. Danach fuhr er nach Hause, um seine Campingutensilien abzuholen und kurz nach Stefan zu sehen. Im Schein zweier Petroleumlampen hockten sie dann abends auf ihren Luftmatrazen, ließen den Wein kreisen und hofften, ihre bloße Gegenwart werde die Plünderer davon abhalten, ihr Zerstörungswerk fortzusetzen.

Weil alle von der anstrengenden Arbeit müde und erschöpft waren, verkroch sich bald einer nach dem anderen in den Schlafsack. Auf Wachen verzichteten sie. Wenn die Grabungsräuber sich hier hinunterwagen sollten, würden sie über die schlafenden Fossilienwächter stolpern.

Auch Axt war in seinen dicken Daunenschlafsack geschlüpft, aber er konnte nicht schlafen. Es war eiskalt. Sein Atem gefror zu einer kleinen Wolke. Meistens lagen die Temperaturen hier unten noch um einige Grade niedriger als in der Umgebung. Die Grube war ein Kälteloch. Vielleicht hatten es die Diebe deshalb nicht geschafft, ihre Beute in einer Nacht zu bergen. Es war gut möglich, daß der Boden hier nachts auch jetzt noch gefror.

Er hörte vereinzelte Schnarcher, und von der Studentengruppe wehte leises Geflüster herüber, das aber bald verstummte. Die Nacht war stockfinster, der Himmel bedeckt, kein Mond, keine Sterne, nichts, woran sich seine Augen festhalten konnten, und so starrte er einfach in eine schwarze, unendliche Leere.

Marlis hatte recht gehabt. In der letzten Zeit hatte sich seine ruhige, gemächliche Tätigkeit in einen Streßjob sondergleichen, der ansonsten so betuliche Stationsalltag in ein Tollhaus verwandelt. In einem unaufhörlichen Gedankenstrom jagten die Ereignisse der letzten Zeit durch seinen Kopf. Aufgeschreckt durch die katastrophalen Folgen seines Schweigens, hatte er Marlis seit dem Zusammenbruch alles erzählt. Sie war bestens informiert, und nächtelang hatten sie zusammen im Wohnzimmer gesessen und überlegt, was das Ganze zu bedeutet hatte. Wenn er bei alldem nicht völlig durchgedreht war, dann war das nicht zuletzt ihr Verdienst.

Sie war es auch, die ihn vor kurzem auf einen ganz und gar verrückten Gedanken gebracht hatte, der ihn seitdem nicht mehr losließ.

»Kannst du dich noch an den Sonntag erinnern, wo ich dich stockbetrunken vor dem Fernseher angetroffen habe?« hatte sie gefragt, und natürlich konnte er sich erinnern. Das würde er nie vergessen. »Da lief doch dieser Film im Fernsehen mit ein paar Kindern, die irgendwie durch die Vergangenheit reisten.«

Die Möglichkeit einer Zeitreise hatte er bisher aus gutem Grund außer acht gelassen. Schließlich war er Naturwissenschaftler, auch wenn die Kollegen aus den härteren Disziplinen über einen wie ihn die Nase rümpfen mochten. Nur damals, als er mit seinem vom Alkohol benebelten Kopf vor dem Fernseher gesessen hatte, war ihm eine Zeitreise plötzlich als eine mögliche Erklärung erschienen. Aber die Existenz dieses Menschenskeletts in seiner Grube Messel und nun das spurlose Verschwinden der Fossilien, war das nicht alles so verrückt, so außergewöhnlich, daß man dazu auch außergewöhnliche Erklärungen in Erwägung ziehen mußte?

Plötzlich schoß ihm eine Erinnerung durch den Kopf, die ihn sich augenblicklich aufrichten ließ. Im Trubel der letzten Tage hatte er ihn völlig vergessen, diesen Pavarotti der Paläontologie, Dr. Emilio Di Censo, ihn, und was er zu dem Prachtkäfer gesagt hatte, den Sonnenberg ihm geschenkt hatte.

»Das ist eine Fälschung«, hatte Di Censo behauptet, und der Mann war eine Koryphäe auf seinem Gebiet. Sicher, auch so jemand konnte sich irren, aber sein Urteil anzuzweifeln grenzte schon an Majestätsbeleidigung.

Und so abwegig war der Gedanke nicht. Fälschungen waren in ihrem Gebiet leider keine Seltenheit. Fossilien und die damit verbundenen weitreichenden Spekulationen haben die Phantasie der Menschen schon immer außerordentlich beflügelt, und im Laufe der Jahrhunderte hatten viele der Versuchung nicht widerstehen können, heißumstrittenen Theorien auch durch gezielte Verbreitung von Fälschungen zum Durchbruch zu verhelfen. Der englische Piltdown-Mensch war nur ein Beispiel von vielen.

Anfang des achtzehnten Jahrhunderts wurde der fürstbischöfliche Leibarzt Johannes Bartholomäus Beringer, stimuliert durch einige Skelettfunde, zum fanatischen Sammler und ließ seine Studenten in Kompaniestärke in die Steinbrüche der Würzburger Umgebung ausschwärmen. Und diese wurden trotz anfänglichen Murrens in überraschender Weise fündig. Sie schleppten seltsame Steintafeln an, mit noch seltsameren Darstellungen darauf: kopulierende Frösche, fressende Käfer und Spinnen, Blütenknospen, Kometen, Sterne und schließlich sogar Schriftzeichen. Beringer war hingerissen und schrieb mit den *Lithographiae Wirceburgensis* ein dickleibiges Werk mit genauen Beschreibungen aller Fundstücke. Für ihn waren sie der überzeugende Beweis für eine schöpferische Naturkraft, die natürliche Dinge in Stein formte und ihnen dann womöglich Leben einhauchte. Für die Nachwelt waren es die Lügensteine. Erst als ein Stein mit Beringers eigenem Namenszug auftauchte, flog der Studentenulk auf. Verzweifelt versuchte der arme Mann daraufhin, die Verbreitung seines Werkes zu verhindern, indem er alle Bände aufkaufte, deren er habhaft werden konnte. Aber seine Scham war so groß, daß er sich schließlich umbrachte.

Auch Paul Kammerer setzte seinem Leben ein Ende, als herauskam, daß seine sensationellen Präparate gefälscht waren. Kammerer war Lamarckist und versuchte durch Experimente mit Geburtshelferkröten die Vererbung erworbener Merkmale zu beweisen. Er zwang die armen, normalerweise landlebenden Tiere dazu, sich im Wasser zu paaren, und behauptete, den Männchen wüchsen infolgedessen die für andere Arten typischen, dunkel gefärbten Paarungsschwielen. Diese anatomische Veränderung ließe sich auch in der folgenden Generation nachweisen und sei demnach vererbbar. Quod erat demonstrandum! Aber die dunklen Schwielen an den Fingern der Männchen erwiesen sich als das Resultat einer weder von Darwin noch von Lamarck vorgesehenen Chinatinteninjektion, und auch die in seinen Veröffentlichungen angegebene Zahl von untersuchten Krötengenerationen war so hoch, daß Kammerer mit seinen Untersuchungen schon als Kleinkind begonnen haben mußte.

Bis heute ist der Vorwurf der Fälschung eine scharfe Waffe geblieben. Erst in jüngster Zeit hatte sich Sir Fred Hoyle sehr kritisch zu dem angeblichen Federkleid des *Archaeopteryx* geäußert. Die englische Presse stürzte sich auf die vermeintliche Wissenschaftssensation und nannte den berühmten Urvogel fortan spöttisch *Piltdown-chicken*. Wieder war das Ganze nur vor dem Hintergrund einer Auseinandersetzung zwischen verfeindeten Theorien zu verstehen. Wie kann, darauf hatte ja auch Sonnenberg in ihrem Gespräch damals abgehoben, eine so komplizierte Struktur wie die Vogelfeder plötzlich, scheinbar aus dem Nichts auftauchen, ohne daß sich vorher auch nur die Spur einer Andeutung dieser Entwicklung gezeigt hätte? Wer das nicht glauben wollte, für den war es einfacher, die Federn für eine Fälschung zu halten.

Oft genug regierte natürlich auch nur der schnöde Mammon. Viele der auf Trödelmärkten und in Steineläden angebotenen Fossilien waren falsch. Aber es war ein himmelweiter Unterschied, ob künstlerisch begabte Menschen versuchten, Trilobiten oder Muschelschalen aus Stein zu formen, um damit Geld zu verdienen, oder ob jemand ein modernes Insekt so manipulierte, daß es einem tertiären Verwandten zum Verwechseln ähnlich sah. Wenn Di Censo recht hatte und der Käfer tatsächlich eine Fälschung war, was hatte Sonnenberg dann damit bezweckt, das Tier ausgerechnet an ihn weiterzugeben? Oder war auch er nur auf einen Betrug hereingefallen?

Wenn Sonnenberg die Flügeldecken des Prachtkäfers mit Metallfarbe oder was auch immer verändert hatte, dann jedenfalls nicht, um das Tier als Fossil auszugeben. Im Gegenteil, er behauptete ja, es sei ein heute lebendes Insekt, das einer fossilen Art nur sehr ähnlich sah. War das einfach nur ein seltsamer Scherz eines schrulligen Alten, oder ging es Sonnenberg vielleicht um mehr, zum Beispiel um diese Lazarusphänomene, die ihn schon während ihres Gespräches so beschäftigt hatten? Wollte er beweisen, daß die Welt nur so wimmelte von uralten, totgeglaubten Kreaturen? Axt ärgerte sich jetzt, daß er Di Censo nicht noch viel intensiver über das Tier befragt hatte. Nach allem, was passiert war, konnte er jetzt schlecht noch einmal nachhaken.

Er lag schon lange wach, war müde und erschöpft, aber die Erinnerung an den Prachtkäfer hatte jede Aussicht auf Schlaf vorerst unmöglich gemacht. Denn da gab es noch etwas, etwas, das auch mit dem Käfer zu tun hatte. Irgend etwas im Zusammenhang mit diesem mysteriösen Käfer spukte da noch in seinem Kopf herum, aber er kam einfach nicht darauf. Es ließ sich nicht greifen, entwischte ihm immer wieder. Es war wichtig, er wußte es genau, hatte es die ganze Zeit über gewußt, aber es wollte ihm im Augenblick nicht einfallen. Sonnenberg und seine Assistentin waren es nicht, aber es hatte mit seinem Vortrag in Berlin zu tun. Zu dumm! Manchmal war man einfach wie vernagelt. Es lag ihm auf der Zunge, es ...

Dann, als hätte der Gedanke an Di Censo eine Art Erdrutsch in seinem Kopf ausgelöst, sah er diesen hoch aufgeschossenen Studenten auf sich zukommen, damals in Berlin nach seinem Vortrag. Die Diskussion war gerade beendet worden, und er war dabei gewesen, sein Manuskript zu ordnen, da hatte er ihn schon kommen sehen. Er hatte so unsicher gewirkt, so, als ob ihn irgend etwas zutiefst erschüttert hätte. Das war nicht nur einfaches Interesse gewesen, von der üblichen Nervosität überlagert.

Ja, jetzt, Monate später, meinte er plötzlich eine Art Seelenverwandtschaft zwischen sich und dem Fragesteller zu entdecken, eine Verbindung, so als litten sie an derselben Krankheit, als schleppten sie dieselben Zentnergewichte mit sich herum, als kämpften sie mit denselben unsichtbaren Feinden. »Wissen Sie zufällig, ob es heute noch ähnliche Formen gibt«, hatte er gefragt und dann noch hinzugefügt: »Ich meine, sehr ähnliche.« Er konnte sich jetzt genau erinnern.

»Ich meine, sehr ähnliche ...«

Außerdem interessierte ihn noch etwas anderes, etwas, das Axt trotz Dutzender solcher Vorträge noch nie jemand gefragt hatte.

»Kann man sie einfach trocknen?«

Das waren doch eigentlich seltsame Fragen. Damals war ihm das nicht aufgefallen, aber jetzt ...

Diese Fragen klangen für ihn so, als ob der junge Mann ein solches Tier schon einmal gesehen hätte. Er hatte sich nach dem Prachtkäfer erkundigt, nicht nach irgendeinem der anderen Messeler Insektenfunde, nach genau demselben Käfer, dessen täuschend echtes Pendant in Sonnenbergs Kunstharzblock steckte und laut Di Censo eine raffinierte Fälschung darstellte.

Mit einem Stöhnen ließ er sich wieder auf seine Matratze fallen und schloß die Augen. Die Grabungsräuber waren vergessen. Er spürte, er wußte, daß er jetzt ganz nah an der Lösung des Rätsels war, so nah wie noch nie zuvor, auch wenn ihm noch viele Mosaiksteinchen fehlten. Er lag noch lange wach und überlegte, was er als nächstes unternehmen könnte.

Von den ersten Sonnenstrahlen geweckt, schlug er am frühen Morgen die Augen auf, ohne daß es zu irgendwelchen Zwischenfällen gekommen wäre. Einmal war ihm, als hätte ihn der Schein einer Taschenlampe gestreift, aber er wußte nicht, ob er das nur geträumt hatte. Langsam erwachte einer nach dem anderen zum Leben, und eine Stunde später kamen auch die anderen Mitarbeiter der Station den Kiesweg herunter. Sie brachten ihnen Thermoskannen mit heißem Kaffee und belegte Brötchen.

Als sie ihren Kaffee tranken und die Brötchen verzehrten, kam Max den Kiesweg herunter. Er wirkte mürrisch, hatte tiefe Ringe unter den Augen. Er sei gestern völlig von der Rolle gewesen, was sie ihm angesichts seines Aussehens auch ohne weiteres abnahmen, aber nachdem ihn Rudi gestern abend angerufen und berichtet hätte, was passiert sei, habe er sich aus dem Bett gequält und sei hergekommen. Axt freute sich, daß sie noch einen Mann mehr hatten, der mitanpacken konnte. Trotz der unbequemen kalten Nacht fühlte er sich seltsam erfrischt und voller Tatendrang.

Sie entschlossen sich schweren Herzens, die große Schieferplatte mit dem Krokodilskelett in der Mitte durchzuschneiden. Die Gefahr, daß der sperrige Block beim Transport unkontrolliert in viele einzelne Bruchstücke zerfiel, war einfach zu groß. Mit über zwei Metern Länge waren die beiden Teile noch immer groß genug, um ihnen viel Mühe zu bereiten. Und es war kein Problem, die mit einem sauberen, geraden Schnitt getrennten Teile später nach der Präparation wieder zusammenzusetzen. Es passierte bei ihrer normalen Arbeit immer wieder, daß Fossilien auseinanderbrachen. Der Schiefer war ohnehin an vielen Stellen auseinandergerissen. An diesen Stellen setzten sie dann mit ihren

Brechstangen, Aluminiumkeilen und Vorschlaghämmern an, um die senkrechten Klüfte zu vergrößern. Dabei kam es oft vor, daß sie auf Fossilienbruchstücke stießen. Sie mußten dann an der Bruchkante nach dem Rest des Fundes suchen. Später, nach der Präparation, wurden die Teile wieder zusammengesetzt. Auch den Krokodilhalswirbel, den die Geologen in ihrem Bohrkern gefunden hatten, würden sie am Ende wieder in die ursprüngliche Position einfügen wie das letzte Teil eines großen dreidimensionalen Puzzlespiels.

Es dauerte den ganzen Tag, bis sie die beiden Schieferplatten nach oben in die Station transportiert hatten. Mit ein paar Flaschen Sekt, den Axt schnell in einer nahegelegenen Tankstelle besorgt hatte, feierten sie die erfolgreiche Bergung. Alle waren müde und stolz, und die Stimmung war ausgelassen. Sie hatten es geschafft. Sie hatten eines der größten Fundstücke, die jemals in Messel gefunden wurden, für die Allgemeinheit und die Wissenschaft gerettet und waren diesen Plünderern zuvorgekommen.

Einer nach dem anderen verabschiedete sich. Schließlich blieb Axt allein in der Station zurück, er und Max, der sich den ganzen Tag über sehr schweigsam gezeigt hatte. Während ihrer kleinen Feier hatte er sich irgendwo im Hintergrund gehalten, und Axt war überrascht, daß er überhaupt noch in der Station war. Nun kam Max auf ihn zu und fragte: »Könnt ich Sie mal 'n Moment sprechen?« Er sah wirklich krank aus.

Max

Auch wenn Max im Grunde kerngesund war, er fühlte sich ziemlich mies. Wäre es nur irgendwie möglich gewesen, er hätte die Zeit bis zu diesem gottverdammten Abend in Manfreds Kneipe zurückgedreht und diesem Freddy, anstatt sich von ihm um den Finger wickeln zu lassen, in die Eier getreten, daß ihm Hören und Sehen verging. Aber was hatte er statt dessen getan? Sich auf dieses Scheißspiel eingelassen und nur noch Geldscheine gesehen vor seinem inneren Auge. Ein kleiner, schäbiger Krimineller war aus ihm geworden, ein schmieriger Gauner, der seine eigene Visage kaum noch ertragen konnte.

Es waren drei Mann gewesen, Freddy und noch zwei Burschen, die aussahen, als wäre nicht gut Kirschen essen mit ihnen. Sie kamen mit einem großen Transporter ohne Licht wie ein Geisterschiff den Fahrweg hinunter und hielten knirschend vor dem Tor, wo Max auf sie wartete. Er schloß auf, stieg zu ihnen in das von Zigarettenrauch völlig verqualmte Wageninnere, und zusammen rollten sie mit ausgeschaltetem Motor hinunter zu den Ausgrabungsstellen.

Max stand unschlüssig in der Gegend herum, als die drei mit Spitzhacken und Vorschlaghämmern auf den Schiefer eindroschen. Er hatte ihnen tatsächlich die Stelle gezeigt, die sie suchten, aber kurzzeitig auch daran gedacht, ob er sie nicht einfach zu irgendeinem der anderen Bohrlöcher führen sollte. So wie er die Kerle einschätzte, hatten sie so wenig Ahnung von Fossilien wie eine Ameise von altägyptischen Hieroglyphen, oder wie die Dinger hießen. Sie hätten den Irrtum sicher erst bemerkt, wenn es zu spät war. Aber dann hatte er es doch mit der Angst bekommen. Was würden sie mit ihm machen?

Als sie dann mit ihren brachialen Methoden ohne Rücksicht auf Verluste den Schiefer abräumten, stand er Höllenqualen aus und mußte ununterbrochen an die vielen kleinen Fossilien denken, die da jetzt achtlos zerschlagen und zertreten wurden. Plötzlich hatte er die Leute aus der Senckenberg-Station vor Augen, wie liebevoll und sorgfältig sie selbst mit den kleinsten Fundstücken umgingen.

Mit einem Mal erschien es ihm, als ob seine Arbeit, auch wenn er sie oft verfluchte, doch Teil eines irgendwie großartigen Ganzen war, ein winziges, kaum wahrnehmbares Rädchen in einem riesigen, unüberschaubaren Getriebe, von dessen Bedeutung, dessen eigentümlicher Schönheit und Faszination diese armseligen Wichser nicht die geringste Ahnung hatten. Banausen waren das, stumpfsinnige, geldgeile, brutale Arschlöcher. Ihr wahlloses Drauflosgehacke war plötzlich so unerträglich für ihn, daß er sich abwenden und hinüber zur Müllkippe schauen mußte, wo einige kahle Glühbirnen gegen die Finsternis ankämpften.

Aber es war eiskalt in dieser Nacht, der Schiefer von feinem Rauhreif überzogen, und die Kerle kamen nur langsam voran. Es war wie ein Wunder. Der Frühling hatte ja schon fast begonnen, überall sah man frische Triebe, und in einigen Gärten blühten schon die ersten Obstbäume. Und nun diese Kälte. Der Schiefer war gefroren, das hörte er an dem charakteristischen knirschenden Geräusch, mit dem die Platten auseinanderbrachen, und in dem Maße, wie deutlich wurde, daß sie es nicht schaffen würden, stieg seine Stimmung. Zweieinhalb Meter Schiefer auf einer Fläche von mehreren Quadratmetern abzuräumen war kein Pappenstiel, schon gar nicht bei diesen Temperaturen und mit dieser Ausrüstung. Wer hätte das besser beurteilen können als er?

Als sich der Zeiger seiner Uhr auf drei, dann auf vier Uhr morgens zubewegte, wurden die drei sichtlich nervös, und schließlich kam Freddy zu ihm herüber und forderte ihn auf mitzuarbeiten.

»Nee, mach ich nich. Das war nicht abgemacht«, sagte Max kategorisch und spürte ein Gefühl des Triumphes, als er im schwachen Lichtschein von Freddys glimmender Zigarette die wachsende Wut in dessen Augen sah. Zuerst hatte es den Anschein, als ob Freddy sich gleich auf ihn stürzen würde, und er kniff die Augen zusammen und hielt die Luft an, weil er glaubte, gleich würde eine Faust in seinem Gesicht explodieren oder ein Pistolenschuß die nächtliche Stille zerreißen und er im nächsten Moment mit glasigen Augen im überfrorenen Schiefer liegen, eine klaffende Wund im Kopf, aus der sein warmes Blut lief und leise knisternd in den feinen Spalten und Rissen des uralten Gesteins versickerte. Aber kurze Zeit später hörte er, wie Freddys Schritte sich wieder entfernten, und er ließ die Luft aus seiner Lunge entweichen, bis nichts mehr da war, was entweichen konnte. Dann atmete er tief durch. Er wußte, daß es zu spät war.

Um fünf gaben sie endlich auf. Fluchtartig packten sie ihre Gerätschaften zusammen und stiefelten mit wütenden Gesichtern zum Wagen zurück. Einer von Freddys Begleitern ließ den Motor an, und ohne ein Wort fuhren sie hinauf zum Tor, wo Max ausstieg. Als er Freddy nach dem Geld fragte, warf dieser ihm einen giftigen drohenden Blick zu und zischte: »Ohne Skelett keine Kohle, das ist doch wohl logisch, oder? Mach, daß du nach Hause kommst, und halt ja die Klappe, sonst gibt's Ärger, kapiert?«

Er schlug Max die Wagentür vor der Nase zu. Der Transporter setzte sich in Bewegung und ließ Max allein am Tor zurück. Ihm fiel ein Stein vom Herzen. Mit einem Lächeln auf den Lippen machte er sich auf den Heimweg.

Zu Hause begann dann der Katzenjammer. Den nächsten Tag brachte er mehr oder weniger im Bett zu und dachte daran, was jetzt wohl in der Grube los sein mochte. Natürlich würden sie versuchen, Messi zu bergen, so schnell wie möglich, das war klar. Und es würde verdächtig wirken, daß er nicht da war. Aber er war so froh darüber, wie glimpflich alles abgelaufen war, daß er sich darüber zunächst keine Sorgen machte. Das kam erst später und wurde von Stunde zu Stunde unerträglicher, als er sich schließlich zu der Bergungsmannschaft gesellte und abends in die glücklichen und abgekämpften Gesichter blickte. Während der Feier oben in der Station hätte er sich am liebsten unsichtbar gemacht, irgendwo verkrochen, unter der Kellertreppe oder hinter den Schieferplatten mit den Fossilien.

Es war in diesen Minuten, in denen sich die allgemeine Anspannung in fröhliche Ausgelassenheit entlud, daß er überlegte, zu Axt zu gehen und ihm alles zu erzählen. Als dann der müde aussehende Hackebeil mit ihm als letztem zurückblieb, beschloß Max, die Sache am besten gleich jetzt hinter sich zu bringen.

»Könnt ich Sie mal 'n Moment sprechen?«

»Ja. Was gibt's denn, Max?« antwortete Hackebeil und schaute ihn dabei so an, als wisse er schon alles.

Der Eozän

Die nächsten Stunden vergingen wie in Trance. Micha konnte sich später kaum noch an Einzelheiten erinnern, aber irgendwie mußten sie wohl zum Lagerplatz zurückgefunden haben. Claudia durchlebte bei ihrer Rückkehr ein Wechselbad der Gefühle, denn ihrer ersten Erleichterung, beide wiederzusehen, folgte unmittelbar die Erkenntnis, daß irgend etwas Furchtbares passiert war.

Schon auf dem Rückweg zum Lager schien Tobias Höllenqualen auszustehen und drohte mehrmals zusammenzubrechen. Als sie dann später versuchten, seinen linken Arm zu schienen, fiel er endgültig in Ohnmacht. Er hatte überall Blut, besonders am

Kopf, aber auch an den Armen, an seinen Sachen, und es war Micha anfangs unmöglich gewesen einzuschätzen, wie schwer er wirklich verletzt war. Immerhin konnte er sich aus Tobias' bruchstückhaft hervorgestoßenen Schilderungen langsam zusammenreimen, was passiert war. Bei dem Versuch, einen Felsen hochzuklettern, war Tobias ausgerutscht und abgestürzt.

So einfach war das, geradezu erschreckend banal. Ein Mißgeschick, ein schlichter Fehltritt, kein Kampf mit den Giganten, keine Großwildjagd, keinerlei dramatisches Drumherum, selbst im nachhinein kaum als spannendes Reiseabenteuer verwertbar. Er war geklettert, gefallen und hatte sich den Arm gebrochen, so, wie wahrscheinlich Hunderte von erholungshungrigen Urlaubern jedes Jahr überall in der Welt. Normalerweise ein unglücklicher, zweifellos unangenehmer, jedoch keineswegs dramatischer Zwischenfall. Aber hier …?

Tobias' medizinische Versorgung, wenn man das, was sie beide in der Lage waren zu tun, überhaupt so nennen konnte, war für jemanden wie Micha, der bisher schlimmstenfalls mit blutenden Schnittwunden und aufgeschürften Knien konfrontiert worden war, ein schrecklicher Alptraum. Tobias, der bei jeder unvorsichtigen Berührung schrie, mit vereinten Kräften das Hemd auszuziehen, den verdreckten Stoff vorsichtig Millimeter für Millimeter über seinen verletzten Arm zu ziehen war eine Tortur für alle Beteiligten. Schweißgebadet und schwer atmend ließ Tobias sich danach auf eine der Matten sinken, die sie mit ihren Schlafsäcken weich gepolstert hatten. Auch Micha war leichenblaß und mußte sich danach erst einmal eine Beruhigungszigarette gönnen.

Dieser Arm, er sah so schrecklich kaputt aus, man konnte es nicht anders beschreiben. Tobias hielt ihn vom Körper weg wie ein nutzloses, fremd gewordenes Anhängsel, zu dem er keine Beziehung mehr hatte. Es war ein offener Bruch, soviel war klar. Fassungslos starrten sie alle drei das entstellte Körperteil an, den unnatürlichen Knick, diese blutige, tief blaurot unterlaufene Beule, die, etwa zehn Zentimeter vom Ellenbogen entfernt, seinen Unterarm in zwei ungleiche Hälften teilte und aus der wie ein totes Stück Holz weißlicher, zersplitterter Knochen ragte. Nach erregten Debatten entschlossen sie sich schließlich, den Arm mit

Hilfe einer der Zeltstangen notdürftig zu fixieren. Was sollten sie auch anderes tun?

Es dauerte nur wenige Minuten – Claudia hatte gerade erst begonnen, mit zusammengepreßten Lippen den Verband um Zeltstange und Arm zu wickeln –, da verabschiedete sich Tobias zunächst einmal. Ohne Vorwarnung sackte er fast lautlos in sich zusammen und fiel auf die Seite. Es hätte nicht viel gefehlt, und Micha hätte sich dazu gelegt.

Jetzt konnten sie ihm wenigstens einigermaßen problemlos den Arm verbinden und nachschauen, ob er noch weitere Verletzungen aufwies. Sie untersuchten ihn vorsichtig und stellten fest, daß er sich außer einigen Schürfwunden und Prellungen nur eine stark blutende Wunde am Kopf zugezogen hatte, von der wohl all das Blut stammte. Das Schlimmste war also der Arm, vielleicht kam noch eine Gehirnerschütterung dazu.

Als Tobias eine halbe Stunde später aufwachte, flößten sie ihm zwei Schmerz- und eine Beruhigungstabletten ein, und zu ihrer großen Erleichterung schlief er bald völlig entkräftet wieder ein.

Über ihren stümperhaften medizinischen Versuchen war die Dämmerung hereingebrochen. Unter einem sternenklaren Himmel saßen Claudia, Pencil und Micha schließlich fröstelnd um ihre Petroleumlampe, kauten trockenen Zwieback, zuckten bei jeder Bewegung, jedem Stöhnen, jedem Röcheln von Tobias zusammen und versuchten zu begreifen, was passiert war.

Es war etwas geschehen, was eigentlich undenkbar war, ein Tabu, über das zu reden, sich vorher niemand getraut hatte, etwas, was unter keinen Umständen hätte geschehen dürfen: Jemand von ihnen hatte sich ernsthaft verletzt. Mit einer Erkältung, mit Durchfall, mit Verstauchungen und ähnlichen Bagatellen wären sie zu Rande gekommen. Darauf waren sie vorbereitet. Aber mochte Tobias' Verletzung auch nur halb so schlimm sein, wie sie ihnen zunächst erschien, in ihrer jetzigen Situation war sie allemal gefährlich genug, nicht nur für ihn, sondern für sie alle. Sie waren hier buchstäblich mutterseelenallein, an einem unwirtlichen Ort, in einer fernen, unwirtlichen Zeit. Sie waren völlig auf sich allein gestellt, durch eine wochenlange strapaziöse Reise von jeder Aussicht auf Hilfe meilenweit und Millionen Jahre entfernt.

Sie redeten nicht viel und wenn, dann nur belangloses Zeug.

Einerseits waren sie todmüde, andererseits war an Schlaf nicht zu denken. Tobias wachte im Laufe der Nacht immer wieder auf, stöhnte, jammerte, fluchte, und wenn er schlief, waren Claudia und Micha ohne Ablenkung ihren Ängsten ausgeliefert.

Micha ärgerte sich über Tobias, weil er sie in diese Situation gebracht hatte. Dann wieder quälte er sich mit Selbstvorwürfen und Schuldgefühlen herum, weil ihm überhaupt solche Gedanken kamen. Ihm fiel ein Film ein, den er irgendwann einmal gesehen hatte und der in den einsamen Wäldern Kanadas spielte. Eine stumme, zierliche Frau mußte darin ihrem Mann, gespielt vom bulligen Oliver Reed, mit der Axt ein Bein amputieren, nachdem er im tiefsten Winter in eine Bärenfalle getreten war und die furchtbare Wunde sich entzündet hatte.

Amputation! Die Panik, die diesem Gedanken folgte, drückte Micha schier zu Boden. Dazu wäre er nie und nimmer in der Lage, ausgeschlossen.

Aber sie hatte es einfach abgehackt. Ganz auf sich allein gestellt, war ihr nichts weiter übriggeblieben. Entweder sie tat es, oder er würde sterben.

Zack! Immer wieder sah Micha die Axt herabsausen. Einmal in seinem Kopf ließ ihn dieser Gedanke nicht mehr los. Er sah die Zähne, die sich in einen Lederfetzen verbissen, als die Klinge ihn traf, die weit aufgerissenen Augen, das schweißbedeckte Gesicht.

»Wir müssen zurück!« sagte Claudia. Sie war überraschend gefaßt, aber ihr Gesicht wirkte hart, wie versteinert. Hin und wieder rieb sie sich über die Augen. Micha konnte es im Schummerlicht der Petroleumlampe kaum erkennen, aber es sah so aus, als wischte sie sich die eine oder andere stille Träne aus den Augenwinkeln.

»Ja!« Natürlich hatte sie recht. Sie waren nicht in der Lage, Tobias' Verletzung angemessen zu versorgen. Um diese Erkenntnis konnten sie sich nicht herummogeln. »Aber in diesem Zustand können wir ihn unmöglich transportieren.«

»Dann müssen wir eben warten, bis es ihm etwas besser geht.«

»Und was ist, wenn es nicht besser wird? Wenn sich der Arm entzündet? Wahrscheinlich hat er sich schon infiziert. Er hat schließlich Fieber.« Blutvergiftung, Wundstarrkrampf, Amputation. Alle diese schrecklichen Begriffe gingen ihm durch den Kopf.

»Außerdem wächst der Arm schief zusammen. Wir können ihn nicht richten. Wir ...«

»Hör auf!« fuhr sie ihn an. »Das weiß ich selbst. Genau deshalb müssen wir ja zurück.«

»Entschuldige, ich ...« Er zitterte vor Angst und Kälte.

Tobias meldete sich mit einem gequälten Stöhnen, als protestiere er gegen ihre Pläne. Sein Kopf rollte ein paarmal hin und her.

Später in der Nacht versuchten sie abwechselnd, wenigstens ein bißchen zu schlafen, aber zumeist blieb es bei dem quälenden Versuch. Erst kurz vor Sonnenaufgang schliefen sie beide ein, um wenig später von den ersten Sonnenstrahlen wieder geweckt zu werden.

Tobias ging es keineswegs besser, im Gegenteil. Weder sein Arm noch die Wunde am Kopf sahen besonders ermutigend aus. Seine Stirn war glühend heiß, und noch im Laufe des Vormittags begann er zu phantasieren. Manchmal schrie er unvermittelt auf, wälzte sich unruhig hin und her, murmelte unverständliches Zeug oder Namen, die sie nicht kannten. Ein paarmal rief er nach Sonnenberg, einmal glaubte Micha den Namen Ellen zu verstehen. Dann schlief er wieder wie ein Toter. Seine Haare waren von Schweiß und Blut pitschnaß und verklebt.

Als es im Laufe des Vormittags immer heißer wurde, bauten sie mit Hilfe der übriggebliebenen Zeltstange und einer Decke einen primitiven Sonnenschutz, damit Tobias nicht der intensiven Strahlung ausgesetzt war. Schatten bot ihr Lagerplatz erst am Nachmittag. Micha bekam nach der durchwachten Nacht und von der nun unerbittlich auf sie niederbrennenden Sonne bohrende Kopfschmerzen.

Irgendwann am Nachmittag brach dann Claudia zusammen. Sie heulte, war völlig verzweifelt und begann, ihm bittere Vorwürfe zu machen, wie sie überhaupt auf die Idee kommen konnten, ein solches Schwachsinnsunternehmen in Angriff zu nehmen. Sie hatte Angst, panische Angst und ließ sich nicht beruhigen. Wenn er versuchte, sie anzufassen, schlug sie seine Hand weg und schaute ihn nur böse an. Dabei wußte sie ja selbst, daß sie sie nicht gerade gezwungen hatten mitzukommen. Ihre Vorwürfe entbehrten jeder Grundlage.

Es war ein seltsames Hin und Her, das sich da zwischen ihnen abspielte. Kaum rastete einer von ihnen beiden aus – er in der Nacht vorher und jetzt sie –, wurde der andere ganz ruhig und überlegt, so als ob sie beide instinktiv spürten, daß wenigstens einer von ihnen einen halbwegs klaren Kopf behalten mußte.

Nur, wenn sie Tobias versorgen mußten, ihm Wasser einflößten, ihn löffelweise mit einer Tütensuppe oder aufgeweichtem Zwieback fütterten und die schweißnassen Haare aus seiner Stirn wischten, herrschte ein trügerischer Frieden.

Trotz ihrer Bemühungen schien sich Tobias' Zustand eher zu verschlechtern. Er war kaum noch ansprechbar, und in den wenigen Momenten, in denen er einigermaßen bei Verstand schien, stierte er sie mit unnatürlich geweiteten, trüben Pupillen an, als seien sie blutrünstige Kannibalen, die sich anschickten, ihm jedes Glied einzeln auszureißen.

Sie waren am Ende ihrer Kräfte. Wenn sie wenigstens noch in der Nähe des Bootes gewesen wären. Aber zwischen ihnen und der rettenden Titanic lag eine kräfteraubende Bergwanderung. Tobias würde das niemals durchstehen. Ihre Lage war katastrophal.

Am Abend beschlossen sie, daß sich abwechselnd jeweils einer von ihnen etwas abseits vom Lager hinlegen sollte, um zu schlafen. Sie fütterten Tobias mit einer Champignoncremesuppe, von der er aber kaum etwas herunterbekam. Wenigstens gelang es ihnen, ihm zwei Schlaftabletten und Antibiotika gegen eine mögliche Entzündung einzuflößen. Das war alles, was sie für ihn tun konnten. Ihre Hilflosigkeit angesichts seines Zustandes war eklatant.

Obwohl Micha als erster die Wache übernehmen und Claudia später wecken sollte, mußte er irgendwann eingenickt sein. Im Morgengrauen weckte ihn Claudia, aber es war kein Vorwurf in ihrem Blick, im Gegenteil. Sie legte sich zu ihm, umarmte ihn fest, preßte sich an ihn.

Sie schauten nach Tobias, der noch fest schlief, aber es sah nicht so aus, als ob sich Wesentliches an seinem Zustand geändert hätte. Das Haar klebte ihm an der Stirn. Das Fieber schien nachgelassen zu haben, aber er hatte noch immer erhöhte Temperatur. Seine Lippen waren aufgesprungen, fast so, wie Micha es von früher in Erinnerung hatte. Eine Woge zärtlicher Zuneigung überfiel ihn bei diesem Gedanken und trieb ihm Tränen in die Augen. Claudia sah ihn fragend an, aber er konnte nicht sprechen, streckte nur hilfesuchend die Arme aus. Sie umarmten sich noch einmal, und er ließ seinen Tränen freien Lauf. An einem leichten Beben ihres Körpers spürte er, daß sie ebenfalls weinte. Er nahm ihren Kopf zwischen beide Hände und küßte sie mit einer verzweifelten Leidenschaft auf den Mund und ins Gesicht, die er so noch nie an sich erlebt hatte. Sie schien erst überrascht, gab dann aber ihren Widerstand auf, und bald küßten sie sich gegenseitig die Tränen aus dem Gesicht.

Einige Zeit später saßen sie schweigend nebeneinander und schlürften am bleiern dahinfließenden Fluß ihren Morgenkaffee. Pencil lag neben Tobias, der noch immer schlief. Sie wußten beide, daß heute eine Entscheidung fallen mußte. Entweder es ging Tobias etwas besser, dann konnten sie vielleicht noch ein, zwei Tage abwarten, bevor sie mit einem etwas erholten Patienten die Rückreise antraten, oder sein Zustand war gleichbleibend schlecht, was bedeuten würde, daß sie im Grunde keine Minute mehr zu verlieren hatten. Wie sie es unter diesen Umständen nach Hause schaffen sollten, war ihnen allerdings ein Rätsel.

Irgendwann wachte Tobias auf, und im ersten Moment schien es tatsächlich, als ginge es ihm besser. Er schaute sie mit müden, farblosen Augen an und sagte: »Mir geht's absolut dreckig, Leute. Ich fühl mich zum Kotzen.«

»Ich weiß«, sagte Micha und legte ihm seine Hand auf die Stirn. »Was macht dein Arm?«

»Tut höllisch weh.« Er schloß die Augen. Sein Kehlkopf hüpfte auf und nieder. »Ich hab Durst.«

»Klar! Moment!« Claudia holte eine Wasserflasche und hielt sie an seinen Mund. Mühsam hob er den Kopf. Während er mit dem gesunden Arm die Flasche hielt und gierig trank, stützte sie seinen Nacken. Dann sank er mit einem Stöhnen zurück. Nein, besonders ermutigend sah das alles noch nicht aus. Wahrscheinlich hatte er wirklich eine Gehirnerschütterung oder eine schlimme Infektion.

»Vielleicht sollten wir mal nachschauen, wie dein Arm aussieht«, sagte Claudia.

»Wofür soll das gut sein? Wir können doch sowieso nichts machen«, antwortete Micha. Er hatte panische Angst davor, diesem Arm auch nur nahe zu kommen.

»Tobias, was meinst du?« fragte sie. Er schien jedoch gar nichts mitbekommen zu haben, zeigte keine Reaktion, lag nur mit geschlossenen Augen und offenem Mund im Schatten des wackligen Sonnenschutzes und atmete.

Claudia streckte die Hand nach dem notdürftigen Verband aus, aber kaum berührte sie den verletzten Arm, riß Tobias die Augen auf und stieß einen gellenden Schrei aus.

»*Nein!*«

Ihre Hand zuckte zurück, als hätte sie an glühendes Metall gefaßt.

»Bist du verrückt?« Er krümmte sich, wandte sich ab und wimmerte nur noch. »Nicht anfassen, nicht anfassen!«

»Du siehst doch, daß es keinen Sinn hat«, schrie Micha sie an. Ihm war, als spüre er den Schmerz am eigenen Leib, ein mörderisches Brennen, das alle anderen Empfindungen abtötete.

»Und?« schrie sie zurück, erschreckt und verletzt. »Weißt du vielleicht was Besseres?«

Das war ihr letzter Versuch, noch etwas für Tobias' Arm zu tun. Sie gingen sich danach eine Weile aus dem Weg. Claudia stand beleidigt auf und kümmerte sich um Pencil, der etwas zu kurz gekommen war in den letzten zwei Tagen. Micha blieb neben Tobias sitzen. Der von Felsen eingerahmte Lagerplatz kam ihm jetzt wie ein Gefängnis vor. Tobias hatte die Augen wieder geschlossen, sah etwas entspannter aus. Micha wußte nicht, ob er eingeschlafen war oder einfach nur so dalag.

Während er eine Zigarette rauchte, beobachtete er Claudia, die in der Nähe des Ufers mit ihrem Hund spielte. Es wurde langsam heiß, und ihre Geschäftigkeit kam ihm etwas übertrieben vor.

Was sollten sie tun? Noch abwarten oder ohne Verzug aufbrechen? Und wenn sie sich nun entschlossen, noch heute umzukehren, was war, wenn Tobias nicht mitspielte, aus Angst vor den zu erwartenden Schmerzen und Strapazen? Oder wenn ihm einfach die Kraft fehlte? Der Marsch über die Berge hinunter in die Wüste, wo ihr Boot lag, würde schon im gesunden Zustand kein Vergnügen sein.

Plötzlich erstarrte Claudia und stieß einen seltsamen erstickten Laut aus. Sie stand unbeweglich da und starrte mit einem Gesicht, das grenzenlose Verwirrung ausdrückte, auf eine Stelle hinter ihm.

Er wagte nicht, sich umzublicken. Zuerst dachte er, irgendein Untier pirsche sich in seinem Rücken heran, zum Beispiel der schon lang erwartete Säbelzahntiger, und dieser Gedanke trieb ihm augenblicklich dicke Schweißperlen auf die Stirn. Wie sollten sie Tobias, der bei jeder Berührung schrie wie am Spieß, einen der Felsen hochschaffen, um ihn und sich selbst in Sicherheit zu bringen? Außerdem, wenn der Angriff von dahinten kam, war ihnen der Fluchtweg abgeschnitten. Es blieb dann nur noch der Fluß.

Aber nein, Claudia hätte anders reagiert, wenn dort irgendein gefährliches Tier aufgetaucht wäre. Was war da? Ihm kroch eine Gänsehaut eiskalt den Rücken hinunter. Dann faßte er sich ein Herz, nahm allen Mut zusammen und drehte sich ruckartig um.

Pencil fing an zu bellen. Selbst der Hund hatte ziemlich lange gebraucht, um zu reagieren. Zwischen zwei Felsen, die einen schmalen Durchgang frei ließen, stand eine Gestalt. Micha wurde durch die Sonne geblendet, aber es bestand kein Zweifel: Dort stand ein Mensch.

Tobias schlug die Augen auf. Er sah Micha an und merkte wohl, daß irgend etwas nicht stimmte.

»Was is'n los?« nuschelte er müde.

»Da ist jemand«, sagte Micha leise.

Ihm fiel ihre Entdeckung am Flußufer ein, die Cola-Dose und die alte Feuerstelle. Plötzlich sah er sie vor sich, verlotterte, heruntergekommene, halb verhungerte Gestalten, die ihre Chance erkannt hatten, jetzt da sie durch Tobias' Verletzung geschwächt und ein leichtes Opfer geworden waren. Er dachte daran, daß sie außer ihren Taschenmessern keinerlei Waffen besaßen.

»Was soll das heißen: jemand?«

»Ein Mensch!«

»Ein Mensch?«

Wenn er *»ein Tyrannosaurus«* gesagt hätte, Tobias' Reaktion hätte wohl kaum heftiger ausfallen können. Er wurde kreidebleich, richtete sich in überraschender Geschwindigkeit auf und schaute, auf den gesunden Arm gestützt, ebenfalls zu der Gestalt hinüber, die noch immer unbeweglich zwischen den Felsen stand. Dann kippte er zur Seite weg und fiel auf seinen verletzten Arm. Er schrie auf vor Schmerz und wälzte sich stöhnend im Sand. »Scheiße, Scheiße, Scheiße«, fluchte er. Sein Gesicht war eine Maske aus Schmerz und hilfloser Wut.

Micha war einen Moment durch Tobias abgelenkt, als Pencils Bellen lauter wurde und Claudia rief: »Er kommt her, Micha!« Jetzt spürte er die Angst in ihrer Stimme. »Micha, er geht auf euch zu!«

Tatsächlich! Die Gestalt kam langsam näher, wachsam, lauernd, wie ihm schien. Gehetzt blickte Micha sich um, weil er sie plötzlich überall vermutete. Die Gegend hätte genügend Deckung für eine ganze Kompanie geboten. Wenn sie sich dort irgendwo versteckt hatten, einen koordinierten und geplanten Angriff durchführten, dann waren sie verloren. Was ihnen als geschützter Lagerplatz erschienen war, entpuppte sich nun als Falle.

Aber da war nur diese eine Gestalt. Es war ein Mann, das konnte er jetzt deutlich erkennen, ein älterer schlanker Mann mit einem wirren Vollbart, kurzen Hosen und einem Schlapphut. Er hatte seine Position zwischen den Felsen verlassen und kam langsam auf sie zu. Er war bewaffnet, trug ein Gewehr. An seinem Hals baumelte ein Fernglas.

Micha sprang auf. Der Fremde ging noch ein paar Schritte weiter, blieb dann aber stehen, legte das Gewehr auf den Boden und hob die Hände. Beide Arme in die Luft gestreckt, kam er näher.

»Was soll das heißen?« Claudias atemlos gesprochene Worte hörte Micha jetzt direkt neben sich. Er hatte vor lauter Aufregung gar nicht bemerkt, daß sie zu ihnen herübergelaufen war. Pencil baute sich zwischen ihnen und dem rätselhaften Mann auf und kläffte sich die Seele aus dem Leib, aber die schlanke Gestalt kam unbeirrt näher, die Hände noch immer in die Luft gestreckt.

»Das könnte eine Falle sein«, flüsterte Micha.

»Pencil, sei still! Komm her!« Claudias Stimme klang ungewohnt bestimmt, und tatsächlich gehorchte der Dackel, trottete auf sie zu und legte sich knurrend neben den wie hypnotisiert wirkenden Tobias in den Sand.

Der Mann war vielleicht noch fünfzehn Meter entfernt, als er den Mund öffnete: »Ich glaube, ihr könnt Hilfe brauchen.«

Er sprach deutsch. Dieser Mensch, den es eigentlich gar nicht geben durfte, sprach tatsächlich deutsch. Seine Stimme knarrte wie eine alte verklemmte Tür, die seit Jahrhunderten nicht mehr geöffnet worden war.

»Was wollen Sie von uns?« rief Micha ihm zu, versuchte so entschieden wie möglich zu klingen.

»Ich sagte doch, ich will euch helfen.« Wieder dieses Knarren.

»Er lügt!« zischte Tobias. Micha ignorierte ihn.

»Wie kommen Sie auf die Idee, daß wir Hilfe brauchen?«

»Das ist kaum zu überhören.« Er deutete auf Tobias und faßte sich an seinen linken Arm.

Der Kerl wußte genau Bescheid. Konnte es sein ...? Er warf Claudia einen ratlosen Blick zu. Sie zuckte zuerst mit den Achseln, dann nickte sie schwach. In ihren Augen glomm ein schwacher Hoffnungsschimmer. Tobias sah sie entsetzt an.

»Seid ihr wahnsinnig?« keuchte er. »Ihr glaubt dem? Das kann doch nicht wahr sein. Was ist, wenn er die Titanic will? Vielleicht sind da noch mehr von der Sorte.«

»Sind Sie allein?« rief Claudia.

»Ja!«

»Also gut! Kommen Sie näher, aber langsam.«

»Ihr seid ja verrückt!« schrie Tobias. Seine Stimme klang hysterisch, überschlug sich fast, aber er rührte sich nicht von der Stelle.

»Vielleicht kann er uns wirklich helfen«, sagte Micha, aber Tobias starrte ihn mit fiebrigen Augen nur haßerfüllt an.

Besonders gefährlich sah der Eozän – so hieß er bei ihnen, so lange bis sie seinen Namen erfuhren – wirklich nicht aus. Er war eher klein, schlank, ja, dürr, drahtig, und er lächelte, ja, er lächelte aus seinem wilden Vollbart heraus, und auf seinem braungebrannten Gesicht spiegelte sich so etwas wie Mitgefühl und Besorgnis, jedenfalls bildete er sich das ein. Der Mann hatte so, wie er dastand, irgendwie etwas Väterliches. Micha schätzte ihn auf

Ende Fünfzig, er konnte aber leicht auch zehn Jahre älter oder jünger sein.

War das nur ein Trick, ein besonders fieser Plan, mit dem er sie in die Falle locken wollte? War ihr Wunsch nach Hilfe so stark, waren sie schon so verzweifelt, daß sie sich blenden ließen und alle Vorsicht vergaßen?

Dann tat Claudia etwas Unerwartetes. Sie stand auf und ging auf den Mann zu, der jetzt in etwa zehn Metern Entfernung dastand, ohne sich zu rühren. Die beiden sprachen miteinander, so leise, daß Micha nichts verstehen konnte.

Tobias beobachtete die beiden mit starrem Blick, kniff aber ab und zu die Augen zusammen, so als sei er müde und habe Mühe, die Lider aufzuhalten.

Gespannt warteten sie auf das Ergebnis des Palavers. Claudia deutete auf ihren Arm, wohl um die Stelle zu zeigen, an der Tobias' Arm gebrochen war, und der Mann nickte. In seiner hellbraunen Lederweste, dem flachen Schlapphut und den seltsamen Sandalen, deren Bänder mehrfach um seine sehnigen Unterschenkel gewickelt waren, sah er aus wie ein Großwildjäger, ein Entdecker aus dem letzten Jahrhundert.

Dann schien die Aussprache beendet zu sein. Claudia kam zurück, aber der Eozän blieb, wo er war.

»Ich hab ihm erklärt, was passiert ist, aber er wußte schon alles«, sagte sie. Ihr Gesicht war gerötet vor Aufregung. Sie sprach hastig und schnell.

»Und?«

»Er hat uns schon seit Tagen beobachtet.«

»Seit Tagen schon?«

Sie nickte. »Er sagt ...«, sie beugte sich etwas näher zu ihm, damit Tobias sie nicht verstehen konnte, »er sagt, er kann uns helfen.«

Ja, sie hatte neue Hoffnung geschöpft. Er sah es in ihren Augen. Sie vertraute diesem mysteriösen Fremden.

Es schien fast zu schön, um wahr zu sein. Sie saßen in der Patsche, und schon tauchte wie Phönix aus der Asche ein Mann auf, der behauptete, ihnen helfen zu können, obwohl sie doch eigentlich die einzigen menschlichen Wesen hier sein sollten. Aber dieser Mann war kein Engel und hoffentlich auch kein Teufel. Er war aus Fleisch und Blut, oder, wenn man ihn so ansah, eher aus Haut und Knochen, jedenfalls ein lebendes Wesen wie sie, und Michas Widerstreben, ihm zu vertrauen, schmolz dahin wie Butter in der Pfanne. Sie hatten eh nichts zu verlieren.

Aber Tobias, was war mit Tobias? Ohne seine Mitwirkung würde ihnen selbst das Rote Kreuz nichts nützen.

»Tobias, hast du gehört?« Er faßte ihn vorsichtig an der Schulter, und der Verletzte zuckte sofort zusammen.

»Laßt mich in Ruhe!« Es klang gequält. Seine Augen waren geschlossen, zusammengepreßt. Er hatte sich abgewandt.

Wieder war es Claudia, welche die Initiative ergriff. Mit glasklaren Worten erklärte sie ihm die Situation. Sie fragte ihn, ob er lieber sterben wolle, als sich helfen zu lassen, wie lange er wohl glaube, noch durchhalten zu können, ob er sie alle lieber ins Verderben schicken wolle. Sie sei mit ihrem Latein jedenfalls am Ende. Er habe es in der Hand, was aus ihnen werden solle.

Irgendwann ergab er sich in sein Schicksal, ließ allen Widerstand fallen. Was sollte er auch tun? Sie hatten keine Wahl. Er hatte keine Wahl. Tobias wurde schlaff, schrumpfte, sackte in sich zusammen. Die Anstrengungen der letzten Minuten hatten ihm das Letzte abverlangt. Aus seinen Augenwinkeln rannen einzelne Tränen herab. Er war wütend über seine Hilflosigkeit, darüber, daß sie die Kontrolle so aus der Hand gegeben hatten, und er hatte Angst, Angst vor Schmerzen, vor all dem, was jetzt auf ihn zukommen könnte. Mit einer Vollnarkose oder wenigstens einer örtlichen Betäubung war hier wohl nicht zu rechnen. Was nun kommen mußte, würde alles andere als angenehm sein.

Auf einen Wink von Claudia hin trat der Fremde näher. Er nickte Micha ernst zu, kniete sich neben Tobias auf den Boden und knurrte: »Zeig mal her den Arm, mein Junge!«

Tobias zeigte keine Reaktion. Völlig unbeweglich lag er da und machte den Eindruck, als habe sich sein Bewußtsein tief nach innen verkrochen, irgendwohin, wo niemand und nichts an ihn herankommen konnte. Selbst als der Eozän mit dünnen knochigen Fingern langsam und vorsichtig den Verband abzuwickeln begann, verzog er nur einmal kurz das Gesicht. Was schließlich zum Vorschein kam, war wirklich kein schöner Anblick. Der halbe Unterarm hatte sich verfärbt und war erheblich angeschwollen. Claudia und Micha warfen sich einen entsetzten Blick zu, und der Mann brummte und schüttelte ein paarmal seinen markanten Schädel. Sein Gesicht, sein ganzer Körper schien kein Gramm Fett zu enthalten, nur Knochen, Muskeln und Sehnen. Die über Wangenknochen und Nase straff gespannte Haut verlieh ihm etwas Arabisches, aber nach den wenigen Sätzen, die er bisher von sich gegeben hatte, stand außer Zweifel, daß dieser Mann Deutscher war, Hesse um genau zu sein, sofern solche Kategorien hier und jetzt überhaupt noch eine Bedeutung hatten.

Der Eozän öffnete seinen Mund und gab eine Reihe stiftförmiger Zähne frei. »Das sieht schlimmer aus, als ich dachte. Wir müssen ihn zu mir bringen. Hier kann ich nichts für ihn tun.«

»Und wo ist das?« fragte Claudia. Ihr Blick klebte an Tobias' entstelltem Arm.

Er wies mit der Linken auf das Gewirr der Felsen hinter uns. »Etwa zwei Stunden von hier.« Seine Stimme klang jetzt etwas weicher, aber immer noch so, daß Micha unwillkürlich meinte, sich räuspern zu müssen.

»Hm, und wie sollen wir ihn dahin transportieren?« fragte er. »Er kann ja kaum stehen.«

Der Eozän zuckte nur mit den Achseln. »Tja, wir werden wohl laufen müssen. Krankenwagen oder so etwas gibt es hier nicht.«

Die grauen Augen schienen Micha durchbohren zu wollen. *Was wollt ihr hier? Was habt ihr hier verloren?* schien der Blick zu sagen. *Das ist kein Spiel. Ihr habt hier nichts zu suchen, ihr seht ja, was passieren kann.* Micha senkte den Blick und kam sich vor wie ein kleines Kind.

»Habt ihr ihm Antibiotika gegeben?« Mit gerunzelter Stirn betrachtete er die Wunde noch einmal von allen Seiten.

»Ja, eine ziemliche Dosis.«

»Gut! Die wird er auch brauchen.« Er wickelte den Verband wieder vorsichtig herum, fragte nach weiterem Verbandsmaterial und fixierte damit den verletzten Arm fest an Tobias' Oberkörper. Seine Handgriffe wirkten ruhig und gekonnt, und je länger er ihm zuschaute, desto größer wurde Michas Vertrauen in seine Fähigkeiten. Der Mann schien wirklich zu wissen, was er tat.

Tobias gab nur hin und wieder ein Stöhnen von sich, ließ aber alles mit zusammengebissenen Zähnen widerstandslos über sich ergehen. Micha hätte um nichts in der Welt mit ihm tauschen wollen.

In Wirklichkeit benötigten sie für den beschwerlichen Weg mehr als vier Stunden. Tobias hatten sie zwei Schmerztabletten gegeben und dann während des gesamten Weges immer abwechselnd gestützt. Er hielt sich prächtig, auch wenn er das eine um das andere Mal vor Schwäche strauchelte und sie häufig anhalten mußten, um ihn nicht zu überfordern.

Nach einer Weile änderten sie die Marschrichtung und verließen den Fluß, bogen im rechten Winkel von ihrer bisherigen Route ab und liefen auf ein paar felsige Hügel zu. Mit jedem Schritt entfernten sie sich nun von dem Fluß, der sie bis hierher gebracht hatte, ein Gedanke, den Micha anfangs äußerst unbehaglich fand. Auch Claudia, die Pencil an der Leine führte, blickte sich immer wieder beunruhigt um, suchte mit ihren Blicken den Fluß, an dessen Ufer in einigen Tagesreisen Entfernung auch ihr Boot lag. Micha kam es vor, als durchtrennten sie die Nabelschnur, das einzige, was sie noch mit der Heimat verband.

Links erhoben sich bald einige schroffe Felsformationen, hinter denen ab und zu die Sonne verschwand, so daß sie im Schatten marschieren konnten.

Sie liefen jetzt einen richtigen ausgetretenen Pfad, der auf den Gipfel eines der Hügel zu führen schien, das erste Zeichen von Zivilisation seit ihrer Durchquerung der Höhle. Eine halbe Stunde später hatten sie ihr Ziel erreicht. Kein Zweifel, hier lebte dieser geheimnisvolle Mann, und er hatte sein Versteck ausgezeichnet gewählt. Zum Berg hin von hohen Felsen überragt, war es nur durch einen schmalen Durchgang zu erreichen und bot gleichzeitig einen phantastischen Blick über die darunter liegende Savanne. In der Ferne erkannte Micha King und Kong, die Vulkane, die Herden, den Fluß und auf der anderen Seite etwas, das wie eine grüne Mauer aussah.

Er wunderte sich keine Sekunde darüber, daß dieser Mann in einer Höhle hauste. Vor dem eigentlichen Höhleneingang hatte er eine Art hölzernen Vorbau errichtet, der kühlen Schatten spendete. Dort ließ sich Tobias vollkommen erschöpft fallen und umklammerte mit der Linken schützend seinen verletzten Arm. Er hatte tiefe Ringe unter den Augen und war schweißgebadet. Ihr Gastgeber verschwand kurz in der Höhle, kam aber gleich darauf wieder und wies auf zwei primitive selbstgezimmerte Hocker, die unter dem Holzdach standen.

»Am besten ihr beiden laßt euch hier nieder und ruht euch erst einmal aus. Wenn ich euch brauche, rufe ich.« Das sollte wohl heißen, daß er von ihnen nicht gestört werden wollte.

Während sie sich kaum noch rühren konnten, gönnte er sich keine Ruhepause, sondern ging sofort zur Sache. Er wandte sich Tobias zu, der auf dem Boden saß, mit dem Rücken an den Felsen gelehnt. »So, dann wollen wir die Sache mal hinter uns bringen.«

Er griff unter die Achsel des gesunden Armes, zog Tobias ohne große Mühe auf die Beine und führte den vor Angst und Schwäche zitternden Patienten in die Höhle, die von draußen wie ein pechschwarzes Loch aussah. Tobias warf ihnen noch einen letzten Blick zu, einen Blick, den Micha nie vergessen würde, voller Angst, voller Schmerz, ein einziger stummer Vorwurf. Um Gottes willen, was hätten sie denn anderes tun sollen?

Eine Weile hörte man gar nichts. Sie stärkten sich mit einem tiefen Schluck aus ihren Wasserflaschen. Claudia ließ Pencil aus der hohlen Hand trinken. Dann verzog sich der Dackel unter einen Felsvorsprung, rollte sich zusammen und schlief. Je länger Micha dort auf dem Hocker saß, desto deutlicher merkte er, wie erledigt und müde er war, und, anstatt die Aussicht zu genießen, schloß er die Augen, lehnte sich gegen den Felsen und begann vor sich hin zu dösen, bis ihn ein entsetzlicher hohler Schrei aus dem Inneren der Höhle aufschrecken ließ. Anschließend hörte man ein Wimmern und tiefes Brummen. Auch Claudia war eingenickt, das erkannte er an dem verschlafenen Blick, mit dem sie ihn jetzt ansah. Sie schüttelte ein paarmal verzweifelt den Kopf. Wie lange hatten sie geschlafen?

Wenig später kam der Eozän mit einem rostigen Blecheimer in der Hand heraus und winkte Micha zu.

»He, du! Ich muß etwas holen. In spätestens einer Stunde bin ich wieder zurück. Paß auf, daß er den Arm nicht bewegt«, sagte er und verschwand mit dem Eimer in dem schmalen Durchgang, durch den sie gekommen waren.

Micha versuchte sich ächzend zu erheben, streckte sich und trat dann mit einem beklemmenden Gefühl, den Nachhall des Schreies noch in den Ohren, durch den Höhleneingang in die Finsternis. Als seine Augen sich langsam an die Dunkelheit gewöhnt hatten, fiel sein Blick zuerst auf eine Reihe von dicken abgegriffenen Büchern, die auf einem Felsabsatz in der Nähe des Einganges standen. Dann entdeckte er Tobias. Er lag weiter hinten auf einem mit alten Decken gepolsterten Felsenbett.

Irgend etwas irritierte Micha an seinem Gesicht. Zuerst glaubte er, Tobias würde phantasieren, aber als er näher trat, sah er, daß er tatsächlich grinste. Alles hatte er erwartet, alles, nur nicht dieses Grinsen. Es kam für ihn so unerwartet, daß er augenblicklich eine Gänsehaut bekam und hellwach war. Als er sich dann über ihn beugte, um seinen Arm zu betrachten, fiel ihm zweierlei auf: Die Beule nahe dem Ellenbogengelenk war fast verschwunden, der schreckliche Knochenstumpf nicht mehr zu sehen, und außerdem schlug ihm ein betäubender Alkoholgeruch in die Nase. Tobias war stockbetrunken.

Ein letzter Versuch

Als Max gegangen war und er allein zurückblieb, empfand Axt ein seltsames Gefühl der Rührung. Er würde sich in Ruhe überlegen, was er mit Max anfangen sollte, aber er konnte sich im Augenblick kaum vorstellen, daß er ihn einfach auf die Straße setzen würde, nicht, nachdem alles so glücklich verlaufen war.

Es war schon spät. Eine Weile saß er noch allein neben den beiden in Plastikfolie und Zeitungspapier verpackten Schieferplatten und verspürte eine tiefe Befriedigung. Endlich mal wieder ein greifbarer Erfolg. Er überlegte, ob er Schmäler anrufen und ihm von der erfolgreichen Bergung des Riesenkrokodils berichten sollte. Aber dann entschied er sich dagegen. Schmäler schien das alles ja nicht mehr zu interessieren. Er würde es auch so noch früh genug erfahren.

Ohne so recht zu wissen wie, stand er dann plötzlich vor der Kellertür. Er fühlte, wie sich etwas in ihm verkrampfte. Dort unten ruhte das andere, das menschliche Skelett. Wie in einer Familiengruft, dachte er. Er schloß die Tür auf, knipste das Licht an und ging hinunter. Da lag es inmitten der anderen Fossilien, genauso verpackt und gesichert wie die beiden Schieferplatten, die sie heute geborgen hatten. Eigentlich deutete nichts darauf hin, daß dieser Fund etwas ganz Besonderes war, etwas, das ihn in die bisher schwerste Krise seines Lebens gestürzt hatte.

Da der Schieferblock so ungewöhnlich groß war, hatten sie ihn nicht wie die anderen in die deckenhohen Regale gelegt – wie hätten sie ihn auch da hinüberwuchten sollen –, sondern auf einem Rolltisch in der Mitte des Raumes stehenlassen. Deswegen war es ihm ja überhaupt nur möglich gewesen, den Tisch nach draußen zu rollen, ihn mit dem Lastenfahrstuhl nach oben zu transportieren und unter das Röntgengerät zu schieben, wenn er es sich noch einmal anschauen wollte.

Wieviel Zeit hatte er wohl in den einsamen Abendstunden der letzten Monate vor dem Schirm verbracht und über diese Ansammlung von Knochen meditiert, die sich auch nach stundenlangem Anstarren zu nichts anderem als einem *Homo sapiens*-Skelett gruppieren wollte, einem Wesen, das erst vor lächerlichen 100 000 Jahren das Licht der Welt erblickt hatte und doch in einem so Millionen Jahre alten Ölschieferblock steckte.

Spontan beschloß er, es trotz seiner Müdigkeit noch einmal zu versuchen. Zehn Minuten später leuchtete der Röntgenschirm auf, und Axt setzte sich in den knarrenden Stuhl, in der Hand ein Glas Sekt, das er sich aus den Resten in den überall im Präparationsraum herumstehenden Flaschen zusammengekippt hatte.

Natürlich sah es unverändert aus, und doch hatte er das Gefühl, als könne er es nach den Überlegungen der letzten Nacht mit anderen Augen betrachten. Seine Gedanken hatten eine neue Schärfe gewonnen, wagten sich in Gebiete vor, die ihnen bisher verschlossen waren.

Er betrachtete die gezackten Ränder der Schädelknochen, die Suturen, die durch den ungeheuren Druck, der auf ihnen gelastet hatte, auseinanderklafften. Er mußte plötzlich an diesen Amerikaner denken, einen Computerspezialisten, der mit Hilfe seines sicherlich imposanten Maschinenparks aus nackten Schädelknochen Gesichter und Köpfe rekonstruieren konnte. Anthropologen aus der ganzen Welt schickten ihm ihre Frühmenschenschädel, damit er sie in seinem Computer wieder mit Haut, Muskeln und Haaren versehen konnte. Viele der Abbildungen in den einschlägigen Veröffentlichungen stammten von diesem Mann. Wie hieß er doch gleich? Er soll sogar dabei geholfen haben, einige uralte Mordfälle aufzuklären, bei denen die Polizei lange im dunkeln getappt hatte. Seine Darstellungen waren bei den Museumsbesuchern und der sonstigen Öffentlichkeit sehr beliebt. Die Menschen wollten wissen, wie ihre Vorgänger denn nun genau ausgesehen hatten. Da reichten die blanken Schädelknochen nicht aus. Sie schienen die Phantasie der Menschen eher zu blockieren als anzuregen.

Dieses Skelett da auf dem Schirm war ja nicht einfach nur ein *Homo sapiens.* Dieser Mensch, ob Frau oder Mann, ob jung oder alt, hatte eine Armbanduhr getragen, deren Umrisse sich im Schiefer genausogut erhalten hatten, wie die Flughäute von Sabines Fledermäusen. Außerdem waren da die überkronten Backenzähne. Das hier war eindeutig ein Mensch des zwanzigsten Jahrhunderts, und da er ja zweifellos tot war, mußte ihn logischerweise auch jemand vermissen.

Wenn dies – nur mal angenommen, er war keineswegs bereit, das so einfach als Tatsache hinzunehmen –, aber wenn dies wirklich eine Art Zeitreisender war, ein unglücklicher zweifellos, und wenn er dessen Schädel diesem amerikanischen Spezialisten zukommen ließ, dann müßte es doch möglich sein herauszubekommen, wen er da vor sich hatte, rein theoretisch, versteht sich, denn er konnte mit den Bildern des Amerikaners ja wohl kaum zur Polizei gehen oder überall in der Welt herumfragen, wer das sein könnte und ob ihn oder sie jemand vermißte.

Axt hätte es ja eigentlich nicht für möglich gehalten, aber wie der grellen Schlagzeile einer Tageszeitung neulich zu entnehmen war, verschwanden offensichtlich andauernd Menschen, Tausende allein in Deutschland. Vom sprichwörtlichen Ehemann, der nur mal Zigaretten holen geht und nie zurückkehrt, über Jugendliche, die sich zu irgendwelchen obskuren Sekten absetzten, von ungeklärten und unerkannten Mordfällen, Aussteigern, die sich einen schönen Lenz in der Südsee machten, bis hin, ja, möglicherweise bis hin zu Leuten, die sich irgendwo herumtrieben, wo sie absolut nichts zu suchen hatten: in vergangenen Erdzeitaltern.

Leider ließ sich diese brillante Idee schlecht in die Tat umsetzen, denn das brächte ihn doch in einen erheblichen Erklärungsnotstand. Menschliche Skelette lagen nicht einfach in der Gegend herum, und wenn man wider Erwarten doch einmal über eines stolpern sollte, konnte man damit noch lange nicht machen, was man wollte. Angefangen bei dem Computerspezialisten bis hin zur Polizei würden die Leute ihn fragen, wo er den Schädel, dessen Aussehen er rekonstruieren lassen wollte, denn herhätte, und damit wäre genau das passiert, was er unter allen Umständen vermeiden wollte. Nein, so phantastisch sich die Idee auch anhörte, sie war leider undurchführbar.

Er seufzte, trank einen Schluck Sekt und ließ seine Augen zum wiederholten Male über die Gesichtsknochen des unbekannten Toten streifen. Wie mag er oder sie wohl ausgesehen haben?

Plötzlich entdeckte er etwas, das ihm bisher noch nie aufgefallen war, ein winziges Detail, kaum zu erkennen, vielleicht nur eine Verunreinigung oder ein Fleck auf dem Schirm. Er stand auf und trat näher heran, um es besser erkennen zu können.

Tatsächlich, da war etwas, nur ein, zwei Millimeter groß, und es schien irgendwie regelmäßige Umrisse zu haben. Er hauchte den Schirm an und fuhr ein paarmal mit der Fingerkuppe über seine kühle glatte Oberfläche. Keine Veränderung. Dieses Ding befand sich eindeutig im Schieferblock.

Er machte eine Aufnahme und begab sich mit Fotoplatte und Sektglas in die Dunkelkammer. Zehn Minuten später materialisierte sich im Entwicklerbad der stark vergrößerte Schädel des Skeletts, und Axt fiel fast das Glas aus der Hand, als er den Fleck auf dem rechten Schneidezahn mit Hilfe einer Lupe genauer betrachtete. Er hatte eine regelmäßige achteckige Struktur, wie ein Kristall, wie ein geschliffener Stein, wie …

Axt schnappte nach Luft und spürte, wie sein Herzschlag einen Moment lang aussetzte, dann nur stotternd wieder ansprang. Er mußte sich setzen, die Müdigkeit, der Alkohol setzte ihm zu. Ein Schwall von Erinnerungen strömte auf ihn ein. Er sah ein kantiges Gesicht vor sich, eingefallene Wangen, ein Grinsen und schlechte, schief stehende Vorderzähne, ein blitzendes Etwas im rechten Schneidezahn. Ihm wurde schwindlig. Er mußte sich fast übergeben, so überwältigend war die Erkenntnis. Sie sprengte ihm fast den Schädel.

Er *kannte* diesen Mann. Er hatte ihm gegenübergestanden, in seine Augen geschaut, ihm sogar die Hand geschüttelt und mit ihm geredet. Seitdem waren nur ein paar Monate vergangen, und damals hatte er zweifellos noch gelebt.

III

Aussterben beeinflußt den Verlauf der Evolution tiefgreifend. Je mehr Organismen aussterben, um so deutlicher unterscheiden sich die neuen von den verschwundenen, deren Plätze sie eingenommen haben. Evolution hängt so sehr vom Aussterben ab, daß es beinahe eine schöpferische Rolle in der Geschichte des Lebens spielt.

Die Natur konnte ihre ganz großen Dramen auch recht gut ohne unsere Art, den Homo sapiens, ablaufen lassen.

Aber zweifellos begann Homo sapiens mit seiner weiträumigen Veränderung der Lebensräume, die er vor allem für die Landwirtschaft vornahm, das zu imitieren, was in den vorhergehenden Äonen der geologischen Zeit vor allem die Domäne klimatischen Wandels und des gelegentlichen Einschlags eines extraterrestrischen Körpers war.

Niles Eldredge, *Wendezeiten des Lebens*

7

Angriff

Obwohl er in der Nacht kaum ein Auge zugemacht hatte, war Axt am nächsten Morgen einer der ersten in der Station. Er verspürte keinerlei Müdigkeit, im Gegenteil, er brannte darauf, endlich aktiv werden zu können.

Marlis hatte er nur kurz beim Frühstück gesehen und ihr in knappen hastigen Sätzen erzählt, was passiert war. Von seiner nächtlichen Entdeckung sagte er nichts. Wie hätte er ihr das auf die Schnelle erklären sollen? Stefan ging es deutlich besser. Axt war noch in der Nacht hinauf in sein Zimmer gegangen, wäre im Dunkeln fast über das hundegroße *Triceratops* gestolpert, das mitten im Raum stand, und hatte eine Weile am Bett des Jungen gesessen. Stefans Stirn war kühl und seine Atemzüge ruhig und gleichmäßig. Er hatte sich wohl wirklich nur irgendein harmloses Virus eingefangen, wie das bei Kindern oft vorkam. Axt war erleichtert. Das, was er jetzt tun mußte, fiel ihm auch so schon schwer genug.

Er kochte sich in seinem Arbeitszimmer einen Kaffee und rief dann in Berlin bei Prof. Schubert an, dem Evolutionsbiologen, der ihn damals zu seinem Vortrag eingeladen hatte.

»Ah, Dr. Axt, natürlich erinnere ich mich. Wie geht es Ihnen?«

»Bestens, danke«, sagte Axt, und zum ersten Mal seit langer Zeit gab er diese Antwort ehrlich und ohne zu zögern.

»Was kann ich für Sie tun? Was machen die Fossilien? Ich habe gehört, bei Ihnen gehen seltsame Dinge vor.«

Nanu, woher wußte denn Schubert davon? Vielleicht hatte es in der Zeitung gestanden. Aber dieser rätselhafte Fossilienschwund war nicht das, was Axt im Moment beschäftigte, jedenfalls nicht in erster Linie.

»Ja, Sie haben recht«, sagte er trocken. »Aber mein Anruf hat einen anderen Grund.«

»Nämlich?« Schubert war anzumerken, daß er liebend gern mehr über die Vorgänge in Messel erfahren hätte.

»Ich wollte Sie fragen, wer sich bei Ihnen in Berlin mit Käfern beschäftigt?«

»Mit Käfern ... Sie meinen, hier am Institut?« fragte Schubert zurück, seine Enttäuschung nur mühsam verbergend. »Nun ja, wir haben hier ziemlich viele Entomologen im Haus, wissen Sie, kommt mir manchmal wie eine Art Epidemie vor. Aber Käfer, sagen Sie ... ja, ich denke, da sollten Sie sich mit Rothmann in Verbindung setzen. Bei ihm müßten Sie genau an der richtigen Adresse sein. Worum geht es denn eigentlich, wenn ich fragen darf?«

Er durfte nicht. Axt ignorierte die Frage. »Könnten Sie mich mit ihm verbinden?«

»Ja, natürlich, das geht schon, aber da muß ich sie zuerst an die Telefonzentrale weiterreichen. Dauert einen Moment. War nett mit Ihnen zu plaudern.«

»Ja, fand ich auch. Danke für Ihre Hilfe.«

Es klickte mehrmals im Hörer, dann hörte er eine mechanische Frauenstimme, die in regelmäßigen Abständen »Bitte warten Sie!« sagte.

Er war so in Gedanken versunken, daß er die Veränderung am anderen Ende der Leitung zunächst gar nicht bemerkte. Eine Frau aus Fleisch und Blut erkundigte sich, was er wolle.

»Oh, ja, entschuldigen Sie, ich hätte gerne Prof. Rothmann gesprochen, Zoologisches Institut. Ja, ich warte.«

Der Zufall mochte ja an vielen Stellen seine Finger im Spiel haben, aber in diesem Fall mit an Sicherheit grenzender Wahrscheinlichkeit nicht.

Sicherheit, noch vor wenigen Tagen wäre ihm nie in den Sinn gekommen, daß er dieses Wort im Zusammenhang mit den mysteriösen Vorgängen in Messel einmal in den Mund nehmen könnte. Das war doch eindeutig ein Fortschritt. Er wartete.

»Rothmann?«

»Ja, hier Helmut Axt, Senckenberg-Außenstelle Messel. Herr Rothmann, ich weiß nicht, ob Sie sich noch an mich erinnern. Ich ...«

»Natürlich erinnere ich mich. Sie waren – lassen Sie mich überlegen – im November oder Dezember letzten Jahres hier, stimmt's? Zu diesem denkwürdigen Colloquium.«

»Denkwürdig?«

»Ja, wissen Sie, wir hatten noch einige bemerkenswerte Vorträge in dieser Reihe, und ich habe unseren altehrwürdigen Vorlesungssaal mein Lebtag noch nicht so voll erlebt. Im Sommersemester werde ich das Colloquium organisieren, und ich wette, es werden sich keine zehn Figuren dahin verirren. Na ja, man muß mit dem zufrieden sein, was man hat, nicht wahr? Evolution ist halt immer noch *das* große Rätsel, möcht ich sagen. Es läßt uns alle wieder zu neugierigen Kindern werden. Das wird wohl auch so bleiben.«

»Wahrscheinlich, es sei denn, wir könnten dabei sein, im Tertiär zum Beispiel«, sagte Axt und mußte im stillen schmunzeln über seine Dreistigkeit. Jetzt riß er schon hintergründige Witzchen über die Angelegenheit. Davon abgesehen war seine Bemerkung natürlich Unsinn. *Dabei* war man in diesem Spiel namens Evolution immer, egal ob in ferner Vergangenheit oder in der Gegenwart. Ein Aussteigen war unmöglich.

Rothmann lachte trotzdem. »Haha, da haben Sie recht. Das würden wir doch alle gerne. Na ja, aber ich nehme nicht an, daß Sie mit mir über unsere Jugendträume plaudern wollten. Was verschafft mir denn die Ehre? Ich sage Ihnen gleich, von Fossilien habe ich keine Ahnung.«

»Nein, nein, deswegen rufe ich auch nicht an. Wissen Sie, ich suche jemanden, und ich habe gehofft, daß Sie mir vielleicht helfen können.«

»So? Wer ist es denn?«

»Nach meinem damaligen Vortrag bei Ihnen kam ein junger Mann zu mir und erkundigte sich nach unseren Käfern. Er schien mir außerordentlich interessiert zu sein, ja ... und da dachte ich, daß er irgendwie näher mit diesen Tieren zu tun haben müßte. So bin ich auf Sie gekommen.«

»Hm«, sagte Rothmann. »Wie sah er denn aus, dieser junge Mann?«

»Er war sehr groß, mindestens eins neunzig, würde ich sagen, vielleicht größer. Jungenhaftes Gesicht, schlaksig, mittellange dunkelblonde Haare, eher schüchtern.«

»Hm, nach Ihrer Beschreibung könnte das ungefähr ein Viertel der männlichen Studentenschaft gewesen sein. Aber ... vielleicht war es unser Michael Hofmeister. Zumindest weiß ich definitiv, daß er auch bei Ihrem Vortrag anwesend war. Er will bei mir seine Diplomarbeit schreiben, oder vielleicht sollte ich besser sagen: er wollte.«

»Wieso?«

»Na, wir haben schließlich schon Ende März, und er hat sich schon seit Wochen nicht mehr blicken lassen. Wissen Sie, unsere Käfer da draußen im Wald warten nicht darauf, bis die Damen und Herren Studenten ihr ziemlich ausgeprägtes Erholungsbedürfnis befriedigt haben. Die rennen einfach los, wenn's warm genug wird, und dann müssen wir zur Stelle sein, sonst gehen uns wichtige Daten verloren.«

»Sie meinen, er ist verschwunden?« Axt wurde hellhörig. Irgendein Gefühl sagte ihm, daß er auf dem richtigen Wege war. »Wie war noch mal der Name?«

»Michael Hofmeister. Na ja, *verschwunden* würde ich das nicht nennen, eher verschollen. Er war halt schon lange nicht mehr hier. Er wollte in Urlaub fahren, soviel ich weiß, aber es ist mittlerweile eine ziemlich lange Reise geworden. Vielleicht hat er sich auch anders entschieden und geht jetzt zu den Genetikern. Ökologie ist out, wissen Sie, zu deprimierend für unsere jungen Leute. Statt dessen rennen sie jetzt scharenweise zu den Gentechnologen. Naja, ich kann es ihnen kaum verdenken. Damit läßt sich ja wohl auch als Biologe endlich einmal richtig Geld verdienen.«

»Wissen Sie, wo er hingefahren ist?«

»Warten Sie, da muß ich überlegen. Richtig, in die Slowakei wollte er, genau, jetzt fällt's mir ein. Ich weiß noch, daß ich mich darüber gewundert habe, was ein Mensch um diese Jahreszeit in der Slowakei verloren hat. Ich meine, zum Skifahren oder so gibt's doch sicher aufregendere Reiseziele.«

»Bestimmt! Und wann ist er losgefahren?«

»Sie wollen es aber genau wissen.«

»Ja, entschuldigen Sie, ich bin aufdringlich, ich weiß. Aber ich müßte ihn wirklich sehr dringend sprechen. Es wäre sehr wichtig für mich.«

»Ja, aber wissen Sie, so genau interessiere ich mich eigentlich nicht für das Privatleben meiner Studenten. Ich bin da wirklich überfragt.« Rothmann klang jetzt etwas ungehalten. »Vielleicht sollten Sie es mal bei ihm zu Hause versuchen. Soviel ich weiß, lebt er in einer Wohngemeinschaft irgendwo in Charlottenburg. Falls Sie mit ihm sprechen, erinnern Sie ihn doch bitte daran, daß er sich mal bei uns melden soll. Mit der Telefonnummer kann ich allerdings nicht dienen.«

»Macht nichts! Ich danke Ihnen vielmals«, sagte Axt.

Kaum hatte er aufgelegt, wählte er schon die Nummer der Auskunft. Michael Hofmeister war zwar nicht gerade ein besonders ausgefallener Name, aber vielleicht hatte er ja Glück.

Besuch

Kaum hatte der Mann das Ende des Pfades erreicht, der eng an den Felsen geschmiegt bis hinauf zu seiner Höhle führte, hockte er sich auf einen flachen Stein und stellte den leeren Eimer neben sich auf dem Boden ab. Wie oft er hier schon rauf- und runtergegangen war. Er hatte den Pfad selbst angelegt und im Laufe der Jahre Schritt für Schritt ausgetreten. Er zog seine Pfeife aus der Tasche und begann sie zu stopfen. Er mußte dringend einmal ein paar Minuten in Ruhe darüber nachdenken, was er hier eigentlich tat. Oben in seiner Behausung lungerten jetzt diese drei jungen Leute und der Dackel herum, und eine mitunter recht laute Stimme in seinem Kopf fragte ihn, ob er denn eigentlich noch ganz bei Trost sei.

Was, wenn sie jetzt alles auf den Kopf stellten, während er weg war, sich mit seinen Vorräten oder anderen für ihn lebenswichtigen Utensilien aus dem Staube machten?

Er gönnte sich zur Beruhigung einen Schluck von seinem Kräuter- und Beerenschnaps, den er in mühevoller Arbeit selbst herstellte. Er hielt die braune Flasche gegen das Licht. Fast leer! Und alles nur, um den Kerl mit dem Armbruch betrunken zu machen und die Wunde zu desinfizieren. Welche Verschwendung! Er würde wieder tagelang Kräuter sammeln müssen, wenn er nicht bald ganz auf dem trockenen sitzen wollte. Er verzichtete hier wirklich auf allerhand, aber ein gutes Schnäpschen hin und wieder, das mußte einfach sein. Er fluchte mißmutig in sich hinein.

Aber was hätte er tun sollen, sie einfach verrecken lassen? Nachdem er sie einmal gesehen hatte, war es dafür zu spät. Er konnte sie nicht einfach ihrem Schicksal überlassen. Und der gebrochene Arm sah ziemlich schlimm aus. Jede orthopädische Spezialklinik hätte mit einem solchen Bruch ihre liebe Mühe gehabt. Oder hatte sich die Medizin in den vielen Jahren seiner Abwesenheit vielleicht schon so weit entwickelt, daß selbst eine Verletzung wie diese zur Bagatelle geworden war? Manchmal reizte es ihn, mehr über das zu erfahren, was drüben vor sich ging, auf der anderen Seite, wie er es nannte, im Holozän.

Er lehnte sich an den Felsen, paffte ein paar dicke Rauchwolken in die Luft und ließ seinen Blick über die urzeitliche Savanne schweifen, die er so liebte. Nein, nein! Er hatte nicht vor, seine Position hier zu räumen oder gar mit anderen zu teilen. Niemals! Schon gar nicht mit solchen Grünschnäbeln.

Aber er hätte nicht länger mitansehen können, wie der Junge sich quälte. Seit Tagen schon hatte er sie beobachtet, lange, bevor es zu dem Unfall gekommen war. Wie jeden Abend nach dem Essen hatte er in der Dämmerung vor seiner Höhle gesessen und plötzlich ein Feuer gesehen, weit weg, aber doch deutlich zu erkennen. Es brannte wahrscheinlich in der Nähe des Flusses, ein winziger flackernder Lichtpunkt in der endlosen Ebene, ein seltsamer und ungewohnter Anblick, der in zutiefst verwirrte. So etwas hatte es in all den Jahren, die er hier lebte, noch nicht gegeben.

Anfangs glaubte er natürlich, das müsse dieser Unbekannte sein, dem er schon seit längerem auf der Spur war, der Fallensteller, den er im Verdacht hatte, auch für den Erdrutsch verantwortlich zu sein. Dieser Jemand da unten kam jedenfalls den Fluß entlang, den Fluß, der über die Berge in die Wüste und letztlich auch zur Höhle führte, denselben Weg, der auch ihn einmal hierhergeführt hatte. Wer sollte es sonst sein? Alle die Jahre hatte es hier nur einen Menschen gegeben, ihn.

So reagierte ein Teil von ihm mit Haß und Widerwillen auf den vermeintlichen Eindringling, und wenn das Feuer nicht so weit entfernt gewesen wäre, hätte er womöglich alles stehen und liegengelassen und wäre augenblicklich dorthin gestürzt, um den Kerl wieder dorthin zurückzujagen, wo er hergekommen war.

Aber da war auch ein anderes Gefühl, ein starkes, mächtiges Gefühl, das seine Knie schwach werden und ihn, ohne daß er es wollte, fast sehnsuchtsvoll in Richtung Flußufer blicken ließ.

Ein Lagerfeuer. Dort waren Menschen!

Am nächsten Morgen, nach einer Nacht, in der er vor Aufregung kaum ein Auge zugetan hatte, war er in aller Frühe aufgebrochen. Er mußte herausfinden, wer dort in der eozänen Savanne ein Lagerfeuer angezündet hatte. In der nächsten Nacht sah er das Feuer wieder. Die Entfernung war deutlich zusammengeschrumpft. Er lief dem anderen entgegen – waren es überhaupt einer oder viele?

Aber es dauerte noch drei Tage, bis er sie endlich entdeckt hatte, und mit jeder Nacht, die er das Feuer wieder flackern sah, schwand seine Zuversicht, daß es sich tatsächlich um den Fallensteller handelte. Bisher war er so vorsichtig gewesen, nahezu unsichtbar. Wer weiß, wie lange sich ihre Wege hier schon gekreuzt hatten. Wußte der andere von ihm? Warum sollte er sich plötzlich so auffällig verhalten?

Sie wanderten sorglos am Flußufer entlang, drei junge Leute und – zunächst glaubte er seinen Augen nicht zu trauen – ein Dackel. Er folgte ihnen, hielt sich aber stets in sicherer Entfernung. Am gefährlichsten war der Hund. Mehr als einmal dachte er schon, das kleine Biest hätte ihn entdeckt. Aber glücklicherweise hatte die tertiäre Savanne genug andere Ablenkungen zu bieten. Sie merkten nichts von seiner Anwesenheit. Dann geschah der Unfall.

Er war schon vorher zu dem Ergebnis gelangt, daß dies unmöglich die Leute sein konnten, nach denen er gesucht hatte. Wie auch immer sie hierhergefunden haben mochten, nichts, aber auch gar nichts deutete darauf hin, daß sie etwas mit den Fallen und den anderen Dingen zu tun haben könnten. Das waren ganz normale Studenten oder so etwas. Weiß der Teufel, was die hier zu suchen hatten.

Es war schon ein merkwürdiger Zufall, jahrelang hatte er hier in völliger Abgeschiedenheit gelebt, nicht die geringste Spur menschlicher Gegenwart, nur er, die Tiere, die Natur, und dann, plötzlich, ging es zu wie in einem Taubenschlag. Was war hier los? Hatte Sonnenberg etwas damit zu tun? Womöglich war das nur eine erste Vorhut, und in wenigen Tagen näherte sich eine breite Phalanx aus hupenden Geländewagen, scheppernden Hubschraubern und dröhnenden Flugzeugen, um das Gelände zu sondieren.

Ein schmerzhaftes Gefühl hatte von ihm Besitz ergriffen, und es drohte ihn nicht mehr in Ruhe zu lassen, ein Gefühl des Verlustes. Es schnürte ihm die Kehle zu. Er wurde den Gedanken nicht los, daß etwas Wichtiges geschehen war, irgend etwas, das die Situation entscheidend verändert hatte und das ihn sehr direkt betraf. Er mußte herausfinden, was die drei hier zu suchen hatten. Deshalb hatte er ihnen geholfen. Er hätte nichts anderes tun können.

Er klopfte die Pfeife aus, griff nach dem Blecheimer und lief hinaus in die Savanne.

Klartext

»Mit einem oder zwei f?« hatte die Frau in der Auskunft gefragt.

Natürlich gab es in dieser Riesenstadt nicht nur einen, sondern gleich fünf Michael Hofmeister, dazu noch einen mit zwei *f* und zwei *M. Hofmeister*, die Mathias oder Martina oder eben auch Michael heißen konnten. Wie hatte er nur so naiv sein können. Typisch Kleinstädter. Er ließ sich alle Nummern geben und machte sich an die Arbeit.

Der halbe Tag verging mit vergeblichen Versuchen. Einige der Hofmeisters waren nicht zu erreichen, andere kamen nicht in Frage. Bald reduzierte sich seine Liste auf zwei Hofmeisters, die nicht zu Hause waren. Immer wieder versuchte er sein Glück. Irgendwann gegen Mittag riß ihm der Geduldsfaden, und er rief noch einmal im Zoologischen Institut der Freien Universität an. Er hatte in dieser Sache wirklich genug Geduld bewiesen. Jetzt war Schluß damit. Er war fest entschlossen, nicht locker zu lassen. Deshalb reagierte er auch relativ gelassen auf Rothmanns wenig begeisterte Begrüßung.

»Sie schon wieder?«

»Ja, tut mir leid, daß ich Ihnen noch einmal auf den Wecker

fallen muß, aber ich sagte ja, es ist sehr wichtig für mich.« Er erzählte Rothmann von seinem Mißerfolg. »Ich dachte, wenn nicht Sie, dann weiß vielleicht irgend jemand anders bei Ihnen ...«

»Warten Sie«, unterbrach ihn Rothmann, »da kommt gerade eine Doktorandin von mir herein. Vielleicht kann sie Ihnen weiterhelfen. Moment!«

Axt hörte, wie Rothmann nach einer Karin rief. Kurz darauf hatte er sie am Apparat und hörte gleichzeitig, wie Rothmann sich im Hintergrund über ihn beschwerte.

Er stellte sich vor und fragte noch einmal nach der Reise.

»Er ist Anfang Februar losgefahren, kurz vor Semesterschluß«, sagte Karin.

»Also vor gut sechs Wochen.«

»Ja, wenn Sie das sagen. Nachgerechnet habe ich noch nicht.«

»Ah, ja.« Ganz schön schnippisch, dachte Axt, aber er ließ sich nicht beeindrucken. »Und ... äh, sagen Sie, kennen Sie vielleicht auch einen jungen Mann, sehr dünn, kantiges Gesicht, mit irgendeinem Kristall, vielleicht einem Diamanten im rechten Schneidezahn?«

Es war ihm ganz plötzlich eingefallen. Er hatte diese mysteriöse Gestalt in seinem Vortrag gesehen. Sie hatte unmittelbar hinter Hofmeister gestanden, wenn er sich recht erinnerte. Vielleicht bestand da eine Verbindung. Er versuchte es einfach und hatte Glück.

»Ach, ein Diamant soll das sein«, antwortete Karin. »Ich hab mich schon immer gefragt, was er da für ein scheußliches Ding an seinem Zahn hat.«

»Sie kennen ihn also?«

»Tobias? Natürlich kenn ich den. Schrecklicher Typ. Micha war immer ganz genervt, wenn der hier aufkreuzte. Deswegen habe ich mich ja so gewundert, als er ausgerechnet mit diesem Kerl wegfahren wollte.«

Axt saß plötzlich kerzengerade. »Wie bitte? Die beiden sind zusammen weg?«

»Sag ich doch! Erst verdreht er jedesmal die Augen, wenn er ihn sieht, und dann fährt er zusammen mit ihm in Urlaub. Is doch irgendwie merkwürdig, oder?«

»Allerdings! Tobias hieß der, sagten Sie?«

»Ja.«
»Den Nachnahmen wissen Sie nicht zufällig?«
»Nein, keine Ahnung.«
»Schade! Aber Sie haben mir trotzdem sehr geholfen. Vielen Dank, ich danke Ihnen wirklich vielmals. Schönen Gruß noch an Herrn Rothmann!«

Axt legte auf und rieb sich nervös die Stirn.

Das Puzzle setzte sich langsam zusammen. Die beiden kannten sich. Und er hatte ihnen gegenübergestanden, in ihre Augen geschaut, mit ihnen gesprochen. Kaum zu fassen!

Er war sich seiner Sache immer noch sicher, auch wenn dieses intensive, kribbelnde Gefühl des gestrigen Abends etwas nachgelassen hatte. Sicherlich gab es noch mehr Menschen, die sich Diamanten oder ähnliches in die Schneidezähne einsetzen ließen, aber dieser hier stand schließlich in irgendeinem Zusammenhang mit Sonnenberg. Was hatte der Alte über ihn gesagt, als er während ihres Treffens überraschend im Paläontologischen Institut auftauchte? *Ein Student, einer meiner besten.* Und von Sonnenberg stammte auch der Käfer, mit dem er gerade herumspielte. Was hatte der Spitzbart sich nur gedacht, als er ausgerechnet ihm das Tier schenkte? Das waren jedenfalls zu viele Zufälle auf einmal, um nicht mißtrauisch zu werden.

Er überlegte kurz, dann rief er noch einmal in Berlin an. Das Ganze hatte schon viel zu lange gedauert. Warum sollte er also noch länger warten? Nein, er war jetzt genau in der richtigen Stimmung und würde versuchen, die Sache noch heute zum Abschluß zu bringen.

Sonnenberg wirkte seltsam zerstreut und konnte die von Axt an den Tag gelegte Eile nicht nachvollziehen, zumal sich der Anrufer weigerte, ihm am Telefon zu sagen, worum es überhaupt ging. Aber Axt ließ nicht locker, und auf sein Drängen hin willigte Sonnenberg ein, ihn noch heute nachmittag zu treffen. Sie verabredeten sich für fünf Uhr.

Axt zögerte keine Sekunde. Wenn er sich beeilte und nicht im Stau steckenblieb, konnte er es bis dahin gut schaffen. Er packte seine Sachen zusammen und sagte Sabine, daß er für ein paar Tage dringend nach Berlin müsse.

»Was denn, so plötzlich?« fragte sie verblüfft.

»Ja ... aber von plötzlich kann eigentlich keine Rede sein«, antwortete er und drückte ihr spontan einen Kuß auf die Stirn. »Und sag bitte Schmäler Bescheid!« Er wollte schon weiterlaufen, hielt dann aber mitten in der Bewegung inne. »Oder besser nicht, laß es bleiben! Ist mir eigentlich egal.«

Eine halbe Stunde später brauste er auf der Autobahn in Richtung Berlin.

»Guten Tag, Dr. Axt! Hatten Sie ein gute Fahrt?« In Sonnenbergs Stimme klang ein leichter Vorwurf mit. Er stützte sich auf seinen Schreibtisch, stemmte sich hoch und griff nach seinem Stock, um dem Gast entgegenzukommen.

»Sparen Sie sich die Mühe!« sagte Axt beim Hineingehen. »Bleiben Sie ruhig sitzen! Glauben Sie mir, es ist besser so.«

»Was gibt es denn so Dringendes? Sie klangen ja am Telefon, als ginge es um Leben und Tod.«

»So könnte man sagen«, murmelte Axt und schloß die Tür hinter sich. Draußen war ihm Sonnenbergs Assistentin über den Weg gelaufen und hatte ihn neugierig gemustert, als er im Eiltempo auf das Büro ihres Chefs zusteuerte. Er wollte nicht, daß sie mitbekam, was er mit Sonnenberg zu besprechen hatte.

»Sie machen mich neugierig.« Die Augen des kleinen Mannes flackerten sonderbar und wichen Axt aus, als er sich wieder auf seinen Stuhl fallen ließ. Mit einer mechanischen Bewegung fingerte er sich eher nervös als nachdenklich an seinem Spitzbart herum.

»So, mein lieber Professor!« Axt zog seinen Mantel aus und warf ihn achtlos über eine Stuhllehne. Ihm war beim Hereinkommen sofort aufgefallen, daß auf einem der Papierstapel auf Sonnenbergs Tisch ein neues Exemplar des angeblich mittelamerikanischen Prachtkäfers lag. Dieser Anblick ließ ihn die Anstrengungen der langen Autofahrt sofort vergessen, und er setzte sich mit einer halben Pobacke direkt neben den zurückweichenden Sonnenberg auf die Schreibtischplatte. Der Professor schnappte nach Luft.

»Was ...?«

»Nun wollen wir mal Klartext reden«, sagte Axt, zog das Röntgenbild mit dem vergrößerten Schädel des Messeler *Homo sapiens* aus seiner Jackentasche und legte es direkt vor den immer kleiner werdenden Paläontologen auf den Tisch.

»Wissen Sie, was das ist?« fragte er und tippte mehrmals mit dem Zeigefinger auf Tobias' Zahndiamanten.

Neugier

Zuerst hatte sie sich nur darüber gewundert, wie dieser Mensch aus Messel, den sie sofort wiedererkannt hatte, hier hereinfegte, schnurstracks in Sonnenbergs Arbeitszimmer lief und hinter sich die Tür schloß, als wäre er hier zu Hause, aber dann hatte sie laute Stimmen in dem Zimmer gehört und sich aus irgendeinem Grunde beunruhigt vor das Schlüsselloch gehockt, wie ein kleines Kind, das herausfinden wollte, warum sich seine Eltern so laut stritten. Sie kam sich völlig blöd dabei vor, aber irgend etwas war hier im Busch. Dieser Typ brüllte jetzt herum wie ein Löwe, zwischendurch konnte sie undeutlich Sonnenbergs wimmernde Stimme hören, und bald gewann sie den Eindruck, daß es da drinnen um sehr wichtige Dinge ging, die sie auf keinen Fall verpassen sollte. Es dauerte nicht lange, da lief es ihr eiskalt den Rücken herunter. Sie verstand zwar nicht alles, was die beiden sagten, aber das, was durch die geschlossene Tür an ihr Ohr drang, reichte aus, um sie in höchste Alarmbereitschaft zu versetzen.

»Er ist tot!« brüllte Sonnenbergs Besucher jetzt – richtig, Axt hieß er, jetzt erinnerte sie sich wieder, Helmut Axt. Dann wenig später: »Er wird sterben!«, und danach ein Heulen von Sonnenberg.

Was denn nun, dachte sie verwirrt. Und von wem war überhaupt die Rede?

Sie konnte durch das Schlüsselloch nichts erkennen, da von innen der Schlüssel steckte, sie war allein auf diese bruchstückhaft nach außen dringenden Satzfetzen angewiesen. Aber bald wurde ihr klar, daß es nur um Tobias gehen konnte, um ihn und noch jemanden, der Michael oder so hieß. Sie hatte Tobias schon seit Wochen nicht mehr gesehen, aber ihr war ein Verdacht gekommen, wo er vielleicht stecken könnte, und was sie jetzt hören mußte, zeigte ihr, daß sie damit goldrichtig gelegen hatte. Er war offenbar durch die Höhle gefahren, zusammen mit dem anderen, diesem Michael, und als sie dann ein paar Minuten später das charakteristische Quietschen von Sonnenbergs Schranktür hörte, hinter der er alle seine Unterlagen aufbewahrte – der alte Trottel hielt es nicht einmal für nötig, sie abzuschließen, so sicher war er sich, daß ihm niemand auf die Schliche kam –, da dämmerte ihr, daß der Alte im Begriff war, seinen Besucher in alles einzuweihen und ihm den Weg zur Höhle zu verraten.

Ihr fuhr ein eisiger Schrecken durch die Glieder. Fieberhaft überlegte sie, was sie tun sollte. Wenn Tobias mit diesem anderen Burschen durch die Höhle gefahren war und Axt ihnen womöglich noch hinterherfuhr – irgendeine innere Stimme sagte ihr, daß es darauf hinauslaufen würde –, dann war sie in Gefahr, dann ging es ihr an den Kragen, ausgerechnet jetzt, wo ihre Anstrengungen endlich zu ersten greifbaren Resultaten geführt hatten.

Sie rieb sich nervös über das Gesicht und verlagerte ihr Gewicht, da ihr in der unbequemen Hockhaltung der Fuß einzuschlafen drohte.

»Eine Höhle?« hörte sie Axt jetzt rufen. Dann näherten sich Schritte und das dumpfe Bumsen von Sonnenbergs Stock. Sie erschrak, sprang auf und rannte auf Zehenspitzen in ihr Arbeitszimmer hinüber. Aber die Tür öffnete sich nicht. Sie waren wohl nur zu der Europakarte gegangen, die in Sonnenbergs Zimmer gleich links neben der Tür hing.

Sie schlich sich wieder zurück, und, richtig, die beiden standen vor der Karte, nur einen ausgestreckten Arm weit von ihr entfernt, und sie konnte jedes ihrer Worte verstehen.

Er tat es wirklich! Sonnenberg schilderte Axt mit zittriger Stimme und in allen Einzelheiten, wie man zu der Höhle gelangte. Dann entfernten sich die Stimmen wieder, und sie wußte, daß er jetzt die Fotos zeigte, diese lächerlichen verblaßten Aufnahmen, die er in einer Schatulle in seinem Schrank aufbewahrte.

Sie hörte einen überraschten Aufschrei von Axt. Vielleicht hatte er das Bild von dem Brontotherium gesehen, ein miserabler Schnappschuß, aus großer Entfernung ohne Teleobjektiv aufgenommen, wie die Elefantenfotos ihrer Eltern, die sie von ihrer

Fotosafari nach Kenia mitgebracht hatten, unförmige braune Flecken in brauner, verdorrter Landschaft.

Ellen ging zurück in ihr Zimmer, schloß die Tür und atmete mit dem Rücken gegen das Holz gelehnt tief durch. Sie hatte genug gehört, und sie wußte, daß sie etwas unternehmen mußte. Wegen der verschütteten Sumpffläche drohte ihr keine Gefahr, das hätte auch ein normaler Erdrutsch sein können, wie sie immer wieder vorkamen. Aber da waren die Bäume, deren Blüten sie damals, als sie noch einfache Untersuchungen durchführte, mit kleinen Beuteln aus feiner Gaze verhüllt hatte, um die Bestäubung durch Insekten oder andere Tiere zu verhindern, da waren die Fallen, die sie überall aufgestellt hatte, um Tiermaterial zu sammeln, und schließlich auch all die anderen mehr oder weniger mißglückten Versuche, die sie später unternommen hatte. Wenn Axt oder die anderen diese Spuren ihres Handelns entdeckten und zurückkamen, war es wohl vorbei mit ihren Ausflügen in die Vergangenheit, vorbei mit ihren immer drastischer werdenden Versuchen, Schicksal zu spielen. Sie würden wissen, daß sie es war. Wer sonst hätte so einfach an Sonnenbergs Unterlagen herankommen können?

Und wenn sie gar ihren Unterschlupf fänden, die kleine trockene Höhle hoch über den Kronen der Urwaldriesen, in der sie sich aufhielt, wenn es zu stark regnete, um draußen zu arbeiten, in der sie schlief und ihre kleine Kochnische eingerichtet hatte, dann könnten ihnen sogar ihre Aufzeichnungen in die Hände fallen, die Papiere, in denen sie ihre gesamten Aktivitäten genauestens protokollierte. Sie verfluchte jetzt ihre Ängstlichkeit, aber es erschien ihr immer viel zu gefährlich, diese Unterlagen hier im Institut oder in ihrer Wohnung aufzubewahren, obwohl sich dort außer ihr so gut wie nie jemand aufhielt.

Es lag sicherlich nicht im Interesse ihrer Gegner, daß die Höhle bekannt wurde. Sie würden sie kaum verklagen oder der Polizei ausliefern können, wenn sie sie erwischten. Was sollten sie ihr auch vorwerfen? Für das, was sie getan hatte, gab es mit Sicherheit keine Gesetze. Aber sie könnten auf andere Weise versuchen, ihr Schwierigkeiten zu machen.

Sie spürte, wie Panik in ihr aufstieg wie ätzende Magensäfte. Sie schluckte, verbarg das Gesicht in ihren feuchten Handflächen und kämpfte dagegen an. Sie mußte ruhig bleiben, durfte jetzt nicht durchdrehen. Es gab vorerst keinen Anlaß zur Beunruhigung.

Nach einer Weile hatte sie sich wieder einigermaßen unter Kontrolle, preßte die Zähne aufeinander, bis ihr die Kiefermuskeln weh taten und starrte haßerfüllt auf die Zimmertür, hinter der, auf der anderen Seite des mit Fossilienbildern vollgehängten Flures, Sonnenbergs Büro lag, und wo Axt und ihr vertrottelter Chef gerade im Begriff waren, alles zu gefährden, was sie bisher erreicht hatte. Sonnenberg, dieser dämliche alte Knacker, der mit lüsternem Blick auf ihren Hintern starrte, wenn sie sich bückte, der ihr mit geiferndem Mund unter den Rock blickte, wenn sie in der Bibliothek auf der Leiter stand, der beiläufig an ihr vorbeistrich, nur um ihren Arm oder ihre Schultern zu berühren, und bei alldem noch glaubte, sie bemerke es nicht. Vielleicht war ihm ja selber gar nicht klar, wie kindisch er sich mitunter benahm, verkalkt und verknöchert wie er war.

Nein, sie war nicht besonders gut auf ihn zu sprechen. Im Grunde war ja wirklich Sonnenberg an allem Schuld. Ohne diese grenzenlose Naivität, mit der er die Beweise für sein unglaubliches Geheimnis überall offen herumliegen ließ, wäre sie nie dahintergekommen, wäre die brave, fleißige Studentin geblieben, die sie einmal war, schriebe jetzt an ihrer Doktorarbeit und hätte vielleicht gute Aussicht, einmal eine Stelle in einem Museum oder Forschungsinstitut zu bekommen. Aber so, mit all dem Wissen, das sie sich drüben im Tertiär angeeignet hatte, war dies undenkbar für sie geworden.

Warum schloß er sein Arbeitszimmer nicht ab, wenn er aus dem Haus ging, oder wenigstens den Schrank, in dem die Fotos lagen und die anderen Stücke, die er von seiner Reise mitgebracht hatte, der dicke Stapel mit den gepreßten Pflanzen?

Sie war nun einmal neugierig. Das war schon immer so. Lag es daran, daß sie sich immer irgendwie hintergangen oder ausgeschlossen fühlte, stets Angst hatte, die Leute würden ihr irgend etwas vorenthalten? Schränke, Schubladen, Brieftaschen anderer Leute übten jedenfalls eine magische Anziehungskraft auf sie aus. Auf diese Weise war sie als Kind auf die Pornohefte in der Nachttischschublade ihrer Eltern gestoßen, auf die heimlichen

Seitensprünge im Tagebuch eines früheren Liebhabers. Sie konnte nichts dagegen machen. Diese Neugierde war ein Teil von ihr. Wenn Sonnenberg etwas geheimhalten wollte, dann sollte er gefälligst auch dafür sorgen, daß es geheim blieb, und es jemandem wie ihr nicht so leicht machen.

Als Sonnenberg einmal nicht im Hause war, fand sie den Stapel mit den Herbarbögen. Sie war Botanikerin. Sie hatte nicht lange gebraucht, um herauszubekommen, was es mit diesen gepreßten Pflanzen auf sich hatte. Was glaubte der alte Bock eigentlich, wieviel Dreistigkeit er seiner Umgebung zumuten konnte, ohne daß seine grausigen Scherze einmal nach hinten losgingen?

Dann hatte sie die Schatulle mit den Fotos gefunden, das von der Höhle und die anderen, das Y-förmige Stirngeweih eines kleines tertiären Hirsches, den Eckzahn einer Säbelzahnkatze, daneben, eingewickelt in ein schmutziges Tuch, eine alte Pistole. Auch der Käfer auf seinem Schreibtisch schien ihr mit einem Male suspekt. Sie brachte Wochen damit zu, sich in diese verdammten Prachtkäfer einzuarbeiten, die sie normalerweise einen Dreck interessiert hätten. Schließlich wurde ihr klar, daß auch dieses Tier nicht von dieser Welt war, jedenfalls nicht von der heutigen. Der Mann hatte sich hier in seinem Institut eingeigelt, umgeben von den Trophäen seiner abenteuerlichen Vergangenheit, und schien keinen Gedanken daran zu verschwenden, was er damit vielleicht anrichten konnte. Womöglich amüsierte es ihn noch, die Leute an der Nase herumzuführen. Sie hatte er jedenfalls nicht täuschen können. Aber was war mit Axt? Wie hatte er überhaupt davon erfahren? Gab es noch jemanden, der von der Höhle wußte? Es wurden jedenfalls immer mehr.

Sie hatte weitergesucht, war schließlich wie besessen von diesem ungeheuerlichen Verdacht, der sich in ihrem Kopf herausgebildet hatte, versuchte Beweisstück an Beweisstück zu reihen. Und eines Nachmittags, als Sonnenberg zu irgendeiner Gremiensitzung außer Haus war, stieß sie in seiner Schreibtischschublade, die er natürlich nicht abschloß, auf eine alte, rissige und fleckige Karte der ehemaligen Tschechoslowakei. Ihr Blick irrte ziellos auf dem Plan herum, bis sie plötzlich mit klopfendem Herzen auf ein verblaßtes rotes Kreuz irgendwo in der Hohen Tatra starrte.

Was hätte sie denn tun sollen? Alles wieder vergessen? So tun, als ob nichts gewesen wäre? Das Ganze nur als bravourös gelöste Denksportaufgabe ansehen und ausgerechnet den letzten, den entscheidenden Schritt nicht tun ...

Natürlich fuhr sie hin, sogar mehrmals. Erst bei ihrem dritten Aufenthalt fand sie die Höhle, die sie sofort als die auf dem Foto in seinem Schrank wiedererkannte. Sie besorgte sich ein Ruderboot und fuhr hinein.

Sobald sie die Höhle passiert hatte, war es aus mit ihrem alten Leben, und es gab kein Zurück mehr. Damals hatte sie davon natürlich nichts geahnt, tappte einfach nur hinein in diese fürchterliche Falle. Jetzt, im nachhinein, wußte sie es natürlich besser. Manchmal, in seltenen Momenten des Zweifels, fragte sie sich, ob sie nicht auf dem besten Wege war, auszuflippen, irre zu werden an dieser neuen uralten Welt, die sie entdeckt hatte, ob sie nicht Gefahr lief, einfach unter der unerträglichen Last dieses Wissens zusammenzubrechen? Sie hatte es sich nicht ausgesucht und konnte es mit niemandem teilen. Aber diese Momente vergingen wieder, und sie machte weiter.

Wenn man Sonnenberg eines nicht nachsagen konnte, dann, daß er sich intensiv um die Arbeit seiner Assistentin und seiner Studenten kümmerte, die freilich immer rarer wurden und in den letzten Jahren fast ganz ausblieben. Er schien es gar nicht zur Kenntnis zu nehmen, wenn sie tagelang, mitunter wochenlang nicht im Institut war. Sie erzählte ihm, daß sie in der Universitätsbibliothek arbeiten, nach Frankfurt, München, sonstwohin fahren würde, um dort vorhandenes Fossilienmaterial zu studieren, und er nickte immer nur und sagte: »Machen Sie nur, Ellen, machen Sie nur!« Dabei schaute er sie mit diesem verzückten Lächeln an, das wohl väterlich wirken sollte, aber in Wirklichkeit nur dumm und hilflos war. Ihre seltenen außerdienstlichen Aktivitäten hatten sie eingestellt, ihre Kommunikation hatte sich auf »Guten Morgen!« und »Auf Wiedersehen!« reduziert, und Sonnenberg war anscheinend schon froh, wenn sie überhaupt einmal das Wort an ihn richtete. Nur so war es ihr möglich geworden, immer häufiger auf die andere Seite zu fahren. Nachdem sie den anderen, den zweiten Zugang entdeckt hatte, der viel näher lag, reichten ihr für ihre Vorhaben ja wenige Tage, und sie mußte nicht mehr bis zur Urlaubszeit warten, um die zeitraubende und anstrengende Anreise durch die Höhle und die Meeresbucht in Angriff nehmen zu können.

Zuerst hatte sie mit einfachen Untersuchungen begonnen, die tatsächlich in Zusammenhang mit dem Thema ihrer Doktorarbeit standen. Wenn sie jetzt daran zurückdachte, erschrak sie fast, mit welcher geradezu rührenden Unschuld sie am Anfang an die Sache herangegangen war. Sie hatte die Pflanzen, an denen sie arbeitete und die sie bisher nur als Fossilien kannte, schnell identifiziert und zunächst durch stundenlanges Beobachten, später mit einfachen Experimenten versucht herauszufinden, wie ihre Bestäubungsbiologie funktionierte. Sie verhüllte die noch unreifen Blüten mit feiner Gaze und erhielt auf diese Weise erste Hinweise darauf, daß tatsächlich größere Tiere die Bestäuber sein mußten, denen durch die Stoffhaube der Zugang zu den Blüten verwehrt war.

Dann beobachtete sie eines Abends im Dämmerlicht, wie fruchtfressende Fledermäuse bei dem Versuch, an die fleischigen Blütenböden heranzukommen, über und über mit Pollen eingepudert wurden und mit ihren nun gelbgefärbten Köpfen, geschminkt wie für eine Karnevalsparty, durch das Geäst zur nächsten Blüte hangelten. Es hatte keine drei Wochen gedauert, bis ihre Aufgabe gelöst war, eine Arbeit, die, nur auf die fossilen Überreste der Pflanzen gestützt, Jahre in Anspruch genommen oder sich womöglich am Ende gar als undurchführbar erwiesen hätte.

Die unerwartet rasche und umfassende Klärung ihres Problems ließ sie zunächst verwirrt innehalten. Sie fiel in ein tiefes Loch, überlegte lange, was sie in dieser für sie nun vollkommen neuen, veränderten Welt anfangen sollte. Es war ein unerträglicher Gedanke, zu Hause, in der fernen Zukunft, so tun zu müssen, als forsche sie weiter an ihren Fossilien herum.

Sie begann, nach dem Vorbild der großen klassischen Naturforscher, systematisch Pflanzen und Tiere zu sammeln, aber bald ödete sie diese Beschäftigung an. Es machte einfach keinen Sinn. Früher hatten Humboldt, Darwin und Bates und wie sie alle hießen – es waren natürlich ausschließlich Männer –, mit ihren Schätzen die Magazine und Vitrinen der heimischen Museen gefüllt. Ganze Schiffsladungen von toten Tieren und Pflanzen wurden nach Europa transportiert und sorgten dort für Gesprächsstoff in den wissenschaftlichen Gesellschaften. Aber was sollte sie mit ihrer immer umfangreicher werdenden Sammlung anfangen, deren Konservierung im feucht-tropischen Klima des Eozäns noch dazu größte Probleme bereitete?

Was lag also näher, als sich den wirklich großen Fragen der Biologie zuzuwenden, den Fragen der Evolution, zu denen sie ja jetzt exklusiv und in völlig neuartiger, geradezu atemberaubender Weise Zugang gewonnen hatte.

Sie ging dazu über, kleinere, quasi chirurgische Eingriffe vorzunehmen, um sich den Mechanismen und verschlungenen Wegen des Organismenwandels zuzuwenden. Sie versuchte, bestimmte Pflanzenarten flächendeckend zu beseitigen, kleinere Bäume zu fällen, blühende Kräuter auszurupfen, gezielt bestimmte Farb- und Formvarianten von Blüten miteinander zu kreuzen, und dann, zurückgekehrt in ihre eigentliche Welt, durch intensives Studium herauszufinden, ob ihre Aktivitäten in der wissenschaftlichen Literatur der Neuzeit irgendwelche Spuren hinterlassen hatten. Aber sosehr sie sich auch bemühte, ihre kleinen Experimente und Manipulationen schienen völlig ohne Wirkung zu bleiben. Sie fand nichts, was auch nur im entferntesten mit ihren Versuchen im Tertiär in Verbindung zu bringen war, ihre Bedeutung als neuer Evolutionsfaktor war gleich Null.

Sie wurde ungeduldig. Die Eingriffe, die sie vornahm, wurden immer weitreichender, rigoroser, hektischer – es gab ja niemanden, der sie daran hätte hindern können. Aber nichts geschah, nichts schien sich in der Neuzeit zu verändern, alles ging seinen gewohnten Gang und eine ungeheure Wut begann sich in ihr auszubreiten. Wie ätzende Säure begann diese Wut sie zu zerstören. Bald haßte sie alles und jeden, einschließlich sich selbst, und, durch ihr wochenlanges Eremitendasein im tertiären Urwald entwöhnt, ging sie schließlich jedem unnötigen Kontakt zu anderen Menschen aus dem Wege, vereinsamte völlig.

Die Veränderungen an ihr selbst nahm sie in seltenen Momenten der Besinnung durchaus wahr, ja, sie zitterte manchmal vor Angst, wenn sie abends allein in ihrem Bett lag und daran dachte, welchen verhängnisvollen Weg sie eingeschlagen hatte. Aber daß irgend etwas an ihren Untersuchungsmethoden nicht in Ordnung sein könnte, daran dachte sie nie. Im Gegenteil, Eingriffe wie die ihren hatten seit jeher zum bewährten Methodeninventar der biologischen Wissenschaften gehört. Entwicklungsbiologen schnitten ihren Studienobjekten Extremitäten, Köpfe und ganze Körperhälften ab, um zu sehen, was daraus wurde, Genetiker bestrahlten ihre Versuchstiere so lange mit harter Strahlung, bis schwerwiegende Mißbildungen auftraten, die Rückschlüsse auf die Funktionsweise der geschädigten Gene ermöglichten, Neurobiologen kappten Augenstiele, Antennen und andere Sinnesorgane, um herauszufinden, was mit den durchtrennten Nervenenden und den zuständigen Hirnregionen geschah, ob sie sich irgendwie veränderten oder gänzlich zurückbildeten, Ökologen entfernten die Räuber aus natürlichen Lebensgemeinschaften und verfolgten, welchen Einfluß deren Fehlen auf Zusammensetzung und Häufigkeitsverteilungen der verbliebenen Artengemeinschaft hatte.

Was tat sie denn anderes, als einige unbedeutende Äste des unendlich fein verzweigten Lebensbaumes zu amputieren, um dann die erzielte Wirkung zu studieren? Nein, ihre Methoden waren alles andere als neu. Das war gute alte und seit vielen Jahrzehnten bewährte Forschungstradition. Nicht besonders geistreich, aber aller Anfang war eben schwer. Zuerst mußte man einflußreiche Parameter erst einmal als solche erkennen, bevor man sie genauer unter die Lupe nehmen konnte.

Auch das umgekehrte Vorgehen war gang und gäbe. Fremde Gene, Zellen, ja, ganze Körperteile wurden eingepflanzt und transplantiert, um zu verfolgen, wie die Empfänger damit umgingen, und auch sie hatte schon ernsthaft in Erwägung gezogen, lebende Organismen der Neuzeit mit in die Vergangenheit zu nehmen, räuberische Insektenarten zum Beispiel, die sie zu einem Gladiatorenkampf besonderer Art – neu gegen alt – auf besonderen Versuchsflächen freisetzen könnte, wenn sie nur gewußt hätte, wo sie entsprechende Mengen an Tiermaterial herbekam.

Solche Versuche hatten natürlich einen besonderen Reiz, konnten sie doch vielleicht die heißumstrittene Frage beantworten helfen, ob es tatsächlich so etwas wie eine kontinuierliche Höherentwicklung gegeben hatte, ob moderne Organismen wirklich so überlegen waren, wie viele Leute glaubten, und in direkter Auseinandersetzung mit ihren Vorgängern triumphierten, weil ihre Eigenschaften die besseren Antworten auf die Herausforderungen der Umwelt darstellten. Das waren faszinierende Fragen. Sie hatte sogar angefangen, die Samen einiger moderner Pflanzenarten auszusäen, aber sie hatten sich nur sehr langsam und in unzureichender Zahl entwickelt, und eines Morgens waren sie von irgendeinem tertiären Pflanzenliebhaber restlos abgefressen worden. Aber sie hatte vor, in dieser Richtung weiterzuarbeiten. Solche kleinen Fehlschläge konnten sie nicht entmutigen.

Nein, sie hatte nicht die geringsten Bedenken bei dem, was sie tat, sondern sah sich im Gegenteil in einer langen Tradition biologischer Experimentalforschung, in einer Reihe mit den berühmtesten Namen dieser Wissenschaft. Sie zweifelte im übrigen keine Sekunde, daß die meisten ihrer Kollegen genauso gehandelt hätten, wenn sie an ihrer Stelle gewesen wären. Sie hatte die Höhle ja nicht geschaffen. Sie war gewissermaßen darüber gestolpert und machte sich nun ihre Möglichkeiten zunutze, so wie es jeder andere Wissenschaftler auch getan hätte. Die Molekularbiologie hatte ihre Forschungen ja auch nicht eingestellt, nachdem bestimmte, heute nobelpreisgekrönte Entdeckungen gezielte Eingriffe in das Erbgut möglich gemacht hatten.

Dann war plötzlich Tobias aufgetaucht. Er schleimte sich bei Sonnenberg ein und gewann, wie sie mit wachsendem Entsetzen mitansehen mußte, Schritt für Schritt sein Vertrauen, wurde schließlich zu seinem Erwählten, dem er das Geheimnis offenbarte. Durch Axt und die lautstarke Auseinandersetzung in Sonnenbergs Zimmer war dieser Verdacht nun zur Gewißheit geworden.

Damals hatte sie die Gefahr nur kommen sehen wie ein fernes Unwetter, das sich langsam der Küste näherte und von dem sie nicht wußte, ob es sie nicht doch verschonen und vorüberziehen würde. Sie war sogar mit Tobias ins Bett gegangen, um herauszubekommen, was er wußte und was Sonnenberg mit ihm vorhatte. Es war ein Alptraum, wie er da in seinem knarrenden, engen Bett auf ihr lag und keuchte wie ein Herzkranker, wie seine knochigen Finger sie begrabschten, seine Zunge in ihren Mund drängte und sie seine maroden Vorderzähne an ihren Lippen spürte. Sie hatte nur dagelegen und gehofft, daß es bald vorbei sein würde. Aber diese klapperdürre häßliche Karikatur von einem Mann schien in ihr über sich hinauszuwachsen, wollte oder konnte einfach zu keinem Ende finden. Er mühte sich ab, bis ihr die Tränen kamen und er sich von ihr hinunterwälzte und sie wutentbrannt anschrie: »Mußt du jetzt auch noch rumflennen? Reicht es nicht, daß du nur daliegst wie eine Schaufensterpuppe?« Dabei war alles umsonst gewesen. Sie hatte während seiner hoffnungslosen Versuche, sie in Stimmung zu bringen, nur erfahren, daß er zu diesem Zeitpunkt noch keine Ahnung hatte. Das alles war schon viele Monate her, aber noch heute schüttelte sie sich vor Ekel, wenn sie daran dachte.

Eines Tages hatte sie vor dem Sumpf gestanden, mit der daneben aufragenden, leicht überhängenden Wand aus Sand und Geröll. Ihr kam die Idee zu einem weiteren, besonders vielversprechenden Experiment, das den Rahmen ihrer Möglichkeiten allerdings bei weitem zu überschreiten drohte. Sie brauchte Sprengstoff. Bei ihren früheren Untersuchungen der Fauna und Flora hatte sie herausgefunden, daß hier in diesem Gebiet einige Arten lebten, die sonst nirgendwo vorkamen. Der Sumpf lag isoliert, ein ehemaliger See, der im Begriff war, vollständig zu verlanden. Am Fuß des Überhangs befand sich eine Höhle, in der viele Fledermäuse den Tag verschliefen.

Wieder daheim suchte sie viele Abende lang irgendwelche entsetzlichen Kneipen auf, die in der Nähe von Kasernen lagen, und tatsächlich gelang es ihr, einen Soldaten abzuschleppen, einen großen, kräftigen, gutmütigen Typen namens Dennis, der Zugang zu den Waffenkammern seines Bataillons hatte und dem bei ihrem Anblick fast die Augen herausfielen. Wenn sie sich in irgendwelchen schäbigen Hotelzimmern trafen, versuchte sie alles zu tun, von dem sie glaubte, daß es einem Mann wie ihm gefallen könnte, und nach ein paar Wochen hatte sie ihn soweit. Eines Tages erschien er mit einem schmucklosen Holzkästchen, in dem säuberlich aufgereiht wie seltsam geformte exotische Früchte zehn Handgranaten lagen.

»Ich hab zwar keine Ahnung, was du damit vorhast, Baby«, sagte er und schaute sie mit seinen braunen Augen irgendwie ängstlich an, »aber ich hoffe, daß es keine Schweinerei ist und du mich dabei aus dem Spiel läßt. Wenn jemals herauskommen sollte, daß ich dir die Dinger besorgt habe, kommen wir beide in Teufels Küche.«

»Natürlich, mein Bär«, hauchte sie ihm ins Ohr, knabberte an seinem Ohrläppchen. »Ich weiß! Du kannst dich auf mich verlassen. Ich würde nie etwas tun, was dir schaden könnte.« Und das stimmte sogar. Heute kam es ihr manchmal so vor, als ob dieser große dumme Junge der letzte Mensch gewesen war, dessen Gegenwart sie noch ertragen konnte, ohne daß sich ihr sofort Fluchtgedanken aufdrängten, ohne daß sie etwas anderes als Ekel und Abscheu empfinden konnte. Sie hatte ihn nie wieder gesehen.

Wenige Tage später stand sie am Rand des Sumpfes und schleuderte mit zusammengebissenen Zähnen eine Handgranate nach der anderen in die Höhle, bis sich daraus eine Wolke von desorientierten Fledermäusen ergoß, die mit schrillen Pfiffen und voller Panik hin und her fliegend den Himmel verdunkelten. Es müssen Tausende gewesen sein, die, von der Helligkeit des Tages geblendet, wild durcheinanderflatterten, und sie streckte die Hände in die Luft und schrie ihre ganze Verzweiflung hinaus in den urzeitlichen Tropenhimmel. Dann, nach der siebenten Granate, löste sich der ganze Hang, rutschte mit dunklem Rumpeln wie eine Lawine aus schwerem nassem Schnee in den Sumpf, dessen Wassermassen träge über die schlammigen Ufer schwappten und ihre Hose und Schuhe durchnäßten. Eine Weile hörte sie noch ein Glucksen und Platschen. Hier und da zappelte ein Fisch, den es an Land verschlagen hatte. Dann herrschte Stille, Todesstille. Die letzten drei Handgranaten legte sie mit zitternden Händen wieder in den Holzkasten zurück und verstaute ihn ganz hinten in ihrem Unterschlupf.

Diesmal schien sie Erfolg gehabt zu haben. Sie hatte sich vorher immer wieder gefragt, worin sich die Auswirkungen des Erdrutsches in der Zukunft zeigen könnten, aber darauf wäre sie nie gekommen. Im Brüsseler Museum für Naturgeschichte, las sie in einer Zeitung, waren auf rätselhafte Weise zwei Fledermausskelette verschwunden, wohlgemerkt nicht gestohlen, sondern einfach verschwunden. Das war zwar nicht viel, aber sie zögerte keine Sekunde, dies als erstes Ergebnis ihrer Experimente zu werten.

Offensichtlich waren die der Evolution unterworfenen Organismenarten viel trägere, stabilere Einheiten, als sie sich vorgestellt hatte. Man mußte wirklich mit brachialen Methoden zu Werke gehen, um überhaupt einen Effekt zu erzielen. Vielleicht stimmte es, was einige Forscher, insbesondere aus den Reihen der Paläontologen, neuerdings behaupteten: Die klassische Darwinsche Evolution, der ungerichtete, von Generation zu Generation in winzigen Schritten erfolgende Wandel der Arten und das Wirken der natürlichen Selektion hatten eher stabilisierenden als verändernden Charakter. Tier- und Pflanzenarten waren in der Regel so gut an ihren Lebensraum angepaßt, daß jede Veränderung eher schädlich als nützlich war und durch die Selektion wieder ausgemerzt wurde. Neue Arten entstanden auf andere Weise, aber wie genau, das hatte noch niemand beobachten können.

Es war eine fast schon paradoxe Situation. Da gab es nun seit Darwin eine inzwischen, trotz aller Kritik im Detail, allgemein akzeptierte Theorie der Evolution, und seit mehr als hundert Jahren untersuchte eine wachsende Zahl von Forschern mit immer neuen, immer moderneren Methoden, welche Faktoren den Artenwandel steuerten, aber den eigentlichen Elementarprozeß, um den es ging, die Geburt einer neuen Art, einer von anderen isolierten Fortpflanzungsgemeinschaft ähnlicher Lebewesen, hatte auch ein Jahrhundert nach Charles Darwin noch niemand zu Gesicht bekommen.

Und was hatte man nicht alles versucht. Seit den zwanziger Jahren sind ungezählte Generationen von Fruchtfliegen, der berühmten *Drosophila melanogaster*, in ebenfalls ungezählten Labors unter unterschiedlichsten Bedingungen herangezüchtet worden. Milliarden der winzigen Tiere wurden mit hohen Dosen von Alpha-, Beta- und Gamma-Strahlung bombardiert und den verschiedensten Chemikalien ausgesetzt. Es wurden zahllose Mutanten erzeugt, Tiere mit roten oder weißen oder gar keinen Augen, Fliegen mit geraden, mit gebogenen oder gar keinen Flügeln, Tiere mit den unterschiedlichsten Farb- und Behaarungsmustern, jede nur denkbare Variation wurde sorgsam registriert, aussortiert und weiter gezüchtet, aber eines ist bei alldem nie herausgekommen: eine neue *Drosophila*-Art. Was man auch anstellte, welche Methoden man auch anwendete, ob brachial oder raffiniert, am Ende standen die Forscher mit leeren Händen da, stießen gegen unüberwindbare Grenzen, landeten dort, wo sie aufgebrochen waren: bei *Drosophila melanogaster*. Überließ man die mutierten Stämme sich selbst, geschah etwas Erstaunliches: Die Tiere kehrten zu ihrer ursprünglichen Gestalt zurück, blinde Fliegen wurden wieder sehend, DDT-resistente Stämme wurden wieder genauso anfällig wie die Ausgangsrasse. Der Mensch hatte das Gummiband bis zum Reißen gespannt, aber kaum ließ er es los, schnurrte es wieder auf seine Ausgangslänge zurück, als wäre nichts gewesen.

Wenn all das nicht ausreichte, um aus einer alten eine neue Art entstehen zu lassen, was mußte dann geschehen? Es konnte doch nicht so schwierig sein. In Hawaii waren als Folge einer einzigen, zehn Millionen Jahre zurückliegenden Besiedlung über 800 sehr unterschiedliche Fruchtfliegenarten entstanden. Der Mensch hatte trotz jahrzehntelanger Versuche nicht eine einzige zustande gebracht. Ellen hatte sich in den Kopf gesetzt, diese Fragen endlich zu beantworten, und sie war überzeugt davon, nun auch über die dazu notwendigen Mittel zu verfügen.

Ein anderes, sehr aufschlußreiches Beispiel war der Hund, stellvertretend für die ganze Gruppe der menschlichen Haus- und Nutztiere. Anders als bei der Katze, die sich noch heute anatomisch kaum von ihren wilden Vorfahren unterscheidet, hat sich der Hund als sehr variabel erwiesen. 5000 Jahre Domestikationsgeschichte haben aus den wölfischen Vorfahren eine unübersehbare Vielfalt an Hunderassen hervorgebracht. Aber trotz einer Unzahl unterschiedlichster Gestalten und Eigenschaften, einer Variationsbreite, die weit über jede natürlich vorkommende Variabilität hinausgeht, ist der Hund bis heute ein domestizierter Wolf geblieben. Prinzipiell sind alle Rassen, einschließlich des Stammvaters, untereinander kreuzbar. Und wie im Falle der Fruchtfliege verschwinden all die mühselig angezüchteten Merkmale wieder wie von Geisterhand, wenn man die Tiere sich selbst überläßt. Überall auf der Welt werden wildlebende Hunde über kurz oder lang zu derselben mittelgroßen, braun- oder schwarzgefärbten Promenadenmischung.

Tausende von Jahren und strengste Selektion in Form des züchterischen Eingriffs durch den Menschen haben nicht vermocht, auch nur eine einzige neue Tierart zu erschaffen. Der Übergang von einer Art zur anderen ließ sich offenbar nicht erzwingen. Die Natur stellte dabei unüberwindliche Hindernisse in den Weg. Worin bestand diese Grenze, über die man nicht hinwegkam? Ellen war dazu auserkoren, es endlich herauszufinden.

Ein erster wichtiger Schritt war getan. Sie hatte jetzt den Beweis, daß es möglich war, überhaupt etwas zu bewirken. Es wäre auch denkbar gewesen, daß die beiden Welten, zwischen denen sie seit Monaten hin- und herpendelte, parallel nebeneinander existierten. Aber das, was sie in der Zeitung gelesen hatte, zeigte eindeutig, daß Sonnenbergs Höhle nicht in etwas führte, das der irdischen Vergangenheit einfach nur ähnlich sah. Es *war* die Vergangenheit. Wahrscheinlich handelte es sich bei den verschwundenen Fledermäusen um Tiere, die ohne ihren Eingriff irgendwann in einen See gestürzt wären, um dort über lange Zeitspannen hinweg fossilisiert zu werden. Sie hatte sich vorgenommen, in der Universitätsbücherei nachzusehen, ob sie nicht noch mehr finden konnte. Außerdem wollte sie in Ruhe darüber nachdenken, welche weiteren Versuche sie nun in Angriff nehmen könnte. Sie mußte viel gezielter vorgehen. Wahllose Rundumschläge wie der künstlich ausgelöste Erdrutsch mußten die Ausnahme bleiben. Aber nachdem sie nun wußte, daß prinzipiell eine Einflußnahme möglich war, konnte sie doch nicht aufhören. Sie stand erst ganz am Anfang. Sie hatte es in der Hand, eines der größten Rätsel zu entschlüsseln ...

Sie schreckte auf, als eine Tür knallte und wenig später eine zweite. Sie schaute aus dem Fenster und sah, wie Sonnenbergs Besucher eilig die Auffahrt entlanglief und in seinen Wagen stieg.

Er wird hinterherfahren, dachte sie. Die Verlockung ist einfach zu groß. Man kann ihr nicht widerstehen.

Was hatte Axt geschrien?
Er ist tot?
Er wird sterben?

War Tobias gemeint oder dieser andere, mit dem er unterwegs war? Was war passiert? Und woher wollte er das wissen?

Hoffentlich war es Tobias! Es gab kaum jemanden, den sie so haßte wie ihn. Und das wollte bei ihr etwas heißen. Darauf konnte er sich direkt etwas einbilden. Wenn er es nach dieser entsetzlichen Nacht damals noch einmal gewagt hätte, sie anzurühren, sie wäre zu allem fähig gewesen, hätte ihm mit Vergnügen die Augen ausgekratzt, diesem Miststück mit seinem lächerlichen Diamanten im Zahn.

Sie hatte es nicht eilig. Sonnenberg wußte nichts von dem zweiten Zugang, und Axt würde den Weg durch die andere Höhle nehmen. Er mußte über die Meeresbucht und den Fluß anreisen und würde zehn bis zwölf Tage brauchen, um dahin zu gelangen, wo sie in weniger als zwölf Stunden sein würde. Sie hatte genügend Zeit, um sich alles genau zu überlegen.

Als führte jemand mit unsichtbarer Hand Regie, lag der zweite Zugang tief in demselben Berg, in dem sie sich ihren Unterschlupf eingerichtet hatte. Natürlich hatte sie nicht die geringste Ahnung davon gehabt. Erst viel später, als sie sich an einem regnerischen Tage einmal mit ihrer Taschenlampe tiefer in das ausgedehnte Höhlensystem vorgewagt hatte, verspürte sie plötzlich diese charakteristischen Kopfschmerzen und war einfach immer weiter in die Richtung gegangen, in der die Schmerzen stärker wurden und sich die Übelkeit in ihrem Magen steigerte. Sie konnte Schmerzen gut ertragen.

Plötzlich stand sie vor einem engen Felsspalt, durch den Sonnenstrahlen in die Höhle fielen und der so hinter dichtem Gestrüpp verborgen lag, daß man ihn von außen kaum wahrnehmen konnte. Natürlich hatte sie an den Pflanzen sofort erkannt, daß sie sich wieder in der Neuzeit befand und war eine Weile in der Gegend vor dem Felsspalt herumgelaufen. Mit einem Mal stand sie an einer schmalen geteerten Landstraße, auf der einige Autos mit deutschem Kennzeichen entlangfuhren. Wenn sie diesen Eingang nicht entdeckt hätte, wäre alles ganz anders gelaufen, dachte sie jetzt. Alles eine Kette von Zufällen. Was war das nun: Verhängnis oder Verheißung?

Sie packte ein paar Sachen zusammen und verließ ohne Eile das Haus. Sie würde es schon schaffen, alles einfach irgendwo verstecken und erst dann weitermachen, wenn sich die Aufregung gelegt hatte. Plötzlich fühlte sie einen Stich in der Herzgegend und dachte einen winzigen Moment lang daran, daß dies vielleicht ihre letzte Chance war, aufzuhören. Sie wies diesen Gedanken schnell von sich, setzte sich in ihren Wagen und fuhr in die Stadt, um sich mit Proviant zu versorgen.

Von dem scharfen Knall, der wenig später aus Sonnenbergs Zimmer drang, hörte sie nichts mehr.

Sintflut

Am nächsten Morgen wachte Micha auf, weil er Pencils feuchte Schnauze in seinem Gesicht spürte. Claudia war schon wach, stand am Rand des Höhlenvorplatzes, einer Art natürlicher Terrasse, und blickte mit dem Fernglas in die Ebene hinunter. Aus dem Inneren der Höhle hörte man leise Geräusche. Auch ihr Wohltäter war offensichtlich schon aktiv.

Er war wirklich ein Wohltäter für sie. Nachdem er Tobias verarztet hatte, bewirtete er sie mit einem Abendessen, dessen köstlicher Geschmack Micha jetzt noch auf der Zunge lag. Kartoffeln, Zwiebeln, Karotten, alles frische Lebensmittel, und dazu ein köstlicher Braten, nach dessen Herkunft sie sich allerdings nicht zu erkundigen wagten. Er hatte ihnen versichert, daß sie das Fleisch bedenkenlos essen könnten. Danach hatten Claudia und Micha draußen vor der Höhle ihre Matten ausgebreitet und waren sofort fest eingeschlafen. Ihr Gastgeber zog sich in seine Höhle zurück, wo sich Tobias schon seit Stunden von den Strapazen der langen Wanderung erholte und seinen heftigen Rausch ausschlief, den er, wie sie nach dem Essen erfuhren, einem von ihrem Gastgeber selbst gebrannten, ziemlich herben Beerenschnaps zu verdanken hatte.

Er hieß übrigens Herzog, Ernst Herzog, und stammte aus Frankfurt. Viel mehr hatten sie nicht aus ihm herausbekommen. Er war früher Arzt gewesen, was seine medizinischen Kenntnisse und Fähigkeiten erklärte, aber warum er hier lebte und nicht wie seine Kollegen in Frankfurt praktizierte und ein Vermögen verdiente, darüber erfuhren sie nichts. Und woher kam das frische

Gemüse, die Bücher, das Holz, aus dem das Höhlenportal gebaut war?

Er war nicht besonders redselig. Auf ihre Fragen kamen nur widerwillig oder gar keine Antworten. Sein Verhalten schwankte unvermittelt zwischen schroffer Abfuhr und freundschaftlicher Unterstützung. Möglicherweise hätte er sich ihnen nie gezeigt, wenn sie nicht in diese Notlage geraten wären. Daß sie aus Zufall auf ihn getroffen wären, war wohl so gut wie ausgeschlossen. Sie wären durch die Landschaft gelaufen, ohne auch nur im geringsten zu ahnen, daß dort ein Mensch lebte. Ihre erstaunlichen Funde hätten sie zwar warnen müssen – eine solche Begegnung hätte ja leicht auch einen ganz anderen Verlauf nehmen können –, aber sie hatten die Möglichkeit, tatsächlich jemandem zu begegnen, offensichtlich sehr schnell und erfolgreich wieder verdrängt und nie wirklich damit gerechnet.

Micha stieg der köstliche Geruch von Bratkartoffeln in die Nase. Die Höhle hatte einen natürlichen Abzug, einen etwa zwanzig Zentimeter breiten Luftschacht, unter dem Herzog seine Feuerstelle eingerichtet hatte. Während Tobias drinnen noch schlief, verschlangen sie mit Heißhunger ihr Frühstück, und Herzog verriet ihnen auf ihre erstaunten Fragen hin, daß er einen Gemüsegarten angelegt habe, wo er die meisten seiner Nahrungsmittel heranzog und der, wie er mehrfach betonte, sehr viel Arbeit machte. Er versprach, sie bei Gelegenheit einmal dorthin zu führen. Als sie ihre Vorräte anboten, verzog er nur angewidert das Gesicht. Er habe sich nicht aus der Zivilisation zurückgezogen, um sich bei der ersten sich bietenden Gelegenheit auf Büchsenfleisch und Tütensuppen zu stürzen, sagte er.

Bei Michas Verdauungszigarette bekam er allerdings große Augen und griff bereitwillig zu, als dieser ihm eine anbot. Auch von ihrem reichlich bemessenen Tee- und Kaffeevorrat machte er gerne Gebrauch. Die Zigarette rauchte er schweigend und voller Konzentration und Genuß, ein faszinierender Anblick für einen Raucher wie Micha, der täglich gedankenlos eine ganze Packung verbrauchte.

Kurz nach dem Frühstück trat Tobias aus der Höhle und kniff gegen die blendende Helligkeit die Augen zusammen. »Hm, hier riecht's aber gut«, sagte er.

»He, Tobias«, rief Micha erfreut. »Wieder unter den Lebenden?«

Er sah schon viel besser aus. Statt eines Verbandes trug er nun einen großen graubraunen Klumpen um seinen Arm. Herzog hatte ihm als Gipsersatz einen dicken Stützverband aus feuchtem Lehm angefertigt. Das Material dazu hatte er gestern nachmittag mit dem Eimer von unten hochgeholt. Der so verpackte Unterarm ruhte in einer Schlinge, die Tobias um den Hals trug.

»Wie geht's dir denn?« fragte Claudia. Pencil lief schwanzwedelnd auf ihn zu und beschnüffelte seine nackten Füße.

»Bis auf die Kopfschmerzen eigentlich ganz gut. Außerdem ...«, mit Hilfe seines gesunden Armes hob er den Lehmverband hoch, aus dem seine braungebrannte Hand ragte wie ein aufgepfropfter Fremdkörper. »'n bißchen klobig, das Ding hier.« Er grinste, diesmal nüchtern.

»Geniale Konstruktion«, sagte Micha anerkennend.

»Es ist ein Prototyp«, brummte Herzog und kratzte seinen wilden Bart.

»Vielen Dank übrigens.« Tobias warf Herzog einen scheuen Blick zu. »Sind Sie eigentlich *der* Ernst Herzog? Ich meine, ich habe gehört, wie Sie ihren Namen genannt haben, und dann habe ich drinnen das Buch gesehen.« Er wies auf das schwarze Loch im Fels, Herzogs Höhle. »Ich kenne das Buch. Ich habe es auch zu Hause. Es ist gerade neu aufgelegt worden, mit vielen Abbildungen und so.«

»Tatsächlich?«

Alle Augenpaare richteten sich auf ihren Gastgeber, der ein schwaches Lächeln zeigte. Das schien überhaupt das einzige Zeichen von Heiterkeit zu sein, zu dem dieser Mann fähig war, jedenfalls bisher. Schließlich nickte er.

Tobias war beeindruckt. »Er ist ein bekannter Dinosaurier-Experte«, sagte er. Das schien für ihn die Situation von Grund auf zu verändern.

»Wirklich?« fragte Claudia, und Micha sagte: »Ach so!«, wobei ihm eigentlich selbst nicht ganz klar wahr, was diese Tatsache denn nun erklären sollte.

Herzog winkte bescheiden ab. »Das zählt jetzt nicht mehr.«

»Und ob das zählt.« Tobias schien es deutlich besser zu gehen. Es war wie ein Wunder.

»Jetzt erzählt mir lieber einmal, was euch auf die Wahnsinnsidee gebracht hat, hierherzufahren?« Sein Lächeln war verschwunden, und er sah sie mit seinem Raubvogelgesicht eindringlich an.

»Vermutlich das gleiche wie Sie«, antwortete Tobias.

Sie erzählten ihm von Sonnenberg und Tobias' Plan, eine zweite, gemeinsame Expedition durchzuführen.

»Sonnenberg«, murmelte Herzog. Er lächelte geheimnisvoll und schüttelte den Kopf. »Den gibt's also immer noch.«

»Sie kennen ihn?« fragte Tobias verblüfft.

Er nickte. »Allerdings, ich kenne ihn gut. Trotzdem! Ihr hättet nie hierherkommen dürfen!«

Er hatte offenbar nicht vor, ihnen zu erklären, woher er Sonnenberg kannte, denn er stand auf, ging in die Höhle und kam kurze Zeit später mit einem ledernen Umhängebeutel und seinem Gewehr wieder heraus. Aus einer Felsennische neben dem Höhleneingang holte er einen selbstgefertigten Bogen und eine Handvoll Pfeile hervor. Das Gewehr benutze er nur in äußersten Notfällen, sagte er später. Sein Patronenvorrat sei sehr begrenzt. Aber es gäbe hier doch so einige Savannenbewohner, gegen die er mit seinem Bogen nicht viel ausrichten könne.

»Ich habe jetzt einiges zu erledigen. Am besten ihr bleibt erst einmal hier, bevor sich noch jemand etwas bricht. Die Gegend ist für Neulinge nicht ganz ungefährlich.« Ohne eine Antwort abzuwarten, marschierte er los und verschwand in dem schmalen Felsdurchlaß.

»Jawohl, Papa!« sagte Tobias leise, als Herzog verschwunden war.

Sie verbrachten den Rest des Tages in und vor der Höhle und beobachteten mit dem Fernglas das Leben in der Savanne, die sich unter ihnen ausbreitete. Irgendwie hatte das, was Tobias passiert war, einen Knacks bei Micha hinterlassen. Der Schock, die Verstörung saß tief, und er war außerstande, den außergewöhnlichen Rundblick, den Herzogs Unterschlupf bot, zu genießen. Claudia ging es ähnlich, das sah er an ihrem unsicheren Blick, an der Tatsache, wie oft sie Pencil streichelte und auf den Arm nahm, und an ihrem Desinteresse gegenüber dem Tierleben der Savanne. Und ausgerechnet Tobias, der ja eigentlich der Hauptleidtragende der ganzen Angelegenheit war, konnte sich vor Freude über die schöne Aussicht kaum beruhigen. Es war, als seien Claudia und Micha die Verletzten und er im Vollbesitz seiner Kräfte. Mit dem Glas, das er sich mit der gesunden Hand vor die Augen hielt, suchte er die ganze Gegend ab und jubelte jedesmal, wenn er eine neue Entdeckung gemacht hatte.

Später widmeten sie sich der Wohnhöhle. Das erstaunlichste in dieser archaischen Umgebung war die Bibliothek, die neben einigen Romanen und Lyrikbänden, dicken Wälzern über Paläontologie, Evolution und Fossilien des Tertiärs insbesondere auch das von Tobias erwähnte Werk ihres Gastgebers enthielt: Ernst Herzog, *Dinosaurier in Mitteleuropa*.

Tobias meinte, daß Herzogs Werk zu den wenigen maßgeblichen Dinosaurierbüchern in deutscher Sprache zähle, obwohl es schon vor über zwanzig Jahren geschrieben wurde. Der Rest der Bücher stelle sozusagen die Basisbibliothek jedes ernst zu nehmenden Paläontologen dar.

Auf einem primitiven selbstgezimmerten Tisch, der vor dem in den Fels geschlagenen Bücherregal stand, lag vor einem großen Tintenglas ein dickes, ziemlich abgegriffenes Buch. Es enthielt seitenlange handschriftliche Eintragungen und Zeichnungen, und als Micha das bemerkte, klappte er es hastig wieder zu, weil er sich plötzlich wie ein Eindringling vorkam. Auch die Fachbücher, einschließlich Herzogs eigenem, waren mit zahllosen Kommentaren und Randbemerkungen versehen worden. Es war ganz offensichtlich, daß Herzog hier Studien trieb, die er sorgfältig protokollierte. Viel Zeit würde ihm nicht dazu bleiben, denn schließlich mußte er zuallererst sein Überleben sichern, mit allem, was dazu gehörte.

Neben dem Tisch, den Büchern und dem mit aufgewühlten Decken bedeckten Felsenbett enthielt der in schummriges Licht getauchte Höhlenraum nur wenige primitive Einrichtungsgegenstände: ein schiefes Holzregal, in dem sich seine Küchenutensilien befanden, einige Holzschalen und zerbeulte Töpfe, eine alte durchsichtige Plastiktüte voller grober, mit Sand verunreinigter

Salzklumpen, die vielleicht hier irgendwo aus der Gegend stammten, etliche Einweckgläser, in denen sich getrocknete Kräuter und andere zum Teil rätselhafte Dinge befanden, zwei große Eimer, die mit Wasser gefüllt waren, und im hinteren Ende der Höhle eine aus Latten zusammengezimmerte Tür, hinter der allerhand Werkzeug lagerte. Das war alles. Neben dem Bett stand ein kleiner Holzrahmen mit einer Schwarzweißfotografie. Sie zeigte ein junges Paar, sie in weißem Kleid mit Rüschen an Ärmeln und Kragen, eine zierliche Person mit schulterlangen lockigen Haaren, er ein schlanker, schüchtern dreinblickender Mann mit Schnurrbart im dunklen Anzug. Ein Hochzeitsfoto. Neben dem Buch, das er geschrieben hatte, der einzige erkennbare Anhaltspunkt, daß dieser Mann auch einmal ein anderes Leben geführt hatte, ohne wassergefüllte Blecheimer, ohne Felsenbetten, ohne klapprige Holzregale. Das Bild wanderte von Hand zu Hand.

»Na, habt ihr etwas Interessantes entdeckt?«

Herzogs Silhouette zeichnete sich im Höhleneingang ab.

Claudia, die gerade das Foto in der Hand hielt, deponierte es erschreckt wieder an Ort und Stelle. »Wir dachten, Sie hätten nichts dagegen, wenn wir uns etwas umsehen«, sagte sie kleinlaut.

»Hier gibt es sowieso nichts Besonderes, für jemanden wie euch, der aus der Zivilisation kommt, meine ich.« Er trat hinein und legte Gewehr und Lederbeutel neben der Tür ab.

»Sie und Ihre Frau?« Claudia deutete auf das Foto.

»Ja.«

»Hat Sie mit Ihnen hier gelebt?« fragte Tobias.

»Um Gottes Willen, nein.« Er lachte trocken. Es klang, als schüttele man eine Rassel. »Das hätte sie nie gewollt, nein, bestimmt nicht. Sie ist schon lange tot.«

»Das tut mir leid«, sagte Claudia leise, noch immer auf das Foto blickend.

Tobias pulte gelangweilt an dem trockenen Lehmverband herum.

»Tut dir denn der Arm gar nicht mehr weh?« fragte Claudia ungläubig.

»Doch, sicher, hin und wieder schon.«
»Er lügt«, sagte Herzog schmunzelnd. »Er hat noch große Schmerzen, und das wird auch noch eine Weile so bleiben. In den nächsten Tagen müssen wir den Arm noch einmal anschauen und den Lehmverband erneuern. Er hält nicht so lange wie Gips.«
Tobias sagte nichts, verzog nur das Gesicht.
»Übrigens, für heute und morgen überlasse ich dir noch einmal mein Bett. Aber danach mußt du auf dem Boden schlafen wie deine Freunde.«
»Alles klar. Kein Problem. Ich kann heute nacht schon auf dem Boden schlafen. Wirklich! Ich will Sie doch nicht aus ihrem Bett vertreiben.«
»Heute und morgen noch«, sagte Herzog nur und lächelte in seinen Bart hinein. »Ihr könnt mich ruhig Ernst nennen.«
Die Sonne war schon untergegangen, und es wurde kühl. Licht gab es hier natürlich keines, und so beeilten sie sich, ihre Schlafgelegenheiten herzurichten, solange es hell war. Später zeigte ihnen Herzog seine kleine Öllampe, die er aber nur benutzte, um abends an seinem Schreibtisch arbeiten zu können. Das Öl, das er aus den Früchten einer Palme gewann, die unten in der Savanne wuchs, war einfach zu kostbar. Auch mit dem Holz für seine Kochstelle war er sehr sparsam, da er jedes einzelne Holzscheit hierherauf zur Höhle schleppen mußte.

Das gleiche galt in noch viel strengerem Maße für das Wasser. Da verstand Herzog keinen Spaß. Immer wieder schärfte er ihnen ein, sparsam mit Wasser umzugehen, und als sie später einmal den gut anderthalbstündigen Marsch zum Fluß hinunter übernommen und die wassergefüllten, schweren Eimer dann wieder zurückgeschleppt hatten, wußten sie, warum.

Die nächsten Tage verliefen ereignislos, wenn man einmal davon absah, daß sie durch ihre Gespräche immer mehr über Herzog erfuhren und Tobias von Stunde zu Stunde schlechter gelaunt wurde, weil er sich eingesperrt fühlte. Tagsüber, wenn Herzog weg war – meistens arbeitete er in seinem Garten oder ging auf die Jagd und kehrte dann am späten Nachmittag mit seiner Beute und dem frischem Gemüse heim, das er geerntet hatte –, machten

Micha und Claudia mit Pencil kurze Streifzüge in die nähere Umgebung der Höhle und versuchten ansonsten, Tobias bei Laune zu halten, der, wenn er nicht schlief, die meiste Zeit über vor der Höhle saß und mit dem Fernglas nach Großtieren Ausschau hielt. Micha schrieb jeden Tag ein paar Seiten in sein Tagebuch und begann sogar, die eine oder andere Seite in einem von Herzogs Büchern zu lesen. Das Ganze nahm mehr oder weniger den Charakter einer Urlaubsreise mit Vollpension an.

Claudia und Micha benutzten die Gelegenheit, um unten am Fluß ihre dreckige Wäsche zu waschen. Es hatte sie große Überredungskunst gekostet, Tobias davon zu überzeugen, daß er besser oben an der Höhle bleiben sollte, wozu er natürlich gar keine Lust hatte. Letzten Endes war es wohl Herzogs Bemerkung, daß es da unten, wo er sie hinführen würde, keine Tiere gäbe, die ihn dann doch zum Bleiben veranlaßte. Es gab tatsächlich keine größeren Tiere an diesem kargen, sandigen Uferabschnitt, den Herzog ihnen zeigte, aber selbst, wenn es welche gegeben hätte, wären sie den beiden wahrscheinlich nicht aufgefallen. Sie waren einfach zu sehr mit sich selbst beschäftigt.

Herzog erzählte ihnen in diesen Tagen, daß er schon fast zehn Jahre hier lebte. Zehn Jahre, eine unvorstellbar lange Zeit. Anfangs sei er ein paarmal hin- und hergefahren, um seine Ausrüstung hierherzuschaffen. Meistens habe er seine Einkäufe in Gegenden getätigt, wo man ihn nicht kannte. Jetzt sei er schon lange nicht mehr drüben gewesen. Er habe alles, was er brauche. Zu Hause galt er wohl als vermißt, aber es schien ihm ziemlich egal zu sein, was man dort über ihn dachte.

Nach dem frühen Tod seiner Frau, über dessen nähere Umstände nichts aus ihm herauszulocken war, hatte er den Entschluß gefaßt, der Zivilisation den Rücken zu kehren, endgültig, wie er sagte. Der ganze Wahnsinn ginge ihn jetzt nichts mehr an. Die Apokalypse werde auch ohne ihn stattfinden, und er würde den anderen nur ihren Spaß dabei verderben. Er wollte sich hier ausschließlich seinen Studien widmen. Etwas anderes interessierte ihn nicht mehr. Im Grunde sei er natürlich Dinosaurierforscher, wie sie ja wüßten, aber das Tertiär sei schließlich auch nicht schlecht. Er habe keinen Grund, sich zu beklagen. Sollte er natürlich irgendwann einmal über ein Schlupfloch ins Erdmittelalter stolpern, werde er sofort umziehen, sagte er und lachte dabei aus vollem Hals, das erste Mal, solange sie ihn kannten.

Das alles klang so einfach und konnte doch nur die halbe Wahrheit sein. Von der Höhle hatte er wie sie durch Sonnenberg erfahren, den er damals schon seit vielen Jahren gut gekannt hatte – die beiden waren Studienkollegen –, der aber wohl nichts davon ahnte, welche Verwendung Herzog von seinem Geheimnis gemacht hatte. Herzog bat sie eindringlich, es dabei zu belassen und ihm auch nach ihrer Rückkehr nichts davon zu erzählen.

Ihm sei hier im Laufe der Jahre übrigens niemand begegnet, erzählte Herzog weiter. Er sei darüber nicht besonders traurig, denn die meisten würden sicher nur irgendwelche sensationellen Abenteuer suchen. Er ließ an möglichen Besuchern kaum ein gutes Haar, so daß Micha sich fragte, warum er zu ihnen so freundlich war.

Im Gegenzug erzählten sie ihm von der Cola-Dose und der Feuerstelle, die sie am Fluß gefunden hatten, und er zeigte sich außerordentlich interessiert.

»Tja, eigentlich wollte ich es euch ja schon lange erzählen.« Er zupfte nachdenklich an seinen Barthaaren herum. »Es gibt hier nämlich noch jemanden«, sagte er fast im Flüsterton und erzählte ihnen von den Fallen, die er gefunden hatte.

Ich komme mir vor wie Darwin nach seinem Ausflug auf die Galápagosinseln oder dem Fund eines fossilen Riesenfaultiers, wenn ich das hier niederschreibe. Was hatte ich nur für unsinnige, verquere Vorstellungen im Kopf. Gestern habe ich mich lange mit Claudia und Tobias darüber unterhalten. Sie haben sich schon ähnliche Gedanken gemacht. Anscheinend drängen sich solche Ideen hier geradezu auf. Auch mit Herzog haben wir darüber geredet, und dabei ist er spürbar aufgetaut.

Eines ist klar: Diese untergegangene Welt des Eozäns ist keinen Deut weniger kompliziert, weniger entwickelt, weniger schön oder weniger häßlich und auf keinen Fall weniger überlebensfähig gewesen als die Erde unserer Neuzeit. Die in ihr lebenden Organismen sind keineswegs weniger spezialisiert oder schlechter an ihre Umgebung angepaßt, die Ökosysteme von keiner geringeren Komplexität. Nein, diese vergangenen Welten waren nicht von vornherein zum Untergang verdammt, wie wir insgeheim wohl glauben, vielleicht zu unserer eigenen Beruhi-

gung, um uns davon abzulenken, daß uns ein ähnliches Schicksal bevorsteht.

Nehmen wir zum Beispiel die Dickhäuter. Wir kennen die modernen Elefanten und neigen dazu, in ihren ausgestorbenen Verwandten noch unfertige und verbesserungsbedürftige Entwürfe zu sehen, die irgendwann in die Gestalt der modernen, der richtigen Elefanten münden mußten, so, als sei ihr heutiges Aussehen vom Moment ihrer Entstehung an eine Art Zielvorgabe oder Bestimmung gewesen. Wir haben den Araberhengst als Maßstab im Kopf und können nicht anders, als in den kleinen Urpferdchen, die hier herumtraben, nur groteske Vorformen zu sehen, die unmöglich so Bestand haben und die Zeiten überdauern konnten.

Diese Sicht der Dinge ist völlig und von Grund auf falsch und nur ein weiterer Ausdruck jenes grenzenlosen Anthropozentrismus, der diese Welt so nahe an den Abgrund manövriert hat. Genauso wie wir über Affen lachen, weil wir in ihnen unvollkommene Menschen sehen, schmunzeln wir über die Wesen der Urzeit. Nur die Dinosaurier, und auch unter diesen nur die wirklichen Riesen, jagen uns wegen ihrer Größe einen Schauer über den Rücken, vielleicht weil uns ihre Dimensionen einen Hauch von Zweifel an unserer vermeintlichen Allmacht aufdrängen. Aber über den Rest lächeln wir nachsichtig wie über unbeholfene Darstellungen aus Kinderhand und vergessen dabei, daß wir in der Rückschau eines möglichen Nachfolgers selbst einmal als primitive Übergangsstadien dastehen werden.

Angesichts der Tiere, die wir hier und jetzt in ihrer natürlichen Umgebung beobachten können, ist es absolut unmöglich vorherzusagen, welche davon überleben werden und welche nicht. Niemand könnte sagen, du da, Uintatherium, mit den komischen, nutzlosen, offensichtlich überflüssigen und geradezu hinderlichen Höckern auf dem Kopf, du wirst aussterben, weil du eine glatte Fehlkonstruktion bist, und du da mit dem verlängerten Hals, die du aussiehst wie eine beginnende Giraffe, du wirst überleben und dich zu einer ziemlich grotesken Gestalt weiterentwickeln. Du wirst noch an hochhängenden dornigen Akazienblättern knabbern können, dafür aber nur unter umständlichen und ziemlich lächerlich wirkenden Verrenkungen in der Lage sein zu trinken. Alles hat eben seinen Preis.

Nur weil wir wissen, was überdauert hat, glaubten wir hier anfangs überlebensfähige von zum Scheitern verurteilten Gestalten unterscheiden zu können.

Im Laufe der Erdgeschichte kam es immer wieder zu Artensterben gigantischen Ausmaßes, die innerhalb relativ kurzer Zeit einen Großteil der damals auf der Erde lebenden Tierarten gnadenlos ausradierten. In einem von Herzogs Büchern habe ich gerade gelesen, daß am Ende des Erdaltertums, zwischen Perm und Trias, schätzungsweise 95 % aller Meereslebewesen ausstarben. Das war der bisher dramatischste Einschnitt in der Geschichte des Lebens. Es waren diese Phasen des massiven Artensterbens, nach denen die letztlich willkürlichen Grenzen der Erdzeitalter festgesetzt wurden. Natürlich kommt es auch in den verhältnismäßig ruhigen Zwischenphasen zum Ableben einzelner Arten. Sie können sich in einer länger währenden Auseinandersetzung mit Konkurrenten und Feinden nicht mehr durchsetzen und sterben aus. Die Evolutionsforscher nennen das Hintergrundaussterben, die vielen kleinen Tragödien, die jederzeit ablaufen und kaum Spuren hinterlassen. Aber die große Masse der Arten verschwindet offenbar durch Katastrophen globalen Ausmaßes, seien dies nun Phasen hoher vulkanischer Aktivität, das Einschlagen ganzer Meteoritenschwärme oder Zeiten starker globaler Abkühlung. Da sind sich die Fachleute noch nicht einig.

Von wegen »survival of the fittest«! Den Leuten im 19. Jahrhundert paßte diese Idee Darwins natürlich gut ins Konzept. Sie waren ja gerade im Begriff, die menschliche Gesellschaft des beginnenden Industriezeitalters nach denselben erbarmungslosen Gesetzen zu strukturieren. Wenn die Natur so funktionierte, warum sollten es dann die Menschen anders machen?

Aber nicht die tüchtigsten, die am besten angepaßten oder die Organismen mit den höchsten Nachkommenzahlen haben diese gigantischen Katastrophen überlebt, sondern die glücklichsten, möglicherweise gerade die Generalisten, die es überall irgendwie schaffen. Die Spezialisten, also gerade die besonders hoch entwickelten, an bestimmte Nischen am besten angepaßten Arten, sind am schlechtesten mit solchen radikalen Veränderungen der Umwelt fertig geworden. Kein Lebewesen kann sich an globale Umwälzungen anpassen, die nur einmal alle 26 Millionen Jahre eintreffen, wie das eine Theorie postuliert.

Der Zufall führt eine gnadenlose Regie, von zielgerichteter Höherentwicklung keine Spur. Diese kurzen Zeiten weltumfassender, dramatischer Veränderungen erfordern doch gänzlich andere Eigenschaften und Anpassungen als die relativ störungsfreien Zeiten vor und nach ei-

ner solchen globalen Katastrophe. Kein Organismus kann auf so etwas vorbereitet sein. Und daß am Ende die Säuger und damit auch wir Menschen übrigblieben, war nichts weiter als ein glücklicher Zufall.

Wenn unvermittelt ein ganzes Hochhaus brennt, wer wird wohl überleben? Die Besten, die Intelligentesten, die Schönsten oder die Gründlichsten? Oder die, die zufällig in den unteren Stockwerken wohnen und von dort schnell ins Freie fliehen, die, die zufällig gerade Brötchen oder Zigaretten holen, oder die, die just in diesem Moment im Keller nach alten Erinnerungsstücken suchen?

Irgendwie schockiert mich diese Einsicht, aber je mehr ich sehe und darüber nachdenke, desto sicherer bin ich mir, daß es nicht »survival of the fittest«, sondern auf lange Sicht wirklich »survival of the luckiest« heißen muß.

Die Vorstellung, alles, was vor der Neuzeit existierte, hätte in unserer Zeit seine endgültige Gestalt angenommen, suggeriert, dieser seit Anbeginn des Lebens währende Prozeß des Kommens und Gehens und der stetigen Veränderung sei nun mit unserer Zeit zum Abschluß gekommen, das Ziel erreicht, der Gipfel erklommen.

Was für ein himmelschreiender arroganter Blödsinn! Nichts, aber auch gar nichts spricht dafür. Solange es Leben gibt, wird es auch Evolution und damit Veränderung geben. Das Signal für das nächste, in seiner Geschwindigkeit wahrscheinlich beispiellose Artensterben hat allerdings der Mensch gegeben. Diese wirkliche Spitzenstellung kann uns keiner mehr streitig machen. Danach wird wieder etwas Neues beginnen. Ob mit oder ohne uns.

Ich stelle mir die Geschichte unseres Planeten im Zeitraffer vor, vielleicht ein Jahr pro Sekunde, ein paar Jahrtausende in der Stunde. Oh, ich habe das gerade überschlagen, ein solcher Film wäre immer noch ziemlich lang. Er würde ungefähr hundert Jahre dauern. Ich lasse also besser gleich hundert Jahre in einer einzigen Sekunde ablaufen.

Ich sehe, wie der Atomofen im Inneren der Erde ihre dünne, gerade erst erkaltete Kruste wieder zerreißen läßt, wie die einzelnen Platten, angetrieben durch die aufsteigende Hitze, scheinbar ziellos umhertrudeln, mal hier, mal dort gegeneinanderstoßen, dabei als Knautschzonen riesige Gebirge auftürmen und dann wieder auseinandertreiben. Je nach Lage der Kontinente ändern die riesigen Strömungen der Ozeane ihren Verlauf, schaffen neue klimatische Bedingungen. Das Land hebt und senkt sich wie die langsam atmende Brust eines Riesen, und das Wasser *folgt den Bewegungen, überflutet große Festlandbereiche, schafft riesige Binnenmeere, die bald verdunsten und kilometerdicke Salzschichten zurücklassen, in die die Menschen später ihren Atommüll einlagern werden. Die gerade erst aufgefalteten Gebirge verfallen schon vom Moment ihrer Entstehung an. Sie zerspringen, zerbröseln und zerfallen zu immer kleineren Bruchstücken, schließlich zu Sand und Ton und sinken als über Tausende von Kilometern transportierte Sedimente auf den Boden von Meeresbuchten und Seen. Druck und Zeit verbacken sie dort erneut zu Gestein, das beim nächsten Zusammenprall der Kontinente zu neuen Berggestalten verformt und emporgehoben wird. Ein gigantischer Kreislauf.*

Und das Leben? Welche Rolle spielt aus dieser Perspektive das Leben? Es ist kaum zu erkennen, nur eine rätselhafte Unschärfe dicht über dem Boden. Als Spielball der kosmischen und irdischen Kräfte versucht es, sich immer wieder aufs neue auf die veränderten Bedingungen einzustellen. Ein irgendwie rührender, aber auch aussichtsloser Wettlauf! Wie eine Art Schimmelpilz überzieht es die Festlandmassen mit einer dünnen und verletzbaren Schicht, in die jede Veränderung tiefe Wunden reißt. Nein, Herrscher dieses Planeten waren weder die Saurier im Erdmittelalter noch Mensch oder Ameise. Das Sagen hat auf lange Sicht eindeutig das Gestein, diese gigantischen, sich im Planeteninneren träge drehenden Walzen aus glühendem Magma, die die Kontinente vor sich herspülen wie Meereswellen herrenloses Treibgut. Dem Leben bleibt nichts anderes übrig, als die Zwischenzeiten zu nutzen, so gut es geht.

Das ist doch irgendwie deprimierend!

Und da ist auch noch der Mond, ohne den es, wie ich mich kürzlich durch Tobias belehren lassen mußte, auf der eh schon arg gebeutelten Erde erst recht drunter und drüber ginge. Nach den neuesten Erkenntnissen der Mondforscher ist unser Trabant das Ergebnis eines Zusammenstoßes. Die Erde kollidierte mit einem anderen, etwa marsgroßen Himmelskörper unseres Sonnensystems. Durch die ungeheure Energie wurden beide Planetenmassen nahezu verflüssigt und das Gesteinsmaterial des zukünftigen Mondes ins Weltall geschleudert. Im Grunde eine neuartige Form der alten Abspaltungstheorie, die ursprünglich von George Darwin stammt, Charles' zweitem Sohn. Die Erde drehte sich damals viel langsamer als heute. Erst durch den Zusammenprall wurde ihre Umdrehungsgeschwindigkeit drastisch erhöht. Er wirkte wie eine klatschende kosmische Ohrfeige, die den damals noch jungen Planeten mit ungeheurer Wucht um sich selber wirbelte. Andernfalls hätten wir auf der Erde Verhältnisse wie auf der Venus: Ein Tag dauerte dann fast ein Erdenjahr, mit allen Konsequenzen, die das für eine mögliche Entstehung des Lebens gehabt hätte. Einmal im All stabilisierte die Mondmasse die ziemlich labile Achse der Erde. Wie Betrunkene trudeln dagegen Mars und Venus um die Sonne, weil ihnen ein vergleichbarer Aufpasser fehlt. Beim Mars schwankt die Achse um bis zu 60 Grad. Die Achse der Venus war so instabil, daß irgendwann der ganze Planet kippte und heute praktisch auf dem Kopf stehend um die Sonne rast. Nur die Erde wird durch die Kraft des Mondes halbwegs in Position gehalten, was eine einigermaßen gleichmäßige Verteilung der einfallenden Sonnenenergie garantiert. Die verbleibenden Schwankungen sind dramatisch genug. Nach Ansicht vieler Experten reichen sie aus, um der Erde regelmäßige Eiszeiten zu bescheren. Nur eine Winzigkeit mehr davon, und Leben, jedenfalls in seiner höher entwickelten Spielart, wäre unmöglich gewesen.

Es wird einem ganz schwindlig angesichts all dieser haarsträubenden Zufälle und Unwägbarkeiten. Und das Ganze läßt sich ja noch viel weiter treiben, wenn man etwa an die physikalischen Konstanten denkt, ohne deren Existenz in exakt der Größe, die sie haben, kein Stein, sprich, kein Atom auf dem anderen bliebe.

Alles hängt an einem seidenen Faden. Und wir baumeln irgendwo ganz unten, immer noch hoch genug, um uns beim Fallen alle Knochen zu brechen.

So, nachdem ich meine Rolle im Universum nun erneut durchdacht und als absolut null und nichtig erkannt habe, ist Zeit für etwas Erbauliches. Schließlich müssen wir irgendwie versuchen, aus unserer Bedeutungslosigkeit das Beste zu machen. Ich könnte zum Beispiel mit meiner süßen Claudia mal wieder runter zum Fluß gehen. Sie sitzt da drüben und blinzelt mir zu. Wenn ich früher nur mal genauer hingeschaut hätte. Vielleicht wäre mir Trottel dann eher aufgefallen, was für wunderschöne smaragdgrüne Augen sie hat. Und wie sie jetzt guckt!

Der Heilungsprozeß von Tobias' Arm machte gute Fortschritte. Die Schwellung war zurückgegangen und, was noch wichtiger war, die gefährliche Entzündung deutlich abgeklungen. Die Antibiotika hatten ganze Arbeit geleistet. Wahrscheinlich waren die hiesigen Bakterien auf so etwas nicht vorbereitet. Wie sollten sie auch. Irgendwie unfair, mit der geballten medizinischen Macht des zwanzigsten nachchristlichen Jahrhunderts gegen diese unschuldigen Urzeitmikroben vorzugehen, die einfach nur das Pech gehabt hatten, zum falschen Zeitpunkt am falschen Ort gewesen zu sein.

Jetzt steckte der Arm in einem frischen, von der Feuchtigkeit noch dunkelgefärbten Lehmverband. Trotzdem war es wahrscheinlich noch viel zu früh für Tobias, sich auf ein solches Abenteuer einzulassen, wie er es da plötzlich vorschlug. Er wollte unbedingt möglichst bald in diesen Dschungel fahren, dessen erste Ausläufer laut Herzog einige Tagesreisen flußaufwärts liegen sollten.

Aber Tobias gab keine Ruhe, und Micha hatte das Gefühl, daß Herzog ihn mochte. Warum hätte er ihnen sonst sein Floß angeboten, das irgendwo in der Nähe des Waldes am Flußufer liegen sollte? Vielleicht erkannte er in ihm eine jüngere Ausgabe seiner selbst, denselben Fanatismus, dieselbe Faszination, die von diesen urzeitlichen Kreaturen ausging und der er sich wie Tobias nicht zu entziehen vermochte. Wer in relativ jungen Jahren eine derart radikale Entscheidung traf wie Herzog, der mußte schon ein absoluter Fanatiker sein. So jemanden, der neben seinem Beruf als Arzt noch intensiven paläontologischen Studien nachging und mit kaum dreißig Jahren als Laie eines der Standardwerke zu diesem Thema verfaßte, nannte man heutzutage einen Workaholic, und das waren nicht gerade die liebenswertesten Zeitgenossen. Vielleicht war Herzog ein ganz und gar unausstehlicher Mensch gewesen, der nur für sein Hobby und seine Arbeit gelebt hatte.

Als sie dann einige Tage später tatsächlich in den Dschungel fuhren, gewann Micha recht bald den Eindruck, daß es ein Fehler gewesen war, Tobias' Drängen so rasch nachgegeben zu haben. Es war nicht sein erster. Was als ein einziger breiter Flußlauf aus dem Dschungel herausführte und in verschlungenen Windungen durch die Savanne floß, schien sich im Wald in eine Unzahl kleiner Wasserläufe zu verzweigen. Überall mündeten große und kleine Bäche, und immer wieder mußten sie sich entscheiden, welcher Wasserstraße sie folgen wollten, weil sie auf neue Gabelungen des Flußes trafen. Das Ganze schien eine riesige, netzartig verbundene Flußlandschaft zu sein. Die Strömung war nur schwach und das Wasser nicht sehr tief, so daß wenigstens das ungewohnte Staken nicht allzu mühselig war. Trotzdem schwitzten sie wie in einer Sauna. Das Klima war mörderisch. Alles war feucht, und die Kleidung klebte ihnen am Körper.

Als sie tiefer in den Wald eindrangen, fielen plötzlich eine ungeahnte Vielzahl von Stimmen über ihre entwöhnten Ohren her, so, als ob jemand einen versteckten Lautstärkeregler betätigt hätte. Alles, was es auch war, schien durcheinanderzuschreien, zu zwitschern und zu rufen. Außer einem überwältigenden, hoch aufragenden und allgegenwärtigen Grün konnte Micha zunächst überhaupt keine Einzelheiten erkennen. Die Rufe, die man hörte, schienen aus dem Nichts zu kommen.

Erst langsam, Detail für Detail, setzte sein Gehirn zusammen, was Augen, Ohren und Nase in einer wahren Flutwelle von Sinneseindrücken anlieferten, so, als ob sein Verstand nach den vielen Tagen in der weitläufigen Savannenlandschaft eine beträchtliche Trägheit zu überwinden hätte und anfangs vor der ungewohnten Enge der Dschungelkanäle und der auf ihn einstürmenden Masse von Empfindungen kapitulierte. Rings herum grünte und blühte eine derartige Vegetationsvielfalt, daß man meinen konnte, keine einzige Pflanze sei zweimal vorhanden. Claudia murmelte fortwährend irgendwelche lateinischen Pflanzennamen vor sich hin. Dieser Artenreichtum auf der einen und die geringe Dichte, in der viele Arten vorkamen, auf der anderen Seite waren ja auch noch in ferner Zukunft typisch für tropische Urwälder. Aber dieser hier, durch den sie gerade fuhren, hatte, so tropisch er auch anmuten mochte, einmal mitten im Herzen von Europa gelegen.

Kraniche mit ihren langen Stelzbeinen und prachtvollem Gefieder flogen unter ohrenbetäubendem Gekreische auf, wenn sie sich ihnen näherten. Am Ufer unter dem Blätterdach oder im Gewirr dicker Pfahlwurzeln dösten Krokodile und Schildkröten, die kaum Notiz von ihnen nahmen. Auf einem Ast, der weit über das Wasser ragte, sonnte sich eine große Schlange. Aber hin und wieder sahen sie im Geäst der Bäume auch Wesen, die ihnen völlig unbekannt waren, groteske Mischungen aus Faultieren, Ameisenbären, Schuppentieren und Halbaffen. Micha hätte sich nicht getraut, sie auch nur in die Nähe einer ihm bekannten Tiergruppe zu stellen. Was das Geräuschwirrwarr verursachte, das sie umgab, wagte er sich nicht einmal vorzustellen. Die Stimmen waren jedenfalls sehr viel zahlreicher als die möglichen Verursacher, die sie zu sehen bekamen.

Plötzlich schrie Claudia: »Guckt mal da!« und zeigte auf einen großen, dunklen, länglichen Schatten, der wie eine Eskorte neben ihnen durch das bräunliche Wasser glitt. Im nächsten Moment war er verschwunden. »Was war das denn?« Hastig zog sie ihre Stange aus dem Wasser.

»Keine Ahnung.« Auch Micha hatte seine Stange herausgezogen und starrte angestrengt in das schwärzliche Gewässer. Tobias stand hinten im Heck des Floßes, hatte sich die Ruderpinne unter den geschienten Arm geklemmt und blickte sich ebenfalls um.

»Was es auch war, es war jedenfalls ziemlich groß«, sagte Claudia und schluckte.

Sie mußten sich wohl damit abfinden, hier so gut wie nichts zu kennen. Ihre einzigen Bezugspunkte waren die Lebewesen, die sie aus ihrer Zeit kannten, wie etwa die Krokodile und Schildkröten. Das meiste, was hier lebte, war jedoch seit vielen Millionen Jahren ausgestorben, jedenfalls hatte kaum etwas, auch nicht das scheinbar Vertraute, unverändert die Zeiten überdauert. Alles hatte sich weiterentwickelt, verändert oder war für immer von der Bildfläche verschwunden. Meinten sie ein Tier oder eine Pflanze erkannt zu haben, zeigte eine nähere Betrachtung meist allerlei Details, die irritierten.

In einem Punkt allerdings bestand nicht der geringste Zweifel. Das, was da in dichten Wolken zwischen den Bäumen schwebte und nun mit widerlichem Gesumm um ihre Köpfe tanzte, waren Stechmücken, die ihren neuzeitlichen Verwandten in jedem Punkte mindestens ebenbürtig waren. Als hätten sie die letzten Millionen Jahre nur auf jemanden wie sie gewartet, stürzten sie sich auf jeden freien Flecken Menschenhaut und bohrten mit ihren Saugrüsseln hastig nach Blut. Sie waren eindeutig in der Überzahl und kannten kein Pardon. Es dauerte nur wenige Minuten, bis sie an allen für die Parasiten erreichbaren Körperteilen von Stichen übersät waren. Es gab kein Entkommen. Erst als sie sich bis zu den Haarwurzeln mit dicken Schichten von Insektenschutzmittel einrieben, hatte der Spuk ein Ende. Das mochten die Biester nicht. Nach dem Siegeszug der Antibiotika ein erneuter Triumph moderner Wissenschaft über diese primitiven urtümlichen Lebensformen. Es tat gut, sich wenigstens in solchen Teilbereichen überlegen zu fühlen.

Micha mußte immer häufiger an die kommende Nacht denken. »Wo wollen wir hier nur unser Lager aufschlagen?« fragte er mit einem skeptischen Blick auf das undurchdringliche Dickicht, das sie umgab. »In diesen Dschungel kriegen mich jedenfalls keine zehn Pferde.«

»Auf dem Floß«, antwortete Tobias. »Wir müssen hier auf dem Floß schlafen, anders geht es wohl nicht.«

Schlafen! Als ob das so einfach wäre. Micha konnte sich bisher nicht vorstellen, wie er inmitten dieses Zoos, dieser Wolken von blutgierigen Mücken schlafen sollte. Kein Auge würde er zutun. Skeptisch betrachtete er Herzogs Floß, das sich als ein grob aus knorrigen und schiefen Stämmen zusammengezimmertes Gefährt entpuppt hatte und jede Art von Bequemlichkeit vermissen ließ. Sie mußten ständig aufpassen, daß sie auf den glatten Baumstämmen nicht ausrutschten oder in die Zwischenräume traten und stolperten. Zwischen den Stämmen gähnten immer wieder größere Löcher, durch die das Wasser nach oben schwappte.

Langsam stakten sie immer tiefer in den Wald. Während sie außerhalb des Dschungels kilometerweit sehen konnten, waren es jetzt mitunter nur wenige Meter. Überall nahmen ihnen Pflanzen die Sicht, und der Fluß mäanderte in irrsinnigen Schleifen und Windungen zwischen den Bäumen hindurch. Immer wieder verengte sich der Flußlauf bis auf wenige Meter, so daß sich die Baumkronen beider Ufer über ihnen schlossen, wie die Hälften einer haushohen Zugbrücke. Es wurde dunkel und stickig, und durch einen lebenden Baldachin glitten sie dann dahin, duckten sich unter tiefhängende schenkeldicke Äste oder zwängten sich durch einen dichten Lianenvorhang. Mitunter half nur die Axt, wenn sie in dem Irrgarten steckenzubleiben drohten.

Irgendwann streikte Claudia: »Ich kann nicht mehr«, sagte sie nur und zog demonstrativ ihre Holzstange aus dem Wasser. Sie hatte einen leidenden Ausdruck im Gesicht. Es war durch die vielen Mückenstiche unförmig angeschwollen.

Das extreme Klima machte ihnen schwer zu schaffen. Micha verspürte keine große Lust, alleine weiterzustaken, und auch Tobias wirkte müde und ausgebrannt und wollte bald rasten. Also suchten sie einen geeigneten Lagerplatz oder zumindest irgend etwas, wo sie gefahrlos und ohne allzu engen Kontakt zum umgebenden Dschungel festmachen konnten. Sie fuhren in einen kleinen Seitenarm dessen, was sie für den eigentlichen Fluß hielten, und fanden schließlich eine große Wurzel, die wie das Knie eines Riesen über die Wasseroberfläche ragte. Außer einer pfannengroßen Schildkröte, die ihren Kopf aus dem Wasser streckte und sie neugierig beobachtete, schien niemand sonst diesen Platz zu beanspruchen, und mit einem dicken Knoten banden sie das Floß an der Wurzel fest.

Ermutigt durch einige erfolgreiche Versuche in der Nähe von Herzogs Höhle, hatte Claudia darauf bestanden, die Angel mitzunehmen, und kaum war das Floß befestigt, holte sie Schwung und ließ den Haken mit dem Blinker zehn Meter weiter ins Wasser plumpsen. Pencil wurde unruhig und stolperte auf den rutschigen Holzstämmen aufgeregt zwischen ihren Füßen herum.

»Er muß mal«, sagte Claudia, während sie unermüdlich an der Kurbel der Angelrute drehte.

»Willst du ihn denn hier an Land lassen?« fragte Micha.

Tobias blickte ihn verständnislos an. »Was denn sonst? Oder ist dir lieber, er pißt aufs Floß?«

»Laß ihn raus!« sagte Claudia, obwohl ihr Gesichtsausdruck zeigte, daß ihr nicht ganz wohl war bei dem Gedanken. »Ich habe auch keine Lust, heute nacht in Hundepisse zu schlafen.«

»Wie du meinst.« Tobias griff nach einem Ast, nicht ohne sich vorher zu vergewissern, daß darauf nichts Lebendiges saß, und zog das Floß so nah ans Ufer, wie er konnte. Das eigentliche Ufer war gar nicht so leicht auszumachen. Es bestand aus einem ineinander verknotetem Gewirr von Wurzeln und anderen Pflanzenteilen.

Pencil schien das nicht zu stören. Kaum hatte ihn Tobias an

»Land« gesetzt, verschwand er raschelnd im Blätterwald. Claudia machte ein besorgtes Gesicht, aber ihre Aufmerksamkeit wurde plötzlich voll in Anspruch genommen, weil etwas energisch an der Angel zerrte.

»Ich hab was !« rief sie und kurbelte wie wild. Die Angel bog sich beängstigend. »Boah, das muß ein riesiger Bursche sein.«

Es dauerte mindestens fünfzehn Minuten, bis sie Claudias Beute mit vereinten Kräften überwältigt hatten und das zappelnde Etwas knapp über der Wasserlinie neben dem Floß baumelte.

»Was ist das denn?« fragte sie mit einer Mischung aus Neugierde und Ekel. Das Ding war einen guten halben Meter lang und zweifellos eine Art Fisch, aber ...

»Ich glaube nicht, daß ich das esse«, sagte Micha, aber das Wesen faszinierte ihn. Im Querschnitt war Claudias Beute annähernd dreieckig. Sie hatte einen im Verhältnis zur Körpergröße riesigen Kopf und trug an dessen Unterseite zahllose fädige Anhänge.

»Sieht aus, wie ne Art Wels«, spekulierte Tobias. Er griff nach der Angelleine und zog das Vieh auf das Floß.

»Ihhh!« schrie Claudia, als der Fisch direkt vor ihr auf dem Boden herumsprang. Tobias griff nach der Machete, die Herzog ihnen mitgegeben hatte, und schlug mit der flachen Klinge zwei-, dreimal zu. Dann war Ruhe. Ratlos saßen sie um den blutbeschmierten Fisch herum, der immer noch das Maul bewegte, als schnappe er nach Luft.

»Ich finde, wir probieren's einfach. Giftig wird er schon nicht sein«, sagte Tobias und griff nach seinem Messer.

Micha wandte sich angeekelt ab.

Eine halbe Stunde später hatte Tobias das Tier ausgenommen, und über dem Petroleumkocher, der an einer halbwegs ebenen Stelle des Floßbodens stand, brutzelten die in handliche Portionen zerteilten Filetstücke von Claudias Jagdbeute. Den Rest hatte er über Bord geworfen, und ein paar Minuten lang hatten sie staunend verfolgt, wie das Wasser um den auf der Oberfläche schwimmenden Kadaver plötzlich zu brodeln begann und buchstäblich nichts mehr davon übrigblieb.

»Auf mein morgendliches Bad werde ich hier wohl verzichten«, sagte Tobias nur und widmete sich wieder seinen Fischfilets. Jetzt war wohl klar, was Herzog damit gemeint hatte, als er sie ermahnte, ihre Knochen nur ja aus dem Wasser zu halten. Vielleicht trieben sich hier irgendwelche tertiären Piranhas herum.

Micha mußte an den Candiru denken, einen kleinen Fisch des neuzeitlichen Amazonas, der als Parasit in den Verdauungskanälen größerer Fische lebt und eine leidenschaftliche Vorliebe für frischen warmen Urin entwickelt hat. Macht ein Mann den Fehler, in der Nähe eines Candiru ohne Schutz ins Wasser zu pinkeln, fühlt sich der kleine Kerl geradezu magisch angezogen, der Quelle des warmen Stromes auf den Grund zu gehen. Er schlüpft in die Harnröhre, und weil es da so unvergleichlich gemütlich ist und er sich so über alle Maßen wohl fühlt, spreizt er voller Wonne die stachligen Kiemendeckel ab, um sich an diesem himmlischen Platz für eine Weile häuslich einzurichten. Angeblich soll in einem solchen Fall nur noch ein scharfes Skalpell helfen.

Micha schüttelte sich. Dann fiel ihm auf, daß der Dackel immer noch nicht zurückgekehrt war. »Wo bleibt eigentlich Pencil?«

Sie hatten ihn in der ganzen Aufregung um den Fisch völlig vergessen. Claudias Augen weiteten sich, sie bekam vor Schreck einen roten Kopf und stand abrupt auf.

»Pencil!« schrie sie in das undurchdringliche Grün des Dschungels. »Pencil!« Aber außer einigen, fast menschlich klingenden Rufen irgendeines Tieres tat sich gar nichts.

»O Gott, was ist mit ihm?«

»Du willst doch wohl nicht etwa hinter ihm her, oder?« fragte Micha, aber sie schüttelte zu seiner Erleichterung energisch den Kopf.

»Essen ist fertig!« rief Tobias und erntete einen haßerfüllten Blick.

»Wie kannst du jetzt nur an so was denken?« zischte Claudia entrüstet.

Tobias zuckte mit den Achseln und kostete von seiner Kreation. Es schien ihn nicht auf der Stelle zu töten, im Gegenteil.

»Wels à la Tertiär! Das müßt ihr unbedingt probieren. Spezialität des Hauses.« Es schien ihm wirklich zu schmecken.

»Er wird schon wiederkommen.« Micha legte seine Hand auf

Claudias Schulter, aber sie schüttelte sie ab und blickte beunruhigt ins Dickicht.

»*Pencil!*«

»Ehrlich, Micha, schmeckt großartig.«

»Du bist widerlich!« schrie Claudia ihn an. Sie war den Tränen nah.

»Guck mal, da ist er doch«, sagte Tobias mit vollem Mund. Micha fand ihn auch abstoßend, wie er da dieses Fleisch in sich hineinstopfte, nur weil er sein Spiel bis zum bitteren Ende durchziehen mußte. Wahrscheinlich schmeckte es widerlich. Aber was Pencil anging, hatte er recht. Der Dackel hockte tatsächlich pitschnaß, aber ansonsten wohlbehalten am Ufer und kläffte zweimal.

»Da bist du ja!« Claudia schien ein Felsbrocken vom Herzen zu fallen. »Mann, hatte ich eine Angst.« Sie zog das Floß wieder ans Ufer und ließ den kleinen Dackel hinüberspringen. Die Erleichterung, Pencil wiederzuhaben, war so groß, daß sie einen Bissen von Tobias' Essen zu sich nahm, offensichtlich völlig gedankenlos, denn als ihr klar wurde, was sie da kaute, wich alle Farbe aus ihrem Gesicht, und sie begann zu würgen. Aber sie behielt den Fisch bei sich, und nachdem sie ihren ersten Schock überwunden hatte, aß sie sogar noch mehr. »Schmeckt wirklich nicht schlecht, Micha. Probier doch auch mal!«

Er weigerte sich standhaft und begnügte sich statt dessen mit ein paar Scheiben Zwieback, der von der Feuchtigkeit ganz weich geworden war.

Es begann dunkel zu werden.

»Ihhh!« schrie Claudia unvermittelt. »Guckt mal, er hat hier was.«

Sie hielt das eine Schlappohr von Pencil in die Höhe und zeigte auf einen dunklen Punkt darin.

»Ein Blutegel würd ich sagen.« So ganz sicher war Tobias sich allerdings nicht. »Hm, na ja, jedenfalls so etwas Ähnliches.«

Sie drängten sich alle drei um den kleinen Dackel, der eher durch die ungewohnte Aufmerksamkeit, die ihm zuteil wurde, beunruhigt schien als durch das Ding in seinem Ohr.

»Mach es weg!« sagte Claudia angewidert.

»Hoffentlich überträgt es keine Krankheiten«, sinnierte Micha laut vor sich hin und bereute es sofort, weil Claudia ihn entsetzt ansah. Während sie den Hund an sich preßte, machte sich Tobias mit der kleinen Pinzette aus seinem Taschenmesser an Pencils Ohr zu schaffen, und im nächsten Moment hielt er, von einem kurzen Jaulen Pencils begleitet, das sich in der Umklammerung seiner Pinzette windende Etwas in die Luft, um es zu betrachten. Dann warf er es mit einem Schwung ins Wasser.

Mittlerweile war es ziemlich dunkel geworden, und sie zündeten die Petroleumlampe an, um etwas sehen zu können. Mit der Veränderung der Lichtverhältnisse schien auch ein Wechsel der geräuscherzeugenden Lebewesen einherzugehen, jedenfalls verstummten nach und nach die Stimmen des Tages und wurden von den nicht weniger rätselhaften Rufen der Nacht abgelöst.

Nach überstandener Operation verzog Pencil sich verstört in seinen Unterschlupf, einer an einer Seite offenen Holzkiste, die Herzog als eine Art kombiniertes Schrank- und Sitzmöbel auf den roh behauenen Stämmen befestigt hatte. Sie hockten schweigend auf ihren Matten, verscheuchten mit wedelnden Handbewegungen die sie noch immer umschwärmenden Mückenwolken und starrten auf die funzelige Petroleumlampe zwischen ihnen. In dem Maße, wie der Wald ringsum im Dunkel versank, schien diese mickrige kleine Flamme immer mehr zu ihrem einzigen Schutz zu werden. Sie rückten dichter zusammen. Sobald das Licht schwächer wurde oder zu flackern begann, langten augenblicklich drei helfende Hände nach der Lampe, um die kleine Flamme ja nicht erlöschen zu lassen. Sie starrten vor sich hin und lauschten wie gebannt auf jedes Geräusch.

Solange es die Lichtverhältnisse noch zuließen, versuchte Micha seine Empfindungen im Tagebuch festzuhalten.

Es ist wirklich merkwürdig, wie sehr wir uns an vertraute Laute klammern. Dabei sind wir eigentlich optische Wesen. Ein plötzliches Knakken im nächtlichen Wald, ein unvermitteltes Plätschern, wo vorher noch eine spiegelglatte Wasserfläche war, und aus ist es mit unserem Seelenfrieden. Ein einziges unbekanntes Geräusch kann unser Wohlbefinden ins Wanken bringen. Das Zirpen der Grillen finden wir roman-

tisch, weil es uns an Urlaub und laue Sommerabende erinnert, auch das Singen der Vögel und das Quaken der Frösche ist uns nicht unsympathisch. Durch Erfahrung wissen wir, wer wann welche Töne erzeugt. Wir haben uns daran gewöhnt und fühlen uns wohl dabei. In uns weniger vertrauten Gegenden der Welt werden diese festen Zuordnungen aber in Frage gestellt, beginnt die Phantasie uns einen Streich zu spielen, und wir werden nervös. Plötzlich sind es die Frösche, die singen, und die Vögel, die quaken, und kleine unscheinbare nagetierähnliche Wesen schreien nächtens so nervenzerfetzend, daß nichts mehr so ist, wie es sein sollte ...

Micha fuhr zusammen. Auch das Schreiben half nichts. Jedes Glucksen, jedes Schwappen des Wassers, jedes Rascheln im Wald und um so mehr jeder Laut aus unbekannten Kehlen ließ literweise Adrenalin durch ihre Adern strömen. Vielleicht bemerkten sie deshalb erst so spät, daß irgend etwas Großes, Schweres gegen das Floß bumste.

Sie erstarrten.

Die Frage: »Was war denn das?« wagte keiner von ihnen zu stellen, denn man hätte sie in dieser Nacht tausendfach stellen können. Statt dessen nahm Tobias die Lampe und schaute nach.

»Verdammter Mist!« fluchte er und begann wie wild mit dem Licht hin und her zu schlenkern. »Verschwindet!«

»Was ist los?«

Claudia und Micha standen sofort auf. Das Floß schwankte, hob sich an einer Stelle etwas aus dem Wasser und fiel mit einem Klatschen wieder zurück.

Das Licht traf auf einen breiten Krokodilschädel, der unmittelbar neben dem Floß aus dem Wasser ragte. Einen Vorderfuß hatte die Bestie schon auf den Rand gesetzt. Da noch eines. Rings um ihr Floß schienen sich diese Viecher zu versammeln wie die Fliegen ums Licht oder die Mücken um ihre Köpfe. Das hektische Flackern der Lampe und ihre nun einsetzenden gemeinsamen Schreckensschreie, in die auch Pencil mit wildem Gebell einstimmte, schienen ihnen aber nicht zu gefallen. Zwei, drei der Echsen rissen die Mäuler auf, schlugen mit ihren gepanzerten Schwänzen um sich, fauchten und grunzten und ... wichen zurück.

»Ich halte das hier keine Minute länger aus«, sagte Claudia kategorisch, als es ihnen endlich gelungen war, den Krokodilen etwas Respekt einzuflößen.

»So, aha, und was hast du statt dessen vor, wenn ich fragen darf?« Tobias sah sie herausfordernd an.

Claudia wußte selber, daß sie keine Alternative hatten, als hier auszuharren, bis die Nacht überstanden war. Im Dunkeln weiterzufahren wäre Wahnsinn gewesen. Sie zuckte mit den Schultern und setzte sich wieder auf ihre Matte.

Jetzt sind die Krokodile verschwunden. Wir mußten noch zweimal zu unserer Lampe greifen, weil diese Mistviecher es immer wieder versuchten. Aber seitdem haben wir mit einem neuen Problem zu kämpfen, vielleicht dadurch ausgelöst, daß Tobias den Docht hochgedreht und unsere Lampe auf maximale Helligkeit gestellt hat, um die, Gott sei Dank, ziemlich schreckhaften Krokodile zu vertreiben. Ich stelle mir vor, ich als lichtliebendes Wesen schwebe hoch oben in der feuchtigkeitsgesättigten Luft über diesem dunklen Labyrinth aus Wasserläufen und Pflanzen, und irgendwo, mitten in diesem tiefschwarzen Wald und in mondloser dunkler, feuchter Nacht leuchtet zum ersten und einzigen Mal in Millionen von Jahren ein Licht auf, ein Licht, so hell, so lebendig, so unwiderstehlich, daß es mich magisch anzieht.

So oder so ähnlich ist es wohl gewesen. Das Resultat ist jedenfalls ein wahres Bombardement mit Insekten von zum Teil beträchtlicher Größe. Selbst wenn wir die Helligkeit reduzieren, ändert sich nur wenig. Handflächengroße Nachtschmetterlinge flattern uns im Gesicht herum, mit lautem Gebrumm landen fingerdicke Käfer. Vorhin fühlte ich einen kräftigen Stoß gegen meinen Kopf und als ich danach greifen wollte, fühlte ich etwas Spitzes, Stachliges, das sich mit aller Kraft in meinen Haaren festkrallte, als ich zupackte. Es entpuppte sich als ein unfaßbar häßliches Heuschreckenungetüm, das gut und gerne seine zwanzig Zentimeter lang war. Unter anderem bin ich auf diese Weise auch jenem auffälligen Prachtkäfer wieder begegnet, mit dem die ganze Sache einmal angefangen hat. Jetzt weiß ich, wie Sonnenberg zu dem Tier gekommen ist.

Es ist ungemein faszinierend, was da unsere Lampe ansteuert. Auf jeden Fall ist es eine willkommene Abwechslung, die wenigstens für Minuten verhindert, daß ich ununterbrochen an meine entsetzlich juckenden Mückenstiche denken muß. Mein Gesicht glüht immer noch, und es kostet mich auch weiterhin ungeheure Überwindung, nicht zu kratzen. Gut, daß es hier keinen Spiegel gibt. Wahrscheinlich würde ich mich selbst nicht mehr erkennen. Tobias sieht jedenfalls aus, als sei er einem Horrorfilm entsprungen (was bei ihm allerdings nicht allzuviel zu bedeuten hat). Über Claudia schweige ich rücksichtsvoll. Einen schönen Menschen kann sowieso nichts entstellen.

Im Fachjargon nennt man das, was unsere Petroleumlampe für diese Tiere darstellt, eine Lichtfalle. Eimerweise könnte ich in dieser Nacht die spektakulärsten Käfer, Wanzen und wahnsinnigsten Nachtschmetterlinge einsammeln. Ich habe sogar damit angefangen, einzelne, besonders sensationelle Exemplare in eine leere Büchse zu stecken, wo sie laut an der Blechwand kratzend über- und umeinanderherumkrabbeln. Ich habe mir schon ausgemalt, wie sie sich wohl in meinen Sammlungskästen machen werden und daß ich wohl anbauen müßte, um das alles unterzubringen. Aber dann ist mir die Sache über den Kopf gewachsen. Der Nachschub ist einfach unerschöpflich, und ich entdecke immer neue Arten, eine interessanter als die andere. Gleichzeitig muß ich daran denken, wem ich diese Kleinodien wohl einmal zeigen kann, sollte ich jemals wieder den Weg nach Hause und sie den Weg in meine Sammlung finden.

Scheiße! Niemandem werden wir später erzählen können, was wir hier erlebt haben. Es ist schrecklich. Was sollen wir eigentlich sagen, wenn uns später jemand fragt, wo wir gewesen sind?

Ich habe die Tiere eben freigelassen.

Ist es nicht seltsam, daß dieser von unterschiedlichsten Lebensformen überquellende Urwald indirekt zur Vernichtung seiner zukünftigen Entsprechungen beitragen wird? Wirklich ein verrückter Gedanke – die Idee stammt von Claudia: Eben dieser Wald hier wird im Laufe von Jahrmillionen unter Tonnen von Gestein zu der Braunkohle werden, die wir verfeuern und durch unsere extrahohen Schornsteine jagen. Die freiwerdenden Stick- und Schwefeloxide werden zum sauren Regen und zu dem mitteleuropäischen Waldsterben beitragen und unsere Lungen traktieren. Wenn das kein Treppenwitz der Erdgeschichte ist.

Spät in der Nacht begann es zu regnen. Aus einem pechschwarzen Himmel schüttete es wie aus Kübeln, und sie waren dieser himmlischen Sintflut vollkommen schutzlos ausgeliefert, da sie für einen solchen Fall keinerlei Vorkehrungen getroffen hatten. Nur Pencil in seiner löchrigen Holzkiste saß einigermaßen im Trockenen. Es regnete so stark, daß man sein eigenes Wort nicht mehr verstehen konnte. Glücklicherweise ließ das Unwetter später nach, aber es nieselte noch stundenlang vor sich hin, und nasser als sie jetzt waren, konnten sie ohnehin nicht mehr werden.

Trotz aller Widrigkeiten mußten sie wohl doch irgendwann eingeschlafen sein, jedenfalls wachte Micha am nächsten Morgen völlig durchnäßt und mit schmerzenden Gliedern auf und starrte in die weit aufgerissenen Augen einer kleinen, sehr seltsamen Kreatur, die auf einem Ast über ihnen saß und glotzte. Sie hatte Ähnlichkeit mit kleinen Nachtaffen wie den Buschbabys, nur daß dieser hier eher wie ein Buschgreis aussah. Sein winziges Gesicht mit den fransigen Ohren, den riesigen Augen und vielen Runzeln und Falten wirkte, als sei es uralt, wie ein Kobold, ein winziger, weiser Wächter dieses geheimnisvollen Dschungels. Nach dieser Nacht konnte Micha nichts mehr erschüttern, und mit einem lässigen »Schsch!« verscheuchte er das Wesen, das sich langsam von Ast zu Ast hangelnd verzog. Tobias, dem er später von dem Tier erzählte, nannte es *Nekrolemur*. Ein ungemein passender Name! Tobias ärgerte sich darüber, daß er es nicht gesehen hatte, und machte Micha Vorwürfe, daß er ihn nicht geweckt hatte. Er wurde richtig böse und meinte, er sei hier nicht zum Schlafen hergefahren und er würde ihn in Zukunft auch nicht mehr darauf aufmerksam machen, wenn er etwas Interessantes entdeckte.

Bald war Leben auf dem Floß, und Pencil, der aussah wie ein begossener Pudel, weil ihm das durchnäßte Fell am schmalen Körper klebte, bestand in der ihm eigenen Art darauf, wieder an Land gesetzt zu werden. Seine Bitte wurde ihm verwehrt. Diesmal mußte er mit den Ritzen zwischen den Floßbaumstämmen vorliebnehmen. Sie zogen ihre durchnäßten Sachen aus.

Zum Frühstück aßen sie den nun noch pappiger gewordenen Zwieback. Auf den Kaffee mußten sie verzichten, weil der stinkenden schwarzen Brühe um sie herum nicht zu trauen war und weil sie kein Petroleum zum Abkochen verschwenden wollten. Sie hatten in der ganzen Aufregung des Vorabends vergessen, ihre Flaschen zu füllen und die Wasserreinigungstabletten zum Einsatz zu bringen. Das holten sie jetzt nach, aber sie mußten sich mit trockenen Kehlen gedulden, bis die Tabletten ihre keimtötende Wirkung getan hatten.

Sie setzten sich wieder in Bewegung, verließen vorsichtig stakend den Seitenarm und bewegten sich langsam weiter flußaufwärts, jedenfalls in die Richtung, die sie für flußaufwärts hielten. Das Wasser schien zu stehen. Eine Strömung war fast nicht auszumachen. Micha war sich ganz und gar nicht sicher, ob sie überhaupt in die richtige Richtung fuhren, aber er schwieg. Er konnte sich kaum noch daran erinnern, wie es hinter der nächsten Flußbiegung ausgesehen hatte und verließ sich darauf, daß wenigstens die anderen wußten, was sie taten.

Nachdem sie die Nacht zwar alles andere als komfortabel, aber doch heil und unversehrt überstanden hatten, verlor die sie umgebende Wildnis ein wenig von ihrem Schrecken. Der fehlende Schlaf und das drückende Treibhausklima machten ihnen natürlich noch arg zu schaffen. Sie saßen fast nackt im Boot, beschmierten sich mit dicken Schichten Sonnencreme und Antimückenmittel, schwitzten ununterbrochen und stanken bestialisch, aber es gab jetzt Momente, in denen sie die üppige, fremdartige Fülle dieser Natur einigermaßen angstfrei genießen konnten.

Jede Biegung des breiter werdenden Flußes barg neue Überraschungen. Immer wieder verstummten ihre Gespräche, weil sie atemlos vor Spannung darauf warteten, was ihnen nun wohl geboten würde. Zeitweise verbreitete sich der Flußlauf zu kleinen Seen, in denen Hunderte von Seerosen blühten. Jetzt sahen sie, wie die Pflanze, die Sonnenberg gepreßt und getrocknet hatte, in lebendem Zustand aussah: weiß, schneeweiß.

»Ist sie das?« fragte Claudia, und Tobias nickte grinsend.

»Ich nehm's an«, sagte er.

»Schön!«

»Ja, wunderschön«, stimmte Micha ihr zu.

Der Käfer und die Seerose, damit hatte alles angefangen.

Den seltsamen Baum sah zuerst keiner. Ohne daß sie es bemerkten, wäre das Floß fast daran vorbeigetrieben. Alle starrten gerade auf die andere Flußseite, weil sich dort im Blätterdach irgend etwas gerührt hatte. Claudia war die erste, die sich wieder umdrehte.

»Huch, guckt euch das mal an!«

Aus größerer Entfernung sah es so aus, als wüchsen an den ausladenden Ästen des Baumes große, wie weiße Wattebäusche aussehende Blütenstände. Aber aus der Nähe war eindeutig zu erkennen, daß dieses Weiße etwas war, das die eigentlichen Blüten verhüllte.

»Sieht aus wie der Gardinenstoff meiner Oma«, sagte Tobias und griff nach einem der rätselhaften Gebilde, als sie das Floß dorthin manövriert hatten. Ein kleines genähtes Säckchen aus feinem Gazestoff war über die Astspitze gestülpt worden. Darunter befand sich ein klebriger verfaulter Blütenstand.

»Kann mir mal einer erklären, was das hier darstellen soll?« fragte Tobias und hielt das verschmutzte Stoffsäckchen in die Höhe.

Claudia und Micha zuckten nur mit den Schultern. Pencil knurrte.

Kurz danach begann es wieder zu regnen. Sturzbäche ergossen sich aus schier unerschöpflichen Quellen, und die vorsichtige Begeisterung über den eozänen Dschungel ließ auf Seiten der drei Floßschiffer rasch wieder nach. Nach zwei Stunden, in denen es ununterbrochen geregnet hatte und sie sich nur unter größten Schwierigkeiten vorangetastet hatten, waren sie zur Umkehr entschlossen. In dem Unwetter sah die ganze Welt aus, als hätte sie eine Art schwerwiegende Bildstörung. Es war dunkel, der Wind kam in Böen, die ihnen die warmen schweren Tropfen ins Gesicht peitschten, und immer, wenn sie glaubten, der Regen könne nun nicht mehr stärker werden, öffneten sich irgendwo neue Schleusen, wurde das Prasseln lauter, bedrohlicher, nahm die Dichte der Tropfen ihnen fast die Luft zum Atmen.

Der Fluß schwoll an. Sie sahen nicht viel und konnten die beiden Ufer durch den dichten Regenvorhang nur noch schemenhaft wahrnehmen. Aber sie spürten deutlich, wie die Strömung, gegen die sie ankämpfen mußten, von Minute zu Minute stärker wurde. Sie kamen kaum noch voran.

Als er sich gerade mit aller Kraft dagegen stemmte, brach plötzlich Michas Stange. Er stürzte der Länge nach auf den Floßboden, riß auch Claudia um, die direkt neben ihm stand, und im nächsten Moment wurde ihr Gefährt schon von der Strömung mitgerissen. Tobias schrie auf und klammerte sich an die Ruderpinne. Es begann eine rasante, an Geschwindigkeit stetig zunehmende Fahrt durch die verschlungenen Wasserstraßen des Waldes. Sie waren nur noch ein Spielball des abfließenden Wassers, die Flutwelle schob sie vor sich her, zusammen mit einer immer größer werdenden Masse an Laub und Ästen und einigen verzweifelt rudernden Tieren. Sie stießen gegen Baumstämme und Felsen, wurden heftig durchgeschüttelt und hin und her geworfen, begannen sich langsam zu drehen. Es hatte keinen Zweck dagegen anzukämpfen. Alles, was sie tun konnten, war, sich mit aller Kraft an den Stricken festzuhalten, mit denen die Baumstämme aneinander befestigt waren, darauf zu vertrauen, daß sie das primitive Floß trotz allem noch zusammenhielten, und zu hoffen, daß sie irgendwie heil durchkamen. Tobias versuchte verzweifelt, die Stellung zu halten und ihrer rasenden Fahrt mit dem Ruderblatt so etwas wie eine Richtung zu geben.

Erst, als der Regen etwas nachließ und das Floß auf einer breiten Wasserfläche zur Ruhe kam, rappelten sie sich langsam wieder auf. Zuerst hatten sie Angst, völlig die Orientierung verloren zu haben. Aber dann folgte eine Überraschung. Es hatte den Anschein, als dulde dieser Wald sie nicht länger unter seinem Blätterdach, als wolle er sie so schnell wie möglich wieder loswerden. Wie einen widerlichen Fremdkörper hatte der Dschungel sie wieder ausgespuckt, aus seinen unergründlichen Tiefen hervorgewürgt wie unbekömmlichen Ballast.

Ein paar hundert Meter weiter öffnete sich der Wald und in der vom Regen dampfenden Luft konnten sie wieder die Weite der Savanne erahnen.

8

Fußspuren

»Ich glaub es einfach nicht! Das ist doch nicht möglich«, rief Axt unwillkürlich aus und setzte schnell den schweren Rucksack ab. Schon die letzten Kilometer, die er am Flußufer entlanggelaufen war, waren ihm wie ein wunderbarer Garten Eden erschienen, aber für das hier fehlten ihm einfach die Worte. Mit heruntergeklapptem Unterkiefer kauerte er sich hinter einen Felsen und spähte zum anderen Flußufer hinüber.

Diese Tiere hier anzutreffen, verblüffte ihn ungemein. Es widersprach allem, was man über sie wußte. Die beiden massigen *Platybelodons*, eine spezielle Art der Schaufelzähner, schienen ihn nicht bemerkt zu haben, jedenfalls machten sie ihrem Namen alle Ehre und schaufelten seelenruhig weiter Unmengen von Wasserpflanzen in sich hinein. Und er kannte diese Pflanzen.

Er müßte sich schon sehr täuschen, wenn die Seerosen, die da drüben in dichten Teppichen auf dem Wasser schwammen, keine *Barclaya* waren, dieselben Seerosengewächse also, deren fossile Überreste sie im Ölschiefer von Messel gefunden hatten.

Erst jetzt wurde ihm bewußt, wo er sich befand, was mit ihm geschehen war, nachdem er Sonnenbergs Höhle durchquert hatte. Die letzten Tage waren wie im Rausch an ihm vorübergeglitten. Immer nur den einen Gedanken im Kopf, daß er sich beeilen mußte, wenn er die Katastrophe verhindern wollte, daß er keine Zeit verlieren durfte, daß es auf jede Minute ankam, hatte er sich kaum eine Pause gegönnt. Seit Tagen waren seine Augen ausschließlich starr nach vorne gerichtet. Daß es schon zu spät sein könnte, daß das Unheil vielleicht schon lange seinen Lauf genommen hatte, versuchte er zu verdrängen. Mit seinem Faltboot und dem kleinen Außenbordmotor, dessen lautes Geknatter ihn die letzten Tage begleitet hatte, war er über die Meeresbucht und den Fluß mit seinem braunen Wasser gerast.

Aber erst auf der anderen Seite des Bergzuges, in den letzten

Stunden im Schatten dieses herrlichen Galeriewaldes mit seinem bunten Leben und angesichts dieser urzeitlichen Riesen in der flachen Bucht gegenüber, explodierte die ungeheuerliche Erkenntnis seines Hierseins mit der Wucht einer Granate. Fast verzweifelt suchte er nach einem Weg, das alles irgendwie zu verarbeiten. Am liebsten hätte er »Moment mal!« gerufen, eine Auszeit genommen, den Film für ein paar Minuten angehalten, wäre hinaus in die Küche oder auf die Terrasse gegangen, um sich eine kurze Atempause zu verschaffen. Aber das hier war kein Film.

Die Euphorie, die ihn überkam, ließ seine Haut prickeln, als bade er in sprudelndem Mineralwasser, und sein Gesicht glühte wie nach zwei doppelten Whiskys.

All das hier lebte. *Es lebte!*

Und als wollte ihm diese Welt noch einen weiteren Beweis ihrer Existenz liefern, hörte er ein lautes, durchdringendes Trompeten, und wenig später erschien hinter einer Baumgruppe eine kleine Herde gewaltiger Dinotherien, eine weitere Elefantenart, die hier und jetzt, ginge es nach den Erkenntnissen der Wissenschaft, eigentlich nichts zu suchen hatte. Es war überwältigend, mit welcher Eleganz und Leichtigkeit die riesigen Tiere sich fortbewegten. Mit weichen, federnden Schritten liefen sie auf das Ufer zu.

Alles, was er bisher gesehen hatte, die Meeresbucht, der träge dahinströmende Fluß, die karge Wüstenlandschaft und die Berge, durch die er hier heraufgestiegen war, selbst die rauchenden Vulkankegel in der Ferne, all das hätte genausogut ein Teil seiner Welt sein können, jener Welt, die er offenbar auf rätselhafte und unbegreifliche Weise hinter sich gelassen hatte. In den letzten Tagen hatte er sich allerdings auch kaum Zeit gelassen, die neue Umgebung näher zu untersuchen, hatte immer nur verbissen nach vorn geschaut, unermüdlich angetrieben von seiner inneren Unruhe, der vagen Hoffnung, noch etwas ausrichten zu können. Er hatte ein paar Vögel gesehen, aber selbst ihm als Fachmann wäre es unmöglich gewesen, sie aus dieser Entfernung als Bewohner des mittleren Tertiärs zu identifizieren. Und wenn überhaupt etwas, dann hätte er ja nur das gekannt, was nach Jahrmillionen noch von ihnen übriggeblieben war, ihre Skelette oder sogar nur Fragmente davon, eingebettet in hartes Gestein oder weichen Ölschiefer. Ihm fiel Sonnenbergs seltsame Frage wieder ein: Wie viele Vogelarten blieben wohl übrig, wenn man nur ihre Skelette kennen würde?

Auch die paar Pflänzchen am Flußufer boten bei oberflächlicher ruheloser Betrachtung nichts Besonderes. Sie unterschieden sich in nichts von den Unkräutern, die er an ruhigen Sonntagnachmittagen aus den Blumenbeeten seines Vorgartens zupfte. Nein, das alles hatte ihn bisher wenig beeindruckt, aber jetzt ...

So dumm sich das für einen gestandenen Wissenschaftler wie ihn auch anhörte, aber er hatte bisher nicht die geringste Vorstellung davon gehabt, wie lebendig das alles einmal gewesen war. Außer während seiner seltsamen Anfälle in der Grube, und obwohl er es eigentlich hätte besser wissen müssen, hatte er bisher in seinen Fossilien nur tote Studienobjekte gesehen.

Mit einem Schlag wurde ihm klar, wie wenig sie eigentlich wußten über diese versunkenen Welten, welch elendes Stückwerk sie zu betreiben gezwungen waren mit ihren lächerlichen paar Knochen, über denen sie wochenlang brüteten und an denen sie alles maßen, was sich nur messen ließ, um sich mit dem dafür erforderlichen großen Aufwand über die kümmerlichen Resultate hinwegzutrösten. Es war erschreckend, auf wie wenig Material sich etwa die gesamte Paläoanthropologie stützte. All diese Vor- und Früh- und Urmenschenknochen zusammengenommen füllten wahrscheinlich kaum den Wohnzimmerschrank einer deutschen Durchschnittsfamilie, die wissenschaftlichen und populären Abhandlungen darüber allerdings eine umfangreiche Bibliothek.

Der Schmerz über diese Erkenntnis blieb aus. Die Großartigkeit der Natur, die ihn jetzt umgab, überwältigte ihn und er vergaß, warum er hier war, hockte den halben Tag hinter seinem Felsen und staunte und schaute, ohne irgend etwas anderes zu empfinden als Glück und Zufriedenheit. Vieles warf in nur wenigen Minuten alles über den Haufen, was er und seine Kollegen aus aller Welt in mühevoller Kleinarbeit zusammengetragen hatten. Platybelodon, dieser Schaufelzähner, der keine hundert Meter von ihm entfernt an seinen Wasserpflanzen kaute, war bisher nur aus dem Miozän, also dem späten Tertiär bekannt, rund zwanzig Millionen Jahre nach der Messelzeit des Eozän. Dasselbe galt für das Dinotherium, diesen merkwürdigen Elefanten mit den nach unten gebogenen Stoßzähnen. Auch dieses Tier war somit viel älter, als sie bisher vermutet hatten. Brontotherien, die sich in großer Zahl an der Tränke einfanden, waren nur aus Nordamerika und Ostasien bekannt und dürften eigentlich noch lange nicht das Licht der Welt erblickt haben, und diese grotesken Burschen mit den drei Hornpaaren am Kopf, vermutlich eine zur Familie der Uintatherien gehörende Art namens *Eobasileus*, hatte man nur in Wyoming nachgewiesen.

Was, um Gottes willen, hatte er da eigentlich sein halbes Leben lang getrieben, nur Unsinn fabriziert, seitenweise Irrtümer und Halbwahrheiten verbreitet?

Daß sie keine Fossilbelege dafür hatten, bedeutete natürlich nicht, daß diese Wesen nicht doch schon früher existiert haben könnten, das hatte er immer schon gewußt, nicht erst, seit Sonnenberg ihn darauf aufmerksam machte. Damit ein Kadaver derart lange Zeiträume überdauern konnte, bedurfte es zahlreicher glücklicher Umstände, die nur in den seltensten Fällen gegeben waren. Genau wie in der Neuzeit hatten damals Millionen von Tierarten die Welt bevölkert, durch handfeste Beweise belegt waren vielleicht einige tausend. Auch was den Zeitpunkt des Auftretens und Aussterbens anging, gab es natürlich beträchtliche Unsicherheiten, die auch kein ernst zu nehmender Kollege in Abrede stellen würde. Wie oft hatte man etwa die Entstehung des Menschen auf Grund neuer Funde zurückdatieren müssen. Aber daß sie selbst in relativ jungen und gut überlieferten Epochen der Erdgeschichte wie dem Tertiär so katastrophal danebenlagen, hätte er bisher nicht für möglich gehalten.

Erst spät am Nachmittag, als die tiefstehende Sonne die ganze Landschaft in goldenes Licht tauchte, riß er sich los und suchte nach einem geschützten Uferabschnitt, wo er sein Lager aufschlagen konnte.

Am Fuße der Stromschnellen, kurz bevor der Aufstieg in die Berge begann, hatte er ein relativ großes Kunststoffruderboot entdeckt. Es lag hinter einem Felsen versteckt ganz in der Nähe des Flußufers, mit dem es eine deutliche Schleifspur verband. Unter den Sitzbänken fand er noch einige zurückgelassene Ausrüstungsgegenstände, einen Gummihammer, einen halbvollen Petroleumkanister, auch einige leere Konservendosen, die noch keine Spuren von Rost aufwiesen.

Die letzte Nacht hatte er neben einer alten Feuerstelle verbracht, die ihm, auch wenn er kein besonders versierter Fährtenleser war, nur wenige Tage oder Wochen alt gewesen zu sein schien. Die Tatsache, daß er auf ihr Boot gestoßen war, und die Vorstellung, daß dies ein Ort gewesen sein könnte, ja mußte, wo Tobias und sein Freund übernachtet hatten, verlieh ihm Flügel. Es waren die ersten sichtbaren Hinweise auf die Gegenwart von Menschen, die er entdeckt hatte. Und wer, wenn nicht diese beiden, hätten hier wohl ein Feuer anfachen sollen? Er mußte sich bremsen, um nach der Entdeckung der Feuerstelle nicht sofort weiterzumarschieren, den beiden Studenten, wie schon in den Tagen zuvor, hinterherzuhetzen, damit er nicht zu spät kam. Aber dann siegte die Müdigkeit, die ihm von dem anstrengenden Marsch in sengender Hitze in den Knochen steckte. Wenigstens überzeugte ihn diese Entdeckung endlich davon, daß er auf dem richtigen Wege war. Sie ließ die letzten nagenden Zweifel verstummen, die ihn bis dahin immer wieder bedrängt hatten.

Als er vor ein paar Tagen mit seinem Wagen von Berlin aus erst nach Süden, dann in Richtung Osten raste und schließlich stundenlang in einer endlosen stinkenden Autoschlange an der tschechischen Grenze warten mußte, hatte er immer wieder an Sonnenberg denken müssen. Er hatte sich gefragt, ob der alte Gauner ihn nicht womöglich auf eine völlig falsche Fährte geschickt hatte. Aber letztlich beruhigte er sich wieder, dachte an die echte Verzweiflung auf dem Gesicht des kleinen Mannes, als er begriff, was das Röntgenbild mit dem Schädel zu bedeuten hatte. Axt hatte sich die Sache viel schwieriger vorgestellt. Viel mehr als ein kurzer Blick auf das mitgebrachte Foto und ein paar eindringliche Fragen seinerseits waren nicht nötig gewesen, um Sonnenberg zum Reden zu bringen. Als er ihn anhand des Röntgenbildes mit Tobias' Tod, oder richtiger, seinem möglichen Tod konfrontiert hatte, sprudelte es nur so aus ihm heraus.

Außerdem waren da die Fotografien gewesen, besonders die von der Höhle, und die verblichene Markierung auf der alten Landkarte. Er glaubte nicht daran, daß Sonnenberg sich die Mühe gemacht und lauter falsche Indizien konstruiert hatte, nicht bei dem heimlichen Vergnügen, das der Alte offenbar dabei empfand, wenn er seinen tertiären Prachtkäfer überall herumzeigen konnte. Trotzdem nagten noch tagelang Zweifel an seiner Entschlossenheit, bis jetzt, bis er zuerst das Boot und dann die Feuerstelle entdeckt hatte.

Axt mußte sich immer wieder daran erinnern, daß Tobias nicht notwendigerweise schon tot war, obwohl er seine Leiche, sein fossiles Skelett, ja mit eigenen Augen gesehen hatte. Der Gedanke widersprach dem gesunden Menschenverstand, erzeugte verwickelte Knoten im Gehirn und war doch ganz logisch. Es gab noch eine Chance, eine winzige Möglichkeit, es zu verhindern, sonst hätte all dies hier keinen Sinn. Axt war fest davon überzeugt, daß er es schaffen konnte. Tobias hatte noch vor wenigen Wochen gelebt. Erst auf dieser Reise würde er irgendwo den Tod finden. Um sich anzustacheln, um in seinen Bemühungen nicht nachzulassen, versuchte Axt sich immer wieder klarzumachen, daß dieser Moment noch nicht eingetreten sein mußte. Tobias hatte ihm ja quicklebendig gegenübergestanden, während gleichzeitig die große Schieferplatte mit seinen Überresten im Keller der Messeler Station herumlag. Außerdem blieb selbst im ungünstigsten Falle noch offen, was aus dem anderen Zeitreisenden, diesem Michael, geworden war. Daß er sein Skelett nicht gefunden hatte, hieß ja nicht, daß er nicht vielleicht auch verletzt oder gar tot sein könnte. Vielleicht irrte er hier irgendwo in der Gegend herum. In jedem Fall mußte er sich beeilen, durfte sich von Zweifeln und Bedenken nicht aufhalten lassen.

Er hatte den völlig verunsicherten und niedergeschlagenen Sonnenberg in seinem Institut zurückgelassen und war sofort in einen Laden für Expeditionsbedarf gehetzt. Diese Läden gab es in Berlin in überraschend großer Zahl, so als ob die halbe Stadt aus Extrembergsteigern, Dschungelwanderern, Antarktisdurchquerern und anderen Überlebenskünstlern bestünde. Dort hatte er sich mit allem eingedeckt, was er zu benötigen glaubte. In einem anderen Laden hatte er das Boot gekauft und kurz entschlossen auch den Außenbordmotor, damit er schneller vorankam. Noch am selben Abend war er dann in Richtung tschechische Grenze aufgebrochen.

Das Schlimmste hatte er sich bis zum Schluß aufgehoben. Er stieg in einem kleinen Hotel in der Nähe der Grenze ab und rief dann spät abends von einer Telefonzelle aus zu Hause bei Marlis an. Sie hatte sich natürlich schon große Sorgen um ihn gemacht, und er mußte ihr nun sagen, daß er für ein paar Tage, vielleicht Wochen wegfahren müsse und daß sie in dieser Zeit nichts von ihm hören würde. Es hatte ihm Höllenqualen bereitet, dieses Telefongespräch mit seiner weinenden Frau. Er sah ihr entsetztes Gesicht vor sich, sah, wie ihr die Tränen herunterliefen, fühlte die Angst, die sie um ihn hatte.

Gegen das Glas gelehnt, die Hände auf das Gesicht gepreßt, stand er danach noch minutenlang in der Telefonzelle, dem einzigen Lichtfleck weit und breit auf der verlassenen Dorfstraße. Dann ging er in sein Hotel zurück und versuchte noch ein paar Stunden zu schlafen.

Ein paar Tage nach seiner Begegnung mit den Schaufelzähnern wanderte er noch immer am Flußufer entlang, die Augen auf den Boden gerichtet. Er war schon hin und wieder auf Fußspuren gestoßen, auf geriffelte Abdrücke im Staub, die sich an besonders windgeschützten Stellen gehalten hatten.

Was ihn verwirrte, war, daß er dort mehr als zwei unterschiedliche Abdrücke zu erkennen glaubte. Einer trug Turnschuhe mit einem groben Muster aus Querrillen. Dann gab es riesige Abdrücke ohne Struktur, einfach nur plattgedrückter Sand in Fußform, vielleicht von abgelaufenen Sandalen. Aber da war noch ein dritter Fuß, deutlich kleiner als die beiden anderen. Er hinterließ regelmäßige Kringel, die wie ein zusammengesetztes Puzzlespiel aussahen. Und zwischendurch ab und an die Abdrücke eines Tieres. Wahrscheinlich war es später hier entlanggelaufen.

Seitdem schaute er immer wieder auf den Boden, um vielleicht eine Stelle zu finden, an der er noch mehr erkennen konnte. Die beiden größeren Abdrücke stammten wahrscheinlich von Tobias und Michael. Aber wer machte die kleineren? Von einer dritten Person war bisher nie die Rede gewesen, weder bei Sonnenberg noch im Gespräch mit Rothmanns Doktorandin. Er war verunsichert.

Plötzlich hörte er im Gebüsch neben sich ein Geräusch, ein tiefes Brummen, dann ein Krachen und Brechen von Ästen, ein lautes Schnauben.

Zuerst dachte er an ein großes Raubtier, einen Säbelzahntiger vielleicht. Der Zahn, den Sonnenberg ihm gezeigt hatte, war sehr, sehr eindrucksvoll gewesen, mindestens zwanzig Zentimeter lang. Er mußte immer wieder daran denken. Moderne Katzen schlagen ihre Beute, indem sie gezielte Tötungsbisse ansetzen. Sie drücken ihren Opfern die Kehle zu oder brechen ihnen das Genick. Die tertiären Säbelzahnkatzen aber gingen ganz anders vor. Sie rissen ihren Beutetieren mit Hilfe der riesigen Zähne tiefe, stark blutende Wunden und rannten dann so lange geduldig hinter ihren Opfern her, bis diese durch den enormen Blutverlust vor Erschöpfung und Entkräftung zusammenbrachen. Kein schöner Tod.

Er hatte schon mehrmals große Tierkadaver in der Savanne liegen sehen, abgenagte und ausgeblichene Knochen, hohle Lederhäute, ausgehöhlte Brustkörbe, die wie große Käfige aussahen. Seltsam, dachte er noch, wie selbstverständlich er plötzlich mit dem Auftauchen von Tieren rechnete, von denen er noch wenige Tage zuvor geschworen hätte, sie seien bereits seit Jahrmillionen ausgestorben. In seinem Kopf geriet da etwas in Unordnung.

Er rannte schnell zum Fluß hinunter. Zur Not würde er sich einfach ins Wasser werfen, auch auf die Gefahr hin, daß er vom Regen in die Traufe gelangte. Vielleicht waren Säbelzahnkatzen ja wie ihre Nachfahren wasserscheu. Er setzte den Rucksack ab und zückte das Messer, das er am Gürtel trug, eine angesichts der Dimensionen tertiärer Säugetiere eher lächerliche Geste, mit der er trotz allem eine Spur von Sicherheit gewann. Er wartete.

Lange Zeit tat sich nichts, und seine Anspannung begann nachzulassen. Als er wieder weiterlaufen wollte, nahm er eine Bewegung war. Etwas Graubraunes, Rundliches, das die Büsche überragte und das er bisher nicht wahrgenommen oder einfach für einen Felsen gehalten hatte, schwankte leicht hin und her, und im nächsten Moment brach ein Monstrum durch das Gesträuch, ein Berg aus muskelbepackten Knochen. Merkwürdig, dachte er einen Moment lang, und es schien, als ob die Zeit stillstand, selbst in Situationen wie dieser konnte er in Tieren kaum etwas anderes als mit Muskeln und Sehnen bepackte, nach biomechanischen Gesetzen arbeitende Knochengerüste sehen. Das war wohl berufsbedingt. Der Riese wirkte ebenfalls irritiert. Er blinzelte ihn aus winzigen, kurzsichtigen, nicht gerade herausragende Sensibilität verratenden Augen an und schnaubte wie eine Dampflokomotive.

Dann ging alles sehr schnell. Axt hatte etwas Kleineres, Flinkes, Geschmeidiges erwartet und der unvermittelte Auftritt dieses Giganten, eines Brontotheriums mit knapp drei Metern Schulterhöhe, brachte ihn so aus dem Gleichgewicht, daß er nach hinten kippte, laut klatschend im Fluß landete und sofort von einer kräftigen Strömung mitgerissen wurde. Der Wasserstand des Stromes war in den letzten Tagen deutlich gestiegen. Er konnte gerade noch sehen, wie das Untier mit blinder Wut seinen Rucksack traktierte, da fand er sich schon zwanzig, dreißig Meter flußabwärts wieder. Irgend etwas zerrte an seinen Beinen, drohte, ihn unter Wasser zu ziehen, im nächsten Moment schoß er wie ein Korken mit dem Oberkörper über die Wasseroberfläche. Er strampelte, kämpfte mit aller Kraft gegen die Strömung an, bis er nach einem über das Ufer hinausragenden Ast greifen und sich daran Stück für Stück aus dem Wasser ziehen konnte. Als er triefend vor Nässe am Ufer wieder zurückschlich, war das Brontotherium spurlos verschwunden, und sein Gepäck sah aus, als ob es unter eine Dampfwalze geraten wäre.

Er hängte sich rasch den arg gebeutelten Rucksack über die Schulter und lief so schnell er konnte weiter, bis er in offenes Gelände gelangte, wo er ausruhen und sich seine nassen Sachen ausziehen konnte. Er war so fertig, daß er beschloß, an Ort und Stelle die Nacht zu verbringen. Ihm tat alles weh und er hatte das Gefühl, keinen Meter mehr gehen zu können.

Bei den ersten Anzeichen der Dämmerung streifte er müde durch das Gelände, um nach Feuerholz zu suchen. Er stand noch ganz unter dem Eindruck seiner nachmittäglichen Begegnung, ärgerte sich über seine Unaufmerksamkeit und nahm sich vor, in Zukunft respektvollen Abstand zu dichten Gebüschen zu halten, bei denen man hier nie wissen konnte, was sich dahinter verbarg. Er war leichtsinnig geworden. Außerdem war es vielleicht auch nicht besonders klug, andauernd auf den Boden zu starren. Die Lebewesen hier scherten sich einen Teufel darum, was für ein schönes hochentwickeltes und intelligentes Säugetier er war. Er war kein wildniserfahrener Trapper, sondern ein steifer, zu Fettansatz neigender Schreibtischhengst und sollte sich, verdammt noch mal, vorsehen, wenn er dieses Abenteuer unversehrt überstehen wollte.

Seine Suche führte ihn hinunter zum Fluß, wo immer viel Treibholz herumlag. Kaum hatte er die Uferböschung erreicht, sah er plötzlich ein ganzes Stück weiter flußaufwärts ein Licht aufflackern. Er hielt den Atem an und kauerte sich in das hohe Gras. Das war eindeutig ein Feuer. Aber dort brannte nicht die Savanne, sondern ein munter züngelndes Lagerfeuer.

Ihm lief es heiß und kalt den Rücken herunter. Er hatte es geschafft. Das mußten sie sein! Er wollte schon fast losrennen, laut rufend und winkend das Flußufer entlangstürmen, aber dann stutzte er.

Jetzt, wo er seinem Ziel so nahe war, kamen ihm plötzlich Bedenken. Wie würden sie reagieren, wenn er so unvermittelt auftauchte? Darüber hatte er bisher nicht nachgedacht. In jedem Fall sollte er wohl besser bis morgen warten und nicht einfach im Halbdunkel aus dem Dickicht treten, sonst waren die beiden oder die drei – wer war bloß der oder die dritte? – womöglich fähig, ohne Vorwarnung über ihn herzufallen. Man rechnete hier nicht unbedingt mit einem Überraschungsbesuch.

Andererseits, wenn er jetzt seinerseits ein Feuer entfachte, würden die anderen es vielleicht sehen und vielleicht kamen sie dann auf den Gedanken nachzuschauen, was denn da los war. Vielleicht stürzten sie sich auf ihn, wenn er in seinem Schlafsack lag und schlief, schlugen ihm einen Knüppel über den Kopf, bevor er überhaupt den Mund aufmachen und sagen konnte: »Seht her, ich bin der liebe Helmut Axt, und ich bin gekommen, um euch zu retten.«

Unsinn! Das waren zivilisierte Menschen des zwanzigsten Jahrhunderts, genau wie er. Die paar Wochen, die sie hier im Eozän verbracht hatten, würden sie nicht in blutgierige Wilde verwandelt haben, bei denen man auf alles gefaßt sein mußte.

Nein, er war seinem Ziel jetzt zum Greifen nahe und würde mit diesem Wissen sowieso kein Auge zu tun können. Außerdem hatte er keine Sekunde zu verlieren. Was hätte die ganze Hetzerei für einen Sinn gehabt, wenn er sich jetzt seelenruhig den Bauch vollschlug und in seinen Schlafsack verkroch, während dieser Tobias nur ein paar Meter entfernt weiterhin in Lebensgefahr schwebte.

Er rannte zu seinem Lagerplatz und stopfte hastig alles in seinen staubigen Rucksack zurück. Dann marschierte er los, direkt am Flußufer entlang, die Augen in der zunehmenden Dunkelheit immer auf diesen einen flackernden Lichtpunkt gerichtet, der ihm den Weg wies. Er hatte es geschafft. Er hatte sie eingeholt und ... sie *lebten*. Er lief immer schneller.

Dann hörte er ein Geräusch, das ihm das Blut in den Adern gefrieren ließ, kein tiefes Grollen, wie es für umherstreifende hungrige Großkatzen typisch ist, kein drohendes Brüllen irgendeines angriffsbereiten Ungetüms. Es war ein alltägliches, sehr vertrautes Geräusch, eines, das er hier zu allerletzt erwartet hatte und das seinen Verstand kurzzeitig in heillose Verwirrung stürzte.

Er hörte das laute Kläffen eines Hundes.

Er blieb kurz stehen, verwundert, verunsichert, ängstlich, aber dann riß er sich zusammen und lief weiter. Als er vielleicht noch hundert Meter entfernt war – das Hundegebell wollte kein Ende nehmen und er konnte im aufflackernden Licht des Feuers schon schemenhafte Umrisse von Menschen erkennen –, begann er zu rufen.

»Hallo!« schrie er, so laut er konnte. Sein Herz schlug in rasendem Tempo. »Hallo, ist da jemand? Hallo!«

Die Gestalten sprangen auf, liefen aufgeregt umher. Es waren mehr als zwei.

Er schrie weiter: »Hallo, keine Angst! Sie kennen mich! Mein Name ist Helmut Axt.«

Er fing an zu rennen. Im Rhythmus seiner Schritte schlug ihm der schwere Rucksack ins Kreuz.

Dann schaute er in ihre von Angst, Verwirrung und ungläubigem Erstaunen gezeichneten Gesichter. Sie standen jetzt bewegungslos im Halbkreis um das Feuer herum, auf dem Boden zwischen ihnen erkannte er seltsame Zeichen im Sand, und sie waren nicht zu dritt, sondern zu viert. Ein hysterischer Dackel stemmte sich vor ihm mit den Hinterbeinen in den Sand und veranstaltete ein ohrenbetäubendes Getöse.

Vom Laufen noch außer Atem ließ Axt seinen Rucksack auf den Boden fallen.

»'n Abend«, sagte er schnaufend und grinste die verdatterte Gesellschaft an.

Die Kambrische Explosion

Nach ihrem ziemlich katastrophal verlaufenen Dschungelabenteuer hatten sie ein paar Tage Erholung in Herzogs Reich bitter nötig gehabt. Nur zwei Tage hatten sie sich in dem Irrgarten der Dschungelwasserläufe aufgehalten, zwei Tage und eine Nacht voller Mücken, Nässe und Angst. Das hatte gereicht.

Micha kam es vor wie eine Wiedergeburt. Er war satt und nach einem Bad im Fluß erfrischt und sauber. Er fühlte sich an eine Visitenkarte erinnert, die zu Hause an ihrer WG-Pinnwand hing:

Kein Name, keine Adresse, kein Beruf, kein Telefon, kein Geld ..., nur müde!

stand darauf. Das traf ziemlich genau seine augenblickliche Gemütsverfassung. Schlafen und essen war das einzige, wonach er sich sehnte. Davon konnte er allerdings kaum genug bekommen. Ansonsten war er ziemlich bedürfnislos. Stundenlang konnte er nach unten in die von großen Tierherden bevölkerte Savanne gucken und sich an dem relativen Luxus erfreuen, den das Leben in Herzogs Behausung mit sich brachte.

Nach ein paar Tagen Erholung stand für Micha fest, daß er möglichst bald zurückfahren wollte, definitiv. Er hatte vorgehabt, sich auf keinerlei Diskussionen darüber einzulassen, aber es kam wieder zu einem hitzigen Streit zwischen ihm und Tobias, der ohne Zweifel in eine Schlägerei ausgeartet wäre, wenn Herzog sich nicht eingeschaltet hätte. Sie waren jetzt gut vier Wochen unterwegs, die Anreise nicht mitgerechnet. Es war höchste Zeit, sich wieder auf den Heimweg zu machen. Herzogs medizinische Versorgung von Tobias' Verletzung mochte ja noch so fachmännisch gewesen sein, mit der Behandlung in einem modernen Krankenhaus konnte sie sich sicher nicht messen. Für Micha stand außer Frage, daß Tobias sich so schnell wie möglich in ärztliche Behandlung begeben mußte, wenn er seinen Arm hundertprozentig wiederherstellen wollte. Dem stand nun nichts mehr im Wege. Er war sich sicher, daß Claudia seine Meinung teilte.

Außerdem war es so abgemacht zwischen ihm und Tobias. Maximal acht Wochen hatten sie eingeplant. Das war für ihn das Äußerste gewesen. In Anbetracht der Tatsache, daß sie durch Tobias' Verletzung stark gehandicapt waren und den gesamten Rückweg noch vor sich hatten, war diese Zeitspanne wohl schon jetzt voll ausgeschöpft. Seine Eltern würden sowieso Todesängste um ihn ausstehen. Sie waren es zwar gewohnt, daß er im Urlaub schreibfaul war und sich meistens nur eine magere Postkarte abringen konnte, aber zwei Monate ohne ein einziges Lebenszeichen, soweit war er bisher noch nie gegangen.

Die Heimkehr bereitete ihm schon seit langem Kopfzerbrechen, da er gezwungen sein würde, allen ein einziges riesiges Lügengebäude aufzutischen, ein Gedanke, der ihn mit Widerwillen erfüllte. Er hatte seinen Eltern erzählt, er würde wieder nach Griechenland fahren, und sie waren schon froh gewesen, als sie hörten, daß er nicht alleine fuhr. Tobias' Eltern waren ja tot, da gab es niemanden, auf den er hätte Rücksicht nehmen müssen. Was Claudia zu Hause erzählt hatte, wußte er nicht.

Als er dann beim Abendessen sein Anliegen vorbrachte, stieß er jedoch auf erbitterten Widerstand. Tobias fiel fast sein Knochen aus der Hand.

»Wie bitte? Du spinnst wohl!« sagte er mit vollem Mund. »Jetzt umkehren? Das kann doch nicht dein Ernst sein, Micha.«

»Nicht umkehren, zurückfahren.« Er dachte, vielleicht störte Tobias sich nur an dem Wort umkehren. Es mochte in seinen Ohren wie eine Niederlage klingen. Aber weit gefehlt.

»Das läuft ja wohl auf dasselbe hinaus, oder? Wie kommst du nur auf so was? Wo wir es doch schon so weit geschafft haben.« Er schüttelte den Kopf. »Nein, im Gegenteil, ich finde, wir könnten eigentlich bald weiterfahren.«

»Ich hör wohl nicht richtig?« Micha fehlten wirklich die Worte. »Du willst noch mal in diesen Dschungel? Dir hat das letzte Mal nicht gereicht, nein?«

»Und was ist mit deinem Arm?« schaltete sich Claudia ein.

»Was soll damit sein? Alles klar!« Tobias fuchtelte mit seinem Verband in der Luft herum. Der viele Regen hatte dem Lehm arg zu schaffen gemacht, und Herzog hatte den Verband nach ihrer Rückkehr sofort erneuern müssen.

»Das glaubst du doch selber nicht«, sagte sie.

Herzog saß schweigend dabei, rauchte seine mit merkwürdig riechenden tertiären Kräutern gestopfte Pfeife und machte ein teilnahmsloses Gesicht. Offensichtlich wollte er sich in diese Diskussion nicht einmischen.

»He, was ist los mit euch?« Tobias blickte zwischen Claudia und Micha hin und her und bekam große Augen. »Ihr habt euch abgesprochen, was? Ist wohl für euch schon beschlossene Sache. Ihr habt die Hosen voll oder Heimweh oder so was. Nee nee, nicht mit mir.«

»Quatsch, wir haben uns keineswegs abgesprochen«, widersprach Micha vehement. »Aber ich dachte ...«

»Nein, kommt überhaupt nicht in Frage«, sagte Tobias kategorisch. »Wir fahren weiter und damit basta.«

»Hör mal, Freundchen, so geht das aber nicht, klar?« rief Micha entrüstet. »Wir entscheiden immer noch gemeinsam, was wir tun. Wenn es dir egal ist, was aus deinem Arm wird, dann ist das deine Sache. Ich hoffe wirklich, er wächst dir genauso schief zusammen wie dein Gebiß. Dann hätte das Ganze wenigstens irgendwie Sinn und Verstand, verdammt noch mal. Aber ich darf dich daran erinnern, daß wir einmal eine Abmachung hatten. Wir sind jetzt fünf Wochen unterwegs, und wir haben damals beschlossen, ungefähr ...«

»Na und? Erst mal sind es gerade gut *vier* Wochen, und jetzt dauert es eben etwas länger. Was macht das schon? Sei doch nicht so schrecklich unflexibel. Kommst mir manchmal vor wie 'n alter Opa.«

»Tobias!« Micha wurde sauer.

»*Tobias, Tobias*«, äffte Tobias ihn nach. »Nee, so läuft das nicht, Leute. Wenn ihr glaubt, ihr könnt mich hier vor vollendete Tatsachen stellen, dann täuscht ihr euch aber gewaltig. Hier gibt's noch so viel zu entdecken. Begreifst du denn überhaupt nicht, wo wir hier sind? Wir sind doch nicht die ganze Strecke bis hierher gefahren, um jetzt gleich wieder umkehren. Ich versteh das einfach nicht.«

»Ich hab's dir doch erklärt. Im Gegensatz zu dir führe ich noch ein Leben außerhalb des Eozäns.«

Claudia versuchte es mit einer anderen Taktik. »Warum willst du denn noch mal in den Dschungel?«

»Na, ich will wissen, wie's dahinter weitergeht«, sagte Tobias. »Da hat sich offensichtlich noch keiner hingetraut.«

»Du hast doch gehört, was Ernst gesagt hat. Der Wald ist riesig. Dahinter gibt's nichts mehr.«

»So ein Blödsinn! Von wegen, dahinter gibt's nichts. Glaubt ihr immer noch daran, daß die Erde eine Scheibe ist, oder wie? Ich sag's ja, ihr habt nur die Hosen voll. Der große Biologe und die Berliner Kugelstoßmeisterin wollen nach Hause zu Muttern.«

Trotz seiner lautstarken Attacken merkte man ihm an, daß er seine Felle davonschwimmen sah. Seine Augen nahmen einen gehetzten Ausdruck an.

»Feiglinge!« stieß er verächtlich aus. »Wahrscheinlich wollt ihr euch zu Hause nur in euer trautes Liebesnest stürzen, und ich bin euch hier im Wege.«

Was Micha anging, hatte er damit gar nicht so unrecht, aber Claudia reagierte ziemlich ungehalten. »Mein Gott, Tobias! Was soll denn das jetzt? Du bist ein unerträglicher Angeber. Vor ein paar Tagen hast du dich noch zitternd und phantasierend auf dem Boden gewälzt und keine Sonne gesehen. Und jetzt markierst du hier den starken Mann. Du machst dich ja lächerlich.«

Schweigen. Tobias hatte sich abgewendet. Seine Kiefermuskulatur arbeitete.

»Es ist mein Boot.«

»Wie bitte?« Micha hatte ihn nur zu gut verstanden.

»Die Titanic gehört mir«, preßte er hervor. Seine Lippen zitterten vor Wut.

»Ach!« Micha blieb fast die Spucke weg. »So läuft der Hase jetzt. Dann gehört der Proviant mir und die Medikamente auch.«

»Behalt doch deinen Scheißproviant. Aber ohne das Boot seid ihr aufgeschmissen.«

»Und womit willst du weiterfahren? Die Titanic liegt unten an den Stromschnellen. Willst du sie hier raufschleppen? Ach so, klar, das würdest du mit deinem Arm auch noch fertigbringen, was? Hast ja noch die andere Hand, oder? Mann, du bist ein solches Arschloch.«

Tobias wirkte verunsichert. Die Sache mit dem Boot hatte ihm offensichtlich zu denken gegeben. Er schaute zu Herzog hinüber, aber der nahm die Pfeife aus dem Mund und schüttelte den Kopf.

»Das Floß bekommst du nicht. Das schlag dir mal gleich aus dem Kopf, mein Junge. Aber ... bevor ihr euch hier gegenseitig an die Gurgel springt ...« Er räusperte sich, schaute jeden einzelnen nacheinander ernst an, und Micha sah wieder diesen Vorwurf in seinen Augen, wie damals, als sie ihn zum ersten Mal trafen: *Das hier ist nichts für euch, seht das doch endlich ein.* »Es ist normalerweise wirklich nicht meine Art, mich in die Angelegenheiten anderer Leute einzumischen, schon gar nicht, wenn die meinen, unbedingt hierherkommen zu müssen, aber in eurem Fall ...« Sein Gesichtsausdruck hatte immer etwas Grüblerisches, aber jetzt sah er noch nachdenklicher aus als sonst. »... in eurem Fall ist das etwas anderes. Ich weiß selbst nicht so genau, warum. Vielleicht wegen meiner alten Freundschaft zu Sonnenberg. Ich weiß es nicht. Wahrscheinlich mache ich einen großen Fehler, aber aus irgendeinem Grunde kann ich es nicht mitansehen, wie ihr in euer Verderben lauft, so oder so. Vielleicht kann ich euch einen Kompromiß für euer Problem anbieten.«

Verlegen ruckelte er auf seinem wackligen Hocker hin und her. Man sah ihm an, daß er sich nicht ganz wohl fühlte in seiner Haut.

»Wenn ihr versucht, allein den Wald zu durchqueren, werdet ihr mit größter Wahrscheinlichkeit scheitern. Im günstigsten Falle werdet ihr viel Zeit verlieren, und das in einer ziemlich ungemütlichen Gegend. Das ist auf Dauer kein Ort für Menschen. Eigentlich dachte ich, ihr hättet das endlich begriffen. Im ungünstigsten Fall werdet ihr nie zurückkehren, werdet irgendwo jämmerlich verrecken. Es sei denn ...«

»Ja?« fragte Tobias gespannt.

»Es sei denn, ich komme mit.«

»Hey, das wäre Spitze, Mann!« In Tobias' Gesicht kehrte wieder die Farbe zurück.

»Das würdest du tun?« fragte Claudia.

»Sonst würde ich es nicht sagen. Allerdings ...« Er zog an seiner Pfeife. »Ich sag's ganz ehrlich. Ich will, daß ihr von hier verschwindet, je eher, desto besser. Außerdem hat Michael ganz recht. Tobias' Arm muß in einem vernünftigen Krankenhaus behandelt werden. Wenn ihr auf eigene Faust weitermachen wollt, bitte, aber in diesem Fall könnt ihr nicht auf meine Hilfe zählen. Ich meine es ernst. Ich werde keinen Finger rühren, wenn ihr da drinnen verfault, ist das klar?« Wieder diese Blicke. *Ihr habt keine Chance.* »Mein Angebot ist folgendes: Ihr zeigt mir den Baum mit den Stoffhauben, den ihr gesehen habt, und ich führe euch in den Dschungel, in ein wunderschönes Gebiet, das ihr alleine nie finden würdet. Danach will ich euch hier nicht mehr sehen, dann müßt ihr zurück.«

Tobias stieß verächtlich die Luft aus und blickte demonstrativ zur Seite.

»Okay, ich bin einverstanden«, sagte Micha schweren Herzens. Ihm wäre eine direkte Heimreise ohne weitere Dschungelausflüge lieber gewesen. Aber wenn es denn nicht anders ging ...

»Ich auch«, sagte Claudia.

Tobias sprang auf und verschwand in der Dunkelheit. Es dauerte eine halbe Stunde, bis er wieder auftauchte und zähneknirschend zustimmte.

Nicht auszudenken, was aus ihnen geworden wäre, wenn sie diesen Mann nicht getroffen hätten. Zuerst der Unfall von Tobias und jetzt diese Streiterei. Wer weiß, vielleicht wären sie wirklich irgendwann über einander hergefallen. Micha war jedenfalls sicher, daß er Tobias' Anblick nicht mehr lange ertragen konnte.

Zwei Tage später packten sie ihre Sachen, stiegen zu Fuß in die Ebene hinunter und liefen dann in einem schrägen Winkel auf den Fluß zu, an dessen Ufer sie ein erstes Lager aufschlugen.

Tobias war den ganzen Tag über mufflig und schlecht gelaunt gewesen, schien sich aber mit seiner Niederlage abgefunden zu haben. Am Abend, als sie in der Dämmerung um das Feuer herumsaßen, entspann sich eine Diskussion über die Kambrische Explosion.

»Die was?« fragte Claudia.

»Kambrische Explosion, so nennt man das plötzliche Auftreten zahlreicher neuer Tiergruppen etwa 570 Millionen Jahre vor eurer Zeit«, erläuterte Herzog. »Sie hatten erstmals Hartteile, aus Kalk oder Chitin, die sich als Fossilien überliefern konnten.« Micha fand es befremdlich, daß er von »eurer Zeit« sprach, so als rechnete er sich nicht mehr dazu. Er tat das nicht zum erstenmal.

»Schlagartig erschienen fast alle Tierstämme auf der Bildfläche, die später auch die moderne Fauna bilden sollten. Seitdem ist wohl nichts wesentlich Neues mehr hinzugekommen, nur eine Unzahl von Variationen über diese alten Themen. Über die Übergänge, und woher diese neuen Baupläne damals plötzlich kamen, wissen wir so gut wie nichts. Alles scheint ziemlich schnell gegangen zu sein, eine Art Urknall des Lebens. Leider gibt es ausgerechnet aus den Phasen der Erdgeschichte, in denen es wirklich spannend war, fast keine Fossilien.«

Er schaute Tobias an. Ihm fehlten ja zehn Jahre der aktuellen wissenschaftlichen Entwicklung in ihrer Zeit. Herzog lächelte und fragte. »Einverstanden, Herr Kollege?«

Tobias nickte. »Da gibt es aber diese berühmten Fossilien aus Kanada, vom Burgess Shale.«

»Na, das ist doch ein alter Hut. Die sind doch schon seit Anfang des Jahrhunderts bekannt.« Herzog wollte ihn provozieren. Die beiden trugen in letzter Zeit oft kleinere Rangeleien aus, auf rein fachlicher Ebene versteht sich.

»Ja, das stimmt schon«, sagte Tobias mit einem triumphierenden Grinsen, »aber man interpretiert sie heute ganz anders als zu deiner Zeit.« Er liebte es, wenn er Herzog mit neuen wissenschaftlichen Erkenntnissen verblüffen konnte. Herzog nahm ihm das anscheinend nicht übel. Es machte ihm im Gegenteil Spaß, sich mit Tobias zu streiten oder ihm einfach nur zuzuhören.

»Es gibt unter den Funden vom Burgess Shale einige Tiere, die sich ganz klar den modernen Formen zuordnen lassen, Seeigel, Korallen und Krebse zum Beispiel. Aber es gibt eben auch zahlreiche sehr merkwürdige Kreaturen, für die später keinerlei Entsprechungen mehr existieren. Kurz nach ihrem Entstehen war für sie gleich wieder Endstation. Ein Wissenschaftler hat sie mal ›irre Wundertiere‹ genannt.«

»Irre Wundertiere«, wiederholte Claudia.

»Klingt nicht besonders wissenschaftlich«, warf Micha ein.

»War ein Amerikaner. Die stellen sich damit nicht so an wie die Deutschen. Bei denen hat auch so etwas Platz in der Wissenschaft. Ich glaube, der war einfach total begeistert von diesen neuen Entdeckungen und das wollte er auch weitervermitteln.«

»Und was sind das nun für irre Wundertiere?« fragte Herzog schmunzelnd.

»Die haben auch so tolle Namen, mir fällt jetzt nur noch *Wiwaxia* und *Hallucigenia* ein. Er behauptet jedenfalls, daß die Vielfalt an unterschiedlichen tierischen Bauplänen in dieser sehr frühen Phase der Entwicklung wesentlich größer war als zu jedem anderen späteren Zeitpunkt.«

»Na, das ist ja abenteuerlich.« Herzog verzog zweifelnd das Gesicht.

»Wieso? Es war schon im Kambrium alles da. Später hat es sich nur immer weiter spezialisiert und verfeinert, das hast du doch selbst gesagt. Aber es gab eben gleichzeitig noch viel mehr, was nicht überlebt hat, Tiere mit einem Körperbau, wie es ihn später, nach ihrem Verschwinden, nie wieder gegeben hat.«

»Weil die anderen einfach besser waren.«

»Nein, eben nicht.«

»Sondern?«

»Ich kann es dir jetzt nicht mehr im einzelnen erklären, aber ... die überlebenden Arten hatten einfach Glück.«

»Aha! Glück.«

»Ja, der große Meteor fiel nicht ihnen, sondern den anderen auf den Kopf.«

Herzog schmunzelte. »Wirklich sehr überzeugend. Endlich haben wir die Erklärung.«

Tobias sah Micha verzweifelt an. »Sag du doch auch mal was. Wir haben doch schon oft darüber diskutiert.«

»Aber es ging immer nur darum, ob man in einer bestimmten Zeit voraussagen kann, wer aussterben wird und wer nicht. Diese Fossilien kenn ich nicht.« Micha sah ihn eigentlich ganz gerne so zappeln, ganz egal, ob er nun recht hatte oder nicht.

Tobias warf ihm einen bösen Blick zu. »Na, jedenfalls ist nach Meinung dieses amerikanischen Experten die übliche Darstellung der Evolution als Baum, der unten schmal ist und sich nach oben hin immer weiter verzweigt, falsch.«

»Und was schlägt er statt dessen vor?« Herzog amüsierte sich offenbar köstlich. Er hatte in der Zwischenzeit seine Pfeife gestopft und paffte genüßlich den übelriechenden Rauch in die klare Abendluft.

»Umgekehrt, eher eine Art Pyramide, unten mit einer breiten Basis, die sich nach oben hin verschmälert, wobei die überlebenden Äste sich immer weiter und feiner verzweigen. Warte mal!« Tobias blickte umher und suchte den Boden ab. »Gibt's denn hier nichts ...«

Er griff nach einem Stöckchen und kratzte in etwa die folgende, annähernd dreieckige Figur in den Sand des Lagerplatzes.

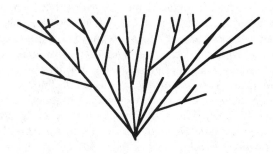

»So ist die herkömmliche Vorstellung des Stammbaums, wie man sie in fast allen Büchern findet: ein gemeinsamer Ursprung und davon ausgehend mit Fortschreiten der Zeitachse immer größere Vielfalt, immer mehr Verzweigungen, immer höhere Komplexität.«

»Logisch«, sagte Claudia. »Wie soll es denn sonst gewesen sein?«

Herzog hielt den Kopf schief, um die Figur besser betrachten zu können. »Er will das Ganze sozusagen auf den Kopf stellen.«

»Nicht ganz«, sagte Tobias. Neben der ersten entstand eine zweite, etwas kompliziertere Figur. Sie ähnelte entfernt einem Kamm, dem etliche Zähne fehlten.

»Natürlich wieder der gemeinsame Ursprung, dafür sind die Beweise einfach zu überwältigend. Fast alle Lebewesen haben denselben genetischen Code, ähnlichen Zellaufbau, ähnliche Biochemie und so weiter. Aber dann kam es relativ bald und in erstaunlich kurzer Zeit zu einer Aufspaltung in zahlreiche verschiedene Typen von Tieren mit jeweils unterschiedlichen Bauplänen, von denen später viele, wenn nicht die meisten, wieder ausstarben. Das nennt man Kambrische Explosion. Nur wenige dieser ursprünglichen Ideen entwickelten sich weiter und brachten eine große Artenfülle hervor. Vielleicht wiederholte sich dieses große Muster sogar in den einzelnen übriggebliebenen Ästen. Man nennt das auch Raketenschema. Die Säugetiergruppen sind ja auch alle in relativ kurzer Zeit entstanden.«

»Die Blütenpflanzen genauso«, fügte Claudia hinzu. »Daran beißen sich viele Evolutionsforscher noch heute die Zähne aus.«

»Dann wäre die Tierwelt in unserer Zeit ja im Grunde nur noch ein kümmerlicher Rest einstiger Vielfalt«, sagte Micha erstaunt. »Das, was sich irgendwie durchgemogelt hat.«

»Kümmerlich ist vielleicht etwas übertrieben, aber so ähnlich sieht es wohl aus, ja. Und wir können wirklich von Glück reden, daß unter den Überlebenden irgend etwas war, aus dem sich die Wirbeltiere entwickeln konnten. Sonst gäb's uns nämlich nicht, und das wär doch echt schade.«

»Na ja ...«, sagte Herzog.

Pencil knurrte, verließ seinen Platz an Claudias Seite und lief zum Ufer hinunter.

»Wie auch immer«, sagte Claudia, während sie Pencil hinterherblickte. »Es ist jedenfalls erstaunlich, daß nur Anpassung und Selektion zu dieser Artenvielfalt geführt haben sollen.«

Herzog nahm seine Pfeife aus dem Mund und schüttelte den Kopf. »Selektion ja, Adaptation mitnichten.«

»Jetzt erzähl mir bloß nicht, daß Organismen sich nicht so gut es geht, ihrer Umwelt anpassen.« Tobias stützte seinen gesunden Arm auf den Oberschenkel und starrte Herzog entrüstet an.

»Tut mir leid, dich enttäuschen zu müssen, aber ich glaube wirklich nicht daran, daß jede noch so unbedeutende Struktur, jeder Farbfleck, jede abstruse Verhaltensweise ihren Besitzern einen Selektionsvorteil verschafft. Das ist doch ein Totschlagargument. Ein phantasievoller Beobachter kann sich für alles eine Erklärung ausdenken, irgendeinen angeblichen Anpassungswert, aber ob das stimmt, ist eine ganz andere Frage.«

»Wuff«, machte Pencil.

»Du brauchst gar nicht so zu gucken«, sagte Herzog zu Tobias. »Ich geb dir ein Beispiel. Faultiere koten nur etwa einmal in der Woche, was für einen Pflanzenfresser eine echte Spitzenleistung ist. Obwohl das extrem gefährlich für sie ist, klettern sie dazu von ihrem Baum herunter, scheißen neben den Stamm und vergraben dann ihre Exkremente. Ein ziemlich idiotisches Verhalten für ein Tier, daß auf dem Erdboden völlig hilflos ist. Worin, glaubst du, besteht also der Anpassungswert?«

»Es will durch seinen Kot keine Raubtiere auf sich aufmerksam machen«, schlug Claudia vor. »Pencil, komm her!« Der Dackel lief aufgeregt herum und bellte.

»Nicht schlecht, aber die gefährlichsten Feinde für Faultiere kommen nicht von unten, sondern von oben: Schlangen und Raubvögel.«

»Vielleicht düngen sie auf diese Weise ihren Wohnbaum, damit sie mehr zu fressen haben, ohne sich großartig von der Stelle bewegen zu müssen. Sind ja schließlich Faultiere«, sagte Micha und lachte.

»Genau.«

»Wie?«

»Du hast völlig recht«, sagte Herzog. »Das ist jedenfalls das, was den Experten dazu eingefallen ist. Angeblich soll das Faultier durch die erhöhte Vitalität des Baumes schließlich mehr Nachkommen erzeugen als ohne die Düngung. Absurd, nicht wahr? Dazu müßte es sich nicht extra nach unten bemühen. Außerdem wäre es unter diesen Umständen doch vernünftiger, viel häufiger als nur einmal in der Woche zu koten. Was ich sagen will, ist: Vielleicht gibt es gar keine vernünftige Erklärung für dieses selbstmörderische Verhalten. Natur hat nicht viel mit Vernunft zu tun. Warum haben alle Insekten sechs Beine, obwohl es sich mit vier oder acht oder hundert Beinen genausogut laufen läßt. Hat dieses Merkmal also einen adaptiven Wert?«

Herzog zog ein paarmal an seiner Pfeife. »Und um auf deine Stammbäume da zurückzukommen ...« Er zeigte auf die Zeichnungen im Sand. »Ich glaube nicht, daß dein Amerikaner recht hat.«

Tobias sah ihn herausfordernd an. »So. Und warum nicht?«

»Intuition, Gefühl.«

»Schsch«, machte Claudia. »Sei endlich ruhig, Pencil!«

»Gefühl?« Tobias legte ein mitleidiges Lächeln auf. »Das sagst ausgerechnet du? Klingt für mich nicht sehr überzeugend.«

»Vielleicht, aber Glück ist in diesem Zusammenhang auch kein besonders überwältigendes Argument.«

Micha glaubte nicht, daß Herzog wirklich meinte, was er sagte. Es war ein Spiel und Tobias ein dankbares Opfer für Scherze dieser Art.

»Hm«, knurrte Tobias verständnislos, stand auf und wischte einmal mit dem rechten Turnschuh quer über seine Zeichnungen. »Nur weil es uns nicht paßt, muß es ja nicht falsch sein. Was hat denn die dumme Töle?«

Pencil hatte unten am Flußufer Stellung bezogen und kläffte die Nacht an.

»Ich weiß auch nicht«, sagte Claudia und zuckte mit den Achseln. »Wahrscheinlich irgendein Tier.«

»Vielleicht ist er das Vagabundenleben nicht mehr gewöhnt«, schlug Micha vor.
»Quatsch!«
»*Hallo!*«
Herzogs Kopf fuhr herum. »Habt ihr das gehört?«
»Was?«
»Da hat jemand ›hallo‹ gerufen.«
»Hier? Du spinnst!« sagte Tobias noch immer verärgert.
»*Hallo! Ist da jemand? Hallo!*«
Sie sprangen auf, als hätten sie in einem Ameisennest gesessen.
»Wer, zum Teufel, kann das sein?« fragte Claudia und ergriff Michas Arm.
»Keine Ahnung«, sagte er nicht besonders beunruhigt. Immerhin waren sie zu viert, und außerdem kündigte sich dieser Jemand ja laut genug an. Wenn das ein Überfall sein sollte, dann war er ziemlich dilettantisch vorbereitet.
»*Hallo! Keine Angst!*« Jetzt hörte man Schritte im Ufersand. »*Sie kennen mich. Mein Name ist Helmut Axt.*«
»Helmut Axt?« fragten Claudia und Herzog wie aus einem Mund.
»Das war doch dieser Typ aus Messel, der von dem Vortrag, erinnerst du dich, Micha? So hieß der doch. Was …« Aber bevor Tobias ausreden konnte, sah man eine keuchende Gestalt aus dem Dunkel stolpern. Pencil kläffte sich die Seele aus dem Leib.
Der Mann trat noch ein paar Schritte näher – Herzog hatte inzwischen die Hand an seinem imposanten Buschmesser –, dann wuchtete er seinen Rucksack vom Rücken, stand einfach nur da und grinste, während sich seine Brust hob und senkte.
»'n Abend«, sagte er.
Micha erkannte den nächtlichen Besucher, obwohl der jetzt einen Bart trug. Es war der Paläontologe aus Messel, den er damals nach dem Käfer gefragt hatte. Seltsam, dachte er, daß auf dieser Reise andauernd aus dem Nichts Leute auftauchen, mit denen niemand gerechnet hat. Erst Claudia, dann Herzog und jetzt dieser Axt. Was hatte das zu bedeuten?
Eine Weile sagte niemand etwas, selbst Pencil hielt die Klappe. Dann steuerte Axt zielstrebig auf Tobias zu und streckte ihm die Hand hin.

»Sie müssen Tobias sein. Sie glauben gar nicht, wie froh ich bin, Sie zu sehen.«

Tobias sah ihn an, wie man einen Geist ansehen würde, wenn er auf einen zukäme, um einem die Hand zu schütteln. Als er nicht reagierte, zeigte Axt auf Tobias' Lehmverband. »Was ist mit Ihrem Arm passiert? Gebrochen?«

Tobias starrte ihn finster an und zeigte weiterhin keinerlei Reaktion. Axt drehte sich um und wandte sich Micha zu.

»Und Sie sind Michael. An mich erinnern Sie sich ja vielleicht noch.«

»Hm«, sagte Micha. »Ja, ich erinnere mich.«

Axt nickte freundlich. »Und Sie beide sind eine echte Überraschung für mich, das muß ich sagen.« Er schaute Claudia an, die immer noch neben Micha stand und seinen Arm festhielt.

»Das ist Claudia, meine Freundin«, sagte Micha und ihm fiel gar nicht auf, daß er dieses Wort in Zusammenhang mit ihr zum ersten Mal in den Mund nahm. Er spürte, wie ihre Hände an seinem Arm fester zudrückten.

»Vielleicht können Sie uns mal erklären, was Sie hier zu suchen haben?« fragte Tobias mit scharfer Stimme.

Er und Herzog, der sich immer noch an seiner Machete festhielt, standen jetzt dicht nebeneinander. Passen eigentlich gar nicht schlecht zusammen die beiden, dachte Micha, wie Vater und Sohn. Er konnte sich zuerst nicht recht erklären, warum sie so feindselig auf Axt reagierten, der nun wirklich keine Bedrohung für sie darstellte. Aber dann verstand er, was in ihren Köpfen vorging. Sie brachten ihn mit den Fallen in Verbindung, mit den von Gazehauben verhüllten Baumblüten, die sie im Dschungel entdeckt hatten, mit den Explosionen, die laut Herzog zu dem Erdrutsch geführt und einen ganzen Moorsee verschüttet hatten. Sie dachten, er sei womöglich der große Unbekannte, der hier sein Unwesen trieb.

Natürlich wunderte sich auch Micha darüber, daß dieser Mann plötzlich auftauchte wie eine Geistererscheinung. Er glaubte nicht, daß Axt etwas mit den mysteriösen Vorgängen zu tun hatte, aber genau konnte man so etwas natürlich nie wissen. Wie sah jemand aus, der versuchte vergangenes Leben zu manipulieren? Wie Boris Karloff als Frankensteins Monster? Er schien im übrigen gewußt zu haben, daß sie hier waren, hatte sie mit Namen begrüßt. Wie konnte er das wissen? Vorsicht war sicher angebracht.

Pencil war nach seiner Hysterie und dem darauffolgenden Erschöpfungszustand in die Phase ängstlicher Neugier hinübergewechselt. Vorsichtig beschnüffelte er Stiefel und Rucksack ihres Besuchers, immer auf der Hut, um beim geringsten Anzeichen von Gefahr sofort den Rückzug anzutreten und wieder loszubellen. Der kleine Kerl war ein Phänomen. Micha konnte mittlerweile nachvollziehen, warum Claudia so an ihm hing.

»Ja, also ...« Axt wirkte jetzt verlegen und blickte immer wieder verstohlen zu Herzog hinüber, der keine Anstalten machte, sich vorzustellen. »Ich will Ihnen gerne erklären, warum ich hier bin und wie es dazu gekommen ist. Aber wollen wir uns nicht vielleicht setzen?« Verunsichert blickte er von einem zum anderen. »Es ist eine längere Geschichte, wissen Sie. Ich meine, ich kann's ja selbst kaum glauben.« Er machte eine hilflose Geste, die ihre Gruppe, ihn selbst, den Fluß, die Bäume, überhaupt alles einschließen sollte.

Einen endlos erscheinenden Moment lang geschah nichts. Sie standen bewegungslos um das Feuer, das gespenstische Figuren in die Finsternis malte. Irgendwo rief ein Vogel. Axt wurde immer nervöser. Als er sich von der Stelle rührte, fing Pencil an zu knurren, und obwohl der kleine Dackel nicht besonders bedrohlich wirkte, zuckte ihr Besucher sofort zusammen.

»Bitte, hören Sie mich doch an. Bei uns gehen seltsame Dinge vor.« Seine Stimme hatte einen flehenden Tonfall angenommen, und er sah jetzt erschöpft und müde aus. »Ich bitte Sie«, sagte er noch einmal. Sein gehetzter Blick zeigte, daß ihm ganz und gar nicht wohl war in seiner Haut. »Geben Sie mir doch eine Chance!«

Claudia war die erste, die reagierte. Sie ließ Michas Arm los, hockte sich auf einen der Baumstämme, die neben dem Feuer lagen. Dann folgten Micha und schließlich Herzog.

»Danke«, sagte Axt, und seine Erleichterung klang aufrichtig. Er hockte sich im Schneidersitz auf den Boden, schaute sie reihum an. »Sie haben wirklich nichts von mir zu befürchten, glauben Sie mir!«

»Also, wir hören«, sagte Tobias.

»Tja, wo soll ich anfangen?« Axt rieb sich mit der Hand über das Gesicht. »Es ist eine ziemlich verwirrende Geschichte, wissen Sie.«

Dr. Livingstone

Natürlich erzählte er ihnen nichts von dem Skelett, Tobias' Skelett. Er konnte ihm ja wohl kaum ins Gesicht sagen, daß er ihn gefunden hatte, als fünfzig Millionen Jahre altes Fossil, in Ölschiefer konserviert, daß er in äußerster Lebensgefahr war, solange er sich hier aufhielt. Nein, das war völlig ausgeschlossen. Sie hätten ihm kein Wort geglaubt. Er mußte sich etwas anderes überlegen.

Sein erstes Ziel hatte er jedenfalls erreicht. Noch lebte Tobias. Das war schon mehr, viel mehr, als er bei ehrlicher Einschätzung der Lage erwarten durfte. Immer wieder sah er das Röntgenbild vor sich, das er so oft angestarrt hatte. Welches unbeschreibliche Gefühl, ihm gegenüberzustehen, einem Menschen aus Fleisch und Blut, auch wenn er sich zunächst so abweisend verhielt und seine ausgestreckte Hand ignorierte! Ihm war diese dürre Gestalt nicht gerade sympathisch, aber darum ging es nicht. Der Zahndiamant blinkte hin und wieder im Schein des Lagerfeuers auf. Ohne diesen seltsamen Stein hätte er ihn nie erkannt. Und jetzt stand er tatsächlich vor ihm, von Angesicht zu Angesicht, und er mußte nur noch aufpassen, daß ihm nichts passierte. Vielleicht konnte er sie ja irgendwie überreden, wieder zurückzufahren.

Wer war dieser ältere Mann mit dem krausen Bart? Er verunsicherte Axt. Sein Miene war undurchdringlich, alles andere als freundlich. Er starrte ihn finster an und legte seine Hand immer wieder drohend auf diese furchteinflößende Machete, die er an seinem Gürtel trug. Bisher hatte er noch kein Wort gesagt. Wo kam er her? Wie hatten sie ihn getroffen?

Während dieser schrecklichen Minuten, als niemand etwas sagte, als das Feuer und seine müden Augen die Gesichter der vier für kurze Zeit in diabolische Fratzen verwandelten, als sie ihn schweigend anstarrten wie ein Trupp ausgehungerter Kannibalen, hatte er fieberhaft überlegt, was er sagen sollte, wenn sie ihn denn überhaupt zu Wort kommen ließen, und schließlich war ihm die Geschichte mit Sabines Fledermaus eingefallen. Wie sich bald herausstellte, hatte er damit genau ins Schwarze getroffen. Je mehr er davon erzählte, von den Skeletten in aller Welt, die einfach verschwanden, von dem Käfer, den Sonnenberg ihm geschenkt hatte, die ganze lange Geschichte, die ihm jetzt, wo er sie im Zusammenhang darstellen mußte, erneut eine Gänsehaut nach der anderen über den Rücken jagte, desto mehr erwachte ihr Interesse, desto aufmerksamer wurden ihre zunächst so abweisenden Gesichter, desto freundlicher und besorgter wurde der Ton ihrer Zwischenfragen.

Irgendwann streckte ihm der ältere Mann eine von harter Arbeit gezeichnete Hand entgegen und sagte: »Ich bin übrigens Ernst Herzog.« Dann brummte er: »Tut mir leid, daß ich so unfreundlich war, aber man kommt hier langsam aus der Übung, was menschliche Umgangsformen angeht.«

Axt stutzte. »Moment mal! Ernst Herzog? Sind Sie etwa *der* Ernst Herzog, der ...«

Als Herzog nickte, machte Axt ein derart verblüfftes Gesicht, daß Claudia lachen mußte, und kurze Zeit später lachten alle – bis auf Tobias.

»Also wissen Sie, bei dieser Geschichte ist mir ja schon so einiges untergekommen, aber das ist unfaßbar. Ich ... ich weiß gar nicht ... ich bin einfach sprachlos«, stotterte Axt, und sein Gesicht glühte vor Freude. »Wissen Sie, woran mich das erinnert? An diesen Henry Morton Stanley damals in Afrika.«

»*Dr. Livingstone, I presume?*«, sagte Micha mit verstellter Stimme, und die ganze Gesellschaft brach erneut in schallendes Gelächter aus.

»Sie können sich sicher denken, wie viele Fragen mir durch den Kopf gehen«, sagte Axt und wischte sich einige Tränen aus den Augenwinkeln. Da hatte er nach zwei Berliner Studenten gesucht, und wen traf er? Er hätte es nicht für möglich gehalten, daß es nach all den Ereignissen der letzten Wochen und Monate noch eine Steigerung geben konnte. Ernst Herzog, der seit langem vermißte große deutsche Paläontologe war hier? Die ganze Geschichte wurde immer verrückter, und er konnte nur hoffen, daß diese unerwartete Entwicklung für das, was er noch zu tun hatte, ein gutes Omen war.

»Ja«, sagte Herzog und war jetzt wieder sehr ernst, »das kann ich mir vorstellen, aber wir müssen das auf ein andermal verschieben. Mich interessieren jetzt die verschwundenen Fossilien.«

Herzog stellte einige detaillierte Fragen, die Axt beantwortete, soweit ihm das möglich war. Er mußte sich dabei sehr zusammenreißen, daß ihm in all der Aufregung nicht eine verräterische Bemerkung über das *Homo sapiens*-Skelett herausrutschte.

Herzog fragte, welche Art von Fossilien genau verschwunden seien, wie alt sie waren und ob ihm noch mehr seltsame oder irgendwie unerklärliche Phänomene bekannt seien. Dann erzählte er von dem Grund ihres Ausfluges, von den Fallen, den Gazehauben, dem Erdrutsch, und daß er ernsthaft beunruhigt sei. Er befürchte, daß hier jemand Schindluder mit dem Geheimnis der Höhle trieb. Er habe zwar keine Beweise, aber eine innere Stimme sage ihm, daß Gefahr im Verzug sei.

Axt war entsetzt und bot sofort seine Hilfe an. So erschreckend sich Herzogs Verdacht auch anhörte, für Axt war es eine gute Nachricht. Wenn die Fledermausskelette verschwinden konnten, weil anscheinend irgend etwas verhindert hatte, daß die Tiere in den Messeler See oder seinen Zufluß fielen, dann konnte theoretisch auch Tobias' Skelett wieder verschwinden. Und das hieß, ja, war der Beweis dafür, daß er eine reelle Chance hatte. Sein Vorhaben konnte gelingen, er mußte nur aufpassen, Augen und Ohren aufsperren und Tobias nicht von der Seite weichen. Allzulange würde es nicht mehr dauern. Sie waren ja im Grunde schon auf dem Rückweg. Das war eine weitere gute Nachricht.

Der See

Jetzt waren sie zu fünft. Im Gänsemarsch folgten sie dem Flußlauf, Herzog, der es nun noch eiliger hatte und ein enormes Tempo vorlegte, vorneweg. Micha, der mit Claudia und Pencil den Schluß der Gruppe bildete, verlor den Anschluß und fiel immer weiter zurück. Erst als Herzog zu einer kurzen Mittagsrast anhielt, holte er die anderen wieder ein.

Axt, Herzog und Tobias sprachen schon wieder über den Unbekannten. Seit dem Abend schien es kein anderes Thema mehr zu geben. Schon beim Frühstück hatten sie aufgeregt darüber debattiert, und auch in den Tagen danach sollte es bei jeder sich bietenden Gelegenheit um diesen Fallensteller und die möglichen Konsequenzen seiner Aktivitäten gehen. Selbst spät abends, wenn Micha und Claudia, die jetzt immer zusammen im Zelt schliefen, in ihren Schlafsäcken lagen, kamen sie nicht davon los.

Die ganze Aufregung erschien Micha anfangs übertrieben. Erst nach und nach wurde ihm klar, was Herzog und Axt so beunruhigte. Nachdem er durch Axt von den Vorgängen in Messel erfahren hatte, wirkte der Eozän alarmiert, wie aufgezogen. Er war kaum wiederzuerkennen in seiner rastlosen Unruhe und drängte jeden Morgen auf einen zeitigen Aufbruch, damit sie möglichst schnell den Dschungel erreichten.

Jemand spielte hier mit einer höchst sensiblen Materie herum, der Geschichte des Lebens. Das Tor in die Vergangenheit, durch das sie geschlüpft waren, eröffnete die Möglichkeit der Manipulation. Darüber hatte er vorher naiverweise nie nachgedacht. Man konnte von Glück sagen, daß die Höhle nur in das Tertiär führte und nicht in einen viel länger zurückliegenden Abschnitt der Erdgeschichte. Anders als in späteren Erdzeitaltern, wo eine schon seit Millionen Jahren eingespielte Ökologie mit einer Vielzahl von spezialisierten und voneinander abhängigen Lebensformen ein kompliziertes und relativ stabiles Netz gewoben hatte, waren die Anfänge, die ersten zaghaften Versuche in eine neue Richtung leicht verwundbar und von geringer Widerstandskraft. Mitten in dieses sensible, gerade erwachende Leben wären sie mit ihrem naiven touristischen Entdeckergeist hineingeplatzt und hätten womöglich aus purer Unachtsamkeit eine Katastrophe angerichtet.

Neue Tier- und Pflanzenarten entstanden nicht nur in den Pionierphasen, die auf die globalen Massensterben folgten und die dadurch gerissenen Lücken wieder auffüllten. Auch in den scheinbar ruhigen Zwischenzeiten, auch jetzt hier um sie herum, auch in der fernen Zukunft, in der ihr Zuhause lag, überall und zu jedem Zeitpunkt entstanden in einem langsamen und daher unsichtbaren Prozeß neue Lebewesen, vielleicht sogar die zunächst unscheinbaren Urahnen einer erst viele Millionen Jahre später erfolgreichen und blühenden Organismengruppe.

Das erste Wirbeltier oder sein Vorläufer hatte bestimmt nicht sehr eindrucksvoll ausgesehen, und wenn es von irgendeinem primitiven Urraubtier gedankenlos verspeist, in einem plötzlichen Regenguß ertrunken, von einem Erdrutsch verschüttet oder von einer Mausefalle erschlagen worden wäre, wer weiß, ob die Natur oder die Evolution dieselbe Idee noch ein zweites Mal hervorgebracht hätte. Um so hochentwickelte, imposante Gestalten wie die Dinosaurier vom Planeten zu fegen, hatte es schon einer Katastrophe globalen Ausmaßes bedurft, bei weniger robusten Kreaturen genügte vielleicht schon ein Tritt, und das Antlitz des Planeten wäre ein anderes gewesen.

In letzter Konsequenz war jedes einzelne Individuum, ob Pflanze oder Tier, in seiner Art einzigartig, eine vom Zufall ausgewürfelte Kombination von Eigenschaften, die in genau dieser Zusammenstellung möglicherweise nie wieder auftreten würden, und wer konnte schon sagen, ob in der gerade vernichteten Pflanze oder dem achtlos zertretenen Wurm nicht der Keim für die künftigen Herrscher der Erde gelegen hatte. Man konnte die Vorsicht der indischen Jainas, die vor jedem Schritt den Weg vor sich fegen, um ja nichts zu zertreten, für ziemlich übertrieben halten, angesichts dieser Gedanken jedoch erschien ihr Verhalten plötzlich in einem ganz anderen Licht.

Vielleicht gab es ja immer nur genau einen Ort, einen Zeitpunkt, an dem sich eine neue Idee in der Natur durchsetzen konnte. Wurde dieser Moment verpaßt oder geschah etwas Unvorhergesehenes, war die Chance vertan, und die Welt würde nie erleben, welche verborgenen Möglichkeiten in genau dieser Idee gesteckt hatten.

Natürlich gibt es so etwas wie physikalische Gesetze und optimale Lösungen für bestimmte Probleme. Wenn etwas im Wasser schnell schwimmen wollte, war die Spindelgestalt aus strömungstechnischer Sicht am günstigsten, und ganz egal, wer sich auf diesen Weg begibt, ob Fisch, Säugetier, Vogel oder Weichtier, nach den Gesetzen der Evolution würde stets etwas Spindelförmiges dabei herauskommen. Wer in weichem Substrat oder als Parasit in den Körpern großer Wirtstiere lebte, war dagegen mit der Wurmgestalt am besten bedient. Für beides liefert die Natur zahllose Beispiele. Ein unabänderliches Diktat der Physik.

Sicherlich hatte es auch Zeiten gegeben, in denen bestimmte Entwicklungen gewissermaßen in der Luft lagen und eine große Zahl von Lebewesen nur eine Winzigkeit vom entscheidenden, revolutionären Schritt entfernt waren. Die Wahrscheinlichkeit, daß mehr als nur ein Organismus diesen Schritt tatsächlich irgendwann tat, war dann sehr groß. Wurde der richtige Zeitpunkt aber verpaßt, war der Platz, der für das allererste dieser Wesen frei gewesen wäre, vielleicht aus einer ganz anderen Richtung schon besetzt.

Vielleicht hätten ja auch seltsame rote schleimige Algenkissen die Gunst der Stunde nutzen und das Land als erste in Besitz nehmen können, so daß sich etwaige Nachfolger, zum Beispiel die grünen Pflanzen, mit einem Stehplatz begnügen müßten. Zu einer Randexistenz verurteilt und auf Grund des großen Entwicklungsvorsprungs ihrer Konkurrenten hoffnungslos zurückgefallen, wären sie anstatt zu Bäumen, Gräsern und Blumen vielleicht zu form- und bedeutungslosen grünen Klumpen geworden. Und wer weiß, vielleicht hätte die Flora und Fauna der Erde ein gänzlich andersartiges Aussehen angenommen, wenn nicht Individuum A, sondern B den entscheidenden Schritt an Land gewagt hätte, weil B sich in vielen kleinen Details von A unterschied.

Die Möglichkeiten und Konsequenzen dieser Gedanken waren so schwindelerregend, daß Micha kaum wagte, sich von der Stelle zu bewegen, aus Angst, mit einer unachtsamen Bewegung, einem unvorsichtigen Schritt, ja, einem einfachen Atemzug die Fauna und Flora ferner Erdzeitalter zu vernichten.

Aber er mußte bald einsehen, wie unsinnig diese Angst war. Der freigewordene Platz würde ja von jemand anderem eingenommen werden. Nur das Verschwinden der einen ermöglichte das Aufblühen der anderen Gruppe. Ohne das Aussterben der Trilobiten hätten viele andere Meereslebewesen vielleicht nie eine Chance zur Entfaltung bekommen, und ohne die Vernichtung der Dinosaurier wären die Säugetiere möglicherweise die kleinen, nachtaktiven, scheuen Wesen geblieben, die sie im Erdmittelalter waren, mit großer Sicherheit aber wäre der Mensch so nie entstanden.

In der großen Lotterie des Lebens, im permanenten Auf und Ab des Werdens und Vergehens wurden die Hauptgewinne immer wieder neu verteilt. Wer heute eine Niete zog, in einer verborgenen und geschützten Nische aber am Leben blieb, erwischte morgen vielleicht das große Los.

Daß ihre eh schon arg gebeutelte Welt in der jetzt so fernen Neuzeit auf diese hinterhältige Weise, durch die Ignoranz abenteuersuchender Urzeittouristen oder den Größenwahn irgendwelcher Möchtegerngötter gefährdet werden könnte, hätte Micha sich selbst im Traum nie vorzustellen gewagt. Hätte er um diese Gefahr gewußt, er wäre nie soweit gefahren.

Aber mit Sicherheit war ihr Besuch harmlos im Vergleich zu dem, was passierte, wenn die Wissenschaft von der Höhle Wind bekam. Genau das war ja Herzogs große Befürchtung. Vielleicht hatten sie es hier mit jemandem zu tun, der sich die Möglichkeiten der Höhle ganz bewußt zunutze machte. Was, wenn hier tatsächlich jemand mit der Geschichte des Lebens herumexperimentierte? Werkzeuge, die den Wissenschaftlern durch Zufall in die Hände fielen und neue Wege der Forschung eröffneten, waren in der langen Geschichte der Naturwissenschaften selten ungenutzt geblieben. Wer gentechnologische Forschung betrieb und die Welt, trotz aller Risiken, mit transgenen Mischgeschöpfen bevölkern wollte, würde vor direkten Experimenten mit der Evolution nicht zurückschrecken.

Axt zitierte in diesem Zusammenhang den Ausspruch irgendeines schlauen Menschen. »Wer nur einen Hammer hat, dem erscheint die ganze Welt als Nagel«, hatte er gesagt.

»Ja«, brummte Herzog daraufhin, »und er wird sich damit verdammt leicht und sehr schmerzhaft auf die Finger hauen.«

Trotz der unheimlichen Möglichkeiten, die sich da als drohende Unwetterwolken abzuzeichnen begannen, kam Micha die Eile, die Herzog und Axt an den Tag legten, reichlich übertrieben vor. Die Chance, daß sie dem Unbekannten begegnen würden, war angesichts der riesigen Ausdehnung des Dschungels, die Herzog früher bei jeder Gelegenheit betont hatte, gleich Null. Zudem hatten sie ja mit eigenen Augen gesehen, wie unübersichtlich und unzugänglich das Gelände war. Es stellte ein so unüberschaubares Gewirr von Wasserläufen, Sumpfflächen, dichten Urwäldern und tückischen Schlammlöchern dar, daß die Chance, diesem Saboteur des Lebens, diesem Evolutionsterroristen, das Handwerk legen zu können, außerordentlich gering war. Daran festzuhalten grenzte fatal an Augenwischerei und eine tragische Verkennung der Realitäten. Andererseits, irgend etwas mußte geschehen. Wenn Herzogs Befürchtungen auch nur ansatzweise zutrafen, dann könnten sich in Zukunft statt fossiler Fledermausskelette noch ganz andere Sachen in Luft auflösen.

Ein weiterer Abend am Lagerfeuer und wieder ein Gespräch über die großen Tragödien in der Geschichte des Lebens, die Massenaussterben. Seltsam, daß es für ein solches Wort überhaupt einen Plural gibt.

»Und was wird aus all dem hier?« fragte Claudia. Die Frage war an alle gerichtet und eher rhetorisch gemeint. Sie wußte ja, daß in den Zoos der Zukunft keine Dinotherien, sondern Elefanten herumstanden. Aber sie schaute zu Axt hinüber, der neben Herzog am Feuer saß.

»Humus, was denn sonst«, antwortete Tobias. »Und Fossilien.«

Axt schmunzelte. »Ich würde sagen, eigentlich nichts Besonderes. Fast alle Phasen des Massenaussterbens gingen mit einer deutlichen globalen Abkühlung einher, und in etwa zehn Millionen Jahren wird es mal wieder soweit sein. Eine Generation von Säugetieren wird abtreten und einer neuen Platz machen. Das seit dem Zeitalter der Dinosaurier herrschende Treibhaus- wird relativ schnell in ein Kühlhausklima umschlagen. Was dann aus dieser tropischen Welt hier werden wird, kann man sich ja vorstellen. Alles, was lebt, wird versuchen nach Süden auszuweichen, Richtung Äquator. Die Lebensräume werden drastisch zusammenschrumpfen. Wenn sie Glück haben, schaffen sie es ...«

»Siehst du, Ernst!« rief Tobias dazwischen. »Er spricht auch von Glück.«

Axt schaute irritiert. »Na ja, und wenn nicht ...«

Schweigen.

Typisch Wissenschaftler, dachte Micha. Wahrscheinlich hatte Claudia die Frage anders gemeint, irgendwie poetischer.

Seit ihm bewußt war, daß ihr Handeln hier die Zukunft und

damit die Bedingungen ihrer eigenen Existenz mitbestimmte, bewegte er sich ganz anders, viel bewußter, vorsichtiger. Durch die Zeitreise war ihre eigene Gegenwart, das Holozän, zur fernen Zukunft geworden, und sie konnten nun zu Opfern ihrer eigenen Fehler werden.

Je näher sie dem Urwald kamen, desto seltsamer wurde das Verhalten von Helmut Axt. Micha war schon in den Tagen zuvor aufgefallen, daß der Paläontologe aus irgendeinem nicht recht nachvollziehbaren Grund die Nähe von Tobias suchte. Anfangs war er sich nicht sicher, aber jetzt war es nicht mehr zu übersehen. Er fand das verwunderlich, da Tobias Axt sehr kühl und distanziert behandelte, während er bei den anderen schon lange als gleichberechtigtes Gruppenmitglied akzeptiert war. Tobias hingegen würdigte ihn weiterhin kaum eines Blickes, widersprach ihm, wo er nur konnte, und zeigte alle Symptome einer ausgeprägten Antipathie. Trotzdem blieb Axt immer in seiner Nähe, behielt ihn stets im Auge. Wenn Tobias einmal außer Reichweite war, wurde er nervös, unterbrach eine Unterhaltung mitten im Satz und entfernte sich unter fadenscheinigen Begründungen vom Lager, um ihn zu suchen.

Als dann in einiger Entfernung die grüne Wand des Dschungels vor ihnen auftauchte, hing er an Tobias wie eine Klette und rückte ihm so auf die Pelle, daß Tobias einmal wutschnaubend herumfuhr und ihn anbrüllte, er solle ihm gefälligst nicht andauernd in die Hacken treten und dieses ewige Herumgeschwänzel gehe ihm total auf die Nerven. Er brauche keinen Aufpasser und einen Liebhaber schon gar nicht. Axt zuckte wie unter Schmerzen zusammen, schaute betreten zu Micha und den anderen hinüber und hielt fortan etwas mehr Abstand zu Tobias, ohne in seiner merkwürdigen Wachsamkeit nachzulassen.

Als sie den Dschungel erreicht hatten – sein dunkles Grün sah wunderbar aus –, hielt Herzog an und wartete, bis alle aufgeschlossen hatten. Sie befanden sich jetzt in der Nähe der Stelle, wo das Floß lagerte.

»Wir sind bald da«, sagte Herzog, der sich in das dichte Gras am Flußufer gesetzt hatte.

»Wo denn?« fragte Micha neugierig.

»Na, ich wollte euch doch noch etwas zeigen. Mein bescheidenes Abschiedsgeschenk sozusagen. Wir müssen noch etwa zwei Stunden zu Fuß gehen. Am besten wir ruhen uns etwas aus und lassen alles hier. Es ist nicht mehr weit, gleich dahinten.« Er zeigte auf den Urwald und lächelte vielsagend. Manchmal schien es Micha so, als habe Herzog trotz all der mit ihrem Erscheinen verbundenen Unruhe durch sie erst wieder lächeln gelernt.

Sie aßen noch eine Kleinigkeit und machten sich dann ohne Gepäck wieder auf den Weg. Niemand fragte, wo es hinging und was es dort zu sehen gab, und Herzog machte auch keine Anstalten, ihr Marschziel näher zu beschreiben. Es war kaum vorstellbar, daß es da nach allem, was sie erlebt hatten, noch irgend etwas geben sollte, das sie in Erstaunen versetzen könnte. Sie ließen sich einfach überraschen.

Sie entfernten sich wieder vom Fluß und liefen in einer Reihe schräg auf den Urwald zu. Herzog marschierte mit Tobias vorne weg, dahinter gingen Axt und Claudia, von Pencil gezogen, den sie an die Leine genommen hatte. Micha bildete wie immer die Nachhut.

In der Ferne, in der flachen Savanne vor den rauchenden Vulkanen weideten große Herden. Es waren sicher Uintatherien oder die Donnertiere, die sie damals am Flußufer beobachtet hatten. Es war ein grandioser Ausblick und erinnerte an die berühmten Safaribilder vor dem schneebedeckten Gipfel des Kilimandscharo.

Je näher sie dem Dschungel kamen, desto lauter und vielfältiger wurden die Geräusche, desto höher ragte der Wald auf, fast übergangslos, nur durch einen schmalen Buschstreifen von dem Grasland mit seinen vereinzelten Bauminseln getrennt. Einige der alten, ehrfurchtgebietenden Urwaldriesen mochten fünfzig, sechzig Meter hoch sein. Ihre weit ausladenden Äste trugen schwer an vielerlei Aufwuchs, bildeten in schwindelerregender Höhe eigene kleine unerreichbare Miniaturwälder.

Herzog zückte sein Buschmesser, lief eine Weile suchend hin und her und begann dann einen kleinen Pfad, wahrscheinlich einen Wildwechsel, freizuschlagen und zu verbreitern. Die anderen folgten ihm. Langsam bahnten sie sich ihren Weg, stiegen über abenteuerlich verwachsene und verschlungene Brettwurzeln, duckten sich unter dichtem, dornigem Buschwerk und baumelnden Lianen hindurch, schwiegen, schwitzten und schauten. Je tiefer sie eindrangen, desto schwerer wurde die Luft, beladen mit Feuchtigkeit und den Düften der Pflanzen und der modrigen Erde. Michas Augen schwelgten in Braun und Grün, dem Braun abgestorbener Blattriesen, des Bodens und der Baumrinden und dem Grün dieser Vegetationsflut, so dicht und unentwirrbar, daß es oft unmöglich schien zu sagen, welche Blätter zu welcher Pflanze gehörten, wo das eine Gewächs aufhörte und das andere begann. Hier und da leuchtete, von einem verirrten Sonnenstrahl getroffen, ein Blatt oder ein Farnwedel auf und malte einen scharfen Schatten.

Fast unmerklich führte der Pfad bergab, und plötzlich hob sich der grüne Vorhang und gab den Blick auf eine stille schwarze Wasserfläche frei.

»Wir sind da«, sagte Herzog und breitete die Arme aus.

Es war ein Ort so schön wie das Paradies, friedvoll und doch überquellend von Leben. Der See war fast kreisrund, aber seine Ufer waren nur schwer auszumachen. Rechts wuchs dichtes Pflanzengestrüpp im flachen Wasser. Einzelne Äste weit ausladender Baumriesen ragten auf die dunkle Wasserfläche hinaus, die stellenweise von einem blühenden Teppich jener weißen Seerosenart bedeckt war. Links war das Ufer steiler. Etwa zweihundert Meter weiter mündete ein Dschungelfluß in den See.

Auf den Messeler Paläontologen schien die Szenerie den größten Eindruck zu machen. Axt stand wie angewurzelt, stützte sich schließlich mit der Rechten an einem Baumstamm ab und starrte mit offenem Mund auf die Wasserfläche hinaus. Seine Lippen bewegten sich in stummer Verblüffung. Für einen Moment schien er vollkommen abwesend zu sein.

Als Tobias einen Schritt vorwärts machen wollte, hielt Herzog ihn am Arm fest. »Vorsicht, die Ufer sind tückisch. Schwimmrasen, verstehst du, und dicker, zäher Morast. Außerdem steigen giftige Gase auf. Es ist sehr gefährlich. Haltet lieber Abstand.« Tobias nickte, zwängte sich aber laut raschelnd durch die dichte Vegetation, als Herzog seinen Arm losließ. Axt, der aus seiner Starre wieder erwacht war, wirkte nun noch nervöser als sonst und folgte ihm wenige Sekunden später.

Sie verteilten sich. Jeder streifte auf eigene Faust durch das Dickicht. Herzog hockte sich auf eine Brettwurzel, begann seine Pfeife zu stopfen und verfolgte ihre Begeisterung mit gütigem Lächeln, wie ein Vater, der amüsiert und stolz den ersten Gehversuchen seiner Kinder zuschaut.

Es dauerte nicht lange, bis Micha die anderen aus den Augen verloren hatte, abgelenkt von der spektakulären Natur und den vielen Entdeckungen, die er machte. Einiges davon hatte er schon damals auf dem Floß gesehen, als die Insekten in Massen ihre Lampe anflogen, aber er entdeckte auch viele Arten, die ihm unbekannt waren. Trotzdem fehlte ihm die normalerweise angesichts einer derartigen tropischen Idylle gebotene Begeisterung. Er war mit seinen Gedanken nicht recht bei der Sache. Ein wehmütiges Gefühl ließ ihn irgendwann stehenbleiben und gedankenverloren mit den Blättern eines rotblühenden Strauches herumspielen.

Morgen oder übermorgen würden sie umkehren und nach Hause fahren. Ausgerechnet an diesem herrlichen Ort überkam ihn aus heiterem Himmel die Vorstellung, wie es sein würde, bald wieder in einer Stadt zu leben, umgeben von Häuserschluchten, hupenden Autos, von Tausenden und Abertausenden von Menschen, die keine Ahnung davon hatten und auch nie haben durften, was sie hier erlebt hatten. Der Gedanke schmerzte ihn so sehr, daß ihm schwindlig wurde. Wie sollte das gehen, wie sollte er das aushalten? Würde er vor lauter Lügen nicht bald vergessen, was er gesehen hatte? Was hatte diese Reise aus ihm gemacht? Aber da war Tobias, und vor allem Claudia. Das war mehr als ein Hoffnungsschimmer. Sie würden sich helfen.

Micha wußte nicht mehr, wie lange er schon durch den Wald gestreift war, als er Herzog laut rufen hörte. Sie hatten verabredet, noch heute zurück zum Fluß zu laufen, um dort die Nacht zu verbringen. Morgen früh wollten sie dann versuchen, mit Hilfe des Floßes zu dem seltsamen Baum mit den Gazehauben zu gelangen. Es müßte eigentlich problemlos möglich sein, ihn wiederzufinden, denn er befand sich in unmittelbarer Nähe des Ufers. Danach würden sie nach Hause aufbrechen.

Einer nach dem anderen trudelte wieder ein, zuerst Claudia

und Pencil. Als Tobias durch die dichte Vegetation trat, verdrehte er die Augen und deutete mit einer kurzen Kopfbewegung nach hinten an, was ihn so genervt hatte. Keine zwei Meter hinter ihm folgte Helmut Axt.

Der Paläontologe sah schrecklich aus. Er war schweißüberströmt, kreidebleich und zitterte wie Espenlaub. Micha vermutete, daß ihn dieser See mitten im Urwald so beeindruckte. Wahrscheinlich hatte er in ihm das lebende Pendant zu seiner toten Grube Messel gefunden, zweifellos eine eindrucksvolle Erfahrung, die er erst einmal verdauen mußte.

Axt beruhigte sich etwas, als sie alle schweigend beisammen saßen und den Urwaldgeräuschen lauschten. Die Stimmung war etwas bedrückt.

Plötzlich sprang Herzog auf und starrte zum Seeufer hinunter.

»Was ist?« fragte Tobias.

»Ich dachte, ich hätte etwas gesehen.«

»Ein Tier?« fragte Micha.

Sie starrten angestrengt in das Blätterwirrwarr, aber je länger sie dort hineinsahen, desto weniger war zu erkennen, so dicht war das Grün, so verwirrend waren die ineinander und miteinander verwachsenen Äste der Bäume und Sträucher.

»Da unten, da ist jemand«, schrie Tobias plötzlich.

»Wo?«

»Da!« Er zeigte aufgeregt irgendwohin in das Grün des Dschungels. »Den kauf ich mir«, zischte er und im nächsten Moment war er im Dickicht verschwunden.

»TOBIAS!«

Axt stand wie versteinert da. Sein Gesicht zeigte einen derart entsetzten Ausdruck, daß Micha das Blut in den Adern gefror. Aus diesem Schrei, bei dem sich Axts sonst so ruhige Stimme fast überschlagen hatte, sprach so viel Angst, ein solches Maß an Bestürzung, daß Micha keinen Moment zögerte und sofort losrannte.

So schnell er konnte, lief er durch das dichte Gestrüpp. Ohne darauf zu achten, wohin er trat, stürzte er durch den Wald, hastete durch die dichte Vegetation, in seinen Ohren noch das Echo dieses Schreies, das ihn vorantrieb. Er spürte kaum, wie ihm die Äste ins Gesicht schlugen, wie er sich an scharfen Dornen die nackten Arme und Beine aufriß. Fast blind hetzte er dorthin, wo er das Seeufer vermutete.

»Tobias!«

Das war wieder Axt. Er mußte irgendwo rechts von ihm sein. Es war ein Kreischen, fast unmenschlich, voller Qual.

Micha kämpfte sich weiter voran. Irgendwo bellte Pencil. Von unten hörte man Stimmen, einen heftigen Wortwechsel. Er blieb stehen und lauschte, versuchte zu orten, von wo genau die Stimmen kamen. Er erkannte Tobias, aber wer war der andere? Dann plötzlich ein seltsames Stöhnen und Ächzen. Kampfgeräusche. Ein heftiges Blätterrascheln, das Brechen von Ästen, dumpfe Laute, als ob jemand auf den Boden gestürzt war, der spitze Schrei einer Frau. Wer war das? War Claudia schon da unten? Wie hatte sie dorthin gefunden? War ihr etwas passiert? Plötzlich ein lautes Klatschen, wilde tierhafte, gequälte Laute. Sie mußten ins Wasser gefallen sein, schlugen dort wild um sich, kämpften. Immer wieder dieses Stöhnen.

Jetzt hörte er Tobias schreien. Angst, Todesangst klang aus seiner Stimme, und Micha rannte noch schneller, er stolperte und fiel: Nein, es reicht, nicht noch eine Katastrophe, das ertrage ich nicht, das ist zuviel. Er brach durch eine Blätterwand und stand plötzlich keuchend neben Herzog, der wie gebannt auf den See hinausstarrte.

Dann sah er, was passiert war. Tobias steckte bis zur Hüfte in zähem, schwerem Morast, der nur wenige Meter daneben aussah wie festgetretene Erde. Mit der Hand seines gesunden Armes klammerte er sich an einem federnden moosbewachsenen Ast fest.

Nein, nicht schon wieder, dachte Micha. War denn einmal nicht genug? Er spürte wie ihm das Blut in den Kopf schoß. Einen Moment lang stand er unbeweglich da, paralysiert von seiner Wut und dem dagegen ankämpfenden Schuldgefühl. Mit wachsendem Entsetzen verfolgte er, wie Tobias um sein Leben kämpfte. Sein Gesicht war zu einer Grimasse verzerrt. Immer wieder versuchte er verzweifelt, unter ängstlichem Keuchen mit dem verletzten Arm den Ast zu greifen, fand aber keinen Halt, fiel zurück und rutschte jedesmal ein Stück tiefer in den Sumpf.

»Da ist noch jemand. Eine Frau!« Das war Claudias Stimme. Irgendwie hatte sie den Weg zu ihm und Herzog gefunden.

Jetzt sah er sie auch. Nur wenige Meter von Tobias entfernt steckte eine Frau im Morast und drohte wie er zu versinken. Nur noch ihr Kopf schaute heraus. Eine bunte Kappe war halb von ihren Haaren gerutscht, und lange schwarze Strähnen hingen in den sumpfigen Matsch. Todesangst hatte das schöne Gesicht bis zur Unkenntlichkeit entstellt. Sie wurde unaufhaltsam in die Tiefe gezogen. Sie schrie.

»Mein Gott, das ist ja Ellen«, schrie Micha und war wie gelähmt.

»Du kennst sie?« fragte Claudia.

»Ja, ich meine, nein, nicht richtig.« Er war völlig verwirrt. Wie kam Ellen hier her? »Das ist Sonnenbergs Assistentin.«

Herzog war kreidebleich, seine Lippen zitterten. Als Micha ihn ansah, löste sich endlich seine Erstarrung.

»Wir können doch hier nicht tatenlos herumstehen. Wir müssen ihnen helfen«, schrie er Herzog an und stürzte wieder los.

Er wandte sich nach rechts, weil er geradeaus nicht weiterkam. Ein matschiger Abhang fiel dort steil zum Ufer ab. Aber kaum hatte er sich ein paar Schritte in das Dickicht entfernt, verlor er die Orientierung, wußte nicht mehr genau, wohin er sich wenden sollte. Überall versperrte dichtes Gestrüpp den Weg und den Blick auf den See. Immer wieder hörte er Tobias schreien, und weil der Weg, den ihm seine Stimme wies, durch ein meterbreites Geflecht armdicker Luftwurzeln blockiert war, trieb ihn seine Panik zu aussichtslosen und schmerzhaften Versuchen, mal hier, mal dort durch die verfilzte Vegetation zu brechen. Als er sich schließlich verzweifelt umdrehte, um es an einer anderen Stelle zu versuchen, blickte er wieder in Herzogs blasses und verschwitztes Gesicht. Er mußte ihm gefolgt sein. Claudia war nirgendwo zu sehen.

»Was ist los?« fragte Micha atemlos und blickte gehetzt um sich. »Irgendwie muß man doch dahin kommen.«

»Es hat keinen Sinn. Es ist zu spät!« Herzog schüttelte nur stumm den Kopf und ließ das Kinn sinken.

Plötzlich ärgerte Micha sich über Herzogs Untätigkeit. Sie machte ihn rasend. »Du kennst dich doch hier aus. Warum ziehst du ihn nicht heraus, he? Stehst hier wie angewachsen«, brüllte er, drängte ihn beiseite und schlug sich zu einer Stelle durch, von wo aus er auf den See gucken konnte.

»Tobias!«

Nichts! Er fand in dem unübersichtlichen Pflanzen- und Wurzelgewirr kaum den Ast wieder, an dem Tobias gehangen hatte. Aber wo vorher noch sein rotes T-Shirt geleuchtet hatte, war nichts mehr, nur eine unbewegliche schwärzliche Masse. Auch der andere Kopf war verschwunden.

»Tobias!« schrie er noch einmal, so laut er konnte. »Ellen!«

Im nächsten Moment brachen Pencil und Claudia durch das Unterholz. »Was ist denn ...«, sie verstummte, als sie sein Gesicht sah.

Er starrte auf die Stelle, wo er Tobias das letzte Mal gesehen hatte, und er glaubte kurz eine Hand zu erkennen, die hilfesuchend aus dem Schlamm ragte.

Wenig später knackte es in den Büschen links von ihm, und einen kurzen, wunderbaren Moment lang dachte er, das sei bestimmt Tobias, sein Freund, der sich mit letzter Kraft herausgezogen hatte und von oben bis unten mit stinkendem Morast besudelt und seinem charakteristischen Grinsen auf dem Gesicht aus dem Dschungel treten würde, mit Ellen an seinem Arm.

Aber es war nur Herzog, resigniert, den Kopf gesenkt, mit hängenden Schultern, gebeugtem Rücken. Als Claudia ihn so sah, begriff sie, daß etwas Furchtbares geschehen sein mußte. Kraftlos ließ Herzog sich fallen, plötzlich ein alter, gebrochener Mann, hilflos, machtlos. Er begann zu schluchzen. Sein Oberkörper zuckte.

Micha hockte sich neben ihn, wollte einen Arm um seine Schultern legen, wollte ihn beruhigen, sich entschuldigen, weil er ihn so angefahren hatte, aber seine Hände zitterten zu stark.

Tobias tot?

»Jetzt sagt mir doch endlich, was passiert ist«, sagte Claudia leise. Sie hockte sich vor Herzog und Micha auf den Boden und schaute sie in ängstlicher Erwartung an.

Er wollte den Mund aufmachen, wollte erzählen, was er gesehen hatte, das verzerrte Gesicht, die Hand, diese furchtbaren Laute, die nicht mehr menschlich klangen, aber statt dessen brach er in Tränen aus, die ihm brennend über sein zerkratztes Gesicht liefen.

Dann wurde er wütend, schrecklich wütend.

Er sprang auf, gestikulierte auf den See hinaus und schrie mit tränenerstickter Stimme: »Dieser Vollidiot!« Wahllos schlug er mit beiden Händen nach irgendwelchen Blättern. »Warum mußte er da runterklettern, he? Könnt ihr mir das mal verraten? Dieser verdammte Scheißkerl, hatte er denn immer noch nicht genug?«

»Ist er …?«

»Er ist in diesen Scheißsumpf gefallen. Er ist tot!« schrie er sie an, daß sie zusammenzuckte. Aber wußte er es denn sicher? Wo war der Beweis? Wahrscheinlich lebte Tobias da unten noch, versuchte noch immer verzweifelt, Sauerstoff in die Lungen zu bekommen, riß den Mund auf, um zu schreien, um zu atmen, um endlich wieder Luft zu holen, sein ganzer Körper, jede einzelne Zelle schrie nach Sauerstoff, und schluckte statt dessen diese widerliche, zähe, vorsintflutliche Pampe. Wie lange dauerte es, bis jemand erstickte? Hoffte er noch, daß ihn jemand wieder herauszog? Diese Hand …

Irgendwann, Micha bemerkte es kaum, tauchte Axt auf. Er sah unheimlich aus, heulte und war über und über mit stinkendem Schlamm bedeckt. In ihrer Mitte fiel er einfach in sich zusammen, schlug mit einem dumpfen Geräusch auf den weichen Waldboden und blieb dort von Weinkrämpfen geschüttelt liegen.

In Micha schlug die Wut ein wie ein Blitzschlag. »Hören Sie doch endlich auf zu flennen! Was soll denn das«, fuhr er Axt an, der gequält aufheulte. »Sie kannten ihn doch gar nicht. Es widert mich an!«

Micha sah rot. Noch einmal schlug und trat er auf die Pflanzen ein, die sich in seiner Reichweite befanden, versuchte seine unbeschreibliche Wut loszuwerden. Wut auf wen? Er wußte es nicht. Auf Tobias? Herzog? Den jammernden Axt? Auf den Wald? Auf diese Reise, den ganzen Wahnsinn?

Schweigend, jeder in sich selbst gekehrt, hockten sie da. Hin und wieder war ein Schluchzen zu hören, jemand räusperte sich oder schneuzte sich die Nase. Pencil war verschwunden. Er hatte sich irgendwohin verkrochen.

Warum machte er sich nur solche Vorwürfe? Hätte er sie denn noch retten können? Wohl kaum, alles war viel zu schnell gegangen. Und Herzog? Was mochte in ihm vorgehen? Auch er gab sich die Schuld, das war offensichtlich. Er war am Boden zerstört, kaum noch als der starke, Respekt einflößende Eozän wiederzuerkennen, den sie vor Wochen getroffen hatten. Es schien schon eine Ewigkeit her zu sein. Und warum führte Axt ein solches Theater auf? Er wimmerte und hatte sich auf dem lehmigen Waldboden wie ein Embryo zusammengekrümmt. Und was war mit Ellen? War sie etwa die Person, die sie gesucht hatten? Ausgerechnet Ellen?

Nein, Tobias war selbst schuld gewesen. Sein eigener Übermut hatte ihn in den Tod getrieben. Es war nahezu ein Wunder, daß es ihn erst jetzt erwischt hatte. So ein Irrsinn, sich mit nur einem gesunden Arm auf eine solche Auseinandersetzung einzulassen. oder hatte er sich die Kampfgeräusche nur eingebildet? Aber so war Tobias eben. Micha wußte es, wußte es genau, aber wieder und wieder liefen die Ereignisse vor ihm ab, und er suchte verzweifelt nach dem Fehler, seinem Fehler. War Tobias überhaupt sein Freund gewesen? Er hatte ihn noch vor wenigen Tagen zum Teufel gewünscht. War es überhaupt Trauer, was er empfand?

Claudia konnte noch nicht einmal weinen, so schockiert war sie. Das kam erst später. Sie saß nur stumm da und starrte den Boden an, streckte die Hand nach Pencil aus, als dieser angetrottet kam und sich neben sie auf den Boden legte.

Micha hatte genug. Er wollte niemanden mehr sehen, mit niemandem reden, und nur noch weg von diesem Ort, der ihm noch vor kurzem wie das Paradies vorgekommen war. In Wirklichkeit hatten sie hier ihre ganz persönliche Hölle gefunden. Wortlos stand er auf und schlug den Weg zum Fluß ein. Der Pfad, den Herzog in den Dschungel geschlagen hatte, war deutlich zu erkennen. Er blickte sich nicht um, ob jemand folgte, sondern lief einfach los, völlig in Gedanken versunken.

Keinen Blick verschwendete er mehr auf diesen See – Tobias' und Ellens Grab –, auf den See nicht und auf nichts anderes, was längs des Weges lag. Seine schlammverschmutzten Schuhe waren das einzige, was er noch wahrnahm, als er mechanisch einen Fuß vor den anderen setzte, und Tobias' Gesicht, die Hand, die aus dem Morast geragt hatte. Wäre er dagewesen, er hätte sie packen können. Oder war es gar nicht Tobias', sondern Ellens Hand gewesen, die er gesehen hatte? Er war sich nicht mehr sicher. Die beiden waren nur wenige Meter auseinander gewesen. Was war nur in sie gefahren, daß sie sich wie die Verrückten aufführen mußten? Sie hatten sich gegenseitig umgebracht, waren einer des anderen Mörder. Er drehte noch durch, wenn er weiter darüber nachdachte.

Erst als er am Flußufer ankam, sah er sich um. Claudia ging mit gesenktem Kopf nur wenige Meter hinter ihm, Axt war nicht zu sehen, und Herzog folgte erst mit großem Abstand. Er schien sich nur noch dahinzuschleppen, ein einsamer alter Mann. Wie lange würde er hier noch überleben, allein, ohne jede Unterstützung? In diesem Moment war es Micha egal. Ihm war alles gleichgültig, wenn nur bald dieser Alptraum ein Ende fand.

Als Herzog endlich das Flußufer erreicht hatte, kam er auf Claudia und Micha zu, die sich ein paar Meter voneinander entfernt ans Wasser gesetzt hatten.

»Es tut mir so leid«, sagte er leise und machte eine hilflose Geste. »Ich ... ich weiß nicht, was ich sagen soll. Ich wollte euch doch nur ...«

»Ich weiß«, schnitt Micha ihm das Wort ab, ohne ihn anzuschauen. Was nutzte es, was Herzog gewollt oder nicht gewollt hatte? Wen interessierte das jetzt noch? Und was nutzte es, was er, Michael Hofmeister, wollte? Was war überhaupt seine erbärmliche Rolle gewesen in dem ganzen Drama, fragte er sich jetzt voller Bitterkeit. Ein elendes Scheißspiel war das! Wenn Herzog nicht gewesen wäre, wäre er hier irgendwo jämmerlich krepiert, und wenn Tobias nicht ein zweites Mal in sein Leben getreten wäre, hätte er diese Reise niemals unternommen. War er nur ein Objekt, ein Spielball der anderen gewesen, ohne einen eigenen Willen?

Tobias war tot. *Tot!*

IV

Die natürliche Auslese darf man sich als die dominierende Kraft hinsichtlich der Stabilität der Arten vorstellen, aber ihre Macht ist beschränkt. Bis zu einem gewissen Grad betreiben die Organismen ihre Evolution selbst, und zwar durch ihr Verhalten, die Auswahl, die sie treffen und die zu neuen Adaptionen führt.

Robert Wesson, *Die unberechenbare Ordnung*

9

Tinnitus

Fast ein halbes Jahr später saß Axt allein in seiner Küche und starrte gedankenversunken aus dem Fenster. Es war ein regnerischer Spätsommertag, der erste Vorbote eines frühen Herbstes. Einige der Bäume begannen sich schon gelb zu färben, in seinem Vorgarten blühten die Astern.

Marlis war mit Stefan nach Frankfurt gefahren zu ihrer Freundin. Sie wußte, was er an diesem Wochenende vorhatte, und sie waren gemeinsam zu der Überzeugung gelangt, daß er dabei besser allein wäre. Der Zeitpunkt war ungewöhnlich günstig. Sabine war zu einer Tagung nach St. Petersburg gefahren, und sie war die einzige, die hin und wieder auf die Idee kam, am Wochenende unangekündigt in der Station aufzutauchen, um dort zu arbeiten.

Er hörte das Klappern des Briefkastendeckels, stand auf und holte die Post. Bankauszüge, Werbung, ein Brief für Marlis, die Telefonrechnung. Dann hielt er plötzlich einen Brief mit Berliner Poststempel, aber ohne Absender in der Hand.

Axt riß den Umschlag auf und runzelte die Stirn, als er erkannte, von wem der Brief stammte. Eine Woge schmerzhafter Erinnerungen überschwemmte ihn. Welch ein merkwürdiger Zufall, daß dieser Brief ausgerechnet heute ankam, an dem Tag, an dem er endlich einen Schlußstrich unter dieses Kapitel seines Lebens ziehen wollte. Aber Zufälle dieser Art waren ja von Anfang an charakteristisch gewesen für diese Geschichte. Der Brief war von Michael Hofmeister und seiner Freundin Claudia.

Schnell überflog er die Zeilen und mußte schließlich lächeln. Die beiden hatten eine Dreizimmerwohnung gefunden und waren zusammengezogen. Außerdem stand, wenn er die Andeutung richtig interpretierte, Nachwuchs ins Haus. Zwischen den Zeilen war zu lesen, daß kein Zweifel darüber bestehen konnte, wann das Kind gezeugt worden war. Seltsam, seit ihren dramatischen Erlebnissen damals verknüpfte ihn mit den beiden ein unsichtbares, aber festes Band, das Freundschaft zu nennen nicht ganz den Kern der Sache traf. Sie hatten sich seitdem nie wieder gesehen. Aber in den Wochen nach Tobias' Tod waren sie sich sehr nahe gekommen, und als sie sich schließlich kurz hinter der deutsch-tschechischen Grenze getrennt hatten, waren Tränen geflossen auf beiden Seiten. Trotzdem hatten sie verabredet, keinen Kontakt miteinander aufzunehmen. Es war einfach zu gefährlich. Schließlich hatten zwei Menschen ihr Leben verloren.

Der Brief der beiden war das erste Lebenszeichen, das er seitdem erhalten hatte, und war natürlich ein Bruch dieser Vereinbarung, aber er konnte ihnen deshalb nicht böse sein. Um die furchtbaren Ereignisse dieses Frühjahrs hatte er lange Zeit eine dicke Mauer gezogen und jeden Gedanken daran zu verdrängen versucht. Aber in letzter Zeit hatte er immer öfter an sie denken müssen. Mit Herzog stand er noch in enger Verbindung. Er hatte nach der Rückkehr für einige Wochen mit bei ihnen im Hause gewohnt und war zu einem guten Freund der Familie geworden, speziell von Stefan, der überhaupt nicht einsehen wollte, warum dieser interessante Mann, der soviel über Dinosaurier wußte und sich stundenlang mit ihm darüber unterhalten konnte, sie wieder verlassen mußte. Heute lebte Herzog in Niederbayern, wo er unter einfachsten Verhältnissen einen alten Bauernhof bewohnte, eine neue Eremitage. Eine andere Lebensform war für Herzog wohl auf Dauer undenkbar.

Wenn er seinen Plan an diesem Wochenende erfolgreich durchgeführt hatte, würde er versuchen, zu Micha und Claudia Kontakt aufzunehmen. Er hatte ihnen nie erzählt, daß Tobias wieder aufgetaucht war und, eingeschlossen in einen zentnerschweren Schieferblock, zusammen mit vielen anderen eozänen Fossilien im Keller der Senckenberg-Station ruhte wie in einem anonymen Massengrab. Nach allem, was passiert war, nachdem sein Plan so kläglich fehlgeschlagen und Tobias vor seinen Augen umgekommen war, hätte er es ihnen doch unmöglich sagen können. Das brachte er einfach nicht fertig. Auch Herzog wußte nichts davon.

Er selbst hatte Wochen gebraucht, um einigermaßen darüber hinwegzukommen. Heute erschien es ihm manchmal, als hätte es gar nicht anders verlaufen können. Zeitreisen folgten wohl ihrer eigenen vertrackten Logik. Neuerdings waren es ja die Physiker höchstpersönlich, die in angesehenen Fachzeitschriften Spekulationen darüber anstellten, wie sich die bei Zeitreisen auftretenden logischen Widersprüche vermeiden ließen. Ein Amerikaner hatte in diesem Zusammenhang die Ansicht vertreten, im Prinzip sei alles möglich. Es existierten viele parallele Universen nebeneinander, in denen alle nur denkbaren Möglichkeiten der geschichtlichen Entwicklung schon realisiert seien, und man würde bei Manipulationen der Vergangenheit einfach nur von einem Universum in ein anderes hinüberwechseln, ohne es selbst zu merken. Demnach hätte er vielleicht doch eine Chance gehabt, aber gar nicht mitbekommen, ob seine Mission erfolgreich verlaufen wäre. Er wäre dann in eine Welt zurückgekehrt, in der nie ein Messeler *Homo sapiens*-Skelett gefunden wurde. Seltsamerweise interessierten ihn derartige Spekulationen plötzlich brennend. Er verschlang stapelweise obskure Science-fiction-Romane, für die er früher nur ein mitleidiges Lächeln übrig gehabt hätte. Tagelang beschäftigte ihn die Frage, ob er eigentlich auch sein eigenes Skelett aus dem Schiefer hätte bergen können, wenn er an Tobias Stelle gewesen wäre. Natürlich wäre das nur möglich gewesen, wenn er das Skelett vor dem eigentlichen Reiseantritt gefunden hätte. Ein seltsamer Gedanke. Hätte er sich überhaupt erkannt? Schließlich fehlten ihm so unverwechselbare Kennzeichen wie Tobias' Zahndiamant. Er spürte, wie das Rauschen in seinen Ohren wieder zunahm, und schüttelte energisch den Kopf. Manchmal half das.

Micha schrieb weiter, daß ein alter Schulfreund von ihm vermißt werde. Er hätte ihn gerade erst vor ein paar Monaten überraschend wieder getroffen, und nun sei er verschwunden. Das sollte wohl heißen, daß Micha, wie sie es verabredet hatten, nach einigen Wochen zur Polizei gegangen war und eine Vermißtenanzeige aufgegeben hatte, sofern dies nicht schon geschehen war. Sie hatten sich eine Geschichte überlegt, die er der Polizei erzählen sollte, und Micha hatte sich schon damals vor Angst fast in die Hosen gemacht, wenn er nur daran dachte. Aber es ging nicht anders. Nur er konnte es tun. Claudia durfte da nicht mit hineingezogen werden. Sie hatte Tobias nie getroffen. Micha sollte sagen, daß er und Tobias sich auf der Reise heftig gestritten und daraufhin getrennt hätten. Bei jungen Leuten, die zusammen in die Ferien fuhren, kam das andauernd vor, und niemand würde etwas dabei finden. Aber jetzt, Wochen nach seiner Rückkehr, sollte Micha sagen, käme es ihm doch merkwürdig vor, daß Tobias immer noch nicht zurückgekehrt sei, jedenfalls ginge er nie ans Telefon.

Micha erkundigte sich in seinem Brief, ob Axt schon wüßte, was an der FU geschehen sei. Ein Berufskollege von ihm, der Berliner Paläontologe Prof. Dr. Alois Sonnenberg sei in seinem Arbeitszimmer erschossen aufgefunden worden. Eine Putzfrau hatte ihn entdeckt, als sie frühmorgens im Institut saubermachen wollte. Mit großer Wahrscheinlichkeit sei es Selbstmord gewesen, aber seltsamerweise sei seine Assistentin, eine Ellen Hartmann, seitdem vermißt. Ob ihr Verschwinden in Zusammenhang mit Sonnenbergs Tod stand, sei unklar. Die Polizei suche noch immer nach ihr.

Axt hatte schon davon gehört, aber die Nachricht ließ ihn seltsam kalt. Letzten Endes hatte der Alte an allem Schuld gehabt. Er war irgendwie durchgedreht, hatte das Geheimnis, das er mit sich herumtrug, und die seltsame Situation, in die es ihn gebracht hatte, nicht mehr verkraftet. Vielleicht war es besser, daß er auf diese Weise keinen weiteren Schaden mehr anrichten konnte.

Die letzten Sätze des Briefes waren in eindringlichem Ton gehalten, und sie handelten nur von einem Thema. Der Eingang müsse verschlossen werden, stand da, die Höhle müsse zerstört werden, wenn das ganze Theater nicht irgendwann von vorne beginnen sollte. Wie recht sie hatten!

Sie wußten natürlich nicht, daß Herzog und er das schon erledigt hatten, auch wenn es Axt unendlich schwergefallen war, noch einmal dorthin zu reisen, wo er seine schwersten Stunden durchlitten hatte. Aber Herzog hatte ihn wochenlang bearbeitet, ihn bekniet, daß sie etwas unternehmen müßten.

Eigentlich ging es zunächst gar nicht darum, den Höhleneingang zu verschließen. Wie hätten sie das auch anstellen sollen? Dazu brauchte man Sprengstoff und an den kam man auch als Paläontologe nicht so ohne weiteres heran. Nein, was Herzog unablässig zu beschäftigen schien, waren die Aktivitäten dieses Fallenstellers. Sie waren sich nicht sicher, ob Ellen wirklich die Schuldige war. Wenn man bei den harten Fakten blieb, und das sollte man als Wissenschaftler ja tun, dann gab es dafür nicht den geringsten Beweis. Vielleicht hatte sie auf irgendeine Weise von der Höhle erfahren, womöglich von Sonnenberg selber, sie war schließlich seine Assistentin, und sie hatte sich dann auf eigene Faust auf den Weg gemacht. Vielleicht wäre sie genauso entsetzt gewesen wie er und Herzog, wenn sie von den Vorgängen erfahren hätte, die sich im Tertiär abgespielt hatten. Es wäre unfair, sie ohne weitere Beweise zu beschuldigen, sie, die wie Tobias Opfer dieses schrecklichen Unfalls geworden war.

Sie mußten also davon ausgehen, daß dieser Unbekannte weiter existierte, und wenn es auch sehr unwahrscheinlich war, daß sie ihm das Handwerk legen konnten, so mußten sie es doch wenigstens versuchen und die Spuren seiner Aktivitäten soweit wie möglich beseitigen. Darum ging es Herzog. Es war das einzige, was ihn wirklich zu beschäftigen schien.

Herzogs Beharren, sein ewiges Drängen hatten bei Axt lange Zeit nichts weiter zur Folge als grenzenloses Entsetzen. Um nichts in der Welt wollte er sich diesem Alptraum noch einmal aussetzen, auch wenn die Vorzeichen diesmal völlig anders gelagert waren. Zu seinem Erstaunen war es ausgerechnet Marlis, die schließlich den Ausschlag für seinen Sinneswandel gab. Als sie erfuhr, was Herzog so beunruhigte, war ihre erste Reaktion kompromißlose Abwehr. Aber ein paar Tage später änderte sie ihre Meinung, und als sie abends nebeneinander im Bett lagen, sagte sie: »Du mußt mit ihm fahren, Helmut! Du darfst ihn nicht alleine gehen lassen.«

Außer den acht verschwundenen Fossilien schienen sich zunächst keine weiteren Vorfälle ereignet zu haben, die Herzogs Befürchtungen begründet erscheinen ließen. Aber er wurde nicht müde zu betonen, welche katastrophalen Folgen zu befürchten waren, wenn man dem Treiben nicht einen Riegel vorschob. Genaugenommen gab es nicht viele Hinweise, daß das Wirken dieses Menschen tatsächlich so katastrophal war, wie Herzog behauptete. Manchmal hatte Axt den Verdacht, Herzog störte nur die Vorstellung, nicht der einzige gewesen zu sein, der da unten gelebt und Studien getrieben hatte. Er verbrachte Stunden und

Tage in Bibliotheken und Zeitungsarchiven, blätterte Fachzeitschriften und Tagungsberichte durch, um irgendwelche Hinweise auf mögliche Veränderungen des Evolutionsverlaufs zu finden. Aber lange Zeit blieben seine Bemühungen ohne Erfolg.

Eines Abends kam er in heller Aufregung durch die Tür gestürzt, warf dem Zeitung lesenden Axt eine Fotokopie auf den Wohnzimmertisch und sagte mit einem Ausdruck größter Bestürzung: »Da! Ich wußte es.«

Es war ein Leserbrief in einer lokalen Entomologenzeitschrift, die er, weiß Gott wo, ausgegraben hatte. Ein verzweifelter Wissenschaftler oder Hobbyforscher, der aus seiner Verwirrung keinen Hehl machte, wandte sich mit der dringenden Aufforderung an die Leser des Blattes, ihm doch bitte mitzuteilen, ob jemandem in letzter Zeit Funde der Blattkäfergattung *Donacia* bekannt geworden seien. Die Tiere, über die er schon seit Jahren arbeite und die spezialisierte Bewohner bestimmter Seerosenarten darstellten, seien buchstäblich über Nacht verschwunden. Er habe keine Erklärung für dieses Phänomen und ein derart plötzliches Aussterben einer ganzen Tiergattung sei seines Wissens auch ein beispielloser Vorgang, den man unbedingt genauer analysieren müsse. Er wisse, was er den Lesern mit dieser Behauptung zumute, aber am Tag vor ihrem plötzlichen Verschwinden hätten die Tierchen noch in großer Zahl auf ihren Seerosenblättern gesessen. Er müsse mit Hilfe anderer naturliebender Menschen unbedingt herausbekommen, ob es sich nur um das Erlöschen einer lokalen Population handele oder ob die Tiere auch andernorts verschwunden seien.

Axt rieb sich das Kinn und sagte: »Du meinst …?«

»Du etwa nicht?« Herzog lief aufgeregt im Wohnzimmer umher. »Ich bin sicher, daß dies etwas mit unserem Freund zu tun hat. Vielleicht haben die Vorfahren dieser Tiere in dem verschütteten Sumpf gelebt. Ich weiß, es klingt absurd, aber es gab dort viele Tierarten, die nirgendwo anders auftraten. Helmut, wir müssen etwas *tun*. Wir haben doch keine Ahnung, was der Kerl noch so alles anstellt. Vielleicht ist das nur der Anfang.«

»Du glaubst nicht daran, daß Ellen die Schuldige war, nicht wahr?«

Herzog zuckte die Achseln. »Ich weiß es nicht. Ich hab keine

Ahnung. Ich weiß nur, daß wir uns endlich Gewißheit verschaffen müssen. Wir können hier nicht länger untätig herumsitzen und warten, bis noch mehr verschwindet. Siehst du denn immer noch nicht, was da im Gange ist? Du mußt dich entscheiden. Wenn du nicht mitkommen willst, dann fahr ich alleine.«

»Kommt nicht in Frage. Das darfst du nicht. Es ist viel zu gefährlich.«

Herzog lächelte nachsichtig. »Du vergißt, daß ich dort fast zehn Jahre gelebt habe. Ich wüßte wirklich nicht, was daran gefährlicher gewesen wäre, als sich in dieser beschissenen Stadt auf ein Fahrrad zu wagen.«

Axt wurde nervös. Er stand auf und ging in die Küche, um sich ein Bier zu holen. Als er zurückkam, stand Herzog an der Terrassentür und starrte mit finsterer Miene in den Garten hinaus.

»Ich kann das verstehen, wenn du nicht mit willst. Wirklich! Du hast Frau und Kind. Ich mach dir keinen Vorwurf«, sagte er. Kein Zweifel. Herzog war fest entschlossen, noch einmal durch die Höhle zu fahren. Sein markantes Gesicht wirkte noch härter als sonst. Er hatte sich den urzeitlichen Bart abgenommen, und Axt sah, wie seine Kiefermuskulatur arbeitete.

Eine Woche später brachen sie auf. Sabine und die anderen in der Station hatten ihn angesehen, als ob sie ihn für übergeschnappt hielten. Besonders Sabine hatte sich schon nach seiner ersten wochenlangen Abwesenheit befremdet gezeigt und ihm kein Wort seiner wohl nicht besonders überzeugend klingenden Erklärung abgenommen. Sicherlich spürte sie, daß irgend etwas Außergewöhnliches im Gange war, und empfand es als persönliche Beleidigung, daß er sie nicht ins Vertrauen zog. Aber darauf konnte er keine Rücksicht nehmen. Er war der Chef und seinen Mitarbeitern keine Rechenschaft schuldig. Eher schon Schmäler, aber dem schien es ja egal zu sein, Hauptsache, man verschonte ihn ein für allemal mit anachronistischen *Homo sapiens*-Skeletten und verschwindenden Fossilien. Ihr einst so vertrautes Verhältnis war mittlerweile auf einem kaum noch zu unterbietenden Tiefpunkt angekommen.

Das Tertiär wirkte unverändert und seltsam vertraut. Sie errichteten ein Basislager, das an einer geschützten Stelle nahe dem

Flußufer lag, und unternahmen von dort Streifzüge in den Dschungel, zu Fuß oder mit dem Floß, das sie hinter den Stromschnellen unversehrt wiedergefunden hatten. Mit jedem Tag drangen sie tiefer in den Wald ein und durchstreiften schließlich Gebiete, die auch Herzog noch nie zuvor betreten hatte. Dort fanden sie, was sie suchten.

Es war schlimmer, als Herzog befürchtet hatte. Erst stießen sie auf Mausefallen, in denen zum Teil noch die bis auf die blanken Knochen abgenagten Überreste ahnungsloser Opfer klemmten, und verbrannten sie. Dann fanden sie einige andere improvisierte Konstruktionen, die wohl ebenfalls dem Fang von Tieren dienten, ein zerrissenes Netz, das zwischen zwei Bäumen aufgespannt war und in dessen Maschen noch einige Vogelkadaver hingen, in den Boden eingegrabene Glasgefäße, die vor Insekten nur so wimmelten, einige an Ästen hängende Klebestreifen, wie man sie zum Fliegenfang benutzte.

Sie entdeckten erst einen, dann mehrere Bäume, die aus der Ferne mit ihren in weißen, oft zerfetzten Gazehäubchen steckenden Blütenständen aussahen, als seien sie von einer mysteriösen Krankheit befallen, einer Art Ausschlag oder Pilz. Das alles zeigte, daß hier jemand systematische Sammlungen und Untersuchungen durchgeführt hatte, stützte aber die von Herzog immer wieder mit Nachdruck vertretene Behauptung, hier sei ein Wahnsinniger am Werke, in keiner Weise. Sie deuteten eher auf das Gegenteil.

Dann aber stießen sie auf Lichtungen, deren ursprüngliche Vegetation abgetötet und wie verdorrt daniederlag, ein entsetzlicher, verstörender, abstoßender Anblick inmitten der üppigen Fülle tropischer Vegetation, die sie umgab und sich anschickte, das zerstörte Terrain langsam wieder zurückzuerobern.

Aber es kam noch schlimmer. Mit fassungslosen Gesichtern gingen sie tags darauf durch ein lichtes Waldgebiet, dessen Boden übersät war mit toten Tieren, Insekten, Vögeln, Reptilien, Kröten, Insektenfressern, sogar zwei kleinen Hirschen, eine grausige Kollektion der Bewohner dieses Waldes. Ein bestialischer Gestank nach Schimmel und Verwesung lag in der Luft. Millionen von Ameisen, anscheinend die einzigen Überlebenden dieses Massakers, übernahmen die traurigen Pflichten der Totengräber.

Anfangs rätselten sie, wie eine solche Tragödie überhaupt geschehen konnte, und brachten diese Katastrophe gar nicht mit dem Treiben des Unbekannten in Verbindung. Aber dann entdeckten sie das rosarote Pulver, das überall auf dem Boden lag. Insektizid! Gift!

Sie waren außer sich. Das war Wahnsinn, pure Mordlust. Sie hatten es mit einem Irren zu tun, einem gemeingefährlichen Verbrecher an der Schöpfung, einem Menschen, der jegliches Maß, jede Art von Kontrolle über sein Handeln verloren hatte, der wahllos zuschlug und tötete, seinen blinden Haß an der Natur austobte, ein Terrorist.

Wer hatte das getan?

Sie bahnten sich mühsam einen Weg durch dichtes Gestrüpp, als Herzog auf eine Höhle deutete, ein dunkles Loch, das in einer über das Dschungeldach ragenden Felsformation klaffte. Als sie wenig später einen Pfad entdeckten, der zur Höhle hinaufzuführen schien, schlug Axt das Herz bis zum Hals, und er wollte Herzog zurückhalten, der schon Anstalten machte, aus dem schützenden Dickicht des Waldes hinauszutreten.

»Vorsicht, Ernst!« flüsterte er. »Vielleicht ist er da oben und beobachtet uns. Der Kerl ist doch im Stande und knallt uns kaltblütig über den Haufen.«

Herzog drehte sich nur kurz um, schüttelte entschieden den Kopf und lief weiter.

Nach kurzer Überlegung wußte Axt, warum Herzog sich so sicher war. Die Fallen, die schon seit Wochen nicht mehr geleert worden waren, die Gazehauben, die von Wind und Wetter zerfetzt und in der Feuchtigkeit verrottet waren, der Dschungel, der die vernichteten Wiesen zurückzuerobern begann, die verwesten, skelettierten, von dicken Schimmelpolstern überzogenen und von Kräutern überwachsenen Tierkadaver, all das deutete darauf hin, daß schon lange niemand mehr hier gewesen war. Vielleicht hatte er die Lust verloren, trieb sein Unwesen jetzt in einem anderen Gebiet. Oder ...

Nein, Axt konnte und wollte noch immer nicht glauben, daß wirklich Ellen, diese schöne junge Frau, dafür verantwortlich sein sollte. Er war ihr zwar nur flüchtig begegnet, aber sie entsprach in keiner Weise dem Bild, das er sich von dieser unbekannten Person gemacht hatte. Es wollte einfach nicht in seinen Kopf, warum sie so etwas tun sollte.

Die Höhle war tatsächlich verlassen, aber sie war zweifellos der Unterschlupf der Person, die sie suchten. Da lagen Reste des Gazestoffes herum, aus dem die Hauben bestanden, und neben Säcken, Pappkartons und Plastikkanistern mit Unkraut- und Insektenvertilgungsmitteln, Wasser und Petroleum stand ein altes Sprühgerät, wie Winzer und Obstbauern es benutzten, um ihre Pflanzenschutzmittel auszubringen. Es gab auch ein paar Käfige, in denen tote Grillen und Marienkäfer herumlagen, kleine Säckchen mit verschiedenen Pflanzensamen. Sollten die hier etwa ausgesät, die Tiere freigelassen werden, war das womöglich schon geschehen? Axt bekam eine Gänsehaut. Herzog hatte recht gehabt, dieser Mensch war gemeingefährlich. Machte er sich denn keinerlei Gedanken, was er mit solchen Experimenten anrichten konnte?

In einer versteckten Felsnische im hinteren Teil der Höhle fanden sie zwei Gegenstände von in sehr unterschiedlicher Weise erschütternder Wirkung. Der eine war ein kleiner Holzkasten, in dem sich neben sieben leeren Fächern noch drei Handgranaten befanden, der andere ein dicker, in Plastikfolie eingewickelter Stapel Papier, die Aufzeichnungen ihres Unbekannten, der minutiöse Bericht über die Taten der Ellen Hartmann. Axt war fassungslos.

Er setzte sich vor den Höhleneingang, von wo man einen herrlichen Blick über die Kronenregion der Urwaldbäume hatte, und blätterte mit wachsendem Entsetzen in den Papieren. Ellen hatte hier in einer kleinen, pedantischen Handschrift die Etappen ihres Niedergangs festgehalten, das penible Protokoll eines erschütternden Persönlichkeitszerfalls, genaue Beschreibungen ihrer immer grausigeren Experimente, ihrer irrwitzigen Versuche, in ferner Zukunft irgendeine Wirkung zu erzielen und als erster und einziger Mensch hinter die Geheimnisse der Evolution zu kommen. Es gab aber auch ganz private Notizen, die zeigten, wie einsam und verzweifelt diese Frau gewesen war. Hilflos hatte sie erleben müssen, wie sie den aus ihrer Entdeckung erwachsenden Möglichkeiten verfallen und schließlich daran zerbrochen war.

Axt war ganz vertieft in seine beklemmende Lektüre, als er Herzog rufen hörte, dessen Stimme von weit her aus dem Inneren der Höhle zu kommen schien.

»Um Himmels Willen, das darf doch nicht wahr sein. Helmut«, schrie Herzog, und Axt kam es vor, als spräche der Berg selbst zu ihm. »Du mußt unbedingt herkommen.«

Er sprang auf, ließ Ellens Papiere mit einem Stein beschwert vor der Höhle liegen und folgte einem schwachen bewegten Lichtschimmer, der von Herzogs Taschenlampe zu kommen schien. Dann spürte er es auch. Je tiefer er in den Berg eindrang, desto enger schloß sich eine Klammer um seinen Kopf, desto wilder wurde das Gebrodel in seinem Magen. Er kannte dieses Gefühl. Das waren eindeutig dieselben Symptome ...

Axt stützte sich an der kalten Felswand ab, weil ihm schwindlig wurde.

»Spürst du es auch? Sie hat einen zweiten Zugang gefunden. Himmel, es gibt tatsächlich einen zweiten Zugang«, sagte Herzog, der nur wenige Meter vor ihm stand, ohne daß er es bemerkt hatte. »Ich glaube, es geht hier entlang.«

Unter großen Qualen tasteten sie sich voran. Manchmal fürchtete Axt, das Bewußtsein zu verlieren, sah schon den kalten, staubigen Höhlenboden auf sich zukommen. Als er sich einmal an seine Nase faßte, waren seine Finger voller Blut. Die Schmerzen waren viel schlimmer, als sie es bisher erlebt hatten, vielleicht weil sie zu Fuß gehen mußten und nur langsam vorankamen. In der anderen Höhle konnte man sich im Boot ganz der Strömung überlassen.

Abrupt ließ der Druck nach. Ein paar Meter weiter fiel durch einen Spalt im Felsen Licht ins Innere der Höhle. Der Ausgang.

»Wer weiß, wie viele von diesen Scheißschlupflöchern es noch gibt«, krächzte Herzog und rieb sich die schmerzenden Schläfen. Auch er hatte aus der Nase geblutet, sah aus, als hätte er eine Schlägerei hinter sich.

»Vielleicht führt er noch weiter in die Vergangenheit«, mutmaßte Axt. Nach all dem Wahnsinn hätte ihn gar nichts mehr gewundert. »Oder sogar in die Zukunft.« Dieser Gedanke war noch schrecklicher. Er konnte sich nicht vorstellen, daß die Zukunft besonders viel Ermunterndes für sie bereithielt.

»Psst«, machte Herzog und steckte den Kopf aus dem Felsenspalt. Davor wuchs dichtes Buschwerk. »Glaub ich nicht. In jedem Fall müßte es da dann auch Mopeds geben.«

»Mopeds?«

Tatsächlich. Jetzt hörte Axt es auch, leise zwar und in größerer Entfernung, aber irgendwo da draußen gab es eine Straße.

Plötzlich drängte sich Herzog an ihm vorbei, zurück in die Richtung, aus der sie gekommen waren. »Wir müssen die Eingänge verschließen«, sagte er beim Vorübergehen. »Jetzt sofort.«

Axt schaute ihm entgeistert hinterher. »Und wie willst du das anstellen, wenn ich fragen darf?«

Herzog blieb stehen und sah ihn an. Seine Augen sprühten Feuer. »Mit den Handgranaten!«

»Meinst du denn, die funktionieren noch?«

»Wir werden sehen. Ich möchte jedenfalls wetten, daß sie mit den fehlenden Granaten den Erdrutsch ausgelöst hat.«

Er hatte recht. Diese Schlupflöcher in eine andere Welt mußten zerstört werden. Es waren kleine Fehler, nur geringe Unstimmigkeiten im riesenhaften Gefüge der Welt, aber mit unabsehbaren Konsequenzen, wenn die falschen Leute davon Wind bekamen. Sie und die menschliche Gier nach Macht und Wissen paßten einfach nicht zusammen.

Natürlich konnten sie mit den Granaten nicht den ganzen Berg in die Luft sprengen, aber einer der unscheinbaren Sprengkörper, von Herzog in Richtung des Felsspaltes geschleudert, genügte, um den schmalen Eingang hinter einem Haufen lockeren Gesteins verschwinden zu lassen. Die Druckwelle zerriß ihnen fast die Trommelfelle. Eine Woge aus dichtem Staub kroch unter der Höhlendecke auf sie zu, nahm ihnen die Sicht und drohte sie fast zu ersticken. Hals über Kopf flohen sie zurück in Ellens Wohnhöhle. Ihre Ohren waren wie betäubt, und sie mußten danach schreien, um sich zu verständigen.

Zwei Stunden später kämpften sie sich noch einmal durch die mörderischen Kopfschmerzen auf die andere Seite hinüber. Der Staub hatte sich weitgehend abgesetzt, aber sie kamen durch die Trümmer der eingestürzten Höhlendecke, aus der überall noch kleine Staub- und Geröllfälle rieselten, kaum voran. Der Spalt schien verschwunden zu sein. Nur an zwei Stellen drangen nadeldünne Lichtpfeile durch das Gestein und die staubige Höhlenluft und erinnerten daran, daß dahinter eine andere Welt begann. Das mußte reichen.

Sie kehrten mit dröhnenden Schädeln in ihr Basislager zurück. Die Aufzeichnungen von Sonnenbergs Assistentin verbrannten sie Blatt für Blatt im abendlichen Lagerfeuer. Am nächsten Morgen traten sie endgültig die Rückreise an.

Bei diesigem, windstillem Wetter überquerten sie in Axts Faltboot die Meeresbucht, steuerten auf die Felseninsel zu und fuhren zum letzten Mal in die Höhle hinein, deren Existenz mindestens drei Menschen das Leben gekostet hatte. Es hätte nicht viel gefehlt, und es wären noch zwei hinzugekommen.

Es war eine Wahnsinnsidee, eine spontane Verzweiflungstat ohne Sinn und Verstand, die beiden Höhlen von innen sprengen zu wollen. Beim ersten Mal war es gut gegangen, aber die beiden Granaten, mit denen sie den anderen, den großen Zugang verschlossen, kosteten sie um ein Haar Kopf und Kragen. Natürlich wäre es viel sinnvoller gewesen, die Sprengkörper aus sicherer Deckung von außen auf die Eingänge zu schleudern, aber dieser Gedanke kam ihnen erst später. Sie waren so besessen von ihrem Plan, von der überraschenden Möglichkeit, die ihnen durch die Entdeckung der Granaten in den Schoß gefallen war, daß sie alle Vorsicht buchstäblich über Bord warfen. Zu wieviel Dummheit doch zwei gestandene Wissenschaftler fähig waren. Herzog bestand darauf, auch die zweite, die große Höhle von innen zu verschließen. Ihr mächtiges neuzeitliches Eingangsportal sei einfach zu groß für die lächerliche Sprengkraft, die sie zur Verfügung hätten. Womöglich machten sie die Leute damit erst recht neugierig. Sie würden nur die slowakischen Bergbauern der ganzen Gegend alarmieren, aber den Höhleneingang niemals zum Einsturz bringen. Und eine zweite Chance gäbe es vielleicht nicht. Sie hätten keine Wahl. Jetzt oder nie. Er war einfach nicht zu bremsen, und Axt hatte dieser Dynamik nichts entgegenzusetzen.

Schon die erste Granate ließ den Berg erzittern, so, als erwache ein riesiges uraltes Wesen unsanft aus langem Schlaf. Wasser schwappte über den Bootsrand, und die Wand aus Staub, die sich auf sie zuwälzte, nahm ihnen die Luft zum Atmen. Sei es wegen der schlechten Sicht, der quälenden Kopfschmerzen, oder weil das Boot zu sehr schaukelte, Herzogs zweiter Wurf geriet jedenfalls zu kurz, und aus dem wie ein riesiger Gong bebenden Berg regnete es nun kindkopfgroße Gesteinsbrocken, die das kleine Boot nur um Haaresbreite verfehlten und um sie herum auf die Wasseroberfläche klatschten. Einige spitze Felszacken lösten sich von der Höhlendecke und stürzten als tödliche Pfeile aus dem Dunkel herab. Einer durchbohrte die dünne Wand des Faltbootes, das in Sekundenschnelle voll Wasser lief. Die Petroleumlampe erlosch. In absoluter Finsternis griff das Wasser nach ihnen wie mit eiskalten klammen Händen, ihre Schreie übertönten das Dröhnen des Berges, und sie begannen in Todesangst gegen die Strömung anzuschwimmen.

Wie lange es dauerte, bis sie endlich auf den friedlich daliegenden Bergsee hinausschwammen, daran konnten sich später weder Herzog noch er erinnern, aber irgendwann, während sie sich im Dunkeln durch ängstliche Rufe verständigten und gegenseitig Mut zusprachen, entdeckten sie einen schwachen Lichtschimmer, an dem sie sich orientieren konnten, und gegen die lähmende Kälte des Wasser kämpften sie sich ins Freie.

Was wäre wohl aus ihnen geworden, wenn draußen Dunkelheit geherrscht hätte? Zweifellos hätten sie den Ausgang nie gefunden. Nie wieder würde Axt eine Höhle betreten, sich ohne panische Angstattacken in dunklen, engen Räumen aufhalten können, und noch heute hörte er in stillen Momenten das Dröhnen und Poltern des Gesteins. Die Ärzte nannten es schlicht Tinnitus. Sie hatten ja keine Ahnung.

Aber was bedeutete das alles schon.

Ellen war tot, Sonnenberg hatte sich erschossen, die Eingänge waren verschlossen, der Alptraum ausgeträumt. Beinahe.

Diebe

Als Axt in der verlassenen Station eintraf, ärgerte er sich zuerst über die beiden Rolltische, die mit schweren Schieferplatten beladen mitten im Präparationsraum standen und fast den ganzen Mittelgang blockierten. Das fing ja gut an. Wie er den Aufschriften entnahm, handelte es sich um einen Barsch und eine Art Antilope, deren Präparation Kaiser und Lehmke am Montag in Angriff nehmen wollten. Sie hatten sie anscheinend schon einmal aus dem Keller nach oben transportiert, aus Gründen, die ihm überhaupt nicht einleuchten wollten. Sicher, sie waren noch verpackt, es bestand keine akute Gefahr, aber es war trotzdem leichtsinnig, sträflich leichtsinnig. Er würde ein ernstes Wort mit ihnen reden müssen. Das waren ja ganz neue Sitten.

Er ging in sein Arbeitszimmer und entnahm der Schreibtischschublade den Schlüssel für den Klimaraum. Leicht würde ihm das, was er jetzt vorhatte, sicher nicht fallen. Er war Wissenschaftler, kein Saboteur. Die hehre Wissenschaft basierte auf Wahrheit und Ehrlichkeit. Nicht alles ließ sich nachprüfen und verifizieren, schon gar nicht in der Paläontologie. Abgesehen von einigen Fanatikern – die Ausnahmen, die die Regel bestätigten – waren Fälschung und Manipulation in ihrer großen Gemeinschaft tabu, sonst brach das ganze Gebäude, auf das er immer so stolz gewesen war, haltlos in sich zusammen. Auf nichts wäre dann mehr Verlaß. Aber in dieser außergewöhnlichen Situation hatte er keine andere Wahl. Er hatte lange darüber nachgedacht und sah keine andere Möglichkeit mehr, mit dem Problem fertig zu werden. Es ging ja nicht nur um seine seelische Gesundheit. Es ging um viel mehr. Wenn die Welt durch irgendeinen dummen Zufall von der Existenz dieses Skelettes erfuhr, dann waren die Konsequenzen einfach unabsehbar, auch wenn die Zugänge jetzt zerstört waren. Ellen hatte es vorgemacht. Auch andere würden nicht widerstehen können, Menschen, die über mehr Mittel und Macht verfügten als eine kleine Universitätsassistentin.

Er ging hinunter in den Keller, transportierte wie schon so oft den Rolltisch mit Tobias' Schiefersarkophag nach oben und zirkelte ihn durch die Tür des Klimaraumes.

Sollte er ihn sich vorher noch einmal anschauen, Abschied nehmen? Es war schon Wochen her, daß er ihn das letzte Mal gesehen hatte. Ach, nein, das hielt ihn jetzt nur auf. Sollte das Bild in seiner Erinnerung doch ruhig verblassen. Daß es irgendwann einmal ganz aus seinem Kopf verschwinden könnte, darauf wagte er gar nicht mehr zu hoffen. Damit würde er wohl leben müssen, bis ans Ende seiner Tage, genauso wie Herzog, wie Claudia und Michael. Sie alle waren Mitwisser, Komplizen wider Willen, obwohl sie nichts von der Existenz des Messeler Skeletts ahnten.

Natürlich hätte er einfach ein Beil oder die Motorsäge nehmen und das Ding damit in kleine Stücke zerlegen können. Aber aus irgendeinem Grund erschien ihm das für dieses ganz besondere Fundstück nicht das adäquate Ende zu sein. Nein, er hatte sich etwas anderes ausgedacht, etwas viel Besseres, viel Gründlicheres.

Sorgfältig entfernte er die Plastikfolie und das feuchte Zeitungspapier. Fast zärtlich strich er mit den Fingerspitzen über die nun freiliegende feuchtkalte Gesteinsoberfläche und kämpfte gegen die in ihm aufsteigenden Skrupel an.

Er mußte es tun. Dieses Skelett durfte nicht existieren.

Er ging zum Thermostaten und nach einem kurzen Zögern schob er den Regler mit einem Ruck bis zum Anschlag. Ein rotes Lämpchen leuchtete auf. Irgendwo sprang ein Aggregat an, und es ertönte ein Summen.

Plötzlich kamen ihm Bedenken. Was, wenn die Temperatur nun nicht ausreichte und seine Mitarbeiter den Block hier am Montag leicht angetrocknet, aber noch immer mehr oder weniger unversehrt vorfanden? Er hatte keine Ahnung, wie hoch die Temperatur steigen würde. Sie nutzten diesen Raum ja normalerweise zum Kühlen und nicht zum Heizen. Vielleicht dreißig, vielleicht fünfunddreißig Grad? Reichte das? Der Schieferblock war schließlich ziemlich groß und massiv. Vielleicht hielten die Apparaturen diese Belastung gar nicht lange genug aus und gaben vorher ihren Geist auf. Warum hatte er bisher nicht daran gedacht?

Er betätigte den Lüftungsschalter. Ein leises Heulen hub an, und er spürte einen kühlen Luftzug im Gesicht. Ihn fröstelte. Dann fielen ihm die Radiatoren ein, die irgendwo unten im Keller herumstanden. Im Winter wurde es mitunter recht kühl hier im Haus, und sie hatten sich die beiden Geräte von ihrem knapp bemessenen Stationsetat zugelegt, damit sie an kalten Tagen überhaupt vernünftig arbeiten konnten. Aber er war, abgesehen von dem großen Raum, in dem sie ihre Fossilienplatten lagerten, schon ewig nicht mehr da unten gewesen und hatte keine Ahnung, wo er nach den Radiatoren suchen sollte.

Er schloß die Tür zum Klimaraum, rannte die Kellertreppe hinunter und begann zu suchen. Mit jeder Minute, die verging, wurde er nervöser. Ihm lief die Zeit davon. Warum hatte er nur so lange untätig in der Küche herumgesessen. Als ob er nichts Besseres zu tun gehabt hätte, gerade heute. Der Brief war wirklich zum denkbar ungünstigsten Zeitpunkt gekommen. Endlich entdeckte er einen der beiden Heizkörper hinter ein paar losen Brettern unter der Treppe. Den zweiten suchte er vergeblich.

Würde das reichen? Er plazierte den Radiator direkt neben den Rolltisch mit dem Schieferblock und stellte ihn auf maximale Leistung. Das Deckenlicht schwankte kurz. Das fehlte noch, daß jetzt der Strom ausfiel. Er hatte keine Ahnung, wo sich der Sicherungskasten und die Ersatzsicherungen befanden. Zum Teufel, er hatte noch nicht einmal eine Taschenlampe, müßte alles im Dunkeln wieder herrichten, eine absolute Katastrophe.

Er schwitzte und fuhr sich mit der Hand über die Stirn. Wurde es schon wärmer? Die schwarze Oberfläche des Ölschieferquaders fühlte sich noch immer feucht und kalt an. Nein, so schnell ging das nicht. Er mußte Geduld haben, jetzt nur nicht die Nerven verlieren. Das Raumthermometer zeigte noch immer zwölf Grad. Wenn das alles nun nicht funktionierte, wenn sein ganzer schöner Plan nur Makulatur war?

Er schlug die Tür zu, lief in sein Zimmer und füllte die Kaffeemaschine. Er mußte jetzt wach bleiben, wach und ganz ruhig. In ein, zwei Stunden würde er mehr wissen. Wenn es so nicht ging, mußte er sich eben etwas anderes überlegen. Er schaute auf die Uhr: halb eins.

An seinem Schreibtisch sitzend trank er mit hastigen Schlukken den heißen Kaffee. Er wurde immer unruhiger. Neue Unwägbarkeiten fielen ihm ein. Wenn ihn hier jemand überraschte. Wenn Lehmke oder Kaiser plötzlich einfiel, daß sie etwas vergessen hatten, und vorbeikamen, um es zu holen.

Quatsch! Er hatte hier früher viele Wochenenden allein zugebracht, um in Ruhe zu arbeiten, und nie war er jemandem begegnet außer Sabine. Warum also ausgerechnet heute? Aber er würde ihnen am Montag erklären müssen, was er sich dabei gedacht hatte. Vielleicht sollte er seine Manipulation irgendwie tarnen, am Ende, wenn er fertig war, einen Kurzschluß inszenieren. Kurzer Funkenflug und dann Totalausfall aller Aggregate. Aber wie machte man so etwas? Für technische Geräte hatte er zwei linke Hände. Besser, er versuchte es gar nicht erst. Außerdem war da die Plastikfolie und das Zeitungspapier. Man würde erkennen, daß sie jemand vorher entfernt hatte.

Er füllte seine Tasse von neuem, stellte sie dann aber nur auf den Schreibtisch und lief wieder hinüber zur Klimakammer. Fünfzehn Grad! Es ging zu langsam, viel zu langsam. Ließ sich diese verdammte Lüftung nicht stärker einstellen? Der Radiator war heiß und knackte unablässig. Gut, wenigstens darauf war Verlaß.

Dann entdeckte er den kleinen bräunlichen Fleck auf dem Schieferblock, dort, wo der Radiator stand. Daneben war ein haarfeiner Riß im Gestein. Sah die Oberfläche nicht insgesamt schon matter aus?

Es trocknete! Wenn das Wasser aus dem Schiefer verdunstete, veränderte sich seine Farbe, wurde er bräunlich, schließlich fast gelb. Normalerweise war das ein Alarmsignal für sie, heute aber kam es ihm vor wie ein Silberstreif am Horizont.

Er schloß wieder die Tür und lief unruhig umher. Dann griff er nach seiner Jacke und verließ das Gebäude. Es hatte ja keinen Sinn, alle fünf Minuten da hineinzurennen. Damit machte er sich nur verrückt. Und trocknen würde es dadurch auch nicht schneller, im Gegenteil. Am besten, er ging jetzt spazieren oder ins Kino und schaute erst in zwei Stunden wieder nach. Dabei konnte er auch etwas nachdenken. Er mußte sich überlegen, was er seinen Kollegen am Montag erzählen würde.

Es dauerte keine halbe Stunde, bis Axt wieder die Station betrat. Diesmal im Laufschritt.

Es war nicht sosehr seine Ungeduld, die ihn zurücktrieb, sondern eine Idee, eine glänzende, wenn auch schmerzhafte Idee. Er hatte vom Zaun hinunter in die Grube geschaut und daran gedacht, wie sie Messi, das große Krokodilskelett, gerettet hatten, an die Nacht, die er dort unten verbracht hatte. Und dann waren sie ihm wieder eingefallen, Max und die Grabungsräuber.

Was er vorhatte, verlangte ein Opfer, zu dem er früher unter keinen Umständen bereit gewesen wäre. Aber zunächst wollte er die beiden Schieferplatten irgendwo unterbringen, die offen im

Präparationsraum herumgestanden hatten. Es wäre allzu offensichtlich, wenn die Einbrecher ausgerechnet die Fundstücke zurückließen, über die sie geradezu stolpern mußten. Seinen Kollegen würde er einfach sagen, daß er am Sonnabend einmal kurz vorbeigeschaut, sich über die herumstehenden Platten geärgert und diese dann in einen anderen Raum geschoben hätte. Zu diesem Zeitpunkt sei noch alles in Ordnung gewesen. Bloß wohin mit den sperrigen Gesteinsplatten? Natürlich, mit dem Lastenfahrstuhl in den Keller, wie immer. Er wurde hektisch und begann die einfachsten Dinge zu übersehen. An ihm war wirklich kein Einbrecher verlorengegangen.

Es dauerte lange, bis er die beiden Schieferplatten nach unten transportiert hatte. Sie in den Fahrstuhl zu manövrieren war Schwerstarbeit, bei der es um Millimeter ging. Statt sie einzeln zu transportieren, mußte er sie unbedingt zusammen hinunterfahren, weil er glaubte, damit Zeit zu sparen. Aber das Gegenteil war der Fall. Mehr als einmal dachte er, es würde nicht funktionieren. Dann paßte er selber nicht mehr hinein. Er mußte fluchend unter die Tische mit den Schieferplatten kriechen und dann mit Hilfe eines Holzstockes versuchen, die oben in Brusthöhe angebrachten Knöpfe zu betätigen. Als er endlich fertig war, befand er sich in genau der richtigen Stimmung, um den beiden Präparatoren eine gepfefferte Nachricht zu schreiben.

Er schaute auf die Uhr: kurz nach drei. Er könnte wieder einmal nachsehen, was sich im Klimaraum tat.

Als er die Tür öffnete, schlug ihm feucht-warme Luft entgegen. Zweiundzwanzig Grad, na bitte. Das Lämpchen brannte noch. Überall im Schiefer hatten sich feine Risse gebildet, wie ein ausgetrocknetes Flußbett im Miniformat. Auf der Oberfläche begannen sich einzelne dünne Platten aufzuwölben und abzuschälen. Wenn er mit der Hand darüber fuhr, lösten sie sich wie Schuppen von zu trockener Haut.

Eigentlich ein trauriger Anblick: Millionen Jahre hatte es sich unter Luftabschluß bewahrt. Jetzt erst verrichtete die Atmosphäre ihr Zerstörungswerk an dem weichen Gestein. Erst die kleinen vertrockneten Plättchen, die von ihm übrigblieben, wirkten wirklich tot, so als ob das jetzt entzogene Wasser dem Ölschiefer noch eine Form von Leben verliehen hätte.

Es zerfiel. Wie ein Vampir, den man dem Sonnenlicht aussetzt, dachte er. Nur viel langsamer und nicht so dramatisch. Zurück blieb auch kein qualmendes Häufchen Asche. Aber würde es wirklich schnell genug gehen? Er ging wieder hinaus und schloß sorgfältig die Tür.

Was sollte er jetzt tun? Nach Hause fahren? Nein, dort würde er es jetzt nicht aushalten. Und hier in der Station würde er dauernd nachschauen und fände erst recht keine Ruhe.

Er stieg in seinen Wagen und fuhr eine Weile in der Gegend herum, bis ihn bleierne Müdigkeit zwang anzuhalten. Er hatte in der letzten Nacht nicht sehr viel geschlafen. Als Paläontologe vernichtete man nicht allzuoft Fossilien. Der Gedanke an das, was er am nächsten Tag zu tun plante, hatte ihn immer wieder aus dem Schlaf schrecken lassen.

Er steuerte in einen Forstweg, klappte die Rückenlehne nach hinten und versuchte es sich auf den Sitzpolstern bequem zu machen.

Als er aufwachte, war es halb sieben. Er stieg aus, rieb sich die Augen und überlegte. Zwei Stunden hatte er geschlafen, nicht genug. Je länger er seine Rückkehr hinauszögerte, desto kompletter würde die Zerstörung sein. Er lief den Forstweg entlang, marschierte eine Weile ziellos durch den Wald, dann drehte er doch um und fuhr zurück zur Station.

Sechsundzwanzig Grad, und noch immer leuchtete die Lampe! Der Zerfall des Schieferblocks machte Fortschritte. Am Rand klafften die Platten jetzt an einigen Stellen auseinander, begannen sich zu wellen wie feuchtes Papier, das wieder trocknete. Überall lösten sich millimeterdünne zerbrechliche Scheibchen, die unter dem Druck seiner Finger in tausend kleine Bruchstücke zersprangen.

Trotzdem, es ging ihm viel zu langsam. Er holte einen Spaten und schabte die oberste trockene Schicht ab, damit die Wärme und der Luftzug besser angreifen konnte. Dann überkam es ihn plötzlich. Wozu so lange warten? Warum so kompliziert? Dieses langsame Austrocknen war doch ein völlig überflüssiger Luxus und kostete nur unnötig Nerven.

Mit einem Stöhnen stieß er zu, rammte die Schaufel zwischen die Platten und drückte sie auseinander. Dann noch mal. Und noch mal. Schwere Gesteinsbrocken polterten auf den Fußboden. Er keuchte. Immer wieder holte er aus. Bald bot der Raum mit den vielen Gesteinstrümmern, der herumliegenden Folie und dem dreckigen feuchten Zeitungspapier am Boden ein Bild der Verwüstung. Schwer atmend hielt Axt inne.

Idiot, dachte er. Das war völlig unnötig. Jetzt mußte er auch noch alles saubermachen und aufräumen, die Spuren beseitigen. Es mußte doch alles so aussehen, als hätten sie den Tisch mitsamt dem Skelett einfach nur hinausgeschoben und draußen umgeladen. Den Tisch würde er einfach irgendwo auf dem Grundstück stehenlassen.

Er verzog das Gesicht, rannte hinaus und holte mehrere große Müllsäcke, in die er in hektischer Eile soviel von den Schieferbruchstücken füllte, wie er tragen konnte. An einigen der Platten hafteten Knochen, Tobias' Knochen, die Knochen eines Menschen, einer Person, die er gekannt hatte. Das war kein normales Fossil, es war eine Leiche, die er da wegschaffte. Die schweren Säcke schleppte er durch die kühle Abendluft nach draußen und wuchtete sie auf die Ladefläche seines Kombis. Jedesmal vergewisserte er sich vorsichtig, ob ihn auch niemand beobachtete. Wie ein Mörder, der die zerstückelten Überreste seines Opfers beseitigte.

Den leeren Klimaraum wischte er mehrmals mit einem feuchten Lappen aus. Auch seine dreckigen Fußabdrücke, die er beim Hinaustragen hinterlassen hatte, entfernte er sorgfältig. Wie leicht man sich plötzlich mit so etwas tut, wunderte er sich. Dann schaltete er die Lüftung aus, schob den Regler wieder auf zwölf Grad und schloß die Tür.

Aber der wirklich unangenehme Teil der Arbeit stand ihm noch bevor. Er nahm ein Brecheisen – gut, daß bei ihnen so etwas herumlag – und klemmte es zwischen Tür und Rahmen. Erst als er sich mit dem ganzen Körper dagegen stemmte, gab das Holz nach. Das häßliche Geräusch fuhr ihm in Mark und Bein. Er demolierte seine eigene Forschungsstation, ihren erst nach langem Hickhack eingerichteten Klimaraum.

Jetzt kam das Schlimmste. Er mußte, um den Schein zu wahren, etwas von ihren Schätzen opfern. Wenn hier Diebe einbrachen, die es auf Fossilien abgesehen hatten, dann würden sie sich nicht mit einem großen Beutestück zufriedengeben. Sie würden alles mitnehmen, dessen sie auf die schnelle habhaft werden konnten.

Er hatte Glück. Im Präparationsraum wurde im Augenblick nur an zwei Stücken gearbeitet. Obwohl Sabine ihm wahrscheinlich die Augen auskratzen würde, wenn er es jemals wagen sollte, eine solche Bewertung in ihrer Gegenwart abzugeben, aber da waren nur die Fledermaus, die sie gerade freilegte, und eine vollständig präparierte Beutelratte, keins der ganz bedeutenden Fundstücke also. Lehmke und Kaiser hatten ihre Arbeiten gerade abgeschlossen. Die Präparate waren noch am selben Tag nach Frankfurt ins Museum geschafft worden. Sabine würde er allerdings nie wieder ins Gesicht sehen können. Er wußte, daß sie am Boden zerstört sein würde. Erst lösten sich ihre Fossilien einfach in Luft auf, und dann wurden ihr auch noch welche gestohlen. Ihr mußte das Ganze wie eine Verschwörung vorkommen. Ohne hinzusehen stopfte er die beiden Präparate in einen weiteren Müllsack. Die Arbeit von Wochen. Es tat ihm in der Seele weh, aber er mußte sie verschwinden lassen. Es ging nicht anders.

Draußen schloß er die Haustür, verstaute den Beutel im Auto und ging anschließend mit dem Brecheisen zurück zum Haus, um die Flügeltür zum Präparationsraum aufzubrechen. Irgendwie mußten sie ja in das Haus gelangt sein. Teufel noch mal, es war wie der Amoklauf eines Wahnsinnigen, der blindwütig seine Zerstörungswut austobte.

Gerade, als er das Eisen ansetzen wollte, hörte er Stimmen. Er erstarrte.

Aus! Vorbei! Wieviel bekam man für Hausfriedensbruch, Diebstahl und mutwillige Zerstörung fremden Eigentums? Seinen Job konnte er auch vergessen.

Die Stimmen wurden wieder leiser. Es waren nur zwei Spaziergänger, wahrscheinlich Leute aus der benachbarten Wohnsiedlung, die ihren Hund Gassi führten und draußen am Zaun der kleinen Grünanlage vorbeischlenderten. Er ließ die Luft aus seinen Lungen entweichen und mußte grinsen. Himmelherrgott, er war ein einziges Nervenbündel. Glücklicherweise lag die Tür zum Präparationsraum auf der wegabgewandten Seite des Hauses. Er lauschte, wartete zur Sicherheit noch ein paar Minuten, dann setzte er das Brecheisen an und drückte zu. Es fühlte sich an, als zersplitterten seine eigenen Knochen.

Endlich im Auto sitzend legte er die Stirn auf das Lenkrad und atmete tief durch. Er überlegte fieberhaft, ob er vielleicht etwas vergessen hatte, irgendeine dumme Kleinigkeit. Wenn herauskam, daß er dies alles angerichtet hatte, dann ...

Die Kaffeemaschine!

Er sprang aus dem Wagen und stürzte wieder ins Haus. Ja, er hatte sie angelassen, und da stand ja auch noch seine Tasse mit dem mittlerweile kalten Kaffee. Er hatte kaum etwas davon getrunken. Dilettantisch!

Erst eine gute Stunde später kam er langsam zur Ruhe. Den Schiefer hatte er einfach in eine stillgelegte Kiesgrube geworfen. Spätestens morgen war alles zerfallen, nur noch Trümmer, die niemandem auffallen würden.

Ja, es war ein guter Plan. Alle würden an einen simplen Einbruch glauben. Die Diebe wollten reichlich Beute machen, erwischten dabei aber einen Tag, an dem nur wenig zu holen war. Künstlerpech, dachte er und lachte vor sich hin. Daß der Block mit Tobias' Überresten verschwunden war, würde, wenn überhaupt, erst in ein paar Monaten auffallen. Und dann würde er es mit dem Einbruch in Verbindung bringen. Da unten stand einfach zuviel herum, als daß sie jederzeit den genauen Überblick behielten.

Vielleicht hatte die ganze Angelegenheit sogar den angenehmen Nebeneffekt, daß die Senckenberg-Stiftung ihnen eine neue Schloßanlage für die Station spendierte. Die alte war ziemlich marode, und es war eigentlich ein Wunder, daß nicht schon früher Diebe zugeschlagen hatten.

Das Problem war aus der Welt, nicht aber aus seinem Kopf. Auch wenn er sich jetzt erleichtert fühlte, für ihn würde die Welt nie wieder so aussehen wie zuvor, darüber machte er sich keine Illusionen. Wie er damit fertig werden würde, mußte die Zukunft zeigen. Schlimmstenfalls mußte er eben kündigen und sich irgendwo einen anderen Job suchen. Dieser Gedanke hatte nach allem, was er erlebt hatte, viel von seinem Schrecken verloren. Schließlich hatte er am Ufer des wirklichen Messeler Sees gestanden, auch wenn er in diesem Moment nur daran gedacht hatte, Tobias nicht aus den Augen zu verlieren. Und danach, sein Versagen vor Augen, stand ihm der Sinn erst recht nicht nach intensiver Naturbetrachtung. Eigentlich schade, daß er so wenig davon mitbekommen hatte.

Er fuhr auf die Landstraße Richtung Darmstadt und pfiff leise vor sich hin. Durch das Wagenfenster schaute er hinaus in eine feuchte Flußniederung mit Wiesen aus sattem Grün. Dichte Nebelschwaden hingen darüber. Woran ihn das Bild nur erinnerte?

Plötzlich fiel ihm Ellen wieder ein, deren Skelett vielleicht noch immer irgendwo in der Grube lag.

Na ja, die Fossilüberlieferung war lückenhaft, das hatte er kürzlich sehr anschaulich erfahren. In den zwei Millionen Jahren, deren Zeugnisse in der Grube Messel die Zeiten überdauert hatten, waren dort sicher Tausende und Abertausende von Tieren gestorben, große und kleine, alte und junge, und es waren tonnenweise Blätter und andere Pflanzenteile in den See gefallen. Wenn sich alle diese Überreste als Fossilien erhalten hätten, müßte die Grube ja randvoll mit Knochen sein, geradezu überquellen vor Baumstämmen, Blattresten und Samen.

Nein, nein, nein, er hatte bisher nicht allzuviel Glück gehabt in dieser Angelegenheit, und irgendwann mußte schließlich auch die hartnäckigste Pechsträhne einmal zu Ende gehen. Er hatte das Gefühl, daß mit dem heutigen Tag wieder bessere Zeiten für ihn anbrachen.

Nachwort

Wieder einmal, liebe Leserinnen und Leser, stehen Sie nach der Lektüre eines Romans allein mit der Frage da, was von dem Gelesenen nun Fiktion und was harte wissenschaftliche Fakten sind. Je nachdem, wieviel Sie schon mit dem Themenkomplex Evolution befaßt waren, wird Ihnen sicher die eine oder andere Frage durch den Kopf gehen. Daher möchte ich Sie auf einige Autoren verweisen, die auch mir bei der Arbeit an diesem Buch eine große und anregende Hilfe waren. Zum Glück gibt es gerade zu diesem Thema eine Fülle von kompetenten und hervorragend geschriebenen Sachbüchern, die für jedermann und jedefrau verständlich sind. Eines dürfen Sie dabei allerdings nicht erwarten: eine vollständige und umfassende Darstellung einer unumstößlichen und allgemein akzeptierten Theorie oder gar Wahrheit. Es herrscht zwar weitgehend Einigkeit über die Tatsache, daß es eine Evolution gegeben hat, aber damit haben sich die Gemeinsamkeiten in vielen Fällen auch schon erschöpft. Richard Dawkins und Stephen Jay Gould, um nur zwei Namen zu nennen, vertreten dabei sehr unterschiedliche Standpunkte. Wer glaubt, mit Darwin sei die Sache erledigt und das Thema ein alter Hut, täuscht sich gewaltig. Beim Thema Evolution, sicher eines der aufregendsten Gebiete der Wissenschaft, stehen sich wie in kaum einem anderen Bereich der Biologie bis heute gegensätzliche Vorstellungen und Schulen unversöhnlich gegenüber. Neue Disziplinen wie Systemtheorie und Chaosforschung beginnen sich einzumischen. Wie sooft steckt die Tücke im Detail, und es gibt nicht wenige, die glauben, wir seien heute genauso weit von einem umfassenden Verständnis der Geschichte des Lebens entfernt wie zu Darwins Zeiten.

Stellvertretend für viele, und ohne die unterschiedlichen Sichtweisen, die sie repräsentieren, zu bewerten, möchte ich an dieser Stelle die folgenden Namen nennen (die Reihenfolge ist alphabetisch, stellt keine Hitliste dar und ist schrecklich unvollständig): Richard Dawkins, Niles Eldredge, Stephen Jay Gould, Ernst Mayr, David M. Raup, Josef H. Reichholf, Rupert Riedl, Steven M. Stanley, Peter Douglas Ward und Jonathan Weiner. In den zahlreichen, auch in deutscher Sprache erschienenen Büchern dieser Autoren werden Sie abgesehen von mehr oder weniger exotischen Ideen einiger Einzelkämpfer fast alles finden, was heute zu diesem Thema zu sagen ist. Sie sind eine amüsante, manchmal auch traurige, aber immer spannende und fesselnde Lektüre.

Trotzdem möchte ich zum Inhalt dieses Romans einige kleine Punkte anmerken, die mir besonders am Herzen liegen.

Die Käferfreunde unter Ihnen seien gleich zu Beginn beruhigt: Die Blattkäfer der Gattung *Donacia*, diese spezialisierten Bewohner von Seerosenblättern, sind keineswegs verschwunden, wie Herzog aus einem entomologischen Fachblatt erfahren hat. Sofern sie nicht durch die Aktivitäten des holozänen *Homo sapiens* vom Aussterben bedroht sind, erfreuen sie sich weiterhin ihres scheinbar idyllischen Lebens.

Die Geschichte von Messi, dem Krokodilfund, der auf einen von Geologen herausgestanzten Halswirbelknochen zurückgeht, beruht auf einer wahren Begebenheit. Wie im Buch geschildert, führte sie zu einem Wettlauf mit Grabungsräubern und schließlich zur Entdeckung und Bergung eines der größten fossilen Krokodilskelette, die bis heute in Messel gefunden wurden.

Bitter unrecht getan habe ich dem Heimat- und Fossilienmuseum Messel. Was Hartwig Peters und seiner Familie mißfiel, gereicht anderen sicherlich zur Freude. Der schnucklige Fachwerkbau ist in Wirklichkeit ein reizendes kleines Museum, dessen Besuch unbedingt lohnenswert ist. Um Enttäuschungen vorzubeugen, sei hier darauf hingewiesen, daß das Haus wirklich nur an den Wochenenden geöffnet ist.

Ganz besonders am Herzen liegt mir der letzte Punkt, denn, selten genug in diesen turbulenten Zeiten, gibt er mir Gelegenheit, Sie mit einer uneingeschränkt positiven Nachricht zu erfreuen. Der Streit zwischen den Wissenschaftlern und der Abfallverwertungsgesellschaft Hessen-Süd um das Schicksal der Grube Messel ist entschieden: zugunsten der Paläontologie. Schon am 14. 6. 1991 erwarb das Land Hessen das Gelände der Grube, so daß die Existenz dieser weltberühmten Fossilienfundstätte nun langfristig gesichert scheint. Daß ich im Roman so getan habe, als schwele der Streit noch immer, hatte dramatische Gründe. Als Romanstoff geben beigelegte Streitigkeiten nicht besonders viel her.

Im übrigen sei zum Schluß noch angemerkt, daß die Fenster im Erdgeschoß der Senckenberg-Außenstelle Messel mit dicken, stabilen Gittern versehen wurden. Einbruchsversuche sind also zwecklos oder zumindest mühselig. Sollten Sie sich einmal am Anblick von Messeler Fossilien erfreuen wollen, gehen Sie lieber ins Museum!

Berlin, Oktober 1995

Bernhard Kegel

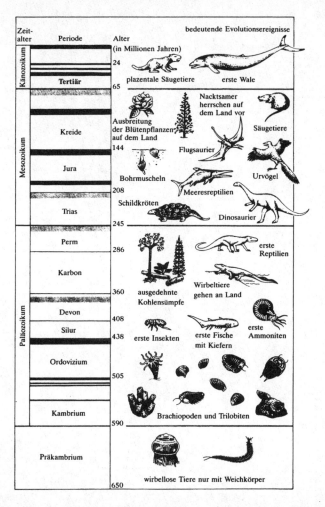

Zeittabelle der Erdgeschichte mit den hauptsächlichen Massenaussterben (Querbalken) und den wichtigsten Evolutionsschritten

Aus: Peter Douglas Ward: *On Methuselah's Trail*. Copyright © 1992 by Peter Douglas Ward. Mit freundlicher Genehmigung von W. H. Freeman and Company.

Inhalt

1
- 9 Messel
- 15 Kopfschmerzen
- 23 Hackebeil
- 33 Gorgo
- 40 Röntgenstrahlen

2
- 48 Mitbringsel
- 58 Schmäler
- 63 Das Herbarblatt
- 69 Dinos
- 77 Der Vortrag
- 86 Der Wirbel
- 92 Dumme Fragen
- 95 Halluzinationen
- 100 Der Lazaruseffekt

3
- 111 Die Falle
- 113 Der Plan
- 124 Enameloid von Prionace
- 129 Die Höhle

4
- 149 Erdrutsch
- 151 Der Zusammenbruch
- 157 Nach Osten
- 168 Sonntagnachmittagsschinken
- 174 Die Ralle

5
- 178 Lügen
- 187 Dr. Di Censo
- 193 Sorgen
- 202 King und Kong
- 212 Kunstharz

6   219 Safari
239 Messi
252 Max
255 Der Eozän
271 Ein letzter Versuch

7   279 Angriff
283 Besuch
286 Klartext
290 Neugier
306 Sintflut

8   336 Fußspuren
347 Die Kambrische Explosion
362 Dr. Livingstone
364 Der See

9   383 Tinnitus
396 Diebe
407 Nachwort
411 Zeittabelle

»Kegel tariert Unterhaltung und Information sorgfältig aus und fabuliert sich fulminant durch die von Schokokäfern, der Nördlichen Stadtpalme und anderen Gen-Konstrukten bewohnte rasante Geschichte.«
Die Welt

BERNHARD KEGEL
Wenzels Pilz
Roman
368 Seiten. Gebunden
ISBN 3-250-10336-5

ammann

Ammann Verlag

Jean M. Auel

Leben und Lieben vor 30 000 Jahren – eine atemberaubende Reise in die Vergangenheit.

»Ein Panorama menschlicher Kultur in ihrer frühesten Epoche.«

THE NEW YORK TIMES

Ayla und der Clan des Bären
01/6734

Mammutjäger
01/7730

Ayla und das Tal der Großen Mutter
01/8468

01/6658

Heyne-Taschenbücher